U0626535

高等学校电子与电气工程及自动化专业系列教材

电力系统分析

哈恒旭　何柏娜　张新慧　编著

西安电子科技大学出版社

内 容 简 介

本书是面向普通高等学校电气工程及其自动化专业的一门专业基础课教材，主要介绍了电力系统分析和计算的基本理论和方法。

全书共八章，内容分别为电力系统分析基础、电力网的数学模型、同步发电机模型、电力系统潮流分析与计算、电力系统频率和电压的调整与控制、电力系统三相对称故障分析、电力系统不对称故障分析以及电力系统稳定性分析。

本书可满足普通类高校电气工程及其自动化专业学生宽口径的培养需要，也可供从事电力系统规划、设计、运行和研究的广大工程技术人员参考。

图书在版编目(CIP)数据

电力系统分析/哈恒旭，何柏娜，张新慧编著．一西安：
西安电子科技大学出版社，2012.5(2022.5 重印)
ISBN 978 - 7 - 5606 - 2697 - 0

Ⅰ．① 电… Ⅱ．① 哈… ② 何… Ⅲ．① 电力系统—系统分析—高等学校—教材
Ⅳ．① TM711

中国版本图书馆 CIP 数据核字(2011)第 232635 号

策　　划　毛红兵
责任编辑　毛红兵
出版发行　西安电子科技大学出版社(西安市太白南路 2 号)
电　　话　(029)88202421　88201467　　邮　　编　710071
网　　址　www.xduph.com　　电子邮箱　xdupfxb001@163.com
经　　销　新华书店
印刷单位　陕西天意印务有限责任公司
版　　次　2012 年 5 月第 1 版　2022 年 5 月第 7 次印刷
开　　本　787 毫米×1092 毫米　1/16　印　张　15
字　　数　353 千字
印　　数　6001～7000
定　　价　40.00 元
ISBN 978 - 7 - 5606 - 2697 - 0/TM
XDUP 2989001 - 7

前　言

“电力系统分析”是电气工程及其自动化专业的一门专业基础课，在电气工程及自动化领域中占有重要的地位和作用。“电力系统分析”既具有专业课的特征，其研究对象为电力系统，又具有基础课的特征，其主要内容为电力系统的稳态和暂态计算与分析方法。

为了适应普通非重点本科院校电气工程及其自动化专业学生学习的要求，使得他们既能够掌握电力系统的专业知识，又能够在电力系统分析和计算方面有一定深度的认识，同时能够了解和把握电力系统新技术，作者根据多年对电力系统教学的积累及科研经验，在阅读了大量电力系统书籍和文献的基础上编写了本书。

第一章为电力系统分析基础，主要阐述了电力系统的发展历史和电力系统的基本概念、结构以及现代电力系统的运行特点及要求，并介绍了“电力系统分析”课程的主要内容。第二章为电力网的数学模型，首先建立了输电线路的原始分布参数模型，并利用安培环流定律、高斯通量定律建立了线路正序参数与线路材料、几何尺寸和结构之间的关系；接着根据电磁理论建立了变压器的等效模型，分析了变压器参数与试验参数的关系；之后介绍了电力系统标幺制的概念以及基准值的选择方法；最后分析了描述电网的节点导纳方程和节点阻抗方程的物理意义，以及利用追加支路法形成节点阻抗矩阵的方法。第三章为同步发电机模型，首先建立了同步发电机各个绕组的原始电路和磁路方程，分析了绕组间自感和互感参数的特点，利用 Park 变换将发电机定子绕组等效为与转子同步旋转的 dq 绕组，并建立了其等效电路，然后介绍了同步发电机的电机参数和电机参数模型，最后分析了发电机稳态和准稳态机端电压相量方程以及同步发电机的转子运动方程。第四章为电力系统潮流分析与计算，首先分析了潮流计算的本质，根据节点电压方程得到了电力系统的节点功率方程，并根据电力系统节点的属性建立了潮流计算方程，然后介绍了利用数值计算方法求解潮流方程的高斯—赛德尔迭代法和牛顿—拉夫逊迭代法，以及简化计算的 PQ 解耦法，最后介绍了辐射型网络和环网的手动潮流估算方法。第五章为电力系统频率和电压的调整与控制，首先介绍了系统与有功功率平衡的关系，分析了各个元件的有功功率频率特性，并介绍了一次、二次、三次调频的基本原理，然后介绍了无功功率平衡与电压的关系，分析了各个元件的无功电压特性、电力系统的调压方法、电力系统无功功率补偿方法以及电力系统的自动电压控制的基本原理(AVC)。第六章为电力系统三相对称故障分析，分析了无穷大电源系统三相短路后的冲击电流、最大电流有效值与故障后稳态分量的关系，并利用三要素法分析了同步发电机端三相短路的暂态电流特征，介绍了三相短路的实用计算方法。第七章为电力系统不对称故障分析，首先介绍了对称分量法的基本原理以及利用对称分量法分析不对称故障的基本思想，其次分析了同步发电机、输电线路、电力变压器、负荷等元件的三个序的等效电路和参数，以及电力系统各序网络的形成，之后介绍了各种不对称故障的分析方法，最后分析了过渡电阻变化导致电压相量端点的变化轨迹，以及复杂系统发生复合不对称故障的分析方法。第八章为电力系统稳定性分析，首先介绍了稳定性分析的基本概念、分析方法，其次分析了电力系统的稳定性分析模型，包括励磁调节系统模型、调速系统模型、负荷模型、经典模型、单机无穷大系统模型等，之后介绍了单机无穷大系统的静态稳定性和暂态稳定性的分析和计算方法，最后介绍了电力系统电压稳定性的基本概念和机理。

本书内容既具有一定的广度，也具有一定的深度，深入浅出，通俗易懂。书中对主要公式作了详细的推导和说明，即使对电机学、电路学、电磁场等基础学科不是很熟悉，也可以读懂本书的内容。

编著者

2011年7月

目　　录

第一章　电力系统分析基础

本章主要讲述了电力系统的发展简史，电力系统的基本概念、表征电力系统的基本参数、电力系统的结构等。电力系统的基本运行特征是电能不能大量储存，电力系统暂态响应时间短，电力系统运行安全要求高等。根据这些特点，电力系统的运行要求包含四个层次：正常、安全、经济性和高质量。为了达到这些运行特点和要求，需要对电力系统的状态实施实时的监视和控制。本章还论述了“电力系统分析”这门课在电力系统工程领域的地位和作用，以及这门课所讲授的主要内容。

1.1　电力系统概述

1.1.1　电力系统的发展历史

电力系统是在电工学的基础上发展而来的。在电工学日益发展成熟的19世纪末期，雅克比发明了第一台实用电动机，随后西门子发明了第一台实用的自激式发电机，爱迪生发明了白炽灯，电力系统在此基础上诞生了。

1. 早期直流输电阶段

第一个商业化的完整的电力系统是由托马斯·爱迪生(Thomas Edison)于1882年9月在纽约城的皮埃尔大街站建成的一个直流输电系统，包括发电机、电缆、负荷、熔断丝、电表等(即包含发电、输电、用电、保护和测量等环节)。这个直流输电系统由一台蒸汽机拖动的直流发电机供给1.5 km范围内的59个白炽灯用户。到1886年直流输电系统的不足就充分显示出来了，直流输电在当时的电压下无法输送更远的距离。为了提高输电距离，减少输电损耗，长距离的直流输电必须采用高电压，而这样的高电压无论是发电机还是用户都无法接受，因此必须采用适当的技术对电压进行变换。

2. 高压交流输电阶段

L. Gaulard和J. D. Gibbs分别开发出了变压器和交流输电技术。George Westing House(西屋)取得了交流输电技术在美国的应用权。1886年，西屋的助手William Stanley发明了商业用的电力变压器，并由此组建了第一个交流配电系统。1888年，Nikola Tesla进入西屋电气公司，开始研究交流电，并持有交流电动机、变压器和交流输电系统的多项专利。

1889年，北美洲的第一个单相交流输电系统在维拉穆特瀑布(Willamette Falls)和波特兰(Portland)之间建成并投入运行，引发了电力发展史上著名的“交直流大战”。主张直流输电的爱迪生和主张交流输电的西屋之间发生了激烈的争论。直到1888年，俄国勃罗沃尔斯基发明了效率更高的三相异步电机和三相输电技术以后，三相交流输电才逐步取代直流电。1895年，尼亚加拉大瀑布(Niagara Falls)水力交流发电站建立，并成功地将电力输送到35 km以外的布法罗(Baffalo)，这是当时直流输电不可能做到的。从此，电力系统进入了高压交流输电的阶段。在“交直流大战”中，交流输电胜利的主要原因在于交流系统的电压水平可以灵活地转换，另一原因就是交流电动机比直流电动机的成本更低，效率更高。

3. 超(特)高压交流输电阶段

进入20世纪，为了满足电力工业的发展，将电力输送到更远的距离，使输电效率更高，电力系统的输电电压水平也越来越高。1936年，美国建成鲍尔德水闸水电站到洛杉矶的287 kV输电线路(长430 km，输送容量250 MW～300 MW，双回线路)的投运标志着电力系统超高压输电时代的到来。20世纪50年代，随着大型水电站的开发和大型火电厂的兴建，超高压输电技术迅速发展。

1952年，瑞典首先建成一条330 kV超高压输电线路，长954 km。1954年，美国首条354 kV输电线路投运。1956年，苏联古比雪夫水电站至莫斯科400 kV双回超高压输电线路投入运行，南北线路各长815 km和890 km，共输电1.15 GW。1959年，该双回线进行升压，世界上首条500 kV超高压线路出现。1965年，加拿大建成735 kV超高压线路。1969年，美国又把输电电压等级提高到765 kV。1981年，苏联开工兴建自车里雅宾斯克至库斯坦奈的1150 kV特高压输电线路，并于1985年投入运行，这是目前世界上已运行的最高交流输电线路，标志着电力系统进入特高压输电时代。

4. 超(特)高压交直流混合输电阶段(现代电力系统)

随着汞弧阀的出现，高压直流输电(HVDC)在超远距离输电方面更为经济，而且HVDC可以实现非同步并网，对电力系统的稳定性有一定的好处。第一条商业用的100 kV直流输电(HVDC)线路于1954年在瑞典建成，它通过96 km的海底电缆将瑞典本土与格特兰岛(Gotland)互联起来。特别是晶闸管的发展，使得HVDC变得更加有吸引力。第一条采用晶闸管的HVDC系统于1972年在加拿大投运，这为魁北克省和新布伦瑞克省之间提供非同步互联。从此，电力系统进入了交直流混联的时代。

电力系统从诞生到现在经历了四个重要阶段，进入了特高压、大电网、交直流混联的时代，现代电力系统是具有电源多样化、多电压等级、极端复杂的互联大系统。

1.1.2 电力系统的结构

电力系统是由发电、变电、输电、配电和用电等设备连接组成的一个复杂的多层次的电力网络，包括发电厂、电力网和负荷三大部分，如图1-1所示。

发电厂的作用是将其他形式的能量转化为电能。在目前的电力系统中，主要的发电厂是以煤、石油和天然气为燃料的火力发电厂，利用水力发电的水力发电厂，利用核能发电的核电站等。进入21世纪，现代电力系统中的电源呈现出了多样化趋势，如风力发电、太阳能发电、热能发电、潮汐能发电、生物质能发电等多种发电形式。

电力网的作用是将发电厂发出的电能输送给各个负荷。根据不同功能，电力网划分为输电网、次输电网和配电网。输电网(Transmission Power System)连接系统中的主要发电

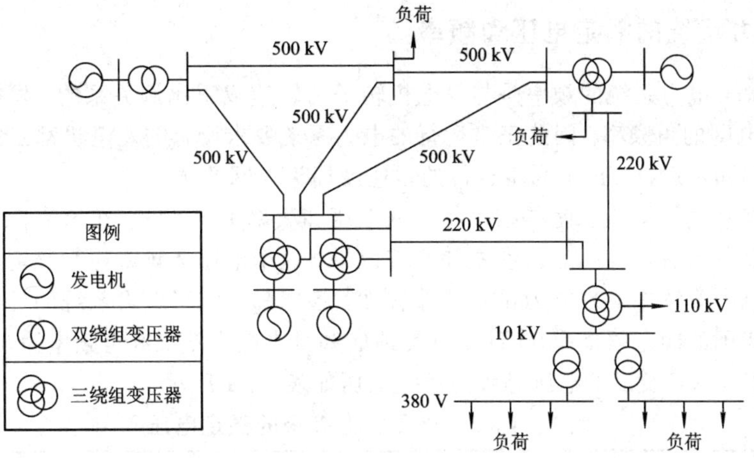

图 1－1　典型电力系统接线图

厂和主要的负荷中心，它形成整个系统的主干网(Bulk Power System)，且运行于最高电压水平，通常为 220 kV 及以上电压等级。次输电网(Sub-transmission Power System)则是将电力从输电变电站输送到配电变电站，通常较大的工业负荷用户也直接由次输电系统直接供电。配电网(Distributed Power System)则是电力送往用户的最后一级，将电力分配到每一个用户，因此称为配电网。不同大小的电厂连接的网络不同，主力大电厂通常通过变压器升压后直接连在输电网上，较大电厂则通常连接在次输电网中，靠近负荷的小发电厂则直接连接到配电网中。因此小型的发电厂，诸如风力发电、太阳能发电等由于发电容量很小，通常直接连接在配电网中，这些形式的发电也称为分布式发电或分散式发电。

我国电力系统的划分只有输电网和配电网两部分，负责远距离输送电能的称为输电网，通常为 220 kV 及以上网络，次输电网和配电网统称为配电网。因此，我国电力系统中配电网通常又分为高压配电网、中压配电网和低压配电网。高压配电网通常是 35 kV 及以上电压等级形成的环形网络；而中压配电网通常为 10 kV 等级形成的辐射型网络，城市中压配电网通常为了保证供电可靠性而采用环形网络结构，但是开环运行。对于具有较高供电可靠性要求的负荷，有可能采用自母线环网，即网络环接于同一个 10 kV 母线，这主要是为了避免电磁环网。所谓电磁环网，就是两个不同电压等级的电网环接在一起。电磁环网的弊端是显而易见的，当高压线路断开时，潮流将转移至低压线路，从而在低压线路产生较大的电流。我国配电网的典型结构如图 1－2 所示。

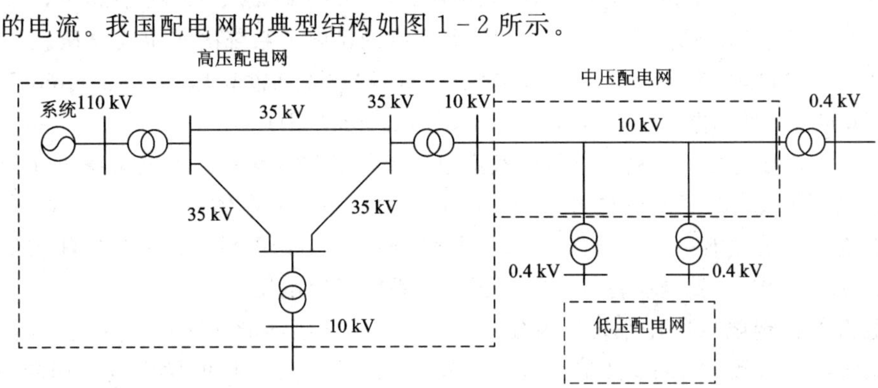

图 1－2　我国配电网的典型结构

1.1.3 电力系统的额定电压和频率

众所周知，电力系统的频率是与发电机转子的转速成正比例关系的，发电机转子的电角速度就是电网的角频率。因此正常运行的电力系统要求所有的发电机都必须按照同一个转速旋转，即同步运行。这个同步运行的角速度即为电网的频率。

电力系统中的电力设备都是按照指定的电压和频率来设计的，在这个指定的电压和频率下，电气设备具有最佳的运行性能和经济效果，这个电压和频率称为额定电压和额定频率。为了在电力系统中实现电力设备的兼容性，各国都制定了电力系统的标准额定电压和额定频率。我国的额定频率为 50 Hz，欧美地区和日本电力系统额定频率为 60 Hz。我国制定的三相交流 3 kV 及以上电压等级的额定电压如表 1-1 所示。

表 1-1　3 kV 及以上等级的额定电压

受电设备与系统额定线电压/kV	供电设备额定线电压/kV	变压器额定线电压/kV	
		一次绕组	二次绕组
3	3.15	3/3.15	3.15/3.3
6	6.3	6/6.3	6.3/6.6
10	10.5	10/10.5	10.5/11
	15.75	15.75	
	23	23	
35		35	38.5
110		110	121
220		220	242
330		330	345/363
500		500	525/550
750		750	788/825

我国电力系统 3 kV 及以上的电压等级包括：3 kV、6 kV、10 kV、35 kV、110 kV、220 kV、330 kV、500 kV 和 750 kV。电压等级指的是电力系统的额定线电压。110 kV 及以下称为高压(High Voltage，HV)，220～750 kV 称为超高压(Extra High Voltage，EHV)，1000 kV 以上称为特高压(Ultra High Voltage，UHV)。

在同一个电压等级下，电力设备的额定电压不尽相同，这是因为电力系统在传输电能的时候有电压损耗。为了使得电力系统的所有电力设备都能在额定电压下运行，各个电气设备的额定电压需要有一个配合的问题。配合的原则是：送电设备的额定电压要比系统额定电压高 5%～10%，受电设备的额定电压应与系统额定电压一致。

发电机的额定电压要比系统的额定电压高 5%。变压器的一次绕组相当于用电设备，因此与系统电压一致，如果变压器直接连接发电机，则与发电机的额定电压相同。二次绕组相当于送电设备，因此要比系统额定电压高 10%，但如果直接与用户相连或者其短路电压小于 7%(意味着其漏抗较小，电压损耗较低)，则比系统额定电压高 5%。

另外，为了电力系统调压的需要，很多变压器的高压侧具有分抽头。同一电压等级下，即使分抽头的百分比相同，但由于升压变压器和降压变压器的额定电压不同，其分抽头的电压也不同。对于升压变压器，其高压侧为二次侧，相当于送电设备，其主抽头的额定电压 U_N 比系统额定电压高 10%，而降压变压器其高压侧在一次侧，相当于用电设备，其主抽头额定电压 U_N 与系统额定电压相同。以 220 kV 等级为例，系统额定电压为 220 kV，升压变压器高压侧主抽头额定电压为 242 kV，降压变压器高压侧的额定电压为 220 kV。

1.1.4 表征电力系统的参数

表征电力系统的规模和大小的参数主要有总装机容量、年发电量、最大负荷、最高电压等级等。

电力系统总装机容量指系统中实际安装的发电机的额定功率的总和，既包括正在运行的发电机，也包括停止运行的发电机，其单位为千瓦(kW)、兆瓦(MW)和吉瓦(GW)。

电力系统年发电量指系统中所有发电机组全年实际发出电能的总和，其单位为兆瓦·时(MW·h)、吉瓦·时(GW·h)和太瓦·时(TW·h)。

年最大负荷指电力系统总有功负荷在一年以内的最大值，用 kW、MW 或 GW 表示。年发电量与年最大负荷之比称为最大负荷利用小时数。

最高电压等级指电力系统中最高电压等级电力线路的额定电压，用 kV 计。

1.1.5 电力系统中性点接地方式

电力系统的中性点接地方式有两大类：一类是中性点直接接地，另一类是中性点不接地或者经过大的阻抗接地。前者称为大电流接地系统，后者称为小电流接地系统或中性点不直接接地系统。

根据三相电路理论可知，三相系统电源对称且参数平衡的情况下，全系统的电气量才是对称的。所谓对称，是指三相电气量大小相等，相位相差 120°；参数平衡是指系统的自阻抗和自导纳相等，三相互阻抗和互导纳也相等。只有在这种情况下，全系统的电气量才是对称的，三相系统才可以用“单相法”来分析。(为什么？请读者自己思考。)

在三相对称平衡的情况下，中性点接地与否不会影响系统的运行状况，因为此时中性点的电位为零。

如图 1-3 所示，对于中性点不接地系统，三个电源 E_A、E_B、E_C 均为对称电源。忽略系统的阻抗，根据 KVL 定律有

$$\begin{cases}\dot{E}_A + \dot{U}_N = \dot{U}_A \\ \dot{E}_B + \dot{U}_N = \dot{U}_B \\ \dot{E}_C + \dot{U}_N = \dot{U}_C\end{cases} \tag{1-1}$$

在三相对称平衡的情况下，三相电源对称，三相电压也对称。将式(1-1)中三个式子相加，可知

$$3\dot{U}_N = 0 \tag{1-2}$$

可见，在正常三相对称运行的情况下，中性点接地与不接地没有任何影响。

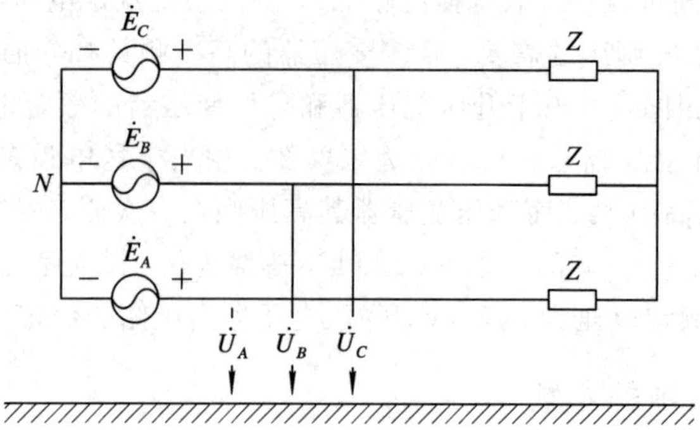

图 1-3　中性点不接地三相系统

假设 A 相发生短路接地，则 A 相的对地电压为零，此时中性点的电压

$$\dot{U}_N = -\dot{E}_A \tag{1-3}$$

则根据式(1-1)可知，A 相接地短路后的三相电压为：

$$\begin{cases} \dot{U}_A = 0 \\ \dot{U}_B = \dot{E}_B + \dot{U}_N = \dot{E}_B - \dot{E}_A \\ \dot{U}_C = \dot{E}_C + \dot{U}_N = \dot{E}_C - \dot{E}_A \end{cases} \tag{1-4}$$

根据公式(1-1)可以得到中性点的电压 $U_N = -U_A$，B 相的对地电压是 B 相对 A 相的电压，C 相的对地电压则是 C 相对 A 相的电压。A 相短路后三相电压相量图如图 1-4 所示。

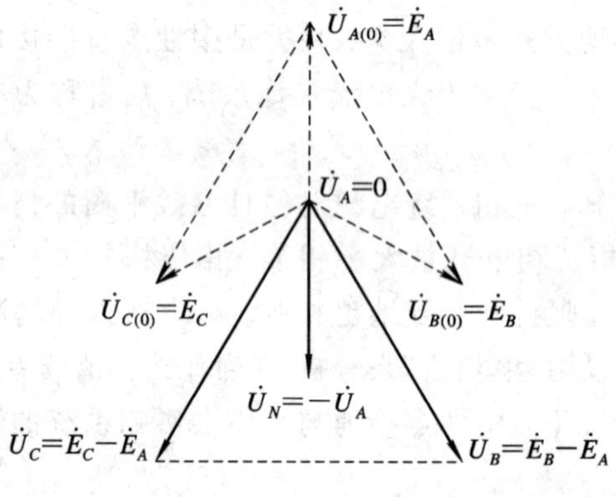

图 1-4　中性点不接地系统 A 相接地时电压相量图

由此可见，对于中性点不接地系统，当发生单相接地短路时，虽然相电压不对称，但线电压依然对称，且由于没有构成短路回路，短路电流也很小。因此中性点不接地系统在发生单相短路后不必立即跳闸，允许继续运行 1～2 个小时。但由于非故障相电压变为原来的 $\sqrt{3}$ 倍，因此对绝缘是不利的。

由于实际系统中三相对地电容(线路具有分布电容，母线具有杂散电容)的作用，单相短路时会产生电容性短路电流，对于短路后电弧的熄灭不利。为了快速熄灭短路电弧使得系统恢复正常，通常在中性点连接消弧线圈，使得电容性的短路电流得到补偿，或者中性点连接一个大电阻，减少电容电流的幅值。

虽然小电流接地系统发生单相短路后可以不必立即跳闸，能够在一定程度上提高电力系统的可靠性，但非故障相电压升高到原来的$\sqrt{3}$倍，不利于电气设备的绝缘，因此小电流接地系统广泛应用于60 kV及以下配电系统中。在110 kV及以上输电系统中，由于电压等级较高，非故障相过电压将使得绝缘承受更高的电压，因此在输电网中通常采用中性点直接接地方式。由于中性点直接接地在发生单相接地短路时，会产生很大的短路电流，因此，又称为大电流接地系统。

1.2　现代电力系统的运行特点及要求

1.2.1　现代电力系统的运行特点

电力系统是生产、输送、分配和使用电能的所有电力设备连接而成的系统，电能是电力系统的产品。与普通意义上的商品相比，电力系统具有如下特点：

(1) 电能不能大量储存。电能的生产、输送、分配和使用必须是同步进行的。也就是说，发电设备在某个时刻生产的总电能必须严格地和这个时刻负荷消耗和输送损耗的总电能相等。正是因为这个特点，一旦电力系统发出的电能和消耗的电能不匹配，轻则导致电力系统的运行指标，例如电压、频率将发生变化，导致电力系统不能正常安全地运行，重则导致电力系统的崩溃和瓦解。

电力系统在正常运行时，只有一个运行频率，即电力系统中所有的发电机必须都保持同步运行，这就要求所有的发电机转子上的电磁转矩和机械转矩相平衡。一旦这个平衡被打破，发电机的转速或者重新进入一个新的平衡，或者不能进入平衡状态，将导致电力系统的剧烈振荡，失去同步。然而，电力系统的负荷是随机变化的，因此需要对电力系统的发电进行合理的安排和调度，并利用自动控制装置，实时跟踪负荷的变化，保持系统的功率平衡。同时，在电力系统受到大的扰动，例如发生短路故障的情况下，需要及时切除故障，并及时实施控制，保证电力系统功率的平衡。

(2) 电力系统的暂态过程十分迅速。所谓暂态过程，就是从一个状态转换到另外一个状态的过渡过程。在电力系统中，一旦发生扰动，例如开关操作、雷电冲击、短路等，电力系统将从一个状态转换到另一个状态。这个暂态过程的时间非常短，电气暂态过程只有数毫秒的时间，从发生故障到系统失去稳定的机电暂态时间也不过只有几秒，因事故导致系统全面崩溃瓦解的过程也只有数分钟。这就要求电力系统的保护与控制装置具有足够快的反应速度。

(3) 电力系统的运行参数必须在规定范围内。电力系统的运行是同步的，即整个电网只有一个额定频率，这就意味着电力系统中的所有的同步发电机的转速都必须运行在额定频率附近，一旦频率降低，电力系统就进入不正常状态，甚至有可能失去同步运行。电力系统各个节点的电压也是有要求的，不仅仅有电能质量的要求，而且还有系统正常运行的要求，一旦某点的电压降低，就会导致整个电网的电压崩溃。

1.2.2　现代电力系统的特征

电力系统经过一个多世纪的发展，特别是随着科学技术的不断进步，电力系统本身也发生了巨大的变化，主要表现在如下几个方面：

(1) 现代电力系统已经进入大系统、特/超高压、远距离、交直流混联的大区域互联的新阶段。为了提高供电可靠性和经济性，电力系统的结构越来越复杂，从简单的树枝结构的辐射型网络发展到多电源供电的环形网络，从小区域网发展到大区域网的互联。输电电压等级也越来越高，最高电压等级从 330 kV 发展到现在的 750 kV，甚至 1000 kV。输电形式也从单一的交流输电发展为交直流混联，超高压远距离直流输电已经成为区域电网之间的联络线。

(2) 社会经济的发展促使现代电力系统经营和管理手段发生了重大变革，电力市场将取代传统的经营方式。传统的电力系统的经营和管理方式为计划经济和计划管理，发电、输电和配电由电力部门统一管理，发电和配电由电力调度机构统一调配。这种计划管理体系在特定的时期提高了电力系统的运行经济性，但随着市场经济体系的不断完善和发展，传统的计划调度模式已经不适应电力系统的发展。为了适应在市场经济模式下，整合电力系统的资源，电力市场成为目前世界各国研究的重要课题之一，由市场来调控电力系统的经济运行已势在必行。

(3) 发电形式的多样化。随着科学技术的不断进步，电力系统中的发电形式也呈现出多样化的局面。传统的发电形式是水力发电和火力发电。随着核物理技术的发展，核能的民用技术不断完善，利用核能的发电厂在世界各国得到了比较广泛的应用。进入 21 世纪以来，燃气轮机发电技术、风力发电技术、太阳能发电技术、生物质能发电技术等无污染的高效清洁能源发电成为世界各国研究的重要内容。

(4) 高度集成的电力系统综合自动化系统。随着计算机技术、通信技术、信息技术的发展，电力系统自动化从传统的分散自动控制装置发展为分层分布式的高度集成的综合自动化系统，将监视、测量、控制、保护以及管理功能集成在综合自动化系统中。从基层的变电站、电厂的综合自动化，到各个级别的调度自动化系统，电力系统基本实现了变电站无人职守，实现了从调度中心直接监视和控制电力系统的“遥信”、“遥调”、“遥控”和“遥测”的“四遥”功能。

1.2.3　现代电力系统的运行要求

根据电能不能大规模储存以及电力系统运行的特殊性，对电力系统的运行要求可以概括为正常、安全、经济和高质量四个方面的内容。

所谓正常，就是指电力系统的运行参数在允许的范围之内。这就要求电力系统中发电机发出的功率和负荷消耗的功率相平衡，一旦功率不平衡，电力系统的运行参数就会发生变化。如果运行参数发生了改变后，仍然不能使功率平衡，电力系统就会失去稳定性，从而导致整个系统的瓦解和崩溃。电力系统的这一特征，要求电力系统必须处于正常运行状态。

在正常运行的基础上还要保证安全。所谓安全，就是电力系统的抗扰动能力，是指在合理的假想事故下，电力系统仍然处于正常状态。这就要求电力系统在运行时必须考虑一定的安全裕度，保证电力系统在受到故障等扰动时，仍然保持正常运行。根据电力系统的安全稳定运行导则，电力系统必须满足 N－1 原则，即系统即使有一条线路故障开断后，系统仍然正常运行。

在保证电力系统正常安全运行的基础上，还要保证电力系统运行的经济性。为了保证经济性，应在发电厂之间进行经济调度，使得火电厂的燃料总耗量最低，还要进行合理的潮流分配使得电力系统的网络损耗达到最小。随着电力市场的逐步推进，电力系统经济运行的任务将为由电力市场来进行资源的合理配置。

最后，必须保证电能质量。电能质量是对供电可靠性以及电压、频率、波形和幅值的要求，包括谐波含量、电压骤降、三相平衡度、电压闪变等方面。随着电子科学技术的发展，用户对电能质量的要求也越来越高，对电能质量的需求也越来越多样化。

1.2.4　现代电力系统的运行状态与控制

为了保证电力系统的正常、安全、经济和高质量供电，在电力系统没有故障发生，而只受到负荷波动等小的扰动的情况下，必须首先保证电力系统的指标满足要求，即频率恒定、电压恒定、支路功率不过载。从另外一个角度，保证上述三个基本条件就是保证电力系统的功率平衡和运行参数在允许的范围内。前者称为等式约束条件，后者称为不等式约束条件。满足上述条件的电力系统是正常的。

为了保证电力系统的正常运行，我们必须对电力系统进行控制，控制的目标取决于电力系统的运行状态。在正常的方式下，控制目标是使电压和频率尽可能地接近额定值，并兼顾电力系统运行经济性。在非正常状态发生时，控制目标就是使电力系统恢复到正常运行状态。

电力系统的运行状态可以分为五种：安全的正常状态(安全状态)、不安全的正常状态(警戒状态)、异常状态、紧急状态和待恢复状态。其中，安全的正常状态和不安全的正常状态都属于正常运行状态，紧急状态和极端状态属于不正常运行状态。

在安全的正常状态下，除了所有的运行参数在额定范围内以外，系统处于安全的运行方式下，能够承受偶然的事故而不超出任何约束条件。如果系统的安全水平下降到某个适当的界线，或者由于恶劣的外部因素导致故障扰动发生的可能性增加，此时故障并没有发生，而且各个运行参数仍然满足要求，系统就进入不安全的正常状态，即警戒状态。在这种状态下，系统虽然正常，但很脆弱，一个小的偶然事故就会造成系统频率、电压以及支路功率等指标超过正常允许范围，从而使系统进入异常状态。如果在异常状态下，采取的控制措施不当，或又发生了一个大的扰动，那么就会使系统进入紧急状态。在正常状态下，发生的扰动很严重，则会让系统直接进入紧急状态，如图 1-5 所示。

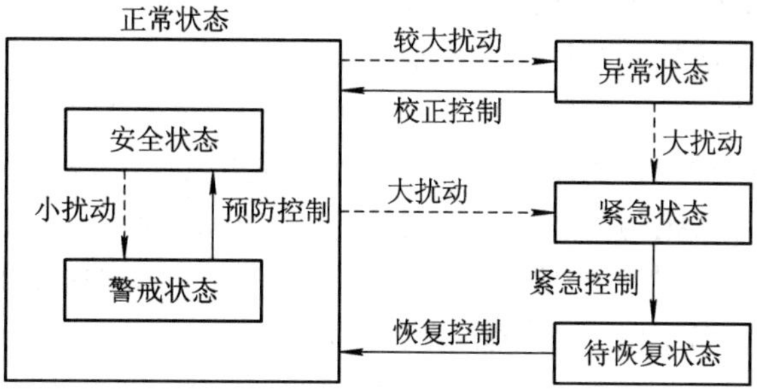

图 1-5　电力系统运行状态

当系统受到微小的扰动，例如支路的正常操作开断，从安全的正常状态运行至不安全的正常状态时，需要对电力系统进行预防性控制，使之重新回到安全的正常状态中。当电力系统受到较大的扰动，使之进入异常状态时，此时电压、频率或支路功率等指标超出了正常运行的范围，需要对电力系统施加校正控制，如甩负荷、切机、调整发电机出力等。如果电力系统受到很大的扰动，系统即将失去稳定且即将进入崩溃状态(极端状态)，则需要对电力系统施加稳定性控制，如电力系统解列等。

对电力系统采取什么类型的控制是根据扰动的程度决定的，除了对故障元件的切除，即继电保护以外，要保证电力系统的安全稳定运行，对电力系统控制提出了三个层次的要求，即三道防线：一是电力系统受到微小扰动时，必须保证电力系统不失去负荷；二是当电力系统受到较大扰动时，允许失去部分负荷，尽可能地少失去负荷；三是当电力系统受到大的扰动时，保证电力系统不失去稳定性。

1.3 “电力系统分析”课程的主要内容

“电力系统分析”的主要内容是对电力系统的各种运行状态进行分析和计算的基本原理和方法。它既是电气工程及其自动化专业电力系统自动化方向的一门重要课程，也是电力系统继电保护、电力系统自动化、电力系统安全自动装置、电力系统安全分析、电力系统规划等专业的基础课程。

电力系统的运行状态是通过电力系统的一些运行参数来描述的，如电压、频率、功率等。电力系统在正常运行时，电压和频率应该满足要求，即电力系统处于正常运行状态。电力系统在运行过程中，经常会发生一些扰动，例如负荷变化和波动、支路开断、电力系统短路或断线故障、根据需要改变运行方式等，这些会造成电力系统功率的暂时不平衡，经过一段时间的过渡过程后，电力系统的功率有可能重新平衡，也有可能永远不会平衡而使得电力系统瓦解和崩溃。

按照所受到扰动的大小，可以把电力系统的运行状态划分为稳态和暂态。当电力系统的扰动较小时，不平衡功率较小，由于系统很快从一个稳态过渡到另一个稳态，因此可以忽略系统的暂态过程，而重点考虑扰动后的稳态特性，准确地说是静态特性，这称为电力系统的稳态分析。例如，负荷的波动导致频率和电压的波动，或者支路的开断导致系统潮流的转移和变化等，都属于稳态分析的范畴。因此，电力系统的电压和频率调整、电力系统的静态安全分析与预防控制都属于稳态运行控制。

然而当电力系统受到较大的扰动(例如电力系统发生了短路故障)时，一方面，需要研究和探讨短路故障发生后电力系统的运行状况，这称为故障分析，另一方面，故障切除后不平衡功率较大，电力系统的暂态过程时间较长，电力系统状态能否回到原来的运行状态或进入一个新的稳定运行状态则是必须考虑的问题，这个问题属于电力系统稳定性分析。故障分析和稳定性分析属于电力系统暂态的范畴。

电力系统的暂态也分为两类，即电磁暂态和机电暂态。电磁暂态指电气参数从一个状态到另一个状态的过渡过程，机电暂态则是机械运行参数(如频率、功角等)的过渡过程。实际上，电力系统发生大扰动后，电磁暂态和机电暂态是同时发生的，但考虑到电磁暂态时间常数远小于机电暂态时间常数(电机的旋转元件的惯性时间常数较大，通常是秒级，而电磁暂态时间常数通常是毫秒级)，因此在考虑电磁暂态过程的时候，通常假设机电暂态过程还没有开始，而分析机电暂态过程的时候，则认为电磁暂态过程已经结束。

“电力系统分析”这门课程主要是进行电力系统稳态和暂态的分析与计算，包括电力系统各元件以及电力网络的数学模型、电力系统潮流计算、电力系统的频率和电压调整与控制、电力系统故障分析、稳定性分析等内容。

第二章　电力网的数学模型

本章主要介绍输电线路、变压器以及电力网的数学模型和等值计算电路，以及电力系统中常用的标幺制系统。

输电线路由四个分布参数来表征，分别是串联电阻、串联电感、并联电导和并联电容。串联电感和并联电容分别用来模拟电力在线路上传播的磁场和电场，串联电阻代表线路的热损耗，并联电导表征了输电线路对地的泄漏电流。本章主要探讨如下两个问题：① 上述四个分布参数与输电线路的杆塔结构、导线几何尺寸之间的关系；② 将输电线路等效为一个等值计算电路的方法及其计算模型。需要注意的是，这里只探讨对称三相输电线路的正序参数(平衡系统的负序参数和正序参数相同)，而不考虑零序参数，故而不考虑大地或架空地线的影响(三相正序是以相间为回路，与大地无关，考虑地线影响的零序参数，请参见第七章)。

变压器是电力系统的重要元件，在电机学中，已经学习了变压器的等值电路。本章主要探讨三个问题：变压器等值电路中的参数如何得到？如何根据变压器出厂的铭牌试验参数计算变压器等值电路中的电路参数？变压器的等值电路中具有理想变压器，如何得到其等值计算电路？

标幺制实际上是相对值，即选择了基准值以后，其有名值(实际量值)与基准值的比。标幺制对电力系统的计算很有好处。首先，可以简化计算量，其次可以根据计算结果更方便地分析系统电压、功率、频率等参数。本章主要介绍如何选择电力系统的基准值，如何利用标幺制形成电力系统的等值电路模型。

电力网的数学模型，实际上是由电力网组成的节点导纳矩阵或节点阻抗矩阵。节点导纳矩阵的物理含义和形成原理很简单，本章主要探讨如何用追加支路法形成或者修改系统的节点导纳和节点阻抗矩阵，为以后的计算机辅助计算奠定基础。

2.1　输电线路的分布参数

输电线路在传输电能时，伴随着一系列的物理现象。首先，电流流经导线时，会产生损耗而发热。其次，电能在导线上是以电磁波形成传播的，交变的磁场感应出交变的电场，交变的电场又感应出交变的磁场，以这样电场和磁场不断变化的形式传播。第三，由于电力线路的电压等级高，高电压将使得导线周围空气电离而产生空气游离放电以及绝缘子少量的泄漏电流。根据电磁波在输电线路上的传播规律，输电线路可以等效为无穷多级串联电阻电感和并联电容电导的级联。假设线路参数是均匀分布的，单相线路可以等效为如图

2-1 所示的电路。用电阻来模拟导线的热效应，用串联电感和并联电容分别模拟磁场和电场，用并联电导来反映线路周围的放电(电晕现象)和泄漏现象。

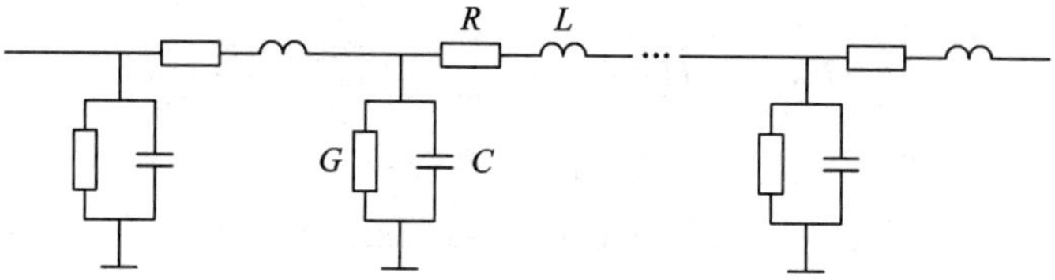

图 2-1　单相输电线路的等效电路

2.1.1　线路的电感参数

1. 单相线路的电感

在物理学中，要想得到一个电感线圈的电感量，需要在电感中通入一个电流，得到交链该线圈的磁链，那么磁链与电流之比，就是该线圈的电感。对于输电线路的电感也是如此，在线路上通入一个电流，求出交链每一相回路或者另一相回路的磁链，用这个磁链与电流之比就是线路的自感以及互感。要想求出三相的自感和互感，就必须从单相线路的自感开始研究。

如图 2-2 所示的单相输电线路，为无穷长导线，半径为 R，与大地之间的距离为 D。线路的自感可以用如下方式来确定：在线路中通一个电流为 i，交链闭合回路(导线与大地)的总磁链 ψ 与电流 i 的比值为自感 L。当在导线中通入电流 i 时，根据在导线周围会产生磁场，磁场方向满足右手螺旋法则。交链闭合回路的磁链 ψ 分为两部分，一部分交链导线内部，记为 ψ_1；另一部分交链导线外部和大地之间，记为 ψ_2。

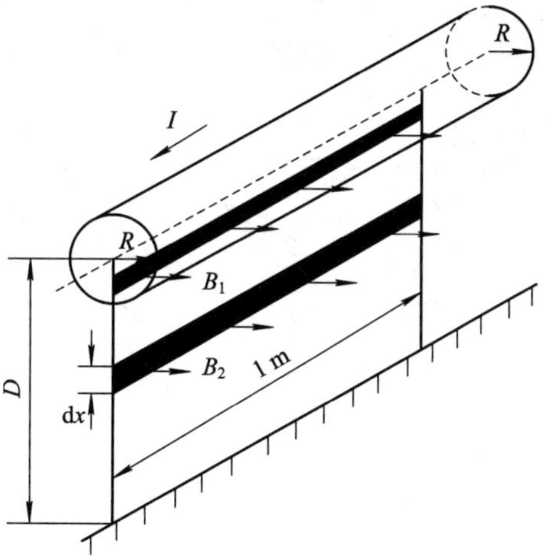

图 2-2　单相输电线路示意图

根据安培定律，磁场强度沿包围导体的闭合曲线的积分等于通入导体的电流，即

$$\oint_l H \cdot dl = I_e \tag{2-1}$$

因此，导体内部和导体外部的任意点 x 处的磁场强度分别为(假设导体内部的电流分

布是均匀的)

$$\begin{cases}\oint_l H_1 \mathrm{d}l = H_1 2\pi x = \dfrac{\pi x^2}{\pi R^2} i \\ \oint_l H_2 \mathrm{d}l = H_2 2\pi x = i\end{cases} \Rightarrow \begin{cases} H_1 = \dfrac{x}{2\pi R^2} i \\ H_2 = \dfrac{1}{2\pi x} i\end{cases} \tag{2-2}$$

单位长度上，第一部分交链闭合回路的磁链为磁通乘上“匝数”(由于在导体内部，因此其交链的磁链应为穿越此截面积的一部分，假设磁通的分布也是均匀的)

$$\psi_1 = \int_0^R B_1(x) \frac{x^2}{R^2} \mathrm{d}x = \int_0^R \mu_r \mu_0 \frac{xi}{2\pi R^2} \frac{x^2}{R^2} \mathrm{d}x = \frac{\mu_r \mu_0 i}{8\pi} \tag{2-3}$$

$$\psi_2 = \int_R^D B_2(x) \mathrm{d}x = \int_R^D \mu_0 \frac{i}{2\pi x} \mathrm{d}x = \frac{\mu_0 i}{2\pi} \ln \frac{D}{R} \tag{2-4}$$

其中，$\mu_0 = 4\pi \times 10^{-7}$ H/m 为真空的磁导率，μ_r 为相对磁导率，非铁磁材料的相对磁导率 $\mu_r \approx 1$。因此，交链该闭合回路的总磁链为

$$\psi = \psi_1 + \psi_2 = \frac{\mu_0 i}{2\pi}\left(\frac{\mu_r}{4} + \ln \frac{D}{R}\right) \tag{2-5}$$

单位长度单相输电线路的自感为

$$L = 2 \times 10^{-7}\left(\frac{\mu_r}{4} + \ln \frac{D}{R}\right) \tag{2-6}$$

2. 三相导线的自感和互感

考虑三相导线的情形，假如 A、B、C 三相输电线路，它们都与地线 G 构成回路，各相导线的半径都为 R，任意两相之间的距离分别为 D_{AB}、D_{BC}、D_{CA}，各相与地线回路 G 之间的距离分别为 D_A，D_B，D_C，如图 2－3 所示。

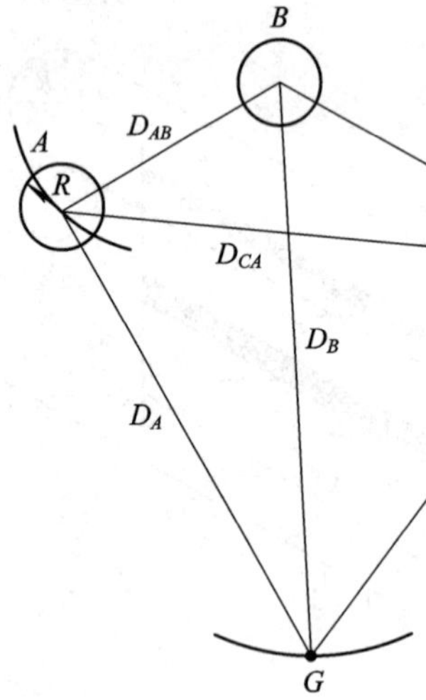

图 2－3　三相导线的结构

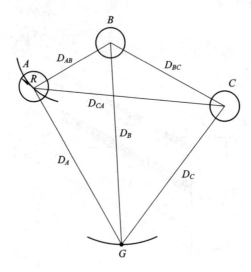

假设在 ABC 三相中分别通入电流 i_A、i_B 和 i_C，根据叠加定理，任意一相线路中的磁链包括三部分：该相自身产生的磁通交链该相，其余两相产生的磁场交链该相(未考虑大地中电流产生的磁链，因为三相对称运行时，大地中的电流为零)。通过上节可以知道，单位长度 A、B、C 三相线路的磁链为

$$\begin{cases}\psi_A=\dfrac{\mu_0}{2\pi}\left[\left(\dfrac{\mu_r}{4}+\ln\dfrac{D_A}{R}\right)i_A+\left(\ln\dfrac{D_B}{D_{AB}}\right)i_B+\ln\left(\dfrac{D_C}{D_{AC}}\right)i_C\right]\\ \psi_B=\dfrac{\mu_0}{2\pi}\left[\left(\ln\dfrac{D_A}{D_{AB}}\right)i_A+\left(\dfrac{\mu_r}{4}+\ln\dfrac{D_B}{R}\right)i_B+\ln\left(\dfrac{D_C}{D_{BC}}\right)i_C\right]\\ \psi_C=\dfrac{\mu_0}{2\pi}\left[\left(\ln\dfrac{D_A}{D_{AC}}\right)i_A+\ln\left(\dfrac{D_B}{D_{BC}}\right)i_C+\left(\dfrac{\mu_r}{4}+\ln\dfrac{D_C}{R}\right)i_A\right]\end{cases}\tag{2-7}$$

考虑到 $D_A\approx D_B\approx D_C$ 以及对称运行时 $i_A+i_B+i_C=0$，三相线路的磁链经过化简后以矩阵形式表示为

$$\begin{bmatrix}\psi_A\\ \psi_B\\ \psi_C\end{bmatrix}=\frac{\mu_0}{2\pi}\begin{bmatrix}\ln(1/R') & \ln(1/D_{AB}) & \ln(1/D_{AC})\\ \ln(1/D_{AB}) & \ln(1/R') & \ln(1/D_{BC})\\ \ln(1/D_{AC}) & \ln(1/D_{BC}) & \ln(1/R')\end{bmatrix}\begin{bmatrix}i_A\\ i_B\\ i_C\end{bmatrix}\tag{2-8}$$

其中，$R'=Re^{-\mu_r/4}$。对于非铁磁性材料的导体，$\mu_r=1$，因此 $R'=Re^{-1/4}=0.7788R$。

3. 分裂导线的电感

为了提高传输容量，降低线路的热损耗，通常采用分裂导线，即用多根导线构成一相。三相任意排列的四分裂导线的结构如图 2-4 所示。三相分裂导线的几何中心之间的距离分别为 D_{AB}、D_{BC}、D_{CA}，任意两条分裂导线之间的距离用 d_{ij} 来表示，i 和 j 分别表示 1～12 号分裂导线，每条分裂导线的半径为 r。

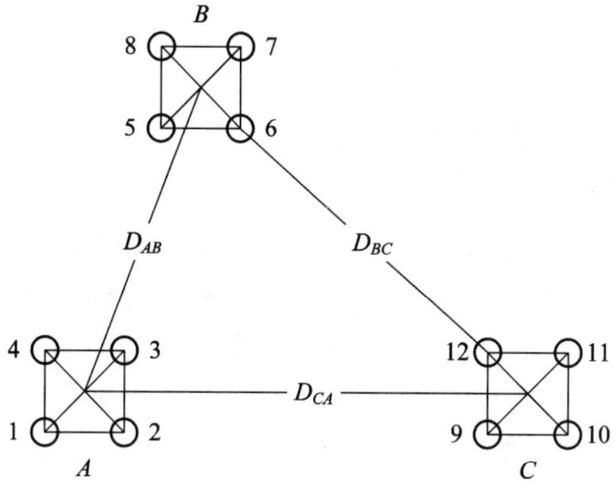

图 2-4　三相对称排列四分裂导线结构

当在三相分裂导线中分别通入电流 i_A、i_B 和 i_C 后，每一条分裂导线中通入的电流是相电流的 1/4，考虑交链 A 相 1 号分裂导线的磁链为

$$\begin{aligned}\psi_1&=\frac{\mu_0}{2\pi}\left[\frac{i_A}{4}\left(\ln\frac{1}{r'}+\ln\frac{1}{d_{1.2}}+\ln\frac{1}{d_{1.3}}+\ln\frac{1}{d_{1.4}}\right)\right]+\frac{i_B}{4}\left(\ln\frac{1}{d_{1.5}}+\ln\frac{1}{d_{1.6}}+\ln\frac{1}{d_{1.7}}+\ln\frac{1}{d_{1.8}}\right)\\&\quad+\frac{i_C}{4}\left(\ln\frac{1}{d_{1.9}}+\ln\frac{1}{d_{1.10}}+\ln\frac{1}{d_{1.11}}+\ln\frac{1}{d_{1.12}}\right)\Big]\\&=\frac{\mu_0}{2\pi}\left[i_A\ln\frac{1}{\sqrt[4]{r'd_{12}d_{13}d_{14}}}+i_B\ln\frac{1}{\sqrt[4]{d_{15}d_{16}d_{17}d_{18}}}+i_C\ln\frac{1}{\sqrt[4]{d_{1.9}d_{1.10}d_{1.11}d_{1.12}}}\right]\\&=\frac{\mu_0}{2\pi}\left[i_A\ln\frac{1}{R'_m}+i_B\ln\frac{1}{D_{1b}}+i_C\ln\frac{1}{D_{1c}}\right]\end{aligned}\tag{2-9}$$

其中：$R'_m=\sqrt[4]{r'd_{12}d_{13}d_{14}}$，为 A 相分裂导线的几何平均半径(GMR)；

$D_{1b}=\sqrt[4]{d_{15}d_{16}d_{17}d_{18}}$，为 A 相 1 号分裂导线到 B 相的几何均距(GMD)；

$D_{1c}=\sqrt[4]{d_{1.9}d_{1.10}d_{1.11}d_{1.12}}$，为 A 相 1 号分裂导线到 C 相的几何均距。

由于每一相的分裂导线间距远小于相间距，因此分裂导线 1 到 B 相的几何均距约等于 A 相和 B 相几何中心的距离 D_{AB}，分裂导线 1 到 C 相的几何均距约等于 D_{AC}。可以近似地认为交链每一相的磁链与交链每一条分裂导线的磁链相等，因此交链三相的磁链分别为(交链每一相的磁链是分裂导线的平均值)：

$$\begin{cases}\psi_A=\dfrac{\mu_0}{2\pi}\left[i_A\ln\dfrac{1}{R'_m}+i_B\ln\dfrac{1}{D_{AB}}+i_C\ln\dfrac{1}{D_{AC}}\right]\\ \psi_B=\dfrac{\mu_0}{2\pi}\left[i_A\ln\dfrac{1}{D_{AB}}+i_B\ln\dfrac{1}{R'_m}+i_C\ln\dfrac{1}{D_{BC}}\right]\\ \psi_C=\dfrac{\mu_0}{2\pi}\left[i_A\ln\dfrac{1}{D_{AC}}+i_B\ln\dfrac{1}{D_{BC}}+i_C\ln\dfrac{1}{R'_m}\right]\end{cases} \tag{2-10}$$

同理，我们将之推广到任意多分裂导线的输电线路的自感和互感。假设有 m 分裂导线，导线半径为 r，任意两相之间的距离为 D_{kl}，每一相任意两分裂导线之间的距离为 d_{nm}(下标 n 代表相，下标 m 代表分裂导线标号)，那么任意一相分裂导线的自感和互感为

$$L_{kk}=\frac{\mu_0}{2\pi}\ln\frac{1}{R'_m}$$

$$M_{kl}=\frac{\mu_0}{2\pi}\ln\frac{1}{D_{kl}}$$

其中，$R'_m=\sqrt[m]{r'd_{k2}d_{k3}\cdots d_{km}}$，为 k 相的几何平均半径。

4. 三相换位线路的电感

通过前面的分析，发现任意排列的三相导线，其自感只与导线的半径(对于分裂导线来说，是平均几何半径)和材料有关，只要每一相导线选择的导体材料和几何尺寸相同，三相导线的自感就相等；而三相导线的互感则与三相导线之间的距离(对于分裂导线，为几何平均距离)有关。很显然，只有三相导线的排列为正三角形的情况下，三相之间的互感相等。如果三相线路自感相同，互感也相同，那么这三相线路就是平衡的。平衡参数的三相线路能够保证系统运行的对称性，只有三相线路正三角对称排列，线路间的互感才是相等的。然而在实际的线路结构中，一般都采用水平或者垂直三相排列，其相与相之间的距离不相等。因此为了保证对称性，采用换位排列的方案。即 A、B、C 三相每隔一段就换位一次，如图 2-5 所示。

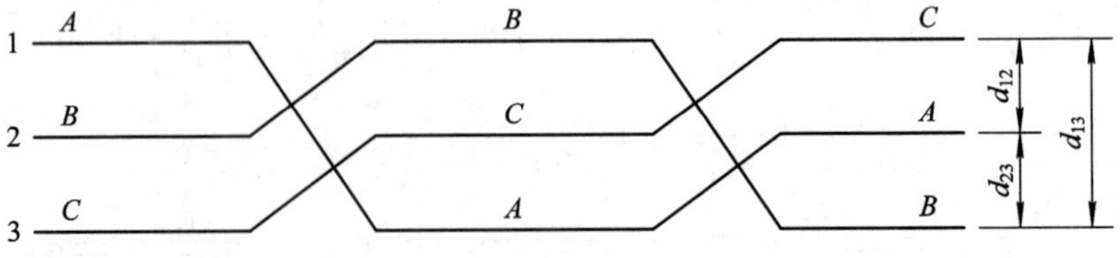

图 2-5 三相换位导线的结构

对于换位导线，我们求各相导线的平均磁链为

$$\begin{cases}\bar{\psi}_A = \frac{1}{3}(\psi_{A1} + \psi_{A2} + \psi_{A3}) \\ \bar{\psi}_B = \frac{1}{3}(\psi_{B1} + \psi_{B2} + \psi_{B3}) \\ \bar{\psi}_C = \frac{1}{3}(\psi_{C1} + \psi_{C2} + \psi_{C3})\end{cases} \tag{2-11}$$

其中，下标 1、2、3 分别代表三个不同的位置，三个位置之间的距离分别是 d_{12}、d_{23} 和 d_{13}，如图 2-5 所示。假设每相导线的半径都是 R，那么各相的平均磁链为

$$\begin{aligned}\bar{\psi}_A &= \frac{1}{3}\frac{\mu_0}{2\pi}\Big[\left(i_A \ln\frac{1}{R'} + i_B \ln\frac{1}{d_{12}} + i_C \ln\frac{1}{d_{13}}\right) \\ &\quad + \left(i_A \ln\frac{1}{R'} + i_B \ln\frac{1}{d_{13}} + i_C \ln\frac{1}{d_{23}}\right) \\ &\quad + \left(i_A \ln\frac{1}{R'} + i_B \ln\frac{1}{d_{23}} + i_C \ln\frac{1}{d_{12}}\right)\Big] \\ &= \frac{\mu_0}{2\pi}\left(i_A \ln\frac{1}{R'} + i_B \ln\frac{1}{D_m} + i_C \ln\frac{1}{D_m}\right)\end{aligned} \tag{2-12a}$$

$$\bar{\psi}_B = \frac{\mu_0}{2\pi}\left(i_B \ln\frac{1}{R'} + i_A \ln\frac{1}{D_m} + i_C \ln\frac{1}{D_m}\right) \tag{2-12b}$$

$$\bar{\psi}_C = \frac{\mu_0}{2\pi}\left(i_C \ln\frac{1}{R'} + i_A \ln\frac{1}{D_m} + i_B \ln\frac{1}{D_m}\right) \tag{2-12c}$$

其中，$D_m = \sqrt[3]{d_{12}d_{23}d_{13}}$，为各相间的几何平均距离(GMD)。

上面的式子表示成矩阵形式，就可以很容易地看出各相的自感和互感：

$$\begin{bmatrix}\bar{\psi}_A \\ \bar{\psi}_B \\ \bar{\psi}_C\end{bmatrix} = \begin{bmatrix}\ln\left(\frac{1}{R'}\right) & \ln\left(\frac{1}{D_m}\right) & \ln\left(\frac{1}{D_m}\right) \\ \ln\left(\frac{1}{D_m}\right) & \ln\left(\frac{1}{R'}\right) & \ln\left(\frac{1}{D_m}\right) \\ \ln\left(\frac{1}{D_m}\right) & \ln\left(\frac{1}{D_m}\right) & \ln\left(\frac{1}{R'}\right)\end{bmatrix}\begin{bmatrix}i_A \\ i_B \\ i_C\end{bmatrix} \tag{2-13}$$

因此可以得到换位三相线路的单位长度的平均自感和互感为

$$L_{AA} = L_{BB} = L_{CC} = \ln\frac{1}{R'}$$

$$M_{AB} = M_{BC} = M_{CA} = \ln\frac{1}{D_m}$$

各相单位长度的自感用 L_s 表示，互感用 L_m 表示，则式(2-13)可简化为：

$$\begin{bmatrix}\bar{\psi}_A \\ \bar{\psi}_B \\ \bar{\psi}_C\end{bmatrix} = \begin{bmatrix}L_s & L_m & L_m \\ L_m & L_s & L_m \\ L_m & L_m & L_s\end{bmatrix}\begin{bmatrix}i_A \\ i_B \\ i_C\end{bmatrix}$$

考虑到对称运行时，$i_A + i_B + i_C = 0$，因此：

$$\begin{aligned}\bar{\psi}_A &= L_s i_A + L_m i_B + L_m i_C = (L_s - L_m)i_A + L_m(i_A + i_B + i_C) \\ &= (L_s - L_m)i_A = L_1 i_A\end{aligned} \tag{2-14a}$$

$$\bar{\psi}_B = (L_s - L_m)i_B = L_1 i_B \tag{2-14b}$$

$$\bar{\psi}_C = (L_s - L_m)i_C = L_1 i_C \tag{2-14c}$$

其中，L_1 称为正序电感。可见，当三相线路平衡时，自感相等互感也相等，此时每一相的磁链只与本相电流有关，而与其他两相电流无关，这样就保证了系统的对称性。如果将电感以电抗形式表示，则每千米长的线路正序电抗为

$$x_1 = 2\pi f \frac{\mu_0}{2\pi}\left(\ln \frac{D_m}{R'}\right)\times 100 \approx 0.1445 \lg \frac{D_m}{R'} \tag{2-15}$$

式(2-15)是电力系统工程计算时的典型公式，对于非铁磁性材料导线，$\mu_r=1$，因此 $R'=0.779R$。如果为分裂导线，则 R' 为几何平均半径。

2.1.2 线路的电容参数

1. 无限长直导线的电场分布

根据物理学的知识，要想得到平行极板电容参数，通常的做法是在两个电极板之间加上一个电荷，得到两个极板之间的电压，电荷与电压之比就是该电容。对于输电线路的电容参数也是如此，首先必须知道，在线路上加上电荷 q，其线路与大地之间以及线路与线路之间的电压是多少，这就必须从单根导线的电场分布谈起。

假设单根无限长直导线，带有电荷 q，导线与距离导线 d_m 处的 M 点之间的电压降落是多少呢？首先考虑一下电场的分布，当在长直导线中加入电荷 q 时，其电场的分布是以导线的轴线为圆心向外部发散的，如图 2-6 所示。

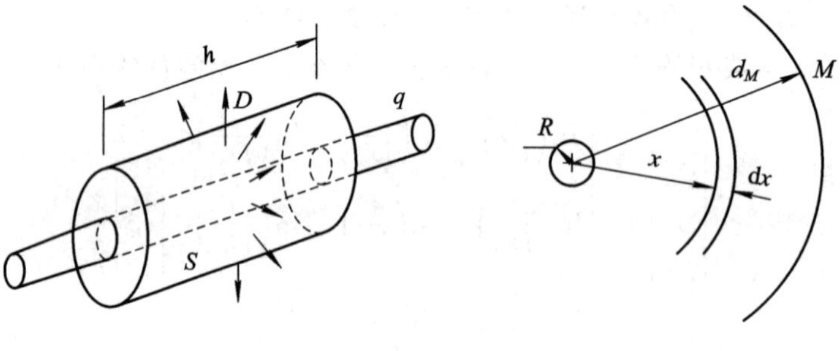

图 2-6　无限长直导线的电场分布

根据高斯通量定律，任何一个包含带电导体闭合曲面，其电通密度 D 沿曲面的积分等于导体的电荷，如图 2-6 中，包含导体的曲面 S，半径为 x 的曲面，长度为 h。那么在 x 处，电通密度 D 与电荷 q 的关系为

$$\int_S D \cdot \mathrm{d}S = D_x 2\pi x h = q \tag{2-16}$$

因此，在距离导线任何位置 x 处，单位长度($h=1$ m)导体穿越曲面 S 的电通密度为

$$D = \frac{q}{2\pi x} \tag{2-17}$$

考虑到电通密度 D 与电场强度 E 的关系为 $D_x=\varepsilon E_x$，其中 ε 为介电常数，$\varepsilon=\varepsilon_r\varepsilon_0$，$\varepsilon_r$ 为相对介电常数，对于空气，$\varepsilon_r=1$；ε_0 为真空介电常数，$\varepsilon_0=\frac{1}{3.6\pi\times 10^{10}}$ F/m。

因此，距离导线 d_m 处 M 点与导体之间的电压为

$$u_{RM}=\int_R^{d_M}E_x\,\mathrm{d}x=\int_R^{d_M}\frac{q}{2\pi\varepsilon x}\mathrm{d}x=\frac{q}{2\pi\varepsilon}\ln\frac{d_M}{R}\tag{2-18}$$

假设以任意距离导线 d_P 处的点 P 作为参考电位，那么 M 点的电位为

$$u_{MP}=u_M-u_P=u_{RP}-u_{RM}=\frac{q}{2\pi\varepsilon}\ln\frac{d_P}{d_M}\tag{2-19}$$

再考虑下面的问题，有两根无限长直导体，分别带有正电荷 $+q$ 和负电荷 $-q$，以 P 点为参考电位点，那么空间任意点 M 处的电位是多少？如图 2-7 所示。

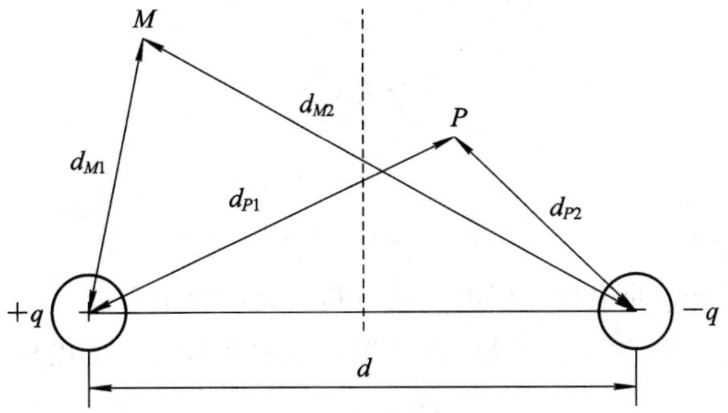

图 2-7　两根无限长直导线示意图

M 点的电位可以用叠加原理来计算，先考虑带有正电荷 q 的一根导线，M 点的电位(M 点与 P 点之间的电压)为

$$u_{MP}^{(1)}=u_M^{(1)}-u_P^{(1)}=u_{RP}^{(1)}-u_{RM}^{(1)}=\frac{q}{2\pi\varepsilon}\ln\frac{d_{P1}}{d_{M1}}\tag{2-20a}$$

然后再考虑带有负电荷 q 的另一根导线，M 点的电位(M 点与 P 点之间的电压)为

$$u_{MP}^{(2)}=u_M^{(2)}-u_P^{(2)}=u_{RP}^{(2)}-u_{RM}^{(2)}=\frac{-q}{2\pi\varepsilon}\ln\frac{d_{P2}}{d_{M2}}\tag{2-20b}$$

因此，当两根分别带有正负电荷 q 的导线共同作用时，M 点的电位(M 点与 P 点之间的电压)为

$$u_{MP}=u_{Mp}^{(1)}+u_{MP}^{(2)}=\frac{q}{2\pi\varepsilon}\ln\frac{d_{P1}d_{M2}}{d_{P2}d_{M1}}\tag{2-21}$$

如果参考电位点在两条导线的连线的中心线上，那么 $d_{P1}=d_{P2}$，因此 M 点的电位为

$$u_M=\frac{q}{2\pi\varepsilon}\ln\frac{d_{M2}}{d_{M1}}\tag{2-22}$$

如果选择两条分别带有正负电荷 $\pm q$ 的平行长直导线的中心线作为参考电位点，那么空间任何一点的电位为该点到负电荷 $-q$ 的距离与到正电荷 $+q$ 的距离之比的自然对数与 $q/2\pi\varepsilon$ 的乘积。根据上述结论，我们就可以分析单位长度单根导线的对地分布电容。

2. 单根导线的对地分布电容

考虑一条无限长直导线，导线的半径为 R，导线对地的距离为 H。那么如何来分析其对地的分布电容呢？根据电容的基本概念，考虑到大地的影响，根据物理学中的理论，我

们可以用镜像法来分析，即大地的作用等价于有另一个带有$-q$电荷的导线位于以大地为中心线的对称位置，如图 2-8 所示。

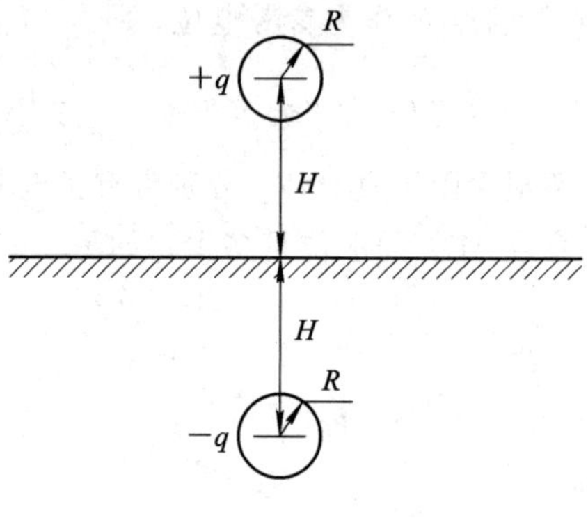

图 2-8 单根无限长直导线

当在导线上加上$+q$的电荷，相当于在与其以大地为中心线对称的位置有一根带有$-q$电荷的导线，根据上一节的结论，可以得到单位长度长直导线的电位为(考虑到 $H \gg R$)

$$u = \frac{q}{2\pi\varepsilon} \ln \frac{2H-R}{R} \approx \frac{q}{2\pi\varepsilon} \ln \frac{2H}{R} \tag{2-23}$$

因此单位长度的单根导线对地分布电容为

$$C = \frac{q}{u} = \frac{2\pi\varepsilon}{\ln(2H/R)} \tag{2-24}$$

3. 三相线路的分布电容

对于三相导线，除了每一相导线对大地有分布电容以外，导线与导线之间也存在互电容，因为当在任意一相加上一个电荷后，在另外两相上都会产生出感应电压，三相电压与电荷之间的关系可以用如下的矩阵形式表示

$$\begin{bmatrix} q_A \\ q_B \\ q_C \end{bmatrix} = \begin{bmatrix} C_{AA} & C_{AB} & C_{AC} \\ C_{BA} & C_{BB} & C_{BC} \\ C_{CA} & C_{CB} & C_{CC} \end{bmatrix} \begin{bmatrix} u_A \\ u_B \\ u_C \end{bmatrix} \tag{2-25}$$

其中，对角线元素为导线自身对地电容，非对角线元素为导线与导线之间的互电容。上式也可以反过来表示

$$\begin{bmatrix} u_A \\ u_B \\ u_C \end{bmatrix} = \begin{bmatrix} \alpha_{AA} & \alpha_{AB} & \alpha_{AC} \\ \alpha_{BA} & \alpha_{BB} & \alpha_{BC} \\ \alpha_{CA} & \alpha_{CB} & \alpha_{CC} \end{bmatrix} \begin{bmatrix} q_A \\ q_B \\ q_C \end{bmatrix} \tag{2-26}$$

其中，α 称为电位系数，对角线元素称为自电位系数，非对角线元素称为互电位系数。电位系数反映的是，当在三相导线上加上电荷后，三相导线的电位大小。很明显，电容矩阵是电位系数矩阵的逆矩阵，可以利用在三相线路上加上电荷来求得三相线路的电位，因此就可以利用求逆来得到三相线路的自电容和互电容。

任意排列的三相线路，线路半径为 R，三相线路之间的距离分别是 D_{AB}、D_{BC}、D_{CA}，其镜像示意图如图 2-9 所示。

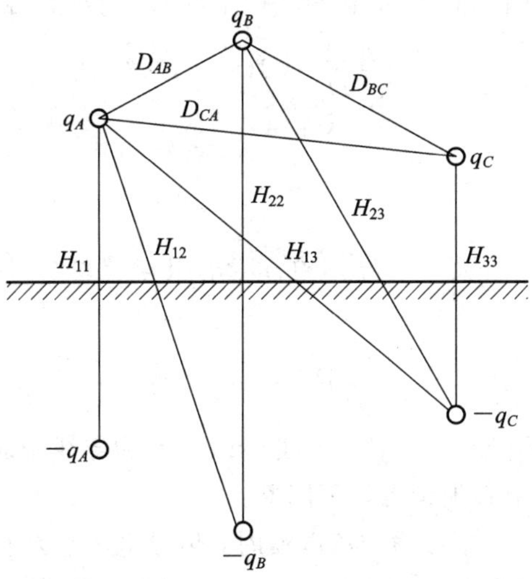

图 2-9　三相线路镜像示意图

当在三相线路上分别加上 q_A、q_B、q_C 的电荷时，根据前面的结论，并再次利用叠加原理将另外两相电荷感应的电位考虑在内，可以得到 A、B、C 三相线路的电位分别为(以大地为电位参考点)

$$\begin{cases} u_A = \dfrac{1}{2\pi\varepsilon_0}\left(q_A \ln \dfrac{H_{11}}{R} + q_B \ln \dfrac{H_{12}}{D_{AB}} + q_C \ln \dfrac{H_{13}}{D_{CA}}\right) \\ u_B = \dfrac{1}{2\pi\varepsilon_0}\left(q_A \ln \dfrac{H_{12}}{D_{AB}} + q_B \ln \dfrac{H_{22}}{R} + q_C \ln \dfrac{H_{23}}{D_{BC}}\right) \\ u_C = \dfrac{1}{2\pi\varepsilon_0}\left(q_A \ln \dfrac{H_{13}}{D_{CA}} + q_B \ln \dfrac{H_{23}}{D_{BC}} + q_C \ln \dfrac{H_{33}}{R}\right) \end{cases} \tag{2-27}$$

考虑到 $H_{11} \approx H_{22} \approx H_{33} \approx H_{12} \approx H_{13} \approx H_{23}$，在系统对称运行时，$q_A + q_B + q_C = 0$，如果三相平衡，即三相间的几何平均间距相等：$D_m = \sqrt[3]{D_{AB} D_{BC} D_{CA}}$，因此有

$$\begin{bmatrix} u_A \\ u_B \\ u_C \end{bmatrix} = \frac{1}{2\pi\varepsilon_0} \begin{bmatrix} \ln\left(\dfrac{1}{R}\right) & \ln\left(\dfrac{1}{D_m}\right) & \ln\left(\dfrac{1}{D_m}\right) \\ \ln\left(\dfrac{1}{D_m}\right) & \ln & \left(\dfrac{1}{R}\right) \\ \ln\left(\dfrac{1}{D_m}\right) & \ln\left(\dfrac{1}{D_m}\right) & \ln\left(\dfrac{1}{R}\right) \end{bmatrix} \begin{bmatrix} q_A \\ q_B \\ q_C \end{bmatrix} \tag{2-28}$$

因此，正序电位系数为

$$\alpha_1 = \alpha_s - \alpha_m = \frac{1}{2\pi\varepsilon} \ln \frac{D_m}{R} \tag{2-29}$$

因此，正序电容为

$$C_1 = \frac{1}{\alpha_1} = \frac{2\pi\varepsilon}{\ln(D_m/R)} \tag{2-30}$$

其中，$D_m = \sqrt[3]{D_{AB} D_{BC} D_{CA}}$，为三相导线的几何均距；$R$ 为导线半径，如果为分裂导线，则取为每相分裂导线的几何平均半径。

在工程计算中，通常将自然对数转换为常用对数，将单位长度由米转换为千米，并将介

电常数 $\varepsilon_0 = 1/(3.6\pi \times 10^{10})$ F/m 代入，在 50 Hz 工频下，可得到每千米长线路的正序电纳为

$$b_1 = \frac{7.58}{\ln \frac{D_m}{R}} \times 10^{-6} \quad (\mathrm{S/km}) \tag{2-31}$$

2.1.3 导线的电阻

根据物理学中的知识，任意一个导体的直流电阻与导线电阻率和长度成正比，与导线截面积成反比，即

$$R_d = \rho \frac{l}{S} \tag{2-32}$$

其中，ρ 为导线电阻率(Ω/km)，l 为导线长度(km)，S 为导线截面积(mm^2)。

但是在实际工程计算中必须考虑如下因素：

(1) 集肤效应，即当导线中传输交流电流时，传导电子总是有向导线外径集中的效应，而且频率越高，这一效应越明显。很显然，这一效应减少了传导有效截面积，增大了实际的电阻。因此，交流电阻总是比直流电阻要大，必须将直流电阻乘上集肤系数。

(2) 实际的导线大多都是由多股导体扭绞而成的，因此实际距离约比导线长度增大2%～3%。

(3) 导体在实际运行中会发热，具有一定的温度，因此必须考虑温度的影响。

在电力系统实际计算中，线路的电阻随着温度的变化按下式进行修正

$$Rt = R_{20}[1 + \alpha(t - 20)] \tag{2-33}$$

其中，R_{20} 为导线在 20℃时的电阻值，α 为温度系数，t 为实际运行温度。

2.1.4 线路的电导

线路的电导主要由于高电压引起的电晕现象以及绝缘介质的泄漏，通常对于较低电压等级(110 kV 以下)的架空线路，除了在恶劣气候条件下以外，电晕放电现象不是很普遍，因此由电压引起的功率损耗主要是由泄漏电流引起的，而泄漏电流一般很小，可以忽略不计。对于较高电压等级，电晕放电现象比较常见，主要原因是超高压引起导体表面的电场强度非常大，引起了导体表面空气的电离，在导体表面形成一层蓝色的晕光环，称为电晕，从而使线路产生损耗。这个损耗只与电压有关，而与导线内的电流无关，因此用电导参数来表示。

假设三相线路对称运行，已知三相线路每千米的电晕损耗为 ΔP_0，那么其对地电导可以表示为

$$G = \frac{\Delta P_0}{U^2} \times 10^{-3} \quad (\mathrm{S/km}) \tag{2-34}$$

其中，U 是线路的线电压。

只有当线路的运行电压超过某个临界值时，才会发生电晕现象，这个临界相电压近似为(高电压工程中的经验公式)

$$U_{cr} = 49.3 m_1 m_2 \delta R \ln \frac{D_m}{R} \quad (\mathrm{kV}) \tag{2-35}$$

其中，m_1 为导体表面光滑系数，m_2 为气象系数，δ 为空气相对密度。

对于分裂导线，电晕临界相电压为

$$U_{cr}=49.3m_1m_2\delta f_{na}R\ln\frac{D_m}{R_{eq}}\quad(\text{kV})\tag{2-36}$$

其中，$f_{na}=\dfrac{n}{1+2(n-1)\dfrac{R}{d}\sin\dfrac{\pi}{n}}$，$n$ 为分裂导线数，d 为分裂导线中相邻两根导线之间的距离(cm)，R 为导线半径，R_{eq} 分裂导线的半径；可见，分裂导线可以有效地提高临界电压，避免电晕的发生。电晕除了增加有功损耗外，更重要的是有辐射作用，会对无线电通讯产生干扰。因此在电力系统设计时，应尽量避免产生电晕防止电晕的有效手段是增大导线半径，减少导体表面的电场强度；采用分裂导线。考虑到这些因素，在一般电力系统计算中，通常忽略电晕损耗和泄漏电流，即认为导线的对地电导为零。

2.2　输电线路的等值计算模型

前面分析了每千米长线路的电路参数 R_0、L_0、G_0 和 C_0，这些参数是沿线均匀分布的，线路任意微小的长度内都存在串联电阻和电感、并联电导和电纳，整条线路是由无限多串联电阻 R 和电感 L 以及并联电导 G 和电容 C 电路的级联，如图 2-1 所示。那么问题是，对于这样的一条输电线路，假设上述分布参数已知，线路两端的电压和电流是什么关系呢？知道这个关系就能得到输电线路的等值计算电路。要解决这个问题，首先从输电线路分布参数下的微分方程开始谈起。

2.2.1　线路的电报方程

如图 2-10 所示的单相输电线路，假设其分布参数 R_0、L_0、G_0 和 C_0 已知，且沿线路均匀分布，首端记为 M，末端计为 N，且以首端为原点，即距离的起始端，线路长度为 L。

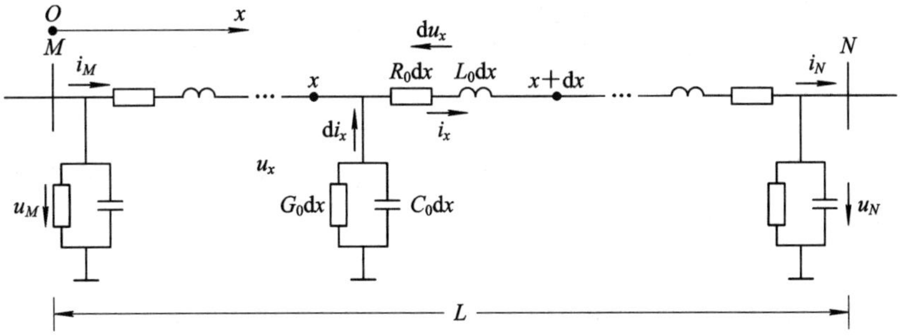

图 2-10　线路分布参数示意图

那么在线路上任意距离原点 x 处与 $x+\mathrm{d}x$ 处的电压电流的关系为：

$$\begin{cases}-\mathrm{d}u_x=R_0\mathrm{d}xi_x+L_0\mathrm{d}x\dfrac{\mathrm{d}i_x}{\mathrm{d}t}\\-\mathrm{d}i_x=G_0\mathrm{d}xu_x+C_0\mathrm{d}x\dfrac{\mathrm{d}u_x}{\mathrm{d}t}\end{cases}\tag{2-37}$$

式(2－37)写成偏微分形式就得到了均匀分布参数在 x 点的电压电流关系

$$\begin{cases} -\dfrac{\partial u_x}{\partial x} = R_0 i_x + L_0 \dfrac{\partial i_x}{\partial t} \\ -\dfrac{\partial i_x}{\partial x} = G_0 u_x + C_0 \dfrac{\partial u_x}{\partial t} \end{cases} \tag{2-38}$$

式(2－38)为时域内的偏微分方程，u_x 和 i_x 分别是在 x 点处的电压、电流的瞬时值。该偏微分方程的初始条件为：在 $x=0$ 处，$u_0(t)=u_M(t)$，$i_0(t)=i_M(t)$。

求解这个偏微分方程，需要先将方程进行拉普拉斯变换，得到其通解，根据初始值再计算出其解，然后再进行拉氏反变换。对于工频稳态量，由于电压和电流为正弦波，因此可以用相量方程来表示。事实上，相量方程和拉氏变换后的方程在形式上没有区别，唯一的区别是前者为某一特定的频率，后者频率为变量，二者都是频域内的方程。在电力系统稳态分析中，需要用相量方程，而在电磁暂态计算时则需要拉氏变换的频域方程。

2.2.2 线路相量微分方程的解

将时域偏微分方程的两边进行拉氏变换，可以得到

$$\begin{cases} -\dfrac{\mathrm{d}U(s,x)}{\mathrm{d}x} = (R_0 + sL_0)I(s,x) \\ -\dfrac{\mathrm{d}I(s,x)}{\mathrm{d}x} = (G_0 + sC_0)U(s,x) \end{cases} \tag{2-39}$$

只需要将上式中的 s 替换为 $\mathrm{j}\omega_0$，就可以得到线路的相量微分方程，其中，$\omega_0=2\pi f_0$，$f_0=50$ Hz，为工频频率，我们用 $\dot{U}$ 和 $\dot{I}$ 分别表示电压电流相量

$$\begin{cases} -\dfrac{\mathrm{d}\dot{U}(x)}{\mathrm{d}x} = (R_0 + j\omega_0 L_0)\dot{I}(x) \\ -\dfrac{\mathrm{d}\dot{I}(x)}{\mathrm{d}x} = (G_0 + j\omega_0 C_0)\dot{U}(x) \end{cases} \tag{2-40}$$

将上式分别对 x 再求导数，得

$$\begin{cases} -\dfrac{\mathrm{d}^2\dot{U}(x)}{\mathrm{d}x^2} = \gamma^2\dot{U}(x) \\ -\dfrac{\mathrm{d}^2\dot{I}(x)}{\mathrm{d}x^2} = \gamma^2\dot{I}(x) \end{cases} \tag{2-41}$$

其中，$\gamma=\sqrt{(R_0+\mathrm{j}\omega_0 L_0)(G_0+\mathrm{j}\omega_0 C_0)}$，称为线路的传播参数。根据高等数学的知识，由式(2－41)可以得到电压的通解

$$\dot{U}(x) = C_1\mathrm{e}^{-\gamma x} + C_2\mathrm{e}^{\gamma x} \tag{2-42a}$$

将这个通解求导，并代入(2－29)式中的第一个方程中，可得到电流的通解

$$\dot{I}(x) = \frac{C_1}{Z_c}\mathrm{e}^{-\gamma x} - \frac{C_2}{Z_c}\mathrm{e}^{\gamma x} \tag{2-42b}$$

其中，$Z_C=\sqrt{\dfrac{R_0+j\omega_0 L_0}{R_0+j\omega_0 L_0}}$，称为线路的波阻抗或者特征阻抗；$A(x)=\mathrm{e}^{-\gamma x}$，称为线路的传播函数，因为传播参数是个复数，可以表示为 $\gamma=\alpha+\mathrm{j}\beta$，因此传播函数可以表示为 $A(x)=\mathrm{e}^{-\alpha x}\mathrm{e}^{-\mathrm{j}\beta x}$，前一部分 $\mathrm{e}^{-\alpha x}$ 反映为行波的衰减，后一部分 $\mathrm{e}^{-\mathrm{j}\beta x}$ 反映为行波的相位移(时间的延迟)。

根据初始条件，$x=0$ 时，$\dot{U}(0)=\dot{U}_M$，$\dot{I}(0)=\dot{I}_M$，可以得到线路相量微分方程的特解，即可以得到线路上任意一点的电压和电流：

$$\begin{cases} \dot{U}(x)=\dfrac{\dot{U}_M+Z_c\dot{I}_M}{2}e^{-\gamma x}+\dfrac{\dot{U}_M-Z_c\dot{I}_M}{2}e^{\gamma x} \\ \dot{I}(x)=\dfrac{\dot{U}_M+Z_c\dot{I}_M}{2Z_c}e^{-\gamma x}-\dfrac{\dot{U}_M-Z_c\dot{I}_M}{2Z_c}e^{\gamma x} \end{cases} \tag{2-43}$$

将 $x=L$ 代入上面的特解中，就可以得到 M 侧和 N 侧电压电流的关系：

$$\begin{bmatrix}\dot{U}_N\\ \dot{I}_N\end{bmatrix}=\begin{bmatrix}\cosh(\gamma L) & -Z_c\sinh(\gamma L)\\ -\sinh(\gamma L)/Z_c & \cosh(\gamma L)\end{bmatrix}\begin{bmatrix}\dot{U}_M\\ \dot{I}_M\end{bmatrix} \tag{2-44}$$

2.2.3 线路的等值计算电路

根据输电线路微分方程的解，可以看出，输电线路相当于一个无源二端口网络，二端口网络用传输参数 A、B、C、D 表示为

$$\begin{bmatrix}\dot{U}_N\\ \dot{I}_N\end{bmatrix}=\begin{bmatrix}A & B\\ C & D\end{bmatrix}\begin{bmatrix}\dot{U}_M\\ \dot{I}_M\end{bmatrix} \tag{2-45}$$

其中，$A=D=\cosh(\gamma L)$，$B=-Z_c\sinh(\gamma L)$，$C=-\sinh(\gamma L)/Z_c$。

对于无源二端口网络可以用 π 型或者 T 型等效电路来替代，以 π 型等效电路为例说明，T 型等效电路由读者自行推导。应该注意的是，所谓等效，事实上是利用集中参数来反映二端口两端电压电流的传输关系，并不能反映内部的物理过程。

对于如图 2-11 所示的 π 型电路，可以得到两端电压和电流的关系为

$$\dot{U}_N=\dot{U}_M-\left(\dot{I}_M-\frac{Y_1'}{2}\dot{U}_M\right)Z'=\left(1-\frac{Y_1'Z'}{2}\right)\dot{U}_M-Z'\dot{I}_M \tag{2-46a}$$

$$\begin{aligned}\dot{I}_N&=\dot{I}_M-\frac{Y_1'}{2}\dot{U}_M-\frac{Y_2'}{2}\dot{U}_N\\ &=-\left(\frac{Y_1'+Y_2'-Y_1'Y_2'Z'/2}{2}\right)\dot{U}_M+\left(1+\frac{Y_2'Z'}{2}\right)\dot{I}_M\end{aligned} \tag{2-46b}$$

将上式(2-46a)、(2-46b)与(2-44)式作比较，可以得到 π 型等效电路中的参数如下

$$Z'=Z_c\sinh(\gamma L)=Z_1L\frac{\sinh(\gamma L)}{\gamma L}$$

$$Y_1'=Y_2'=\frac{2[\cosh(\gamma L)-1]}{Z_c\sinh(\gamma L)}=Y_1L\frac{\tanh(\gamma L/2)}{\gamma L/2}$$

式中，$Z_1=R_0+j\omega_0L_0$，为工频下每千米的线路阻抗；$Y_1=G_0+j\omega_0C_0$，为工频下每千米长的线路导纳。

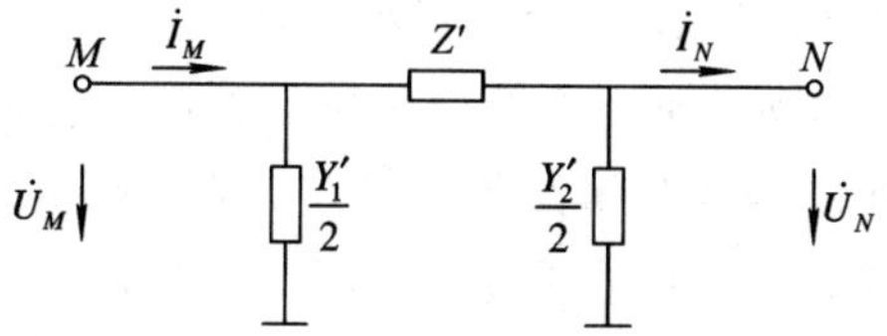

图 2-11 输电线路的 PI 型等效电路

通过上面的分析，可以根据输电线路的原始参数得到输电线路的正序分布电感、电

容、电阻和电导，并得到其正序参数的等值计算电路，如图 2－11 所示。通常在电力系统稳态计算中，当线路长度超过 240 km 时，采用上面的精确模型；当线路不超过 240 km 时，采用简化的 π 型电路，即认为 $Z=Z_0L$，$Y=Y_0L$，且忽略对地电导。当线路长度不超过 90 km 时，仅考虑 $Z=Z_0L$ 而忽略 Y 就可以满足要求。

2.3 变压器等值电路及其参数

电力变压器是电力系统中另一个重要的元件，它的作用是将发电机端的电压，升高至某个高电压等级，将电能输送到电网；或者将输送来的高电压等级的电能转换为较低电压，供给用户。变压器的结构类型很多，除了有双绕组变压器、三绕组变压器外，还有自耦变压器等。本节主要介绍根据变压器的铭牌试验参数求取变压器正序等值电路及其参数的方法。

2.3.1 双绕组变压器

1. 变压器的等值电路

任意接线的三相变压器，都可以将三角型连接转化为星型连接，并将三相转化为单相来考虑。单相双绕组变压器的原理图如图 2－12 所示。两个绕组的匝数分别为 N_1 和 N_2，分别缠绕在一个铁芯上，铁芯的作用是将绕组中电流产生的磁场传递到对侧。

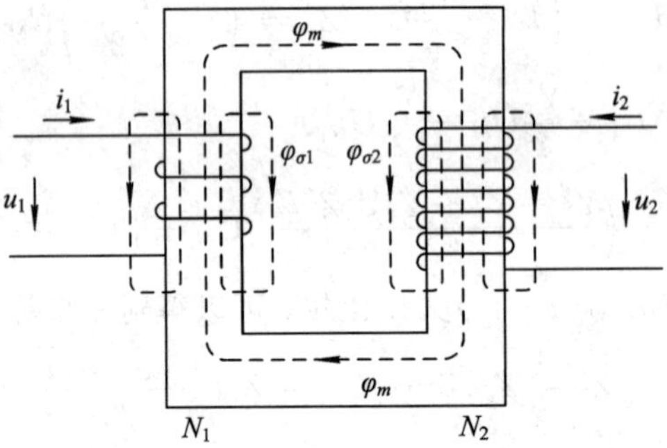

图 2－12 变压器原理图

1）*两侧绕组产生的磁场及磁场强度*

当在原边加上电压 u_1 后，会产生电流 i_1，同时，将产生磁场。该磁场一部分通过空气(绕组和铁芯间的气隙)构成回路，这部分磁场称为漏磁，其磁场强度用 $H_{\sigma1}$ 表示；另一部分通过铁芯交链对侧绕组，称为励磁，这部分磁场强度用 H_{m1} 来表示。交变的励磁磁场在对侧绕组产生感应电势，如果副边绕组是闭合回路，则将产生电流 i_2，同样，这个电流也会产生磁场。磁场分为两部分，一部分是漏磁，用 $H_{\sigma2}$ 表示，另一部分通过铁芯交链到原边，称为励磁，用 H_{m2} 表示。

这样，在铁芯中的总励磁为两边电流产生的励磁磁场之代数和，根据其参考方向，由右手螺旋法则可知，两侧励磁磁场的方向是一致的，因此是两侧励磁磁场的和

$$H_m = H_{m1} + H_{m2} \tag{2-47}$$

根据安培环流定律可知，原边和副边的漏磁磁场强度为

$$\begin{cases} H_{\sigma1} = \dfrac{N_1 i_1}{l_{\sigma1}} \\ H_{\sigma2} = \dfrac{N_2 i_2}{l_{\sigma2}} \end{cases} \tag{2-48}$$

其中，$l_{\sigma1}$ 和 $l_{\sigma2}$ 分别为两侧绕组漏磁回路的长度。

两侧绕组共同产生的励磁磁场强度为

$$H_m = H_{m1} + H_{m2} = \frac{N_1 i_1 + N_2 i_2}{l_m} \tag{2-49}$$

其中，l_m 为励磁磁场回路的长度。

铁芯中总的励磁磁场是两侧励磁磁场的叠加，可以等效为是由一个励磁电流产生

$$\begin{cases} H_m = \dfrac{N_1(i_1 + N_2/N_1 i_2)}{l_m} = \dfrac{N_1 i_m}{l_m} \\ H_m = \dfrac{N_2(N_1/N_2 i_1 + i_2)}{l_m} = \dfrac{N_2 i_m'}{l_m} \end{cases} \tag{2-50}$$

可见，如果将励磁电流折算到原边，则

$$i_m = i_1 + \frac{N_2}{N_1} i_2 = i_1 + i_2' \tag{2-51a}$$

如果将励磁电流折算到副边，则

$$i_m = \frac{N_1}{N_2} i_1 + i_2 = i_1' + i_2 \tag{2-51b}$$

2）交链原边和副边的磁通和磁链

交链两侧绕组的磁通量有两部分，一部分是自身产生漏磁通 φ_σ，另一部分是两侧绕组共同产生的励磁磁通 φ_m。

假设在两侧绕组中的磁感应强度是均匀分布的，那么穿越两侧绕组的磁通量为磁感应强度和绕组截面积的乘积。磁感应强度等于磁场强度与磁导率的乘积，即 $B=\mu H$。铁芯的截面积为 S，空气的磁导率为 μ_0，铁芯的磁导率为 μ_r，励磁电流被折算到原边，如式(2-51a)所示。那么原边和副边的磁通量分别为

$$\begin{cases} \varphi_1 = \varphi_{\sigma1} + \varphi_m = (\mu_0 H_{\sigma1} + \mu_r H_m)S = \dfrac{\mu_0 S}{l_{\sigma1}}(N_1 i_1) + \dfrac{\mu_r S}{l_m}(N_1 i_m) \\ \varphi_2 = \varphi_{\sigma2} + \varphi_m = (\mu_0 H_{\sigma2} + \mu_r H_m)S = \dfrac{\mu_0 S}{l_{\sigma2}}(N_2 i_2) + \dfrac{\mu_r S}{l_m}(N_1 i_m) \end{cases} \tag{2-52}$$

实际上，可以定义磁势 $F=Ni$，磁导 $\lambda=\mu S/l$，磁通就等于磁导乘以磁势

$$\varphi = \lambda F \tag{2-53}$$

磁链是磁通量与匝数的乘积，即 $\psi=N\varphi$。那么交链两侧绕组的磁链分别为

$$\begin{cases} \psi_1 = N_1 \varphi_1 = \dfrac{\mu_0 S}{l_{\sigma1}} N_1^2 i_1 + \dfrac{\mu_r S}{l_m} N_1^2 i_m \\ \psi_2 = N_2 \varphi_2 = \dfrac{\mu_0 S}{l_{\sigma2}} N_2^2 i_2 + \dfrac{\mu_r S}{l_m} N_1 N_2 i_m \end{cases} \tag{2-54}$$

将副边的磁链也折算到原边，即将上式中的副边的磁链乘以 N_1/N_2，同时考虑到 $i_2'=(N_2/N_1)i_2$，折算后的磁链方程为

$$\begin{cases}\psi_1=\dfrac{\mu_0 S}{l_{\sigma1}}N_1^2 i_1+\dfrac{\mu_r S}{l_m}N_1^2 i_m\\ \psi_2'=\dfrac{\mu_0 S}{l_{\sigma2}}N_1^2 i_2'+\dfrac{\mu_r S}{l_m}N_1^2 i_m\end{cases}\tag{2-55}$$

令

$$\begin{cases}L_{\sigma1}=\dfrac{\mu_0 SN_1^2}{l_{\sigma1}}\\ L_{\sigma2}'=\dfrac{\mu_0 SN_1^2}{l_{\sigma2}}=\left(\dfrac{N_1}{N_2}\right)^2\dfrac{\mu_0 SN_2^2}{l_{\sigma2}}=\left(\dfrac{N_1}{N_2}\right)^2 L_{\sigma2}\\ L_m=\dfrac{\mu_r SN_1^2}{l_{\sigma m}}\end{cases}\tag{2-56}$$

其中，$L_{\sigma1}$、$L_{\sigma2}$ 分别为原边和副边的漏感，$L_{\sigma2}'$ 为副边的漏感折算到原边的等效电感；L_m 为折算到原边的等效励磁电感。这样原边和副边的电压分别为(折算到原边)

$$\begin{cases}u_1=\dfrac{\mathrm{d}\psi_1}{\mathrm{d}t}=L_{\sigma1}\dfrac{\mathrm{d}i_1}{\mathrm{d}t}+L_m\dfrac{\mathrm{d}i_m}{\mathrm{d}t}\\ u_2'=\dfrac{\mathrm{d}\psi_2'}{\mathrm{d}t}=L_{\sigma2}'\dfrac{\mathrm{d}i_2'}{\mathrm{d}t}+L_m\dfrac{\mathrm{d}i_m}{\mathrm{d}t}\end{cases}\tag{2-57}$$

3) *考虑绕组铜耗和铁芯损耗的变压器原边和副边的方程*

考虑到原边和副边绕组的发热损耗(铜耗)，可以用一个电阻来模拟，原边的损耗用 r_1 来模拟，副边用 r_2 来模拟。

另外，在变压器的铁芯中将产生涡流，也将产生损耗，这部分损耗称为铁耗。根据法拉第定律，涡流电流的方向总是试图抵消励磁磁通的增量。因此涡流电流、原边电流和副边电流共同叠加产生励磁磁场，则励磁电流可以等效为

$$i_m=i_1+i_2'-i_e\tag{2-58}$$

其中 i_e 为涡流电流。

另外，由于铁芯存在磁滞，因此也会存在磁滞损耗。磁滞的效果同样等价于抵消了一部分励磁磁场，即产生去磁效应

$$i_m=i_1+i_2'-(i_e+i_h)\tag{2-59}$$

其中，i_h 为等效的磁滞电流。磁滞损耗和涡流损耗共同构成了变压器的铁耗。不考虑变压器的铁芯饱和，则磁滞电流和涡流电流等效为

$$i_0=i_e+i_h=g_m\frac{\mathrm{d}\psi_m}{\mathrm{d}t}=g_m u_m\tag{2-60}$$

即铁耗可以用一个与励磁电抗并联的等效的电导 g_m 来模拟。

因此，变压器的原边和副边等效方程为

$$\begin{cases}u_1=r_1 i_1+L_{\sigma1}\dfrac{\mathrm{d}i_1}{\mathrm{d}t}+L_m\dfrac{\mathrm{d}i_m}{\mathrm{d}t}\\ u_2'=r_2' i_2'+L_{\sigma2}'\dfrac{\mathrm{d}i_2'}{\mathrm{d}t}+L_m\dfrac{\mathrm{d}i_m}{\mathrm{d}t}\end{cases}\tag{2-61}$$

4）变压器的等值电路

变压器的等值电路如图 2－13 所示(折算到原边)。

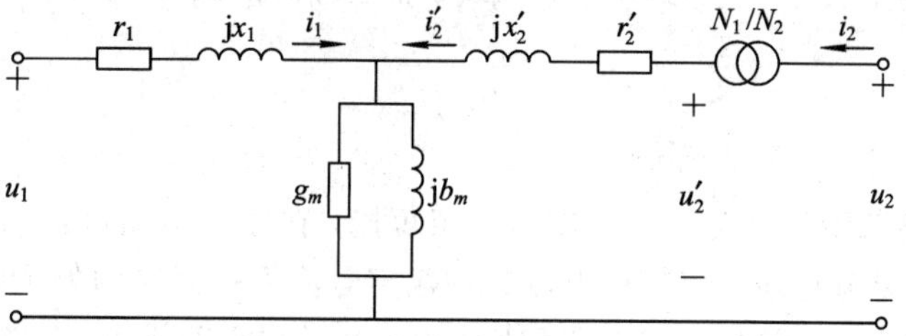

图 2－13　变压器等值电路

由于变压器的励磁阻抗比变压器漏抗大得多，因此，变压器的励磁支路电流较小，一般为额定电流的 0.5%～2%，在电力系统计算中，为了简化，通常把励磁支路移到变压器的端部(通常移动到电源侧)，并把原边和副边的铜耗以及漏电抗合并，形成如图 2－14 所示的等值电路。这样简化的目的是减少变压器支路的节点，因为电力系统通常用节点电压方程来求解，减少节点将减少节点电压方程的个数。

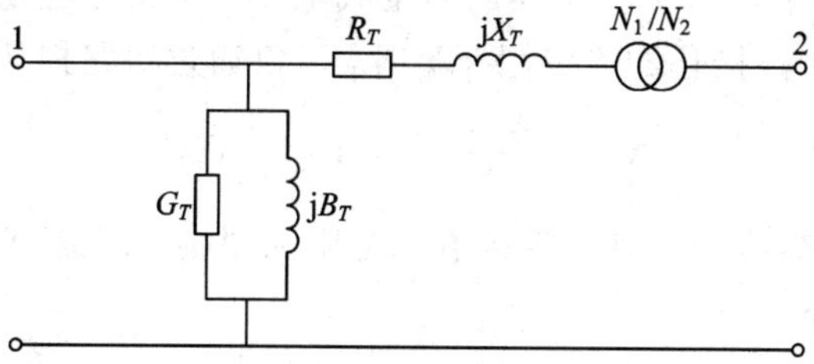

图 2－14　简化的变压器等值电路

2. 变压器的空载和短路试验

通常，变压器等值电路(如图 2－14)中的串联电阻与电抗以及并联电导与电纳可以由变压器铭牌上提供的短路试验和空载试验数据得到。

1）空载试验

变压器在进行空载试验时，将变压器副边开路，在原边施加对称的三相额定电压(加的电压为相电压，而变压器铭牌上的额定电压 U_N 为线电压)，从而测出三相空载时有功功率损耗 P_0 和空载电流百分数 $I_0\%$。

由于空载电流与额定电流相比很小，在变压器中引起的铜耗也很小，因此可以近似地认为空载损耗为变压器铁芯中的损耗，于是有

$$P_0 = 3G_T\left(\frac{U_N}{\sqrt{3}}\right)^2 = G_T U_N^2 \tag{2-62}$$

当 P_0 的单位用 kW，U_N 的单位用 kV 时，可以得到励磁电导(单位为 S)为

$$G_T = \frac{P_0}{U_N^2} \times 10^{-3} \quad (\mathrm{S}) \tag{2-63}$$

在励磁支路的导纳中，通常电导 G_T 的数值远小于电纳 B_T，因此可以近似地认为，空载电流主要是等于流过 B_T 支路的电流，因此有

$$I_0\% = \frac{I_0}{I_N} \times 100 = \frac{B_T U_N}{\sqrt{3} I_N} \times 100 = \frac{B_T U_N^2}{S_N} \times 100 \tag{2-64}$$

当额定容量采用 MV·A，电压单位为 kV 时，励磁电纳为

$$B_T = \frac{I_0\%}{100} \frac{S_N}{U_N^2} \quad (\mathrm{S}) \tag{2-65}$$

2）短路试验

变压器的短路试验是将变压器的副边三相短接，在原边施加可调的三相对称电压，在试验中，逐步增加外施电压，使其相电流达到额定电流 I_N，此时的外施电压 U_k 称为短路电压。测量这个短路电压，并与额定电压相比，得到短路电压百分数 $U_k\%$。然后测量三相的有功功率损耗 ΔP_k，这个损耗称为短路损耗。

通过变压器的等值计算电路可以发现，当一侧短路时，变压器的短路电压比额定电压小得多，因此励磁电抗和铁芯损耗可以忽略不计，于是短路损耗，可以近似地看作是额定电流流过原边和副边的电阻所产生的铜耗：

$$\Delta P_k = 3 I_N^2 R_T = 3\left(\frac{S_N}{\sqrt{3} U_N}\right)^2 R_T = \frac{S_N^2}{U_N^2} R_T \tag{2-66}$$

式中，S_N 为变压器的容量，U_N 为变压器的额定线电压。当额定容量的单位用 MV·A，额定电压的单位用 kV，短路损耗的单位用 kW 时，可以通过短路损耗确定变压器的电阻为

$$R_T = \frac{\Delta P_k U_N^2}{S_N^2} \times 10^{-3} \quad (\Omega) \tag{2-67}$$

另一方面，由于变压器的漏抗的阻抗值比电阻大很多，因此，短路电压可以看作是由电抗 X_T 产生的电压。从而有

$$U_k\% = \frac{U_k}{U_N} \times 100 = \frac{\sqrt{3} I_N X_T}{U_N} \times 100 = \frac{S_N}{U_N^2} X_T \times 100 \tag{2-68}$$

当变压器的容量和电压采用前面相同的单位时，有

$$X_T = \frac{U_k\%}{100} \frac{U_N^2}{S_N} \quad (\Omega) \tag{2-69}$$

必须指出，通过上述公式得到的变压器的等值计算参数，是将变压器归算到某一侧的数值，当归算到原边侧时，额定电压应该用原边的额定电压，而归算到副边时，电压应用副边的额定电压。

2.3.2　三绕组变压器的模型和参数

1. 三绕组变压器模型

根据《电机学》中的知识，以及前面建立的双绕组变压器模型，可以很容易推知三绕组变压器的等值电路如图 2－15 所示。与双绕组变压器一样，三绕组变压器的参数也需要归算到同一侧。当折算到Ⅰ侧时，R_{T1} 和 X_{T1} 代表Ⅰ侧的电阻和漏抗，R_{T2}、X_{T2} 和 R_{T3}、X_{T3} 分别代表Ⅱ侧和Ⅲ侧绕组的电阻和漏抗折算到Ⅰ侧的值。当归算到Ⅰ侧时，分别在Ⅱ和Ⅲ绕组接有一个理想变压器，其变比分别为：

$$k_{12} = \frac{U_{N2}}{U_{N1}},\ k_{13} = \frac{U_{N3}}{U_{N1}}$$

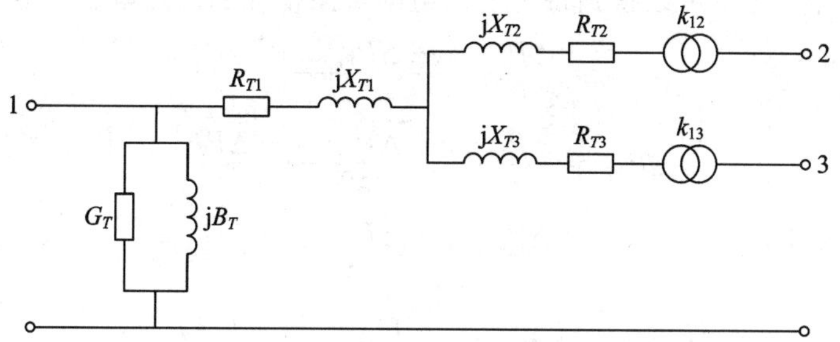

图 2-15　三绕组变压器等值电路

与双绕组变压器不同，三绕组变压器的等值电路参数的计算相对比较复杂。另外，三绕组变压器的三个绕组的容量也有可能不相同，我国制造的三绕组变压器的额定容量有如下三种类型：

第一类额定容量比为 100/100/100，即三个绕组的额定容量相同。这类变压器各个绕组的额定容量都等于变压器铭牌标称的额定容量。

第二类额定容量比为 100/100/50，这类变压器的第三绕组的导线截面减少一半，其额定电流也相应减少一半，第三绕组额定容量为变压器铭牌标称容量的 50%。

第三类额定容量比为 100/50/100，这类变压器与第二类相似，只是第二绕组的容量为变压器标称容量的一半。

2. 三绕组变压器的空载试验

通过三绕组变压器的等值电路(如图 2-15)不难发现，当变压器进行空载试验时，其效果与双绕组变压器的开路试验类似。因为Ⅱ侧绕组和Ⅲ侧绕组开路，所以Ⅰ侧绕组中只有励磁电流，而且由于励磁阻抗很大，因此这个电流很小，在Ⅰ侧绕组中产生的损耗可以忽略不计。因此，三绕组变压器的开路试验与等效励磁导纳的求解与双绕组变压器的相同。

3. 三绕组变压器的短路试验

与双绕组变压器不同，三绕组变压器的短路试验是两两绕组进行三次，先将第二绕组短路，第三绕组开路，在第一绕组中加入电压，直至电流为额定电流 I_{N1}，测得的损耗为绕组Ⅰ和Ⅱ的损耗，记为 $\Delta P_{k,1-2}$，短路电压也是绕组Ⅰ和Ⅱ串联后的短路电压，短路电压百分数记为 $U_{k,1-2}\%$。同理，可以得到绕组Ⅱ和Ⅲ，绕组Ⅰ和Ⅲ的短路损耗和短路电压百分数，分别记为 $\Delta P_{k,2-3}$、$\Delta P_{k,1-3}$ 和 $U_{k,2-3}\%$、$U_{k,1-3}\%$。

根据三绕组变压器的等效电路可以知道，测量到的两个绕组损耗是两个绕组损耗之和，测量到的两个绕组的短路电压百分数是两个绕组短路电压百分数之和：

$$\begin{cases}\Delta P_{k,1-2} = \Delta P_{k1} + \Delta P_{k2} \\ \Delta P_{k,2-3} = \Delta P_{k2} + \Delta P_{k3} \\ \Delta P_{k,1-3} = \Delta P_{k1} + \Delta P_{k3}\end{cases} \tag{2-70}$$

$$\begin{cases}U_{k,1-2}\% = U_{k1}\% + U_{k2}\% \\ U_{k,1-3}\% = U_{k1}\% + U_{k3}\% \\ U_{k,2-3}\% = U_{k2}\% + U_{k3}\%\end{cases} \tag{2-71}$$

根据上面两个式子，可以得到每一个绕组的短路损耗和短路电压百分数：

$$\begin{cases}\Delta P_{k1}=\dfrac{\Delta P_{k,\,1-2}+\Delta P_{k,\,1-3}-\Delta P_{k,\,2-3}}{2}\\ \Delta P_{k2}=\dfrac{\Delta P_{k,\,2-3}+\Delta P_{k,\,1-2}-\Delta P_{k,\,1-3}}{2}\\ \Delta P_{k3}=\dfrac{\Delta P_{k,\,1-3}+\Delta P_{k,\,2-3}-\Delta P_{k,\,1-2}}{2}\end{cases}\tag{2-72}$$

$$\begin{cases}U_{k1}\%=\dfrac{U_{k,\,1-2}\%+U_{k,\,1-3}\%-U_{k,\,2-3}\%}{2}\\ U_{k2}\%=\dfrac{U_{k,1-2}\%+U_{k,\,2-3}\%-U_{k,1-3}\%}{2}\\ U_{k3}\%=\dfrac{U_{k,1-3}\%+U_{k,\,2-3}\%-U_{k,1-2}\%}{2}\end{cases}\tag{2-73}$$

上面的试验和推导是针对三个绕组容量比为 100/100/100 类型的三绕组变压器，对于容量比为 100/50/100 和 100/100/50 类型的三绕组变压器，由于第Ⅱ或者第Ⅲ绕组的容量为变压器整体额定容量的一半，因此该绕组的额定电流也是其他绕组的一半。从而，在进行短路试验时，加入的短路电压必须使得电流为最小容量的额定电流。以容量比为 100/100/50 的变压器为例(即第Ⅲ绕组的额定容量为其他绕组的一半)，当进行Ⅰ→Ⅲ绕组和 2—3 绕组的短路试验时，加入的短路电压，必须使得电流为第Ⅲ绕组的额定电流，这样测量到的Ⅰ—Ⅲ和Ⅱ→Ⅲ绕组的短路损耗为

$$\Delta P_{k,\,1-3}=\left(\frac{I_N}{2}\right)^2(R_{T1}+R_{T3})=\frac{1}{4}I_N^2(R_{T1}+R_{T3})=\frac{1}{4}\Delta P'_{k,1-3}\tag{2-74}$$

$$\Delta P_{k,\,2-3}=\left(\frac{I_N}{2}\right)^2(R_{T2}+R_{T3})=\frac{1}{4}I_N^2(R_{T2}+R_{T3})=\frac{1}{4}\Delta P'_{k,\,2-3}\tag{2-75}$$

$\Delta P'_{k,1-3}$和 $\Delta P'_{k,\,2-3}$为等价于容量比相同的三绕组变压器的损耗，因此，需要将容量比为 100/100/50 的三绕组变压器测量到的短路损耗折算为容量比为 100/100/100 的短路损耗

$$\Delta P'_{k,1-3}=4\Delta P_{k,\,1-3}\tag{2-76a}$$

$$\Delta P'_{k,\,2-3}=4\Delta P_{k,\,2-3}\tag{2-76b}$$

$$\Delta P'_{k,\,1-2}=\Delta P_{k,\,1-2}\tag{2-76c}$$

然后利用式(2-72)求出容量比为 100/100/100 的变压器的计算公式求出各个绕组的短路损耗(2-72)式，再利用式(2-67)就可以得到各绕组的电阻。

对于容量比为 100/100/50 的三绕组变压器的短路电压百分数的处理也和短路损耗类似，测量Ⅰ→Ⅲ绕组以及Ⅱ→Ⅲ绕组的短路电压百分数分别与其折算到 100/100/100 的短路电压百分数的关系如下

$$U_{k,\,1-3}\%=\frac{U_{k,\,1-3}}{U_{N1}}\times100=\frac{I_N(X_{T1}+X_{T3})/2}{U_{N1}}\times100=\frac{1}{2}U'_{k,1-3}\%\tag{2-77a}$$

$$U_{k,2-3}\%=\frac{U_{k,\,2-3}}{U_{N2}}\times100=\frac{I_N(X_{T2}+X_{T3})/2}{U_{N2}}\times100=\frac{1}{2}U'_{k,2-3}\%\tag{2-77b}$$

$U'_{k,\,1-3}\%=2U_{k,\,1-3}\%$为折算后的Ⅰ和Ⅲ绕组短路电压百分数，$U'_{k,2-3}\%=2U_{k,\,2-3}\%$为折算后的Ⅱ和Ⅲ绕组短路电压百分数，Ⅰ和Ⅱ绕组短路电压百分数无需折算。

2.3.3 自耦变压器

普通的变压器绕组之间只有磁路的耦合，而自耦变压器除了磁路耦合之外，还有电路的联系。三绕组自耦变压器的原理接线如图 2－16 所示，其中，高压和中压绕组由串联绕组和公共绕组组成。

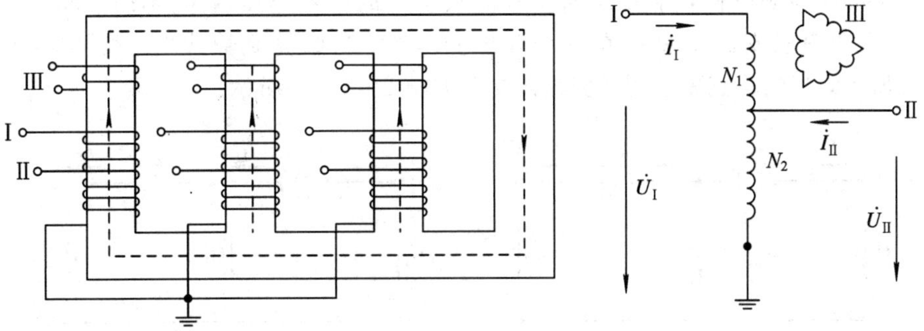

图 2－16　自耦变压器的原理结构示意图

高压绕组Ⅰ和中压绕组Ⅱ共用的绕组称为公共绕组，高压绕组Ⅰ单独部分为串联绕组。假设公共绕组和串联绕组的总匝数为 N_1，公共绕组的匝数为 N_2，那么在铁芯中的励磁磁通为

$$\dot{\Phi}_m = \lambda_m(N_1\dot{I}_1 + N_2\dot{I}_2) = \lambda_m N_1\left(\dot{I}_1 + \frac{N_2}{N_1}\dot{I}_2\right) = \lambda_m N_1 \dot{I}_m \tag{2-78}$$

其中，λ_m 为励磁磁导，$\dot{I}_m$ 为折算到高压侧的等效励磁电流。高压绕组和中压绕组的漏磁通分别为

$$\begin{cases}\dot{\Phi}_{\sigma 1} = \lambda_{10}(N_1\dot{I}_1)\\ \dot{\Phi}_{\sigma 2} = \lambda_{20}(N_2\dot{I}_2)\end{cases} \tag{2-79}$$

其中，$\lambda_{\mathrm{I}0}$、$\lambda_{\mathrm{II}0}$分别为高压绕组和中压绕组的漏磁磁导。因此交链两个绕组的磁链分别为

$$\begin{cases}\dot{\psi}_1 = N_1[\lambda_{10}(N_1\dot{I}_1) + \lambda_m(N_1\dot{I}_1 + N_2\dot{I}_2)] = L_{\sigma 1}\dot{I}_1 + L_m\dot{I}_m\\ \dot{\psi}_2 = N_2[\lambda_{20}(N_2\dot{I}_2) + \lambda_m(N_1\dot{I}_1 + N_2\dot{I}_2)] = L_{\sigma 2}\dot{I}_2 + \dfrac{N_1}{N_2}L_m\dot{I}_m\end{cases} \tag{2-80}$$

将中压绕组的磁链和电流折算到高压侧

$$\begin{cases}\dot{\psi}_1 = L_{\sigma 1}\dot{I}_1 + L_m\dot{I}_m\\ \dot{\psi}'_2 = L'_{\sigma 2}\dot{I}'_2 + L_m\dot{I}_m\end{cases} \tag{2-81}$$

可见，在自耦变压器对称运行的情况下，其等效电路和普通变压器没有区别。只有当考虑零序等效电路时，才和普通变压器有区别。因为对地零序电流是两侧零序电流之和，其零序等效电路参见 7.2.3 节。

为了防止一侧故障影响到另一侧，三相自耦变压器的高压和中压绕组一般连接为星型，其中性点直接接地。另外，三相自耦变压器通常还有一个通过磁路耦合的低压绕组，其容量约为额定容量的 30％～50％，一般为三角型接线，用于消除因变压器铁芯饱和产生的三次谐波，同时还可以用来供给低压负载。

自耦变压器的参数计算与三绕组变压器的参数计算基本相同，不同的是，在测量短路电压百分数时，高低压和中低压的短路电压百分数是在低压绕组中通入短路电流所得到的数据，因此需要折算。折算的原理很简单，这里不再赘述。

2.3.4　变压器等值电路中理想变比的处理

在上面的变压器模型中，还有一个问题需要处理，那就是无论你将变压器的参数归算到哪一侧（归算到哪一侧，求变压器参数的式子中的额定电压就采用哪一侧的额定电压值），在变压器串联支路中总存在一个理想变压器，当归算到原边时，变压器支路如图 2－17(a)所示，当归算到副边时，变压器支路如图 2－17(b)所示。

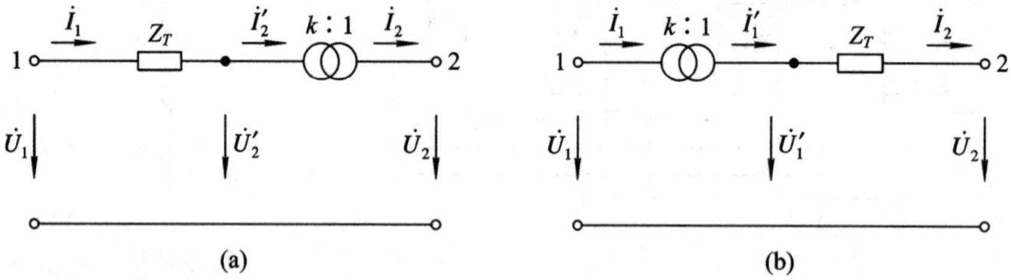

图 2－17　含理想变比的支路模型

无论归算到哪一侧，均可以把图 2－17 中含有理想变比的支路当作一个二端口网络，确定输入输出的关系，并得到其 π 型等值电路如图 2－18 所示。

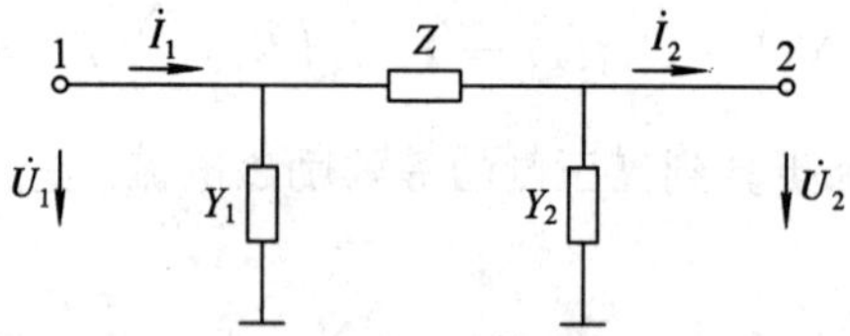

图 2－18　包含理想变比支路的 PI 型等效电路

以归算到原边为例来求取 π 型等效电路中的参数，对于 π 型电路中，两侧电流之间的关系为

$$\begin{cases} \dot{I}_1 = Y_1\dot{U}_1 + \dfrac{\dot{U}_1 - \dot{U}_2}{Z} \\ \dot{I}_2 = \dfrac{\dot{U}_1 - \dot{U}_2}{Z} - Y_2\dot{U}_2 \end{cases} \tag{2-82}$$

而对于归算到原边的包含理想变压器的串联支路的两侧电流的关系为

$$\begin{cases} \dot{I}_1 = \dfrac{\dot{U}_1 - \dot{U}'_2}{z_T} = \dfrac{\dot{U}_1 - k\dot{U}_2}{z_T} = \dfrac{1-k}{z_T}\dot{U}_1 + \dfrac{\dot{U}_1 - \dot{U}_2}{z_T/k} \\ \dot{I}_2 = kI'_2 = k\dot{I}_1 = \dfrac{k\dot{U}_1 - k^2\dot{U}_2}{z_T} = \dfrac{\dot{U}_1 - \dot{U}_2}{z_T/k} - \dfrac{k(k-1)}{z_T}\dot{U}_2 \end{cases} \tag{2-83}$$

对比式(2－82)和式(2－83)，不难得出 π 型电路中的三个参数：

$$Z = \frac{z_T}{k}$$

$$Y_1 = \frac{1-k}{z_T}$$

$$Y_2=\frac{k(k-1)}{z_T}$$

对于归算到副边(如图 2-17b)的情况，请读者自行推导。

2.4 标 幺 制

本小节主要介绍标幺制的基本概念、基准值的选取以及电力网的标幺制等效电路。

电力系统的分析和计算中，通常采用标幺制。所谓标幺制就是一种相对值，它是某种物理量的有名值与同单位的基准值的比值。由于电力系统是多电压等级的电路和磁路联系在一起的复杂网络，如果采用有名值进行计算，则必须对变压器两侧的参数进行归算，即都归算到同一侧。这样不仅计算复杂，而且参数之间的差别也非常大。

如图 2-19 所示的电路，当把二次侧串联的阻抗归算到一次侧后，其阻抗值的归算过程如下

$$z=\frac{\dot{U}_1'-\dot{U}_2}{\dot{I}_2} \tag{2-84}$$

$$z'=\frac{\dot{U}_1-\dot{U}_2'}{\dot{I}_1}=\frac{k(\dot{U}_1'-\dot{U}_2)}{\dot{I}_2/k}=k^2z \tag{2-85}$$

如果采用标幺制，只要合理选择基准值，两侧的参数差异就不大。另外，采用标幺制后，无需进行折算，因此可以简化计算。

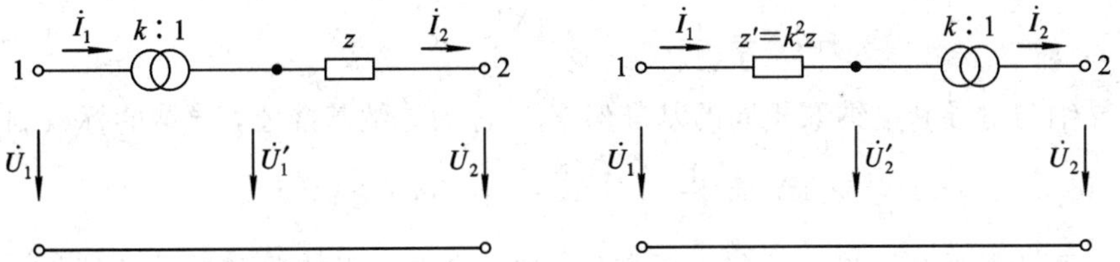

图 2-19 理想变压器两侧参数的归算

另外，采用标幺制时，计算出的电气量比较直观。例如电压的基准值如果采用该等级的额定电压，那么当计算出的电压标幺制为 1.05 或 0.95 时，可以直观地看出电压是否超出允许的范围。

标幺制的计算关键在于选择基准值，合理的选择基准值是电力系统精确计算的一个保证。电压、电流、功率、阻抗、导纳等基准值之间是有一定联系的，因此基准值的选取非常重要。

2.4.1 标幺制概述

1. 标幺制的定义

标幺制是物理量的有名值与同单位的基准值比，即

$$标幺制=\frac{有名值}{基准值(同单位)} \tag{2-86}$$

显然，标幺制是一个无量纲的量。对于同一个物理量，基准值不同，标幺制也不同。因

此，必须选择基准值后，标幺制才有意义。各个物理量的标幺制的表示方法通常是在物理量的下标上加上一个“*”。

2. 基准值

理论上讲，基准值的选取是任意的。比如，35 kV 等级的电压，当基准电压选 35 kV 时，其标幺制为 1.0，而当基准选 1 kV 时，其标幺制为 35.0。显然，选择 35 kV 作为电压基准值更有意义，因为可以通过标幺制直接看出该电压的大小。另外各物理量(功率、电压、电流、阻抗以及导纳等)之间存在必然的联系，因此基准值的选择也必须满足它们之间的关系。

(1) 三相有功功率、无功功率和视在功率取同一个功率基准值 S_B，称为三相功率基准值，功率的标幺制为

$$\dot{S}_* = \frac{P+\mathrm{j}Q}{S_B} = \frac{P}{S_B} + \mathrm{j}\frac{Q}{S_B} = P_* + \mathrm{j}Q_* \tag{2-87}$$

(2) 线电压及其实部与虚部，以及电压降落、电压损耗等都取同一基准值 U_B(一般为线电压)，称为线电压基准值。因此，线电压的标幺制

$$\dot{U}_* = \frac{\dot{U}}{U_B} = \frac{U_R+\mathrm{j}U_I}{U_B} = U_{R*} + \mathrm{j}U_{I*} \tag{2-88}$$

(3) 电流及其实部与虚部，取同一基准值 I_B，称为电流基准值，电流的标幺制为

$$\dot{I}_* = \frac{\dot{I}}{I_B} = \frac{I_R+\mathrm{j}I_I}{I_B} = I_{R*} + \mathrm{j}I_{I*} \tag{2-89}$$

(4) 阻抗与电抗、电阻取同一基准值 Z_B，称为阻抗基准值，相应的标幺制为

$$Z_* = \frac{Z}{Z_B} = \frac{R+\mathrm{j}X}{Z_B} = R_* + \mathrm{j}X_* \tag{2-90}$$

(5) 导纳与电导和电纳取相同的基准值 Y_B，称为导纳基准值，导纳的标幺制为

$$Y_* = \frac{Y}{Y_B} = \frac{G+\mathrm{j}B}{Y_B} = G_* + \mathrm{j}B_* \tag{2-91}$$

对于功率因数和用弧度表示的电压相位、电流相位、阻抗角和导纳角等量，由于本身就没有量纲，因此本身就是标幺制。

基准值 S_B、U_B、I_B、Z_B 以及 Y_B 的关系如下

$$S_B = 3\frac{U_B}{\sqrt{3}}I_B = \sqrt{3}U_B I_B \tag{2-92}$$

因此有

$$I_B = \frac{S_B}{\sqrt{3}U_B} \tag{2-93}$$

$$Z_B = \frac{U_B}{\sqrt{3}I_B} = \frac{U_B^2}{S_B} \tag{2-94}$$

$$Y_B = \frac{\sqrt{3}I_B}{U_B} = \frac{S_B}{U_B^2} \tag{2-95}$$

由此可见，对于上述 5 个基准值，只需要知道其中的两个 S_B 和 U_B 就可以了，因此在电力系统稳态计算中，整个电力系统可以定义一个功率基准值 S_B，然后每个电压等级下定义电压基准值 U_B 就可以了。

3. 标幺制的换算

电力系统元件的铭牌参数通常是以标幺制或者百分数的形式给出的，比如同步发电机的同步电抗、变压器的短路电压百分数等，它们都是以电力元件的额定电压和容量为基准值的标幺制。

例如，双绕组变压器的短路电压百分数：

$$U_k\% = \frac{\sqrt{3}X_T I_N}{U_N} = X_T\frac{S_N}{U_N^2} = \frac{X_T}{Z_{B(N)}} = X_{T*(N)} \tag{2-96}$$

其中下标“(N)”表示以额定电压和额定容量下的基准值的标幺制。

当设定的基准值与铭牌参数上给定的额定基准值不相同时，需要进行标幺制的换算。例如，以 S_B 和 U_B 作为基准值，S_N 和 U_N 为电力元件铭牌上的额定值，其换算过程是先将以额定值为基准值下的标幺制换算为有名值，然后再将这个有名值换算为设定的基准值下的标幺制。

2.4.2　多电压等级下基准值的选择

通过上面的分析可以知道，对于同一个电压等级下的电力网络，只需要选择基准功率 S_B 和基准电压 U_B 就可以。通常，选择全系统中最大容量作为基准功率，选择额定电压作为基准电压，这样计算就比较方便。然而对于多电压等级的电网，我们需要选择多个基准电压 U_B，有几个电压等级，就选择几个基准电压。

然而这里面有一个问题，就是变压器两侧的实际变比与额定变比不相同，称为“非标准变比”。例如，为了保证输电电压符合要求，通常变压器的高压侧有很多抽头，根据电力系统调压需要，变压器有可能运行在任何一个抽头上，另外为了保证供电电压满足要求，通常降压变压器的副边电压比电网额定电压高 5%，这些都导致变压器的变比不是标准的变比。那么，在选择电压基准值的时候，是按照系统的额定电压选择呢，还是按照变压器的实际变比来选择呢？这两种选择都有什么特点？下面举例来说明。

1. 按照变压器实际变比选择基准值

很明显，当具有多个电压等级时，如果电压基准值的选择与变压器的实际变比相匹配，那么变压器的理想变比的标幺制 $k_* = k_N/k_B = (U_{N1}U_{B2})/(U_{N2}U_{B1}) = 1:1$，这样变压器的等值计算电路就无需考虑理想变压器变比，其等值计算电路就得到了相应的简化。

如图 2-20 所示的单电源辐射型网络，两台变压器 T1 和 T2 将该系统分为三个电压等级。发电机、变压器、线路、电抗器以及电缆的铭牌参数如下：

(1) 发电机 G：额定容量 $S_{GN}=30$ MVA，额定电压 $u_{GN}=10.5$ kV，等效电抗在额定电压和额定容量下的标幺制为 $X_{GN*}=0.26$；

(2) 变压器 T1：额定容量 $S_{T1N}=31.5$ MVA，短路电压百分数 $U_s\%=10.5$，变比 $k_{T1}=10.5/121$；

(3) 变压器 T2：额定容量 $S_{T1N}=15$ MVA，短路电压百分数 $U_s\%=10.5$，变比 $k_{T2}=110/6.6$；

(4) 电抗器 R：额定电压 $U_{RN}=6$ kV，$I_{RN}=0.3$ kA，电抗百分数 $X_R\%=5$；

(5) 架空线路 L：线路长度 80 km，每公里电抗为 0.4 Ω；

(6) 电缆 C：长度为 2.5 km，每公里长电抗为 0.08 Ω。

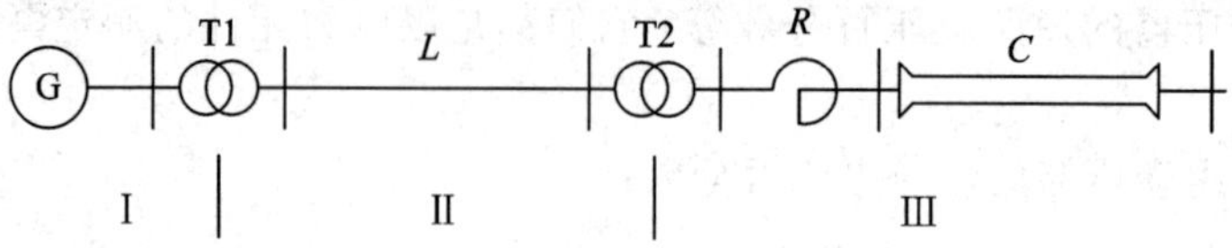

图 2-20　单电源辐射型网络

首先选择功率基准值，取全系统的基准功率 $S_B=100$ MVA。理论上，基准功率的选择是任意的，但是在选择基准功率时，要考虑到标幺制不能太小，也不能过大，同时还要有利于计算的简化。

其次选择电压的基准值，如果按照变压器的实际变比选择，三段电压等级下的基准电压分别为：$U_{B\text{I}}=10.5$ kV，$U_{B\text{II}}=10.5/k_{T1}=121$ kV，$U_{B\text{III}}=121/k_{T2}=7.26$ kV。

这样，各元件的标幺制如下所示：

(1) 发电机 G：$X_{G*}=X_{GN*}\dfrac{U_{GN}^2}{S_{GN}}\dfrac{S_B}{U_{B\text{I}}^2}=0.26\times\dfrac{10.5^2}{30}\times\dfrac{100}{10.5^2}=0.87$

(2) 变压器 T1：$X_{T1*}=\dfrac{U_{S1}\%}{100}\dfrac{U_{T1N}^2}{S_{T1N}}\dfrac{S_B}{U_{B\text{II}}^2}=0.105\times\dfrac{121^2}{31.5}\times\dfrac{100}{121^2}=0.33$

(3) 架空线路 L：$X_{L*}=X_L\dfrac{S_B}{U_{B\text{II}}^2}=0.4\times80\times\dfrac{100}{121^2}=0.22$

(4) 变压器 T2：$X_{T2*}=\dfrac{U_{S1}\%}{100}\dfrac{U_{T2N}^2}{S_{T2N}}\dfrac{S_B}{U_{B\text{II}}^2}=0.105\times\dfrac{121^2}{15}\times\dfrac{100}{121^2}=0.58$

(5) 电抗器 R：$X_{R*}=\dfrac{U_R\%}{100}\dfrac{U_{RN}}{\sqrt{3}I_{RN}}\dfrac{S_B}{U_{B\text{III}}^2}=0.05\times\dfrac{6}{\sqrt{3}\times0.3}\times\dfrac{100}{7.26^2}=1.09$

(6) 电缆 C：$X_{C*}=X_C\dfrac{S_B}{U_{B\text{III}}^2}=0.08\times2.5\times\dfrac{100}{7.26^2}=0.38$

需要注意的是两个变压器的电抗参数的计算，如果将电抗参数归算到高压侧(本例即归算到高压侧)，那么在计算标幺制时，应该用高压侧的基准值；同理，如果归算到低压侧，则需要用低压侧的基准值。

通过上面的例子可以得到如下结论：

(1) 基准电压按照变压器的实际变比选择，使变压器的回路中理想变压器的变比的标幺制为 1∶1，这样就简化了变压器的等值电路。

(2) 基准电压按照变压器实际变比选择，将大大简化变压器参数的计算。

(3) 通过上面例子可知，当按照变压器实际变比选择基准电压时，第三段(6 kV 等级)的基准电压为 7.26 kV，与该电压等级的额定电压相差较大。

2. 按照平均额定电压来选择电压基准值

按照变压器变比选择电压基准值虽然计算简单，但只适合单电源辐射型网络，对于环形网络，即使按照变压器实际变比选择基准值，也无法消除所有变压器的理想变比，另外，有时可能导致同一电压等级出现不同的基准值。例如图 2-21 所示的环形网络(这是由不同电压等级构成的环网，称为电磁环网，因为在环网中既有电路又有磁路的联系，在实际的工程中，电磁环网是尽量避免的，这里只是作为一个例子），发电机 G 连接两个不同变比的变压器，两个变压器的高压侧电压等级不同，分别为 220 kV 等级和 110 kV 等级。如果选择 $U_{B\text{I}}=10.5$ kV，那么 $U_{B\text{II}}=121$ kV，$U_{B\text{III}}=242$ kV，$U_{B\text{IV}}=12.1$ kV。可见，对于第Ⅰ和第Ⅳ段来说，它们都是 10 kV 的电压等级，却有不同的基准值。另外，对于变压器 T3 来说，其变比的标幺制为 $k_{T3*}=(220/121)/(242/121)=0.91$，仍然需要按照 π 型等效电路来考虑这个非标准变比。

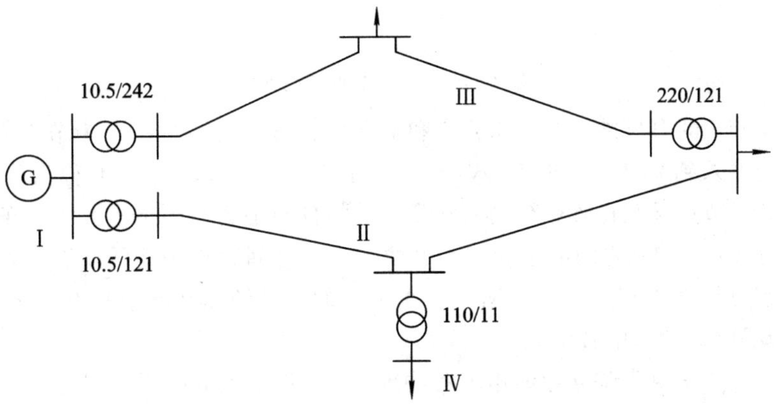

图 2-21　多电压等级的环网

为了解决上述困难，在工程计算中规定，各个电压等级都以平均额定电压作为基准值，根据我国的电压等级，各等级的平均额定电压分别为(单位为 kV)：3.15，6.3，10.5，15.75，37，115，230，345，525。

当选择的基准值与变压器的实际变比不匹配时，变压器变比的标幺制就不等于 1，因此需要利用上一节中的包含理想变压器支路的 π 型等效电路来等效该支路。

2.5　电网的数学模型

本节主要介绍描述电网的基本数学方程——节点导纳方程和节点阻抗方程。电网的数学模型中，不包含同步发电机和负荷，主要讲述节点导纳方程和节点阻抗方程的物理意义以及追加支路法的形成和修改节点导纳/阻抗矩阵的方法。

2.5.1　节点导纳矩阵及其物理意义

根据电路理论，一个由 N 个节点(不计参考节点)组成的电网络(如图 2-22 所示)，其各个节点相对参考节点的电压满足节点导纳方程

$$\begin{bmatrix} Y_{11} & Y_{12} & \cdots & Y_{1N} \\ Y_{21} & Y_{22} & \cdots & Y_{2N} \\ \cdots & \cdots & \cdots & \cdots \\ Y_{N1} & Y_{N2} & \cdots & Y_{NN} \end{bmatrix} \begin{bmatrix} \dot{U}_1 \\ \dot{U}_2 \\ \cdots \\ \dot{U}_N \end{bmatrix} = \begin{bmatrix} \dot{I}_{S1} \\ \dot{I}_{S2} \\ \cdots \\ \dot{I}_{SN} \end{bmatrix} \tag{2-97}$$

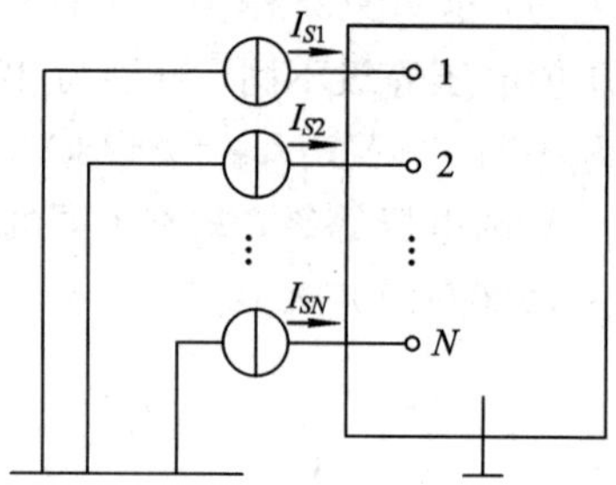

图 2-22　N 个节点的电网络

其中，Y_{ii} 为节点 i 的自导纳，Y_{ij} 为节点 i 和节点 j 之间的互导纳，$\dot{U}_i$ 为节点 i 对参考节点的电压，$\dot{I}_{Si}$ 为注入到节点 i 的电流。式(2-97)可以简写为：$\boldsymbol{YU}=\boldsymbol{I}_S$，$\boldsymbol{Y}$ 称为节点导纳矩阵。根据电路理论，节点导纳矩阵中任意一个节点 i 的自导纳为与该节点相连接的所有支路导纳之和；任意节点 i 和 j 之间的互导纳为这两个节点之间直接相连的所有支路导纳之和的负数。那么节点导纳矩阵中各个元素即各个节点的自导纳和互导纳具有什么物理含义呢？这一点可以从式(2-97)中看出。

以第 i 号节点来说明节点导纳矩阵的物理意义，该节点的电压方程为

$$Y_{i1}\dot{U}_1+\cdots+Y_{ii}\dot{U}_i+\cdots Y_{ij}\dot{U}_j+\cdots Y_{iN}\dot{U}_N=\dot{I}_{Si} \tag{2-98}$$

不难发现，如果令除了 i 号节点以外所有的节点电压为零，即让这些节点与参考节点短路，在 i 号节点上加上一个单位电压，那么注入到 i 号节点的电流即为节点 i 的自导纳 Y_{ii}，如图 2-23 所示。

实际上，节点 i 的自导纳就是将除了 i 号节点以外的其余所有节点接地，从节点 i 和参考节点这个端口看进去的等效导纳。通过下面的例子就不难发现为什么节点 i 的自导纳为与 i 直接相连的所有支路导纳之和(如图 2-24)。

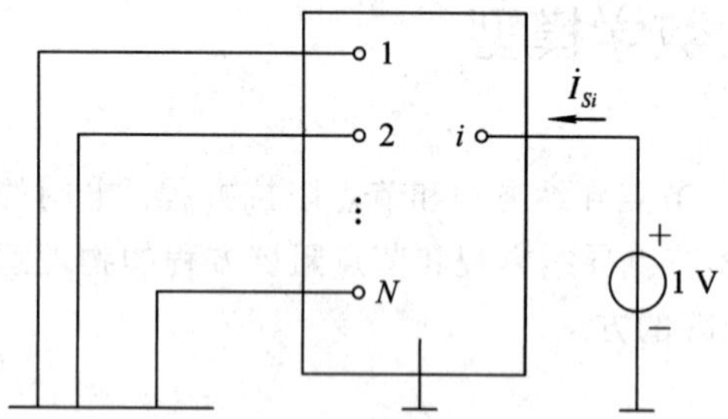

图 2-23　节点 i 自导纳的物理含义

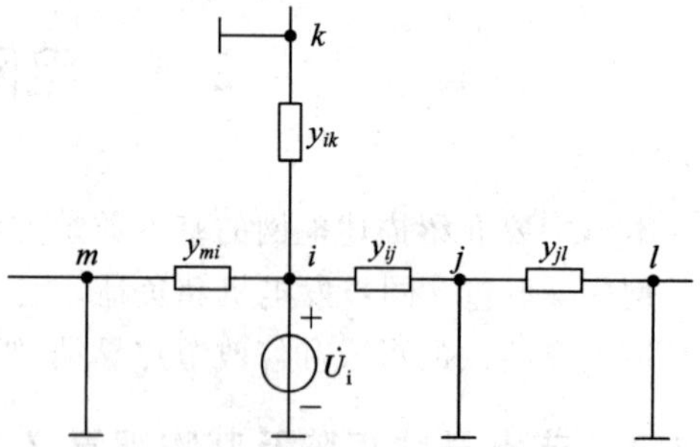

图 2-24　节点 i 自导纳示意图

与节点 i 非直接相连的支路被短接，从节点 i 和公共参考节点看进去的等效导纳为与该节点直接相连的支路并联，即与之相连的各个支路导纳之和。

同理，如果令节点 j 的电压为单位电压，其余所有节点的电压为零，注入到节点 i 的电流为节点 i 和 j 之间的互导纳，即除了 ij 以外，所有节点接地，从端口 ij 看进去的等效导纳，如图 2-25 所示。

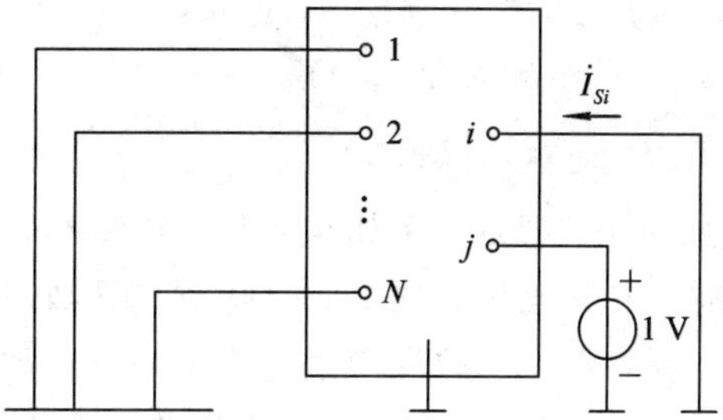

图 2-25　互导纳的物理含义

2.5.2　追加支路法形成节点导纳矩阵

1. 追加树枝

所谓树枝，是指追加支路的另一个节点是一个新节点，假设原来的网络中有 N 个节点，节点导纳矩阵为 $\boldsymbol{Y}$，在第 k 号节点上增加了一条支路，支路导纳为 y_b，追加的节点号为 l，如图 2-26 所示。追加树枝后，新网络的节点导纳矩阵为 $\boldsymbol{Y}'$，假如矩阵 $\boldsymbol{Y}$ 的元素已知，那么 $\boldsymbol{Y}'$ 矩阵中各元素如何计算？

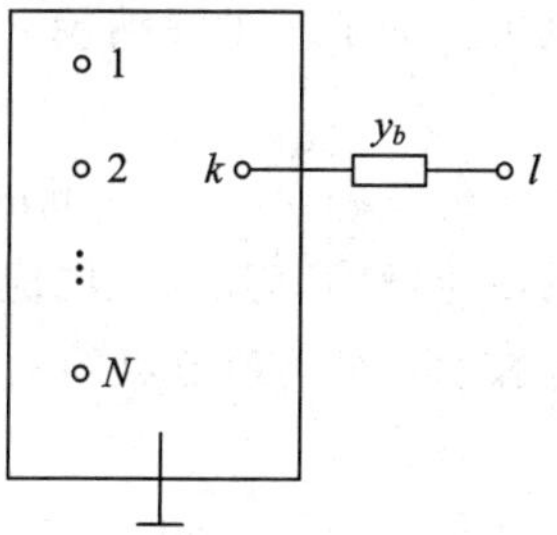

图 2-26　追加树枝

因为追加了一条树枝，新系统多了一个节点 l，因此，新系统的节点导纳矩阵也就增加了一阶。首先看新节点导纳矩阵中的自导纳 Y'_{ii}(i 为所有节点，不包含 k 和 l)，根据节点导纳矩阵的物理含义，自导纳为在 i 节点输入一个单位电压源，其余节点均接地，注入到节点 i 的电流即为自导纳的值。很显然，当节点 k 接地后，增加的支路 y_b 不会对原来网络注入到 i 节点的电流产生任何影响，如图 2-27(a)所示，因此，追加树枝后，各节点的自导纳不会发生任何变化，因此有

$$Y'_{ii}=Y_{ii}\quad i=1,\cdots,N,\ i\neq k,\ l$$

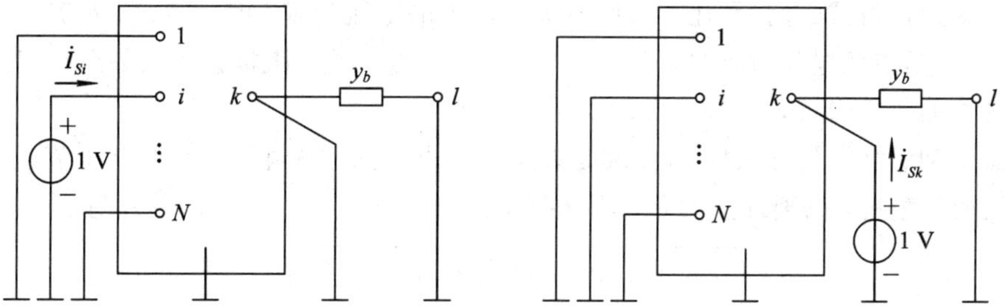

(a) 节点 i 的自导纳　　(b) 节点 k 的自导纳

图 2-27　追加树枝物理含义

如图 2-27(b)所示对于节点 k 的自导纳，根据物理意义，在 k 号节点上加一个单位电压源，其余所有节点短路，注入到节点 k 的电流即为 k 点的自导纳

$$Y'_{kk}=Y_{kk}+y_b$$

很显然，对于追加的节点 l，有

$$Y'_{ll}=y_b$$

同理，任意两个节点 i 和 j 之间的互导纳（$i,\ j\neq k,\ l$）

$$Y'_{ij}=Y_{ij},\quad Y'_{ik}=Y_{ik},\quad Y'_{il}=0,\quad Y'_{kl}=-y_b$$

2. 追加连枝

当在原有的网络中追加一条连枝时，例如在 k 和 l 节点之间追加一条支路，导纳为 y_b。很显然，当追加一条连枝时，节点数没有增加，因此节点导纳矩阵的阶数没有增加。根据节点导纳矩阵的物理意义，任意节点 i 的自导纳为在 i 号节点加一个单位电压源，其余节点均短路，注入到节点 i 的电流即为自导纳的值。由于节点 k 和 l 都对地短路，因此在 k 和 l 节点追加一条连枝后，其它节点的自导纳并没有发生变化，即

$$Y'_{ii}=Y_{ii},\quad i\neq k,\ l$$

根据节点导纳矩阵的物理意义，节点 k 的自导纳为在该点加上单位电压，其余节点均接地，注入到节点 k 的电流为其自导纳的值。由于节点 l 接地，自导纳则在原来数值的基础上增加了一个导纳 y_b，同理 l 点的自导纳亦然，即

$$Y'_{kk}=Y_{kk}+y_b,\quad Y'_{ll}=Y_{ll}+y_b$$

任意两个节点 ij 间的互导纳为在 i 节点加上单位电压，其余节点接地，注入到 j 节点的电流值为其互导纳的值。不难分析出，由于 k 和 l 节点均接地，因此在 kl 节点之间追加连枝后，对其余节点的互导纳没有影响，即

$$Y'_{ij}=Y_{ij}$$

对于节点 k 和 l 之间的互导纳，同理可知

$$Y'_{kl}=Y'_{lk}=Y_{kl}-y_b$$

2.5.3　节点阻抗矩阵的物理意义

节点阻抗矩阵是节点导纳矩阵的逆矩阵，即 $\boldsymbol{Z}=\boldsymbol{Y}^{-1}$，通过节点阻抗方程中任意一个节点 k 的方程不难发现节点阻抗矩阵的物理含义

$$Z_{k1}\dot{I}_{Si}+\cdots Z_{kj}\dot{I}_{Sj}+\cdots+Z_{kk}\dot{I}_{Sk}+\cdots Z_{kn}\dot{I}_{SN}=\dot{U}_k \tag{2-99}$$

节点 k 的自阻抗 Z_{kk} 就是让其余所有节点注入的电流为零，即开路，在 k 节点输入一个单位电流，k 节点的电压就是自阻抗值。事实上，节点 k 的自阻抗就是从节点 k 和大地这个端口看进去的等效阻抗，如图 2-28(a)所示。

节点 k 和 j 之间的互阻抗 Z_{kj}，就是在 j 号节点注入单位电流，k 点电压值就是节点 k 与 j 之间的互阻抗，需要注意的是，Z_{kj} 并不是从 k 和 j 端口看进去的等效阻抗。

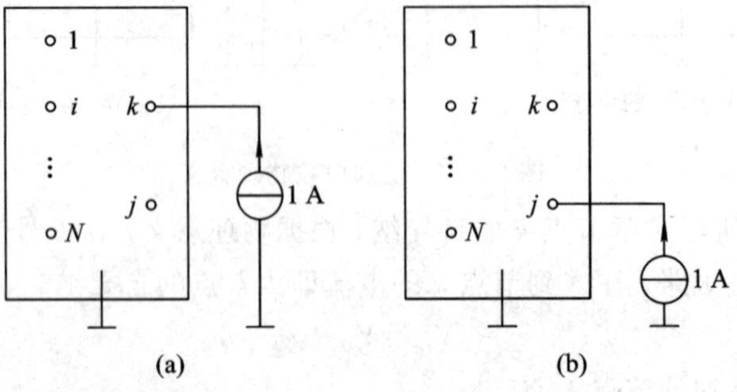

图 2-28　节点阻抗矩阵的物理意义

2.5.4 追加支路法形成节点阻抗矩阵

1. 追加树枝

假设原来的网络有 N 个节点，节点阻抗矩阵为 Z，在节点 k 追加一条树枝，追加的节点假设为 l，追加的支路阻抗为 z_b，如图 2-29(a)所示。下面讨论追加树枝后的节点阻抗矩阵 $\boldsymbol{Z}'$ 中的元素和追加支路前的节点阻抗矩阵 $\boldsymbol{Z}$ 中的元素之间的关系。

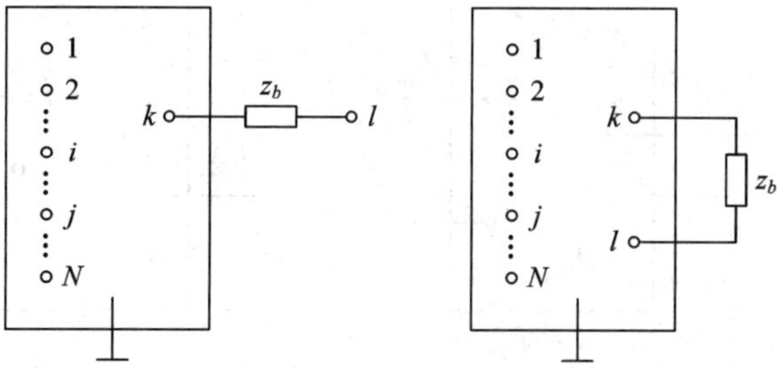

(a) 追加树枝　　(b) 追加连枝

图 2-29　追加支路

增加了一个节点，那么节点阻抗矩阵就增加了一阶，首先讨论除了追加节点外的其余节点的自阻抗。根据节点阻抗矩阵的物理意义，任意节点 j(除了追加的节点 l 外)的自阻抗为在该节点注入单位电流后，节点 j 的对地电压值，如图 2-29(a)所示。不难发现，追加树枝后，并不影响原来系统节点 j 的电压值，因此，追加树枝后，任意节点 $j(j\neq l)$的自阻抗没有发生变化，即

$$Z'_{jj}=Z_{jj}$$

除了节点 l 以外的任意两个节点 ij 之间的互阻抗，根据其物理意义，其互阻抗为在 j 号节点注入单位电流，节点 i 的对地电压值。根据图 2-29(a)也不难发现，追加树枝后，对节点 i 的对地电压没有影响，因此追加树枝后，i、j 之间的互阻抗不变，即

$$Z'_{ij}=Z_{ij}$$

增加节点 l 后的自阻抗和互阻抗，根据节点阻抗矩阵的物理意义，节点 l 的自阻抗是在 l 节点注入单位电流，l 的对地电压。很明显，节点 l 的对地电压等于节点 k 的电压加上追加支路的电压，而节点 k 的电压相当于在原来的网络上在 k 点注入单位电流后 k 点的电压，因此有

$$Z'_{ll}=\dot{U}_l\mid_{I_{Sl}=1}=\dot{V}_k\mid_{I_{Sk}=1}+z_b=Z_{kk}+z_b \tag{2-100}$$

节点 l 和其他任意节点 j 的互阻抗为在节点 j 注入单位电流，节点 l 的对地电压。很显然，节点 l 的电压就等于节点 k 的电压，因此：

$$Z'_{lj}=Z_{kj},\quad Z'_{jl}=Z_{jk}$$

2. 追加连枝

假设在原来的电网络中的 k 和 l 节点之间追加了一个支路，支路阻抗为 z_b，如图 2-29(b)所示。根据节点阻抗矩阵的物理意义，任意两个节点之间的互阻抗为在一个节点注入单位电流另一个节点的对地电压值。

以任意节点 i 和 j 为例，如图 2-30(a)所示。在节点 j 注入单位电流，只要能够求出节点 i 的电压，即为节点 ij 的互阻抗，即

$$Z'_{ij}=\dot{U}_i\,|_{I_{Sj}=1}$$

假设在追加的支路中流过的电流为 I_{kl}，相当于在原来的电网络中，节点 j 注入单位电流，节点 k 注入 $-I_{kl}$ 的电流，在节点 l 注入 I_{kl} 的电流，如图 2-30(b)所示，因此

$$Z'_{ij}=\dot{U}_i\,|_{I_{Sj}=1}=Z_{ij}\cdot 1+Z_{ik}(-I_{kl})+Z_{il}I_{kl}=Z_{ij}+(Z_{il}-Z_{ik})I_{kl} \tag{2-101}$$

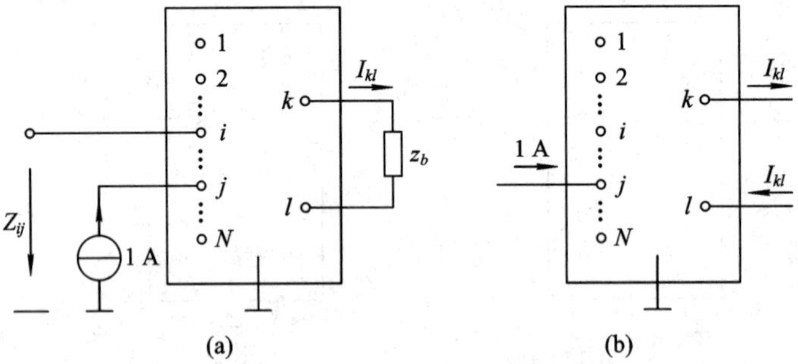

图 2-30　追加连枝

现在只要求出当 j 节点注入单位电流时，流过追加支路的电流 I_{kl} 就可以了。可以将 k 和 l 端口用戴维南定理等效来求 I_{kl}。从这个端口看进去的等效电压 E_{eq} 相当于该端口开路电压，如图 2-31(a)所示。

$$E_{eq}=U_k\,|_{I_{sj}=1}-U_l\,|_{I_{sj}=1}=Z_{kj}-Z_{lj} \tag{2-102}$$

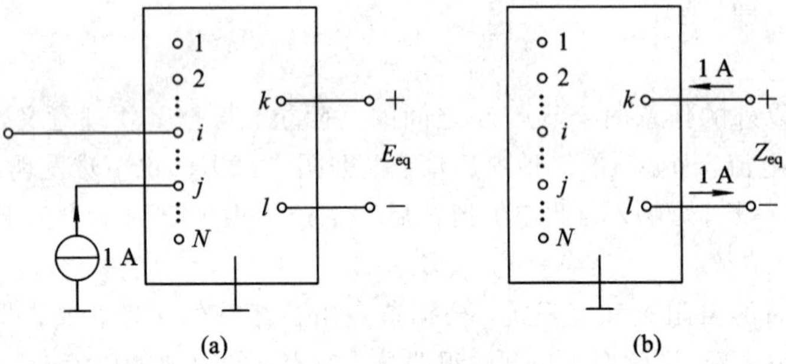

图 2-31　端口的戴维南等效

该端口的等效阻抗可以在 k 点注入 1 A 的电流，在 l 点注入 −1 A 的电流，kl 之间的电压即为等效阻抗，如图 2-31(b)所示。

$$Z_{eq}=U_k\,|_{I_{sk}=1;\ I_{sl}=-1}-U_l\,|_{I_{sk}=1;\ I_{sl}=-1}=Z_{kk}+Z_{ll}-2Z_{kl} \tag{2-103}$$

因此

$$I_{kl}=\frac{E_{eq}}{Z_{eq}+z_b}=\frac{Z_{kj}-Z_{lj}}{Z_{kk}+Z_{ll}-2Z_{kl}+z_b} \tag{2-104}$$

将式(2-104)代入式(2-101)就可以得到追加连枝后的任意两个节点间的互阻抗

$$Z'_{ij}=Z_{ij}-\frac{(Z_{ik}-Z_{il})(Z_{kj}-Z_{lj})}{Z_{kk}+Z_{ll}-2Z_{kl}+z_b} \tag{2-105}$$

用同样的思路可以得到 k 和 l 的自阻抗和互阻抗

$$Z'_{kk} = Z_{kk} - \frac{(Z_{kk} - Z_{kl})(Z_{kk} - Z_{lk})}{Z_{kk} + Z_{ll} - 2Z_{kl} + z_b}$$

$$Z'_{ll} = Z_{ll} - \frac{(Z_{ll} - Z_{kl})(Z_{kl} - Z_{ll})}{Z_{kk} + Z_{ll} - 2Z_{kl} + z_b}$$

可见，式(2-105)也适用于追加连枝的两个节点的自阻抗和互阻抗。

当追加的连枝是接地连枝时，即追加的支路在电网络中的一个节点和大地之间，以 k 点为例有

$$Z'_{ij} = Z_{ij} - Z_{ik} I_k$$

$$I_k = \frac{Z_{kj}}{Z_{kk} + z_b}$$

因此

$$Z'_{ij} = Z_{ij} - \frac{Z_{ik} Z_{kj}}{Z_{kk} + z_b}$$

第三章　同步发电机模型

同步发电机是电力系统中的重要设备，其作用是将原动机的旋转机械能转化为同步发电机转子输出的电能。同步发电机是电力系统的主要电源。

在电力系统稳态分析中，主要分析电力系统的潮流分布。把发电机当作一个注入功率源，只关心发电机输出到系统中的有功功率和发电机节点的电压，而对发电机定子和转子绕组中的电流、磁链等内部的物理过程并不关心；同时在稳态中，同步发电机始终同步旋转，励磁绕组和定子绕组都处于稳定运行状态，对系统不会产生额外的影响。但在电力系统受到扰动后的暂态过程中，同步发电机的电磁功率、定子绕组和励磁绕组的电压和电流、转子的转速都将发生一系列复杂的机械和电磁过程，这两个暂态过程分别称为机电暂态和电磁暂态。这两个暂态过程是同时发生的，而且在暂态过程中互相影响，不但影响同步发电机本身，而且影响到整个电力系统的暂态过程。因此掌握同步发电机内部的机械和电磁过程，建立同步发电机的电气模型和机电模型对于研究电力系统暂态行为的计算和分析至关重要。

本章主要介绍同步发电机的电气和机电模型，首先介绍同步发电机的原始模型，并分析定子和转子各绕组的电感参数的特征，可知定子和转子的自感、互感系数是时变的；然后通过引入 Park 变换将静止不动的三相坐标系转换为与转子同步旋转的 $dq0$ 坐标系，这样就将定子静止的三相绕组变换为与转子同步旋转的 d、q、0 绕组，解决了参数时变性问题，由此得到了同步发电机的 $dq0$ 系统的模型和电机参数的发电机模型，同时介绍了同步发电机的稳态模型；最后给出了同步发电机转子的运动方程。

3.1　同步发电机的原始模型

3.1.1　同步发电机的原始方程

1. 同步发电机的工作原理

同步发电机分为定子和转子两个部分，定子上具有 ax、by 和 cz 三相绕组，转子上具有励磁绕组 f 以及阻尼绕组 D 和 g、Q，转子在原动机的带动下以 ω 的角速度旋转。同步发电机的定子和转子绕组及其磁链参考正方向如图 3-1(a)所示，三相定子绕组和转子绕组的电路结构如图 3-1(b)所示。

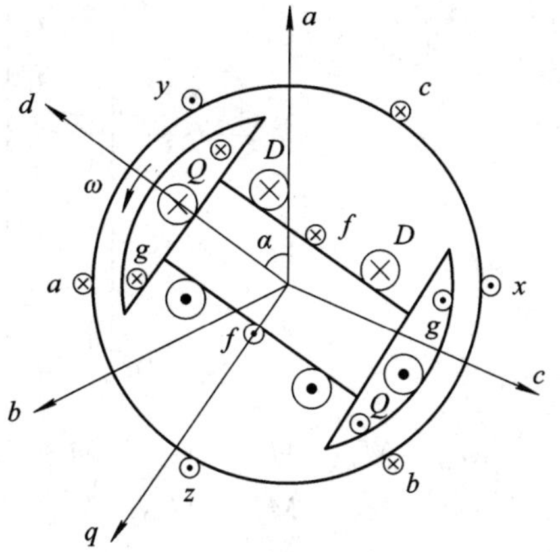

(a) 同步发电机的磁路

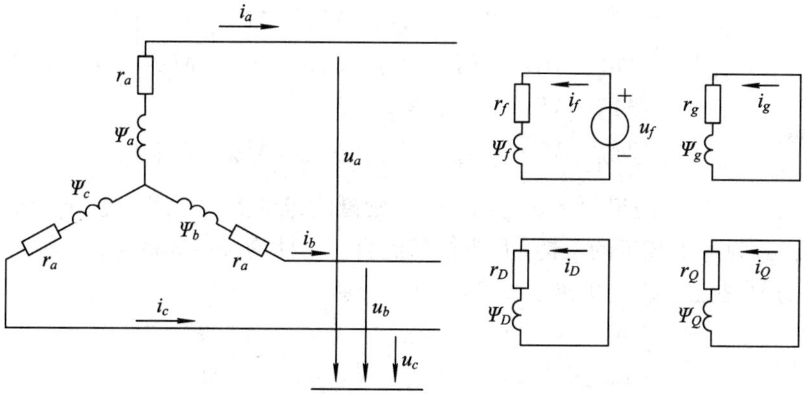

(b) 同步发电机各绕组电路

图 3－1　同步发电机的磁路和电路结构

其工作原理是：在转子的励磁绕组上加直流励磁电压 u_f，将在转子上的励磁绕组中产生直流的励磁电流，这样励磁电流就在转子上形成一个恒定的磁场，该磁场随转子旋转，依次切割定子 abc 三相绕组，从而在定子绕组中产生三相感应电势。

2. 同步发电机的原始方程

三相定子绕组的磁链的参考正方向与电流产生的磁链的正方向相反(即定子绕组的磁链和电流采用非关联的参考方向，这是因为同步发电机是电力系统的电源，电源通常采用非关联参考方向)，转子绕组的磁链的参考正方向与电流产生的磁链的正方向相同，励磁绕组和阻尼绕组 D 产生的磁链方向定义为 d 轴，阻尼绕组 g 和 Q 产生的磁链方向定义为 q 轴。

励磁绕组的作用是产生一个恒定的磁场，因此需要在励磁绕组上加一个直流电源 u_f。阻尼绕组 D 和 g、Q 是一组闭合的绕组，其作用是在 d 轴和 q 轴上产生一个磁场以抵消励磁绕组和定子绕组磁链的变化。在同步发电机正常稳态运行时，阻尼绕组中没有电流。

根据同步发电机的磁路和电路，可以列出电路和磁路方程如下

$$\begin{bmatrix} u_a \\ u_b \\ u_c \\ u_f \\ 0 \\ 0 \\ 0 \end{bmatrix} = \begin{bmatrix} r_a &&&&&& \\ & r_a &&&&& \\ && r_a &&&& \\ &&& r_f &&& \\ &&&& r_D && \\ &&&&& r_g & \\ &&&&&& r_Q \end{bmatrix} \begin{bmatrix} -i_a \\ -i_b \\ -i_c \\ i_f \\ i_D \\ i_g \\ i_Q \end{bmatrix} + \frac{\mathrm{d}}{\mathrm{d}t} \begin{bmatrix} \psi_a \\ \psi_b \\ \psi_c \\ \psi_f \\ \psi_D \\ \psi_g \\ \psi_Q \end{bmatrix} \tag{3-1a}$$

$$\begin{bmatrix} \psi_a \\ \psi_b \\ \psi_c \\ \psi_f \\ \psi_D \\ \psi_g \\ \psi_Q \end{bmatrix} = \begin{bmatrix} L_{aa} & M_{ab} & M_{ac} & M_{af} & M_{aD} & M_{ag} & M_{aQ} \\ M_{ba} & L_{bb} & M_{bc} & M_{bf} & M_{bD} & M_{bg} & M_{bQ} \\ M_{ca} & M_{cb} & L_{cc} & M_{cf} & M_{cD} & M_{cg} & M_{cQ} \\ M_{fa} & M_{fb} & M_{fc} & L_{ff} & M_{fD} & M_{fg} & M_{fQ} \\ M_{Da} & M_{Db} & M_{Dc} & M_{Df} & L_{DD} & M_{Dg} & M_{DQ} \\ M_{ga} & M_{gb} & M_{gc} & M_{gf} & M_{gD} & L_{gg} & M_{gQ} \\ M_{Qa} & M_{Qb} & M_{Qc} & M_{Qf} & M_{QD} & M_{Qg} & L_{QQ} \end{bmatrix} \begin{bmatrix} -i_a \\ -i_b \\ -i_c \\ i_f \\ i_D \\ i_g \\ i_Q \end{bmatrix} \tag{3-1b}$$

其中，r_a、r_b、r_c 为定子绕组的等效电阻，r_f 为励磁绕组的等效电阻，r_D、r_g、r_Q为阻尼绕组的等效电阻，ψ 为各个绕组的磁链，L 为绕组的自感，M 为绕组间的互感。将上述矩阵方程分为两块，分别是定子绕组和转子绕组，可以得到

$$\begin{bmatrix} \boldsymbol{u}_{abc} \\ \boldsymbol{u}_{fDgQ} \end{bmatrix} = \begin{bmatrix} \boldsymbol{r}_{abc} & \\ & \boldsymbol{r}_{fDgQ} \end{bmatrix} \begin{bmatrix} -\boldsymbol{i}_{abc} \\ \boldsymbol{i}_{fDgQ} \end{bmatrix} + \frac{\mathrm{d}}{\mathrm{d}t} \begin{bmatrix} \boldsymbol{\Psi}_{abc} \\ \boldsymbol{\Psi}_{fDgQ} \end{bmatrix} \tag{3-2a}$$

$$\begin{bmatrix} \boldsymbol{\Psi}_{abc} \\ \boldsymbol{\Psi}_{fDgQ} \end{bmatrix} = \begin{bmatrix} \boldsymbol{L}_{SS} & \boldsymbol{L}_{SR} \\ \boldsymbol{L}_{RS} & \boldsymbol{L}_{RR} \end{bmatrix} \begin{bmatrix} -\boldsymbol{i}_{abc} \\ \boldsymbol{i}_{fDgQ} \end{bmatrix} \tag{3-2b}$$

同步发电机共有 7 个绕组，用 14 个方程来描述，其中 7 个电路方程，7 个磁链方程。在磁链方程中，各个绕组的自感和绕组间的互感是必须考虑的问题，自感和互感参数具有什么特点，是时变的还是恒定的？下面对这些参数进行探讨。

3.1.2 同步发电机的电感参数

1. 定子绕组的自感

按照自感的定义和物理意义，在定子绕组(以 a 相为例)中通入电流 i，得出交链到 a 相绕组的磁链，然后用磁链除以电流，就可以得到 a 相绕组的自感

$$L_{aa} = \frac{\psi_a}{i_a}$$

如图 3 - 2 所示，当在 a 相绕组中通入电流后，产生的磁场由于铁芯的作用使得在穿越 ax 绕组的各个位置的磁通密度不同，因此直接计算

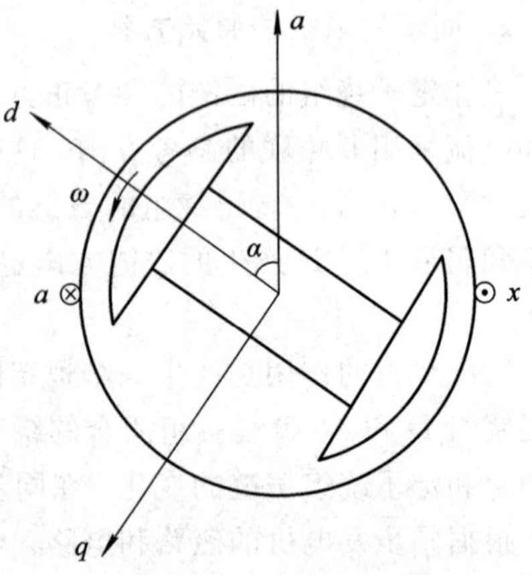

图 3 - 2 定子的自感

交链 ax 绕组的磁通具有一定的难度。实际上，电流的作用是产生磁势，而磁势类似于加在磁路介质上的力，可以把穿越铁芯的磁势进行分解：其一是沿着转子的 d 轴方向穿越转子的磁势，其二是沿着转子的 q 轴方向穿越转子的磁势；另外还存在没有穿越转子而在空气隙中形成的磁势。

假设转子的 d 轴与 a 轴的夹角 $\alpha=\omega t+\alpha_0$，ω 为转子的旋转角速度，α_0 为初始夹角，那么 a 相绕组中的电流产生的磁势及其在 d 轴和 q 轴的分量分别为

$$\begin{cases} F_a = ni \\ F_{ad} = F_a\cos\alpha = ni\cos\alpha \\ F_{aq} = F_a\sin\alpha = ni\sin\alpha \end{cases} \tag{3-3}$$

其中，n 为 a 相绕组的匝数，假设沿着 d 轴方向的磁通的磁导率为 λ_d，q 轴方向的磁导率为 λ_q，气隙的磁导率为 λ_0，那么三个方向上的磁通分别为

$$\begin{cases} \Phi_a = \lambda_0 F_0 \\ \Phi_{ad} = \lambda_d F_{ad} \\ \Phi_{aq} = \lambda_q F_{aq} \end{cases}$$

则交链 a 相绕组的总磁链为

$$\begin{aligned} \psi_a &= n(\Phi_0 + \Phi_{ad}\cos\alpha + \Phi_{aq}\sin\alpha) \\ &= n^2 i(\lambda_0 + \lambda_d\cos^2\alpha + \lambda_q\sin^2\alpha) \\ &= n^2 i[(2\lambda_0 + \lambda_d + \lambda_q) + (\lambda_d - \lambda_q)\cos(2\alpha)]/2 \\ &= [l_0 + l_1\cos(2\alpha)]i \end{aligned} \tag{3-4}$$

因此，a 相绕组的自感为

$$L_{aa} = l_0 + l_1\cos(2\alpha) \tag{3-5}$$

其中，$l_0=\dfrac{n^2(2\lambda_0+\lambda_d+\lambda_q)}{2}$；$l_1=\dfrac{n^2(\lambda_d-\lambda_q)}{2}$。

同理可得 b 相和 c 相绕组的自感分别为：

$$L_{bb} = l_0 + l_1\cos(2\alpha - 120°) \tag{3-6}$$

$$L_{cc} = l_0 + l_1\cos(2\alpha + 120°) \tag{3-7}$$

由此可见，定子三相绕组的自感是时变的，其变化规律是以两倍的电角速度的余弦变化，其在一个周期内的均值是 l_0。

2. 定子绕组的互感

任意两个绕组间的互感，是通过在一个绕组中通入电流 i，求这个电流产生的磁场交链到另一个绕组的总磁链所得到：$M_{ba}=\psi_b/i_a$。

如图 3-3 所示，在 a 相绕组中通入电流 i，产生的磁场同样也分为三个部分：沿 d 轴方向穿越转子与 b 相绕组交链的磁链，沿 q 轴方向穿越转子与 b 绕组相交链的磁链，穿越气隙与 b 绕组交链的磁链。因此，交链 b 绕组的总磁链为

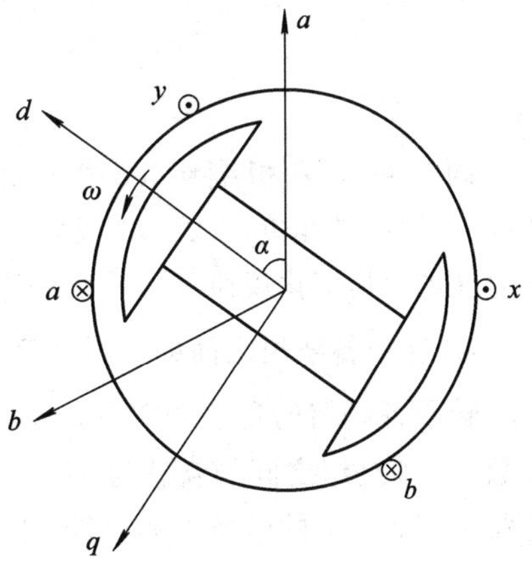

图 3-3　定子间的互感

$$\begin{aligned}\psi_b &= n^2 i[\lambda_0 \cos120° + \lambda_d \cos\alpha \cos(\alpha - 120°) + \lambda_q \sin\alpha \cos(\alpha - 30°)] \\ &= -\frac{n^2 i}{4}[(2\lambda_0 + \lambda_d + \lambda_q) + 2(\lambda_d + \lambda_q)\sin(2\alpha + 30°)]\end{aligned} \tag{3-8}$$

因此，ab 两相绕组之间的互感为

$$\begin{aligned}M_{ab} = M_{ba} &= -\frac{n^2}{4}[(2\lambda_0 + \lambda_d + \lambda_q) + 2(\lambda_d + \lambda_q)\sin(2\alpha + 30°)] \\ &= -[m_0 + m_1 \sin(2\alpha + 30°)]\end{aligned} \tag{3-9(a)}$$

其中，$m_0 = \frac{n^2}{4}(2\lambda_0 + \lambda_d + \lambda_q)$，$m_1 = \frac{n^2}{2}(\lambda_d + \lambda_q)$。

同理可得，bc 两相绕组和 ca 两相绕组之间的互感为

$$M_{bc} = M_{cb} = -[m_0 + m_1 \sin(2\alpha - 90°)] \tag{3-9b}$$

$$M_{ca} = M_{ac} = -[m_0 + m_1 \sin(2\alpha + 150°)] \tag{3-9c}$$

通过上述分析可见，定子之间的互感也是时变的，其变化规律是以两倍的角频率的正弦变化。

3. 定子和转子绕组之间的互感

定子和转子之间的互感，可由在定子中通入电流 i，计算交链转子绕组的磁链求得，或者在转子绕组中通入电流，计算交链定子绕组的磁链。以 a 相绕组为例，假如 a 相绕组匝数为 n，励磁绕组匝数为 w_f，阻尼绕组 D 和 g、Q 的匝数分别为 w_D 和 w_g、w_Q，沿 d 轴方向的磁导率为 λ_d，q 轴方向的磁导率为 λ_q，根据图 3-2 不难得到交链励磁绕组 f 和阻尼绕组 D、g 以及 Q 的磁链为

$$\begin{cases}\psi_f = w_f n i \lambda_d \cos\alpha \\ \psi_D = w_D n i \lambda_d \cos\alpha \\ \psi_g = w_g n i \lambda_q \sin\alpha \\ \psi_Q = w_Q n i \lambda_q \sin\alpha\end{cases} \tag{3-10}$$

因此，a 相绕组与励磁绕组、阻尼绕组的互感为

$$\begin{cases}M_{af} = w_f n \lambda_d \cos\alpha = m_{af} \cos\alpha \\ M_{aD} = w_D n \lambda_d \cos\alpha = m_{aD} \cos\alpha \\ M_{ag} = w_g n \lambda_q \sin\alpha = m_{ag} \sin\alpha \\ M_{aQ} = w_Q n \lambda_q \sin\alpha = m_{aQ} \sin\alpha\end{cases} \tag{3-11}$$

同理可得 b 相绕组、c 相绕组与转子的励磁绕组、阻尼绕组的互感，分别为将式(3-11)中的角度减去 120°或增加 120°。由此可见，定子绕组和转子绕组之间的互感也是时变的，其变化规律为一倍角频率的正弦或余弦关系。

4. 转子各绕组之间的自感和互感

转子各绕组的自感是常数，分别为 L_{ff}、L_{DD} 和 L_{gg}、L_{QQ}。转子各绕组之间的互感也是常数。d 轴绕组之间的互感为 M_{FD}，q 轴绕组之间的互感为 M_{gQ}。d 轴和 q 轴绕组之间由于互相垂直，产生的磁场不能交链，因此它们之间的互感为 0。

5. 自感和互感系数的分析

通过对同步发电机的电感参数的分析，发现除了转子各绕组的自感和绕组间的互感为

常数以外，定子绕组的自感、定子绕组间的互感以及定子和转子绕组间的互感都是时变的，这对于分析同步发电机来说是很困难的，因此，需要找到一种有效的分析方法。

同步发电机定子的电感参数以及定子和转子之间的互感之所以是时变的，是因为转子的旋转，并且导致定子绕组和转子绕组之间的相对位置随时间变化。在转子上产生的磁场是恒定的，但这个恒定的磁场会随着转子以 ω 的角速度旋转；定子虽然是固定不动的，但定子绕组产生的磁场却是与转子同步旋转的。如果能将静止的定子绕组变换为与转子同步旋转的绕组，那么定子绕组与转子绕组之间的相对位置就固定不变了，它们之间的自感和互感就是一个常数，这就是 Park 变换的思想。下面介绍 Park 变换的具体方法和 Park 变换后的同步发电机方程。

3.2　同步发电机原始方程的 Park 变换

3.2.1　Park 变换的基本原理

定子中的旋转磁场是由交变的电流引起的，绕组产生的磁势就是绕组匝数和电流的乘积。定子三相绕组中的电流相当于一个以 ω 旋转的相量在 a、b、c 三个轴上的投影，由于这三个轴是线性相关的，因此 a、b、c 三相电流存在耦合。如果将这个旋转的磁场投影到一个以 ω 旋转的互相正交的 d、q 轴上，一方面，由于 d、q 轴互相正交，它们之间不存在耦合，另一方面，相当于把静止的三相绕组变换到旋转的 d、q 轴中，这样，定子绕组和转子绕组的相对位置就不再变化，这些绕组的自感和互感也就恒定不变。实际上，Park 变换是一种坐标的变换，即将旋转的相量在 a、b、c 三个互相相差 120°的坐标轴上的投影变换到正交的且与转子同步旋转的 d、q 轴上。

假设三相定子绕组中的电流分别为

$$\begin{cases} i_a = I\cos(\omega t + \varphi_0) \\ i_b = I\cos(\omega t + \varphi_0 - 120°) \\ i_c = I\cos(\omega t + \varphi_0 + 120°) \end{cases} \tag{3-12}$$

交变的三相电流相当于一个以 ω 旋转的相量 $\dot{I}$ 在 a、b、c 三个轴上的投影，如图 3-4 所示。图中，$\varphi=\omega t+\varphi_0$ 为旋转的相量与 a 轴的夹角，$\alpha=\omega t+\alpha_0$ 为 d 轴与 a 轴的夹角。

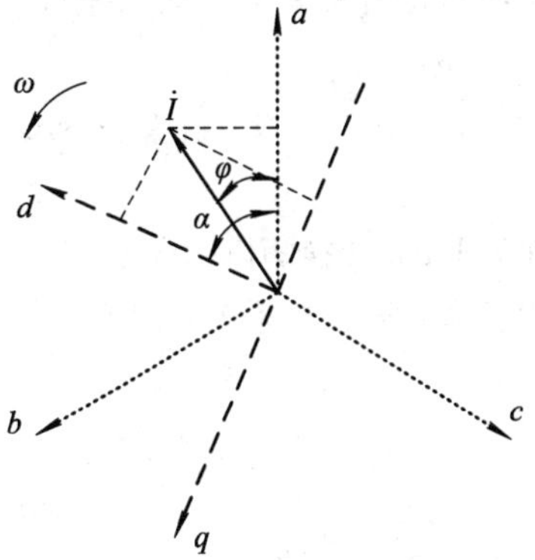

图 3-4　旋转的电流(磁势)相量

根据相量代数的理论，只要定义了三个单位长度坐标轴的坐标，就可以用线性组合的方式表示出相量 $\boldsymbol{I}$。由于 a、b、c 三个轴互相相差 120°，因此，假设单位长度的 a 轴的坐标为 $\boldsymbol{P}_a=(1,0)$，那么单位长度的 b 轴的坐标为 $\boldsymbol{P}_b=\left(-\frac{1}{2},\frac{\sqrt{3}}{2}\right)$，单位长度 c 轴的坐标为 $\boldsymbol{P}_c=\left(-\frac{1}{2},-\frac{\sqrt{3}}{2}\right)$，相量 $\boldsymbol{I}$ 可以表示为

$$\boldsymbol{I} = i_a\boldsymbol{P}_a + i_b\boldsymbol{P}_b + i_c\boldsymbol{P}_c \tag{3-13}$$

其中，i_a、i_b、i_c为相量$\boldsymbol{I}$在a、b、c三个轴上的投影。

由于d轴与a轴的夹角为α，因此单位长度的d轴坐标可以表示为$\boldsymbol{P}_d=(\cos\alpha,\ \sin\alpha)$，单位长度的$q$轴的坐标$\boldsymbol{P}_q=(-\sin\alpha,\ \cos\alpha)$，同样，相量$\boldsymbol{I}$可以用单位长度$d$、$q$轴的坐标及其投影线性组合表示为

$$\boldsymbol{I}=i_d\boldsymbol{P}_d+i_q\boldsymbol{P}_q \tag{3-14}$$

其中，i_d、i_q分别为相量$\boldsymbol{I}$在d轴和q轴上的投影。

已知相量$\boldsymbol{I}$在a、b、c上的投影i_a、i_b、i_c，求在d、q轴上的投影i_d、i_q，根据相量代数的基本理论可知

$$\begin{aligned}i_d&=\langle\boldsymbol{I},\ \boldsymbol{P}_d\rangle\\&=i_a\langle\boldsymbol{P}_a,\ \boldsymbol{P}_d\rangle+i_b\langle\boldsymbol{P}_b,\ \boldsymbol{P}_d\rangle+i_c\langle\boldsymbol{P}_c,\ \boldsymbol{P}_d\rangle\\&=i_a\cos\alpha+i_b\cos(\alpha-120^\circ)+i_c\cos(\alpha+120^\circ)\end{aligned} \tag{3-15a}$$

$$\begin{aligned}i_q&=\langle\boldsymbol{I},\ \boldsymbol{P}_q\rangle\\&=i_a\langle\boldsymbol{P}_a,\ \boldsymbol{P}_q\rangle+i_b\langle\boldsymbol{P}_b,\ \boldsymbol{P}_q\rangle+i_c\langle\boldsymbol{P}_c,\ \boldsymbol{P}_q\rangle\\&=-i_a\sin\alpha-i_b\sin(\alpha-120^\circ)-i_c\sin(\alpha+120^\circ)\end{aligned} \tag{3-15b}$$

式中，符号$\langle\ \rangle$表示向量的内积。

再增加一个零序分量(零轴垂直于d、q轴决定的平面)，当只含有正序和负序分量时，零序分量为零，即旋转的相量只在d、q轴决定的平面内旋转

$$i_0=\frac{1}{3}(i_a+i_b+i_c) \tag{3-15c}$$

用矩阵的形式表示，并将其归一化为

$$\begin{bmatrix}i_d\\i_q\\i_0\end{bmatrix}=\frac{2}{3}\begin{bmatrix}\cos\alpha & \cos(\alpha-120^\circ) & \cos(\alpha+120^\circ)\\-\sin\alpha & -\sin(\alpha-120^\circ) & -\sin(\alpha+120^\circ)\\1/2 & 1/2 & 1/2\end{bmatrix}\begin{bmatrix}i_a\\i_b\\i_c\end{bmatrix} \tag{3-16}$$

用向量符号表示上面的矩阵公式：$\boldsymbol{i}_{dq0}=\boldsymbol{P}\boldsymbol{i}_{abc}$。其中

$$\boldsymbol{P}=\frac{2}{3}\begin{bmatrix}\cos\alpha & \cos(\alpha-120^\circ) & \cos(\alpha+120^\circ)\\-\sin\alpha & -\sin(\alpha-120^\circ) & -\sin(\alpha+120^\circ)\\1/2 & 1/2 & 1/2\end{bmatrix} \tag{3-17}$$

P称为Park变换矩阵。该矩阵可以将abc三相系统转换为$dq0$系统，反之也可以将$dq0$系统转换为abc三相系统，即$\boldsymbol{i}_{abc}=\boldsymbol{P}^{-1}\boldsymbol{i}_{dq0}$，其中

$$\boldsymbol{P}^{-1}=\begin{bmatrix}\cos\alpha & -\sin\alpha & 1\\\cos(\alpha-120^\circ) & -\sin(\alpha-120^\circ) & 1\\\cos(\alpha+120^\circ) & -\sin(\alpha+120^\circ) & 1\end{bmatrix} \tag{3-18}$$

由图3-4可知，定子绕组中的三相电流(或磁势)可以用一个以角速度为ω旋转的旋转相量在a、b、c三个静止坐标轴上的投影来表示，随着相量的旋转，在a、b、c三个轴上的投影随时间交变。Park变换实际上就是一个坐标变换，将一个投影于a、b、c三个轴上的投影变换为以ω同步旋转且正交的d、q、0轴上。其核心思想是通过坐标变换，将静止的定子三相绕组变换为与转子同步旋转的三个互相正交的d、q、0绕组(零轴绕组与d、q轴绕组决定的平面垂直)。这样变换后的定子与转子的自感系数、互感系数都将成为常数，因为它们之间的相对位置不再变化。下面运用Park变换对发电机的电路方程和磁路方程

进行变换。

3.2.2 Park 变换后同步发电机的电路方程

同步发电机的电路方程用矩阵的形式可以写做(为了书写方便，这里用“p”表示对时间的导数)

$$\begin{bmatrix} \boldsymbol{u}_{abc} \\ \boldsymbol{u}_{fDgQ} \end{bmatrix} = \begin{bmatrix} \boldsymbol{r}_{abc} & \\ & \boldsymbol{r}_{fDqg} \end{bmatrix} \begin{bmatrix} -\boldsymbol{i}_{abc} \\ \boldsymbol{i}_{fdgQ} \end{bmatrix} + p \begin{bmatrix} \boldsymbol{\Psi}_{abc} \\ \boldsymbol{\Psi}_{fDgQ} \end{bmatrix} \tag{3-19}$$

将电路方程中的定子绕组方程的两侧左乘 $\boldsymbol{P}$，转子绕组保持不变，定子绕组方程为

$$\boldsymbol{u}_{dq0} = -\boldsymbol{P}\boldsymbol{r}_{abc}\boldsymbol{P}^{-1}\boldsymbol{i}_{dq0} + \boldsymbol{P}(p\boldsymbol{\Psi}_{abc}) \tag{3-20}$$

由于三相绕组的电阻都相等，且 $\boldsymbol{r}_{abc}$ 为对角矩阵，因此 $\boldsymbol{P}\boldsymbol{r}_{abc}\boldsymbol{P}^{-1} = \boldsymbol{r}_{abc}$，由于 $\psi_{dq0} = \boldsymbol{P}\psi_{abc}$，矩阵 $\boldsymbol{P}$ 也是时间的函数，因此可得

$$\begin{aligned} p\boldsymbol{\Psi}_{dq0} &= p(\boldsymbol{P}\boldsymbol{\Psi}_{abc}) \\ &= (p\boldsymbol{P})\boldsymbol{\Psi}_{abc} + \boldsymbol{P}(p\boldsymbol{\Psi}_{abc}) \\ &= (p\boldsymbol{P})\boldsymbol{P}^{-1}\boldsymbol{\Psi}_{dq0} + \boldsymbol{P}(p\boldsymbol{\Psi}_{abc}) \end{aligned} \tag{3-21}$$

从而得到

$$\boldsymbol{P}(p\boldsymbol{\Psi}_{abc}) = p\boldsymbol{\Psi}_{dq0} - (p\boldsymbol{P})\boldsymbol{P}^{-1}\boldsymbol{\Psi}_{dq0} \tag{3-22}$$

其中，

$$(p\boldsymbol{P})\boldsymbol{P}^{-1} = \begin{bmatrix} 0 & \omega & 0 \\ -\omega & 0 & 0 \\ 0 & 0 & 0 \end{bmatrix} \tag{3-23}$$

因此有

$$\boldsymbol{P}(p\boldsymbol{\Psi}_{abc}) = p\begin{bmatrix} \psi_d \\ \psi_q \\ \psi_0 \end{bmatrix} - \begin{bmatrix} \omega\psi_q \\ -\omega\psi_d \\ 0 \end{bmatrix} \tag{3-24}$$

经过 Park 变换后定子绕组的方程如下

$$\begin{bmatrix} u_d \\ u_q \\ u_0 \end{bmatrix} = \begin{bmatrix} r_a & & \\ & r_a & \\ & & r_a \end{bmatrix} \begin{bmatrix} -i_d \\ -i_q \\ -i_0 \end{bmatrix} + p\begin{bmatrix} \psi_d \\ \psi_q \\ \psi_0 \end{bmatrix} + \begin{bmatrix} -\omega\psi_q \\ \omega\psi_d \\ 0 \end{bmatrix} \tag{3-25}$$

经过 Park 变换后，同步发电机机端的电势由两部分组成：一部分是磁链随时间的变化引起的，称为变压器电势；另一部分则与绕组运动有关，称为运动感应电势。运动感应电势的物理意义是什么呢?

经过 Park 变换，三相静止的定子绕组被变换为与转子同步旋转的 d、q 绕组(零轴绕组和 d、q 轴决定的面垂直，因此可以不必考虑)，如图 3-5 所示，d 绕组旋转时，以 ω 的转速切割 q 轴绕组产生的磁场，同样，q 绕组也以 ω 的速度切割 d 轴绕组产生的磁场。所以，运动感应电势是由于 Park 变换后旋转的 d、q 绕组分别切割 q 轴和 d 轴绕组的磁场产生的。

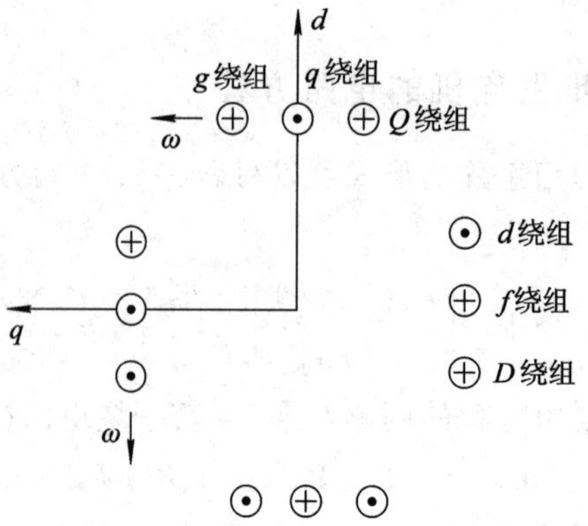

图 3-5 运动感应电势的解释

3.2.3 Park 变换后同步发电机的磁链方程

同步发电机的磁链方程用分块矩阵的形式表示为

$$\begin{bmatrix}\boldsymbol{\Psi}_{abc}\\ \boldsymbol{\Psi}_{fDgQ}\end{bmatrix}=\begin{bmatrix}\boldsymbol{L}_{SS} & \boldsymbol{L}_{SR}\\ \boldsymbol{L}_{RS} & \boldsymbol{L}_{RR}\end{bmatrix}\begin{bmatrix}-\boldsymbol{i}_{abc}\\ \boldsymbol{i}_{fDgQ}\end{bmatrix} \tag{3-26}$$

将式(3-26)的两端左乘矩阵$\begin{bmatrix}\boldsymbol{P} & \boldsymbol{0}\\ \boldsymbol{0} & \boldsymbol{E}\end{bmatrix}$，磁链方程变为

$$\begin{bmatrix}\boldsymbol{\Psi}_{dq0}\\ \boldsymbol{\Psi}_{fDgQ}\end{bmatrix}=\begin{bmatrix}\boldsymbol{P} & \boldsymbol{0}\\ \boldsymbol{0} & \boldsymbol{E}\end{bmatrix}\begin{bmatrix}\boldsymbol{L}_{SS} & \boldsymbol{L}_{SR}\\ \boldsymbol{L}_{RS} & \boldsymbol{L}_{RR}\end{bmatrix}\begin{bmatrix}\boldsymbol{P}^{-1} & \boldsymbol{0}\\ \boldsymbol{0} & \boldsymbol{E}\end{bmatrix}\begin{bmatrix}-\boldsymbol{i}_{dq0}\\ \boldsymbol{i}_{fDgQ}\end{bmatrix}=\begin{bmatrix}\boldsymbol{P}\boldsymbol{L}_{SS}\boldsymbol{P}^{-1} & \boldsymbol{P}\boldsymbol{L}_{SR}\\ \boldsymbol{L}_{RS}\boldsymbol{P}^{-1} & \boldsymbol{L}_{RR}\end{bmatrix}\begin{bmatrix}-\boldsymbol{i}_{dq0}\\ \boldsymbol{i}_{fDgQ}\end{bmatrix} \tag{3-27}$$

通过矩阵运算可知

$$\boldsymbol{P}\boldsymbol{L}_{SS}\boldsymbol{P}^{-1}=\begin{bmatrix}L_d & 0 & 0\\ 0 & L_q & 0\\ 0 & 0 & L_0\end{bmatrix} \tag{3-28}$$

其中，$L_d=l_0+m_0+\frac{l_1}{2}+m_1$，$L_q=l_0+m_0-\frac{l_1}{2}-m_1$，$L_0=l_0-2m_0$。

$$\boldsymbol{P}\boldsymbol{L}_{SR}=\begin{bmatrix}m_{af} & m_{aD} & 0 & 0\\ 0 & 0 & m_{ag} & m_{aQ}\\ 0 & 0 & 0 & 0\end{bmatrix} \tag{3-29}$$

$$\boldsymbol{L}_{RS}\boldsymbol{P}^{-1}=\begin{bmatrix}\frac{3}{2}m_{af} & 0 & 0\\ \frac{3}{2}m_{aD} & 0 & 0\\ 0 & \frac{3}{2}m_{ag} & 0\\ 0 & \frac{3}{2}m_{aQ} & 0\end{bmatrix} \tag{3-30}$$

将上述矩阵代入式(3-23)，得到 Park 变换后的磁链方程如下：

$$\begin{bmatrix}\psi_d\\\psi_q\\\psi_0\\\psi_f\\\psi_D\\\psi_g\\\psi_Q\end{bmatrix}=\begin{bmatrix}L_d&0&0&m_{af}&m_{aD}&0&0\\0&L_q&0&0&0&m_{ag}&m_{aQ}\\0&0&L_0&0&0&0&0\\3m_{af}/2&0&0&L_f&m_{fD}&0&0\\3m_{aD}/2&0&0&m_{Df}&L_D&0&0\\0&3m_{ag}/2&0&0&0&L_g&m_{gQ}\\0&3m_{aQ}/2&0&0&0&m_{gQ}&L_Q\end{bmatrix}\begin{bmatrix}-i_d\\-i_q\\-i_0\\i_f\\i_D\\i_g\\i_Q\end{bmatrix}\tag{3-31}$$

经过 Park 变换后，可以发现：

(1) 磁链方程中的参数由时变的参数转化为恒定的参数。这是由于变换后的定子绕组为与转子同步旋转的 $dq0$ 绕组，因此其自感和互感参数变为常数。

(2) d 轴、q 轴和 0 轴上的磁链互相独立，即 d 轴的磁链与 q 轴的电流无关，q 轴的磁链与 d 轴的电流无关，零轴的磁链与 d 轴和 q 轴都无关。这是因为 $dq0$ 系统的坐标是互相正交的，所以三个轴上的磁场互相正交，无互感。

(3) 转子绕组与定子绕组的互感系数不能互易，定子对转子的互感中出现了系数 3/2，这是因为定子三相合成磁势的幅值为两相磁势的 3/2 倍。这是由于三相绕组变换为两相 d、q 绕组造成的。

同步发电机的 $dq0$ 系统的电路方程和磁链方程合称为同步发电机的基本方程，或者称为同步发电机的 Park 方程。这组方程精确地描述了同步发电机内部的电磁过程，是电力系统暂态分析的基础。然而，这组基本方程是用电路参数描述的，对于同步发电机来说，已知的是电机参数，在电力系统分析中，往往将各物理量表示为标幺制。因此需要对上述方程进行进一步处理，即首先将之转化为标幺制表示的方程，然后将之处理为电机参数表示的方程，最后将这些方程进行合并和简化。

3.3　同步发电机的标幺制方程及其等效电路

标幺制方程的关键在于选择基准值，同步发电机的 Park 方程是时域内的瞬时值方程，因此，基准值的选择也应该用瞬时值。同时，希望通过合理地选择基准值，基本方程的形式不变，而且最好能将转子磁链方程中的系数 3/2 去掉。

3.3.1　基准值的选择

在定子侧，选择定子额定相电压的幅值作为定子的电压基准值 $u_B=\sqrt{2}U_N/\sqrt{3}$，选取定子额定相电流的幅值作为定子电流的基准值 $i_B=\sqrt{2}I_N$，选取额定同步转速作为角速度的基准值 $\omega_B=\omega_N=2\pi f_N$。

其它物理量的基准值如下：阻抗的基准值为 $z_B=u_B/i_B$；电感的基准值为 $L_B=z_B/\omega_B$；时间的基准值为 $t_B=1/\omega_B$，即每转过一个弧度所需要的时间；磁链的基准值为 $\psi_B=L_Bi_B=u_B/\omega_B=u_Bt_B$。再选择同步发电机的额定功率为功率的基准值：

$$S_B = \sqrt{3}U_N I_N = \sqrt{3}\frac{\sqrt{3}u_B}{\sqrt{2}}\frac{i_B}{\sqrt{2}} = \frac{3}{2}u_B i_B \tag{3-32}$$

在转子侧，基准电压选择为励磁电压 u_{fB}，如果定子的电压 $u_B = u_{fB}/k$，则基准功率的选择应该一致，即

$$S_B = u_{fB} i_{fB} = 3u_B i_B/2 \tag{3-33}$$

因此，转子基准电流

$$i_{fB} = 3ki_B/2 \tag{3-34}$$

转子侧阻抗基准值为

$$z_{fB} = \frac{u_{fB}}{i_{fB}} \tag{3-35}$$

3.3.2 电路方程的标幺制表示

定子绕组的电路方程为

$$\begin{cases} u_d = -r_a i_d + p\psi_d - \omega\psi_q \\ u_q = -r_a i_q + p\psi_q + \omega\psi_d \\ u_0 = -r_a i_0 + p\psi_0 \end{cases} \tag{3-36}$$

将式(3-36)两边同除以定子侧的电压基准值 u_B，可得

$$u_{d*} = -\frac{r_a i_d}{z_B i_B} + \frac{\mathrm{d}\psi_d/\mathrm{d}t}{\psi_B/t_B} - \frac{\omega\psi_q}{\omega_B\psi_B} = -r_{a*} i_{d*} + \dot{\psi}_{d*} - \omega_* \psi_{q*} \tag{3-37a}$$

$$u_{q*} = -\frac{r_a i_q}{z_B i_B} + \frac{\mathrm{d}\psi_q/\mathrm{d}t}{\psi_B/t_B} + \frac{\omega\psi_d}{\omega_B\psi_B} = -r_{a*} i_{q*} + \dot{\psi}_{q*} + \omega_* \psi_{d*} \tag{3-37b}$$

$$u_{0*} = -\frac{r_a i_0}{z_B i_B} + \frac{\mathrm{d}\psi_0/\mathrm{d}t}{\psi_B/t_B} = -r_{a*} i_{0*} + \dot{\psi}_{0*} \tag{3-37c}$$

转子绕组的电路方程为

$$\begin{cases} u_f = r_f i_f + p\psi_f \\ 0 = r_D i_D + p\psi_D \\ 0 = r_g i_g + p\psi_g \\ 0 = r_Q i_Q + p\psi_Q \end{cases} \tag{3-38}$$

将两边同除以转子侧的电压基准值 u_{fB}，可得

$$u_{f*} = \frac{r_f i_f}{z_{fB} i_{fB}} + \frac{\mathrm{d}\psi_f/\mathrm{d}t}{\psi_{fB}/t_B} = r_{f*} i_{f*} + \dot{\psi}_{f*} \tag{3-39a}$$

$$0 = \frac{r_D i_D}{z_{fB} i_{fB}} + \frac{\mathrm{d}\psi_D/\mathrm{d}t}{\psi_{fB}/t_B} = r_{D*} i_{D*} + \dot{\psi}_{D*} \tag{3-39b}$$

$$0 = \frac{r_g i_g}{z_{fB} i_{fB}} + \frac{\mathrm{d}\psi_g/\mathrm{d}t}{\psi_{fB}/t_B} = r_{g*} i_{g*} + \dot{\psi}_{g*} \tag{3-39c}$$

$$0 = \frac{r_Q i_Q}{z_{fB} i_{fB}} + \frac{\mathrm{d}\psi_Q/\mathrm{d}t}{\psi_{fB}/t_B} = r_{Q*} i_{Q*} + \dot{\psi}_{Q*} \tag{3-39d}$$

3.3.3 磁链方程的标幺制表示

同步发电机的原始方程经过 Park 变换后，d 轴上的绕组(d、f、D 绕组)和 q 轴上的绕

组互相独立，零轴绕组独立，因此磁链方程就可以分为 d、q、0 三个部分。

d 轴绕组的磁链方程

$$\begin{cases}\psi_d=-L_d i_d+m_{af}i_f+m_{aD}i_D\\ \psi_f=-\dfrac{3}{2}m_{af}i_d+L_f i_f+m_{fD}i_D\\ \psi_D=-\dfrac{3}{2}m_{aD}i_d+m_{fD}i_f+L_D i_D\end{cases}\tag{3-40}$$

将式(3-40)中的定子磁链方程除以定子侧磁链基准值 ψ_B，转子磁链方程除以转子侧磁链基准值 ψ_{fB}

$$\begin{aligned}\psi_{d*}&=-\frac{L_d i_d}{u_B/\omega_B}+\frac{km_{af}i_f}{u_{fB}/\omega_B}+\frac{km_{aD}i_D}{u_{fB}/\omega_B}\\&=-\frac{X_d i_d}{z_B i_B}+\frac{kX_{af}i_f}{z_{fB}i_{fB}}+\frac{kX_{aD}i_D}{z_{fB}i_{fB}}\\&=-X_{d*}i_{d*}+X_{af*}i_{f*}+X_{aD*}i_{D*}\end{aligned}\tag{3-41a}$$

$$\begin{aligned}\psi_{f*}&=-\frac{3}{2}\frac{m_{af}i_d}{u_{fB}/\omega_B}+\frac{L_f i_f}{u_{fB}/\omega_B}+\frac{m_{fD}i_D}{u_{fB}/\omega_B}\\&=-\frac{3}{2}\frac{kX_{af}2i_d}{z_{fB}3i_B}+\frac{X_f i_f}{z_{fB}i_{fB}}+\frac{X_{fD}i_D}{z_{fB}i_{fB}}\\&=-X_{af*}i_{d*}+X_{f*}i_{f*}+X_{fD*}i_{D*}\end{aligned}\tag{3-41b}$$

$$\begin{aligned}\psi_{D*}&=-\frac{3m_{aD}i_d}{2u_{fB}/\omega_B}+\frac{m_{fD}i_f}{u_{fB}/\omega_B}+\frac{L_D i_D}{u_{fB}/\omega_B}\\&=-\frac{3}{2}\frac{kX_{aD}2i_d}{z_{fB}3i_B}+\frac{X_{fD}i_f}{z_{fB}i_{fB}}+\frac{X_D i_D}{z_{fB}i_{fB}}\\&=-X_{aD*}i_{d*}+X_{fD*}i_{f*}+X_{D*}i_{D*}\end{aligned}\tag{3-41c}$$

同理可得 q 轴的磁链方程为

$$\begin{cases}\psi_{q*}=-X_{q*}i_{q*}+X_{ag*}i_{g*}+X_{aQ*}i_{Q*}\\ \psi_{g*}=-X_{ag*}i_{q*}+X_{g*}i_{g*}+X_{gQ*}i_{Q*}\\ \psi_{Q*}=-X_{aQ*}i_{q*}+X_{gQ*}i_{g*}+X_{Q*}i_{Q*}\end{cases}\tag{3-42}$$

零轴的磁链方程为

$$\psi_{0*}=-X_{0*}i_{0*}\tag{3-43}$$

3.3.4　同步发电机的电路模型

将同步发电机的标幺制方程以 d 轴、q 轴和零轴进行分类，以后所有的同步发电机的方程中，都用标幺制表示，为方便起见，方程中不再出现下标“ * ”。

1. d 轴绕组的电压和磁链方程

直轴方向上的绕组的电路方程如下

定子绕组 d

$$u_d=-R_a i_d+p\psi_d-\omega\psi_q\tag{3-44a}$$

励磁绕组 f

$$u_f=R_f i_f+p\psi_f\tag{3-44b}$$

阻尼绕组 D

$$0=R_D i_D+p\psi_D \tag{3-44c}$$

直轴方向上的磁路方程

$$\begin{bmatrix}\psi_d\\ \psi_f\\ \psi_D\end{bmatrix}=\begin{bmatrix}X_d & X_{af} & X_{aD}\\ X_{af} & X_f & X_{fD}\\ X_{aD} & X_{fD} & X_D\end{bmatrix}\begin{bmatrix}-i_d\\ i_f\\ i_D\end{bmatrix} \tag{3-45}$$

因此，直轴绕组的电路模型可用图 3-6 来表示。

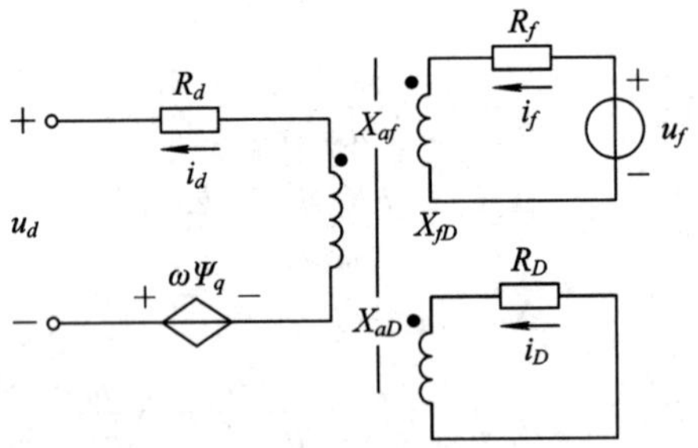

图 3-6　d 轴绕组的等效电路

2. q 轴绕组的电压和磁链方程

交轴上的绕组的电路方程如下

定子绕组 q

$$u_q=-R_a i_q+p\psi_q+\omega\psi_d \tag{3-46a}$$

阻尼绕组 g

$$0=R_g i_g+p\psi_g \tag{3-46b}$$

阻尼绕组 Q

$$0=R_Q i_Q+p\psi_Q \tag{3-46c}$$

交轴绕组的磁链方程为

$$\begin{bmatrix}\psi_q\\ \psi_g\\ \psi_Q\end{bmatrix}=\begin{bmatrix}X_q & X_{ag} & X_{aQ}\\ X_{ag} & X_g & X_{gQ}\\ X_{aQ} & X_{gQ} & X_Q\end{bmatrix}\begin{bmatrix}-i_q\\ i_g\\ i_Q\end{bmatrix} \tag{3-47}$$

因此，交轴各绕组的等效电路模型如图 3-7 所示。

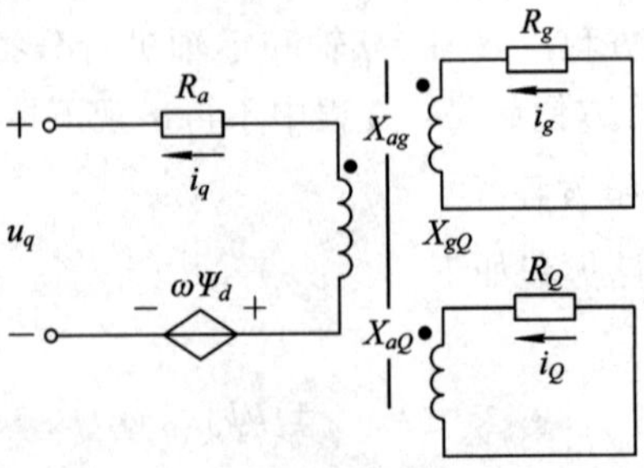

图 3-7　q 轴绕组的等效电路

零轴绕组的电路方程为

$$u_0 = -R_a i_0 + p\psi_0 \qquad (3-48)$$

零轴绕组的磁路方程为

$$\psi_0 = -X_0 i_0 \qquad (3-49)$$

因此，零轴的等效电路如图 3-8 所示。

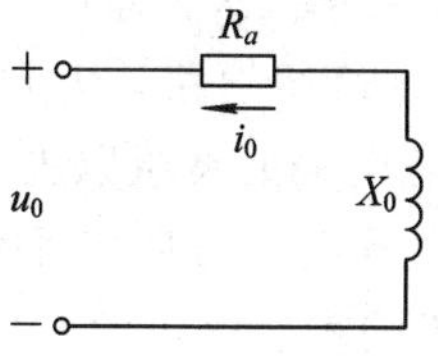

图 3-8　零轴绕组的等效电路

由上面的分析不难发现，经过 Park 变换后，同步发电机等效成三个独立的回路，d 轴、q 轴和零轴等效电路，在 d 轴上，定子绕组 d、励磁绕组 f 和阻尼绕组 D 三个绕组互相耦合，在 q 轴上，定子绕组 q、阻尼绕组 Q 和 g 三个绕组互相耦合，零轴绕组没有其他绕组与之耦合，而 d 绕组的等效电源与 q 绕组的磁链成正比，q 绕组的等效电势与 d 绕组的磁链成正比。

上述方程中的参数均为电路参数，需要把这些电路参数(如磁链)转化为工程中的电机参数来表示。

3.4　同步发电机的电机参数模型

通过发电机的等效电路可以看出，同步发电机方程经过 Park 变换后，d 绕组上的等效电势为 q 轴上的磁链，即为 $-\omega\psi_q$，而 q 绕组上的等效电势为 d 轴的磁链，即 $\omega\psi_d$，如图 3-6 和图 3-7 所示。d 轴和 q 轴的磁链分别有三个绕组互相耦合。

由于 d 轴和 q 轴的磁链是三个绕组磁链互相作用的结果，因此，该磁链可以看做是一个等效电势与等效电抗的串联。以 d 轴磁链为例，根据戴维南定理，这个等效电势是在 d 绕组开路，由 f 绕组磁链 ψ_f 和 D 绕组磁链 ψ_D 共同产生的，而等效电抗则是从 d 绕组看进去的等效电抗，如图 3-9 所示。

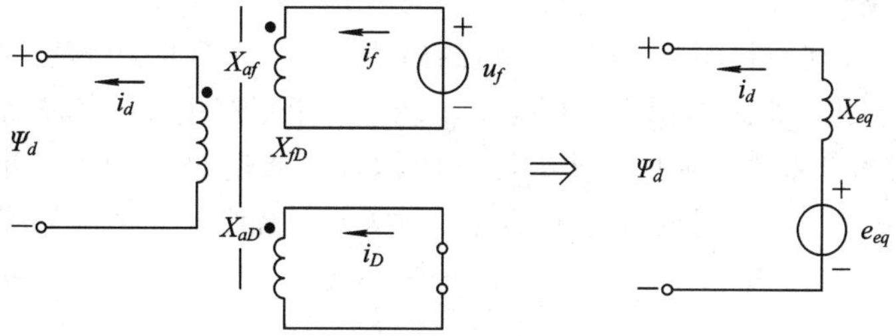

图 3-9　d 轴磁链的等效电路

在发电机受到扰动后，该等效电势和等效电抗是随着时间变化而变化的，在扰动发生瞬间，三个绕组的磁链不突变，会在 f 绕组和 D 绕组中感应出一个电流，因此在扰动瞬间，三个绕组都存在暂态电流，三个绕组互相耦合，这时从 d 绕组看进去的等效电势为次暂态电势 E''，等效电抗为次暂态电抗 x''；随着时间的推移，D 绕组中的暂态电流衰减为零，D 绕组相当于开路，此时只有 d 绕组和 f 绕组互相作用，这时的等效电势为暂态电势 E'，等效电抗为暂态电抗 x'；再经过一段时间后，f 绕组中的暂态电流也衰减为零，发电机进入稳态，三个绕组不再存在耦合作用，励磁绕组中为恒定的直流，此时从 d 绕组看进去的等效电势称为空载电势，等效电抗就是 d 绕组本身的电抗。

可以看出，次暂态电势的衰减取决于 D 绕组中的电流衰减，这个衰减时间常数是 d 绕组开路，f 绕组短路，从 D 绕组看进去的衰减时间常数，称为次暂态开路衰减时间常数 T''_{d0}；暂态电势的衰减取决于励磁绕组 f 中暂态电流的衰减，即 d 绕组开路，D 绕组开路，从 f 绕组看进去的衰减时间常数，称为暂态开路衰减时间常数 T'_{d0}。

由于同步发电机的方程较多，为了叙述方便，首先对电机参数进行定义，然后将同步发电机的方程转化为电机参数的方程，并介绍一些电力系统稳定性分析中用到的简化模型。由于同步发电机的 d 轴和 q 轴分别为三个绕组的耦合，其磁链的耦合非常复杂，因此首先需要做出适当的假设，以简化磁链的耦合关系。

3.4.1 基本假设

在 d 轴和 q 轴上，都有三个绕组互相耦合，每个绕组产生的磁链包含三部分：漏磁通、交链到另一个绕组的磁通以及同时交链三个绕组的磁通。如果将这三部分磁链都同时加以考虑，那么发电机的方程将变得非常复杂，因此，通过合理的假设对三个绕组的耦合作适当简化。目前有两种假设方法。

第一种假设，不考虑两两交链的磁通，认为每个绕组产生的磁通除了漏磁通外就是交链三个绕组的磁通，即

$$\begin{cases} X_d = X_{d\sigma} + X_{ad} \\ X_f = X_{f\sigma} + X_{ad} \\ X_D = X_{D\sigma} + X_{ad} \end{cases} \tag{3-50a}$$

$$\begin{cases} X_q = X_{q\sigma} + X_{aq} \\ X_g = X_{g\sigma} + X_{aq} \\ X_Q = X_{Q\sigma} + X_{aq} \end{cases} \tag{3-50b}$$

其中，下标 σ 代表每个绕组的漏抗(漏磁通引起的)，X_{ad} 和 X_{aq} 分别代表 d 轴和 q 轴交链三个绕组的电枢反应电抗。

第二种假设，不考虑同时交链三个绕组的磁通，仅考虑两两交链的磁通，且认为，在 d 轴上，励磁绕组 f 和 d 绕组的耦合系数等于 d 绕组与阻尼绕组 D 的耦合系数和励磁绕组 f 与阻尼绕组 D 的耦合系数的乘积，即 d 与 f 的耦合是通过 D 绕组然后耦合到 f 绕组的，在 q 轴上，定子 q 绕组与阻尼绕组 Q 的耦合系数等于 q 绕组与 g 绕组的耦合系数和 g 绕组与 Q 绕组耦合系数的乘积，即

$$\begin{cases} k_{af} = k_{aD} k_{fD} \\ k_{aQ} = k_{aQ} k_{gQ} \end{cases} \tag{3-51a}$$

由此可以推出

$$\begin{cases} X_{af} X_D = X_{aD} X_{fD} \\ X_{aQ} X_g = X_{ag} X_{gQ} \end{cases} \tag{3-51b}$$

从发电机的实际运行情况看，第二种假设要比第一种假设更加合理。因为，当定子绕组中的电流发生变化时，虽然在励磁绕组和阻尼绕组中同时感应出一个电流，但由于阻尼绕组 D 的时间常数远比励磁绕组 f 的时间常数小，即 D 绕组中产生感应的感应电流上升得快，衰减得也快，因此当 D 绕组中电流产生到衰减完毕时，励磁绕组中的感应电流才出现。所以，虽然定子绕组电流产生的磁链有同时交链三个绕组的情况，但是从实际情况看，

两两交链占主导地位。下面的叙述中，以第二种假设为例。

3.4.2 电机参数的定义

1. 空载电势和同步电抗

直轴上 d 绕组、f 绕组和 D 绕组三个绕组互相耦合，因此有

$$\begin{cases}\psi_d = -X_d i_d + X_{af} i_f + X_{aD} i_D \\ \psi_f = -X_{af} i_d + X_f i_f + X_{fD} i_D \\ \psi_D = -X_{aD} i_d + X_{fD} i_f + X_D i_D\end{cases} \tag{3-52}$$

交轴上 q 绕组、g 绕组和 Q 绕组三个绕组耦合：

$$\begin{cases}\psi_q = -X_q i_q + X_{ag} i_g + X_{aQ} i_Q \\ \psi_g = -X_{ag} i_q + X_g i_g + X_{gQ} i_Q \\ \psi_Q = -X_{aQ} i_q + X_{gQ} i_g + X_Q i_Q\end{cases} \tag{3-53}$$

在磁链方程中，令

$$\begin{cases}e_{q1} = X_{af} i_f \\ e_{q2} = X_{aD} i_D\end{cases} \tag{3-54a}$$

$$\begin{cases}e_{d1} = -X_{ag} i_g \\ e_{d2} = -X_{aQ} i_Q\end{cases} \tag{3-54b}$$

则 d 绕组和 q 绕组磁链可以表示为等效电势和等效电抗的串联：

$$\begin{cases}\psi_d = -X_d i_d + e_{q1} + e_{q2} \\ \psi_q = -X_q i_q - e_{d1} - e_{d2}\end{cases} \tag{3-55}$$

等效电势 e_{q1}、e_{q2}、e_{d1}、e_{d2} 称为空载电势，即当 d 和 q 绕组的电流为零时，两个绕组的等效电势。

等效电抗 X_d 就是 f 绕组和 D 绕组开路时，d 绕组的自身电抗，称为直轴同步电抗；电抗 X_q 是在 g 绕组和 Q 绕组开路时，q 绕组自身的电抗，称为交轴同步电抗。

可以看出，上述四个等效电势均为转子绕组中的电流在定子中的感应电势，而不含有定子电流产生的磁链对转子绕组中电流的影响，即当定子绕组开路时，转子各绕组单独作用于定子绕组在其中产生的感应电势，因此称为空载电势。在同步发电机稳态运行时，除了 e_{q1} 以外，其余的空载电势均为零。

空载电势和直轴同步电抗实际上是在同步发电机进入稳态后，在励磁绕组 f 和阻尼绕组 D 中的感应电流衰减为零时的戴维南等效电路，如图 3-10 所示。

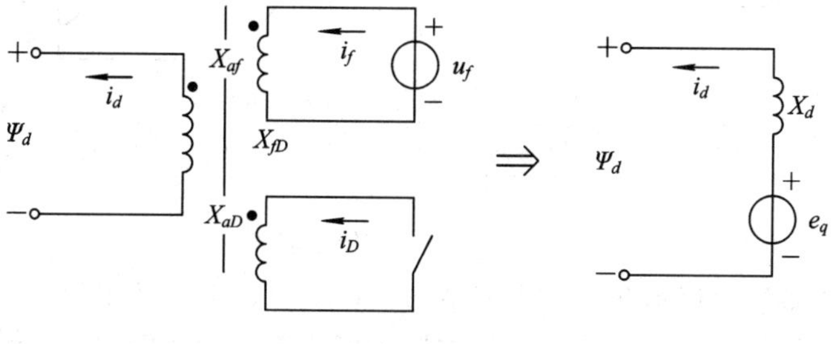

图 3-10 空载电势和同步电抗

2. 暂态电势和暂态同步电抗

暂态电势和暂态同步电抗是不考虑阻尼绕组 D 和 Q（或阻尼绕组中的暂态电流衰减为零）的情况下，当定子绕组电流变化时，从 d 和 q 绕组看进去的戴维南等效电路。在定子电流变化时，励磁绕组 f 和阻尼绕组 g 的磁链也将发生变化。但在定子电流变化时，将在 f 和 g 绕组中感应出暂态电流并试图维持磁链的恒定。

d 轴上只有 d 绕组和 f 绕组互相耦合，q 轴上只有 q 绕组和 g 绕组互相耦合，即：

$$\begin{cases}\psi_d = -X_d i_d + X_{af} i_f \\ \psi_f = -X_{af} i_d + X_f i_f\end{cases} \tag{3-56}$$

$$\begin{cases}\psi_q = -X_q i_q + X_{ag} i_g \\ \psi_g = -X_{ag} i_q + X_g i_g\end{cases} \tag{3-57}$$

分别消去 i_f 和 i_g，可将 d 绕组和 q 绕组磁链表示为等效电源和等效电抗的串联

$$\begin{cases}\psi_d = -\left(X_d - \dfrac{X_{af}^2}{X_f}\right)i_d + \dfrac{X_{af}}{X_f}\psi_f = -X_d' i_d + e_q' \\ \psi_q = -\left(X_q - \dfrac{X_{ag}^2}{X_g}\right)i_q + \dfrac{X_{ag}}{X_g}\psi_g = -X_q' i_q - e_d'\end{cases} \tag{3-58}$$

其中

$$\begin{cases}e_q' = \dfrac{X_{af}}{X_f}\psi_f \\ e_d' = -\dfrac{X_{ag}}{X_g}\psi_g\end{cases} \tag{3-59}$$

e_q' 和 e_d' 分别称为交轴和直轴暂态电势，即不考虑阻尼绕组（或者在阻尼绕组中的电流衰减为零），只考虑定子绕组电流变化在 f 和 g 绕组中产生出感应电流的情况下的等效电势。之所以称为暂态电势，是因为当 f 和 g 绕组中电流的暂态分量衰减完后，该电势就变为空载电势。如图 3－11 所示，图中 Δu_f 是定子电流变化在励磁绕组中产生的感应电势。

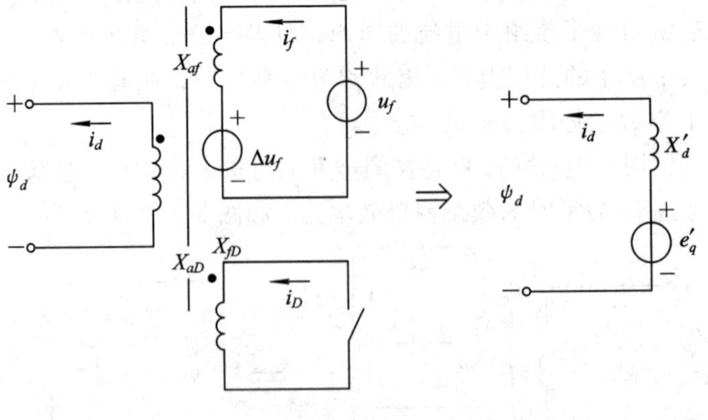

图 3－11　暂态电势和暂态同步电抗

等效电抗为考虑定子电流变化影响时从定子侧看进去的等效电抗，分别称为直轴暂态同步电抗和交轴暂态同步电抗。之所以称为暂态同步电抗，是因为当定子电流暂态分量衰

减完后，该等效电抗就成为同步电抗，即

$$\begin{cases} X_d' = X_d - \dfrac{X_{af}^2}{X_f} \\ X_q' = X_q - \dfrac{X_{ag}^2}{X_g} \end{cases} \tag{3-60}$$

x_d' 和 x_q' 是在不考虑阻尼绕组 D 和 Q，以及在 f 和 g 短路的情况下，分别从 d 绕组和 q 绕组看进去的等效电抗，如图 3-11 所示。

3. 次暂态电势和次暂态同步电抗

次暂态电势和次暂态电抗是考虑阻尼绕组 D 和 Q 的情况下，当定子电流发生变化，在 f、g、D、Q 绕组中都感应出暂态电流时，从定子 d 和 q 绕组看进去的等效电势和电抗。

当考虑阻尼绕组 D 和 Q 时，d 轴和 q 轴分别有三个绕组耦合，如式(3-52)和(3-53)所示，分别消掉 i_f、i_D 和 i_g、i_Q，可以得到

$$\begin{cases} i_f = \dfrac{X_D\psi_f - X_{fD}\psi_D}{X_DX_f - X_{fD}^2} + \dfrac{X_{af}X_D - X_{aD}X_{fD}}{X_DX_f - X_{fD}^2}i_d \\ i_D = \dfrac{X_f\psi_D - X_{fD}\psi_f}{X_DX_f - X_{fD}^2} + \dfrac{X_{aD}X_f - X_{af}X_{fD}}{X_DX_f - X_{fD}^2}i_d \end{cases} \tag{3-61}$$

$$\begin{cases} i_g = \dfrac{X_Q\psi_g - X_{gQ}\psi_Q}{X_QX_g - X_{gQ}^2} + \dfrac{X_{ag}X_Q - X_{aQ}X_{gQ}}{X_QX_g - X_{gQ}^2}i_q \\ i_Q = \dfrac{X_g\psi_Q - X_{gQ}\psi_g}{X_QX_g - X_{gQ}^2} + \dfrac{X_{aQ}X_g - X_{ag}X_{gQ}}{X_QX_g - X_{gQ}^2}i_q \end{cases} \tag{3-62}$$

考虑到 $X_{af}X_D = X_{aD}X_{fD}$ 以及 $X_{ag}X_Q = X_{aQ}X_{gQ}$，将式(3-61)和(3-62)代入 d 绕组和 q 绕组磁链方程中，可得

$$\begin{cases} \psi_d = -\left(X_d - \dfrac{X_{aD}^2}{X_D}\right)i_d + \dfrac{X_{aD}}{X_D}\psi_D = -X_d''i_d + e_q'' \\ \psi_q = -\left(X_q - \dfrac{X_{aQ}^2}{X_Q}\right)i_q + \dfrac{X_{aQ}}{X_Q}\psi_Q = -X_q''i_q - e_d'' \end{cases} \tag{3-63}$$

其中，

$$\begin{cases} e_q'' = \dfrac{X_{aD}}{X_D}\psi_D \\ e_d'' = -\dfrac{X_{aQ}}{X_Q}\psi_Q \end{cases} \tag{3-64}$$

e_q'' 和 e_d'' 分别称为交轴和直轴次暂态电势，这两个电势是考虑定子绕组的电流变化在 f、D 绕组以及 g 和 Q 绕组中产生出感应电流的影响，从 d 和 q 绕组看进去的等效电势。

$$\begin{cases} X_d' = X_d - \dfrac{X_{aD}^2}{X_D} \\ X_q'' = X_q - \dfrac{X_{ag}^2}{X_g} \end{cases} \tag{3-65}$$

x_d'' 和 x_q'' 分别称为直轴和交轴次暂态同步电抗，是在 f 绕组、D 绕组以及 g 绕组、Q 绕组短路的情况下，分别从 d 绕组和 q 绕组看进去的等效电抗，如图 3-12 所示。

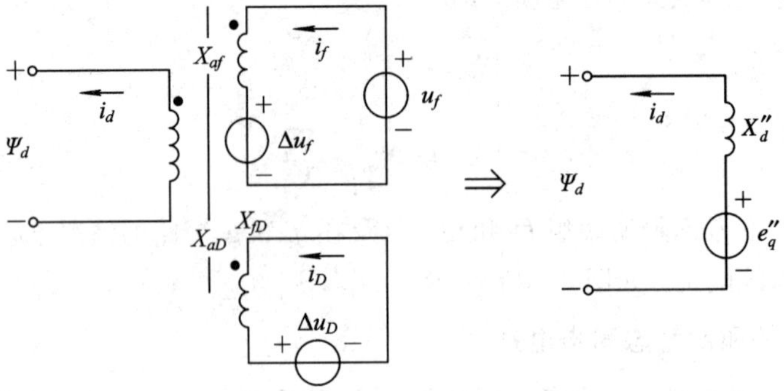

图 3-12 次暂态电势和次暂态电抗

4. 开路暂态、次暂态时间常数

1）直轴开路暂态时间常数 T'_{d0}

T'_{d0} 反映的是暂态电势在 d 绕组开路情况下的衰减情况，实际上就是在 d 绕组开路情况下，励磁绕组暂态电流的衰减时间常数，即

$$T'_{d0}=\frac{X_f}{R_f} \tag{3-66}$$

2）交轴开路暂态时间常数 T'_{q0}

T'_{q0} 是在 q 绕组开路、阻尼绕组 Q 开路的情况下，g 绕组中暂态电流的衰减时间常数。显然，交轴开路暂态时间常数是 g 绕组本身的暂态衰减时间常数，它反映了在 q 绕组开路的情况下，暂态电势 e'_d 的衰减（即 q 绕组开路的情况下，g 绕组中暂态电流的衰减时间常数）

$$T'_{q0}=\frac{X_g}{R_g} \tag{3-67}$$

3）直轴开路次暂态时间常数 T''_{d0}

T''_{d0} 是 d 绕组开路，f 绕组短路，从阻尼绕组 D 中看进去的等效暂态电抗与阻尼绕组电阻的比值，它反映了在 d 绕组开路情况下，次暂态电势 e''_q 的衰减情况（即 d 绕组开路，在 f 绕组影响下的 D 绕组中暂态电流的衰减时间常数）

$$T''_{d0}=\frac{X'_D}{R_D}=\frac{X_D-X_{fD}^2/X_f}{R_D} \tag{3-68}$$

其中，X'_D 用下式进行计算

$$\begin{cases}0=X_f i_f+X_{fD}i_D\\ \psi_D=X_{fD}i_f+X_D i_D\end{cases} \tag{3-69}$$

求解式(3-69)，消去励磁电流可以得到

$$X'_D=\frac{\psi_D}{i_D}=X_D-\frac{X_{fD}^2}{X_f} \tag{3-70}$$

4）交轴开路次暂态时间常数 T''_{q0}

T''_{q0} 是 q 绕组开路，g 绕组短路，从阻尼绕组 Q 中看进去的等效暂态电抗与阻尼绕组电阻的比值，它反映了次暂态电势 e''_d 的衰减情况：

$$T''_{q0}=\frac{X'_Q}{R_Q}=\frac{X_Q-X_{gQ}^2/X_g}{R_Q} \tag{3-71}$$

其中，X'_Q 用下式进行计算：

$$\begin{cases} 0 = X_g i_g + X_{gQ} i_Q \\ \psi_Q = X_{gQ} i_g + X_Q i_Q \end{cases} \tag{3-72}$$

求解式(3-72)，消去励磁电流可以得到

$$X'_Q = \frac{\psi_Q}{i_Q} = X_Q - \frac{X_{gQ}^2}{X_g} \tag{3-73}$$

3.4.3　电机参数表示的同步发电机方程

1. 定子绕组的电路方程

定子绕组的电路方程为

$$\begin{cases} u_d = -R_a i_d + p\psi_d - \omega\psi_q \\ u_q = -R_a i_q + p\psi_q + \omega\psi_d \end{cases} \tag{3-74}$$

2. 磁路方程

1) d 轴绕组的磁路方程

d 轴绕组的磁路方程为

$$\psi_d = -X_d i_d + X_{af} i_f + X_{aD} i_D = -X_d i_d + e_{q1} + e_{q2} \tag{3-75}$$

将励磁绕组的磁链转化为直轴暂态电势，即将励磁绕组磁链方程两端同乘以 X_{af}/X_f，得

$$\frac{X_{af}}{X_f}\psi_f = -\frac{X_{af}}{X_f}X_{af} i_d + \frac{X_{af}}{X_f}X_f i_f + \frac{X_{af}}{X_f}X_{fD} i_D \tag{3-76}$$

将式(3-76)右边第三项分子、分母同时乘以 X_{aD}^2，并考虑到 $X_{af}X_D = X_{aD}X_{fD}$，得

$$\begin{aligned} e'_q &= -\frac{X_{af}^2}{X_f} i_d + e_{q1} + \frac{X_{af}X_{fD}X_{aD}}{X_f X_{aD}^2} e_{q2} \\ &= -(X_d - X'_d) i_d + e_{q1} + \frac{X_{af}^2/X_f}{X_{aD}^2/X_D} \cdot e_{q2} \\ &= -(X_d - X'_d) i_d + e_{q1} + \frac{X_d - X'_d}{X_d - X''_d} e_{q2} \end{aligned} \tag{3-77}$$

将 D 绕组的磁链转化为直轴次暂态电势，即将 D 绕组的磁链方程两端同乘以 X_{aD}/X_D，得

$$e''_q = \frac{X_{aD}}{X_D}\psi_D = -(X_d - X''_d) i_d + e_{q1} + e_{q2} \tag{3-78}$$

综上所述，用电机参数表示的 d 绕组磁链方程如下

$$\begin{cases} \psi_d = -X_d i_d + e_{q1} + e_{q2} \\ e'_q = -(X_d - X'_d) i_d + e_{q1} + \dfrac{X_d - X'_d}{X_d - X''_d} e_{q2} \\ e''_q = -(X_d - X''_d) i_d + e_{q1} + e_{q2} \end{cases} \tag{3-79}$$

式中，e_{q1} 和 e_{q2} 的表达式可以通过下边两个方程得到(后面转子绕组的电路方程中也会用到)

$$\begin{cases} e_{q1} = \dfrac{X_d - X''_d}{X'_d - X''_d} e'_q - \dfrac{X_d - X'_d}{X'_d - X''_d} e''_q \\ e_{q2} = -\dfrac{X_d - X''_d}{X'_d - X''_d}(e'_q - e''_q) + (X_d - X''_d) i_d \end{cases} \tag{3-80}$$

将式(3-80)代入式(3-79)的第一个方程中，就消去了转子绕组的两个磁链方程，只剩下 ψ_d 的方程，即

$$\psi_d = -X''_d i_d + e''_q \tag{3-81}$$

2) q 轴绕组的磁链方程

q 轴绕组的磁链方程为

$$\psi_q = -X_q i_q + X_{ag} i_g + X_{aQ} i_Q = -X_q i_q - e_{d1} - e_{d2} \tag{3-82}$$

将 g 绕组的磁链转化为交轴暂态电势，即磁链方程两端乘以 $-X_{ag}/X_g$，并考虑到第二种假设条件 $X_{ag}X_Q = X_{aQ}X_{gQ}$，可得

$$e'_d = (X_q - X'_q) i_q + e_{d1} + \frac{X_q - X'_q}{X_q - X''_q} e_{d2} \tag{3-83}$$

将 Q 绕组的磁链转化为交轴次暂态电势，即磁链方程两端乘以 $-X_{aQ}/X_Q$，并考虑到 $X_{ag}X_Q = X_{aQ}X_{gQ}$，可得

$$e''_d = -\frac{X_{aQ}}{X_Q}\psi_Q = (X_q - X''_q) i_q + e_{d1} + e_{d2} \tag{3-84}$$

变换为电机参数后，q 轴绕组的磁链方程如下

$$\begin{cases} \psi_q = -X_q i_q - e_{d1} - e_{d2} \\ e'_d = (X_q - X'_q) i_q + e_{d1} + \dfrac{X_q - X'_q}{X_q - X''_q} e_{d2} \\ e''_d = (X_q - X''_q) i_q + e_{d1} + e_{d2} \end{cases} \tag{3-85}$$

同样，上面的方程中，用第二和第三个方程可以表示出 e_{d1} 和 e_{d2}

$$\begin{cases} e_{d1} = -\dfrac{X_q - X''_q}{X'_q - X''_q} e'_d + \dfrac{X_q - X'_q}{X'_q - X''_q} e''_d \\ e_{d2} = \dfrac{X_q - X''_q}{X'_q - X''_q}(e'_d - e''_d) - (X_q - X''_q) i_q \end{cases} \tag{3-86}$$

将式(3-86)代入式(3-85)中的 q 绕组磁链方程，可以消去 e_{d1} 和 e_{d2}，得

$$\psi_q = -X''_q i_q - e''_d \tag{3-87}$$

3. 转子绕组的电路方程

1) 励磁绕组 f 的电路方程

将励磁绕组 f 电路方程两边同乘以 X_{af}/X_f，即将磁链 ψ_f 化为 e'_q，可得

$$\frac{X_{af}}{X_f} u_f = \frac{X_{af}}{X_f} R_f i_f + p\left(\frac{X_{af}}{X_f}\psi_f\right) \tag{3-88}$$

将式(3-88)两边同乘以 $T'_{d0} = X_f/R_f$，可得

$$T'_{d0} p e'_q = E_{fq} - e_{q1} \tag{3-89}$$

将 e_{q1} 的表达式(式(3-80))代入式(3-89)

$$T'_{d0} p e'_q = -\frac{X_d - X''_d}{X'_d - X''_d} e'_q + \frac{X_d - X'_d}{X'_d - X''_d} e''_q + E_{fq} \tag{3-90}$$

其中，$E_{fq}=X_{af}u_f/R_f$，为假想空载电势。该假想空载电势取决于励磁电压 u_f，当不考虑励磁调节系统，即励磁电压恒定时，该假想空载电势为常数。当发电机处于稳态运行时，$u_f/R_f=i_f$，此时假想空载电势即为空载电势 e_{q1}。

2) d 轴阻尼绕组 D 的电路方程

将阻尼绕组 D 的电路方程两端同乘以 X_{aD}/X_D，电路方程中的磁链 ψ_D 转化为 e''_q

$$0=\frac{X_{aD}}{X_D}R_Di_D+\frac{X_{aD}}{X_D}p\psi_D=\frac{R_D}{X_D}e_{q2}+pe''_q \tag{3-91}$$

将式(3-91)两端乘以 $T''_{d0}=(X_D-X^2_{fD}/X_f)/R_D$，并考虑到 $X_{af}X_D=X_{aD}X_{fD}$，得

$$\begin{aligned}T''_{d0}pe''_q&=-\frac{R_D}{X_D}\frac{X_D-X^2_{fD}/X_f}{R_D}e_{q2}=\frac{X_DX_f-X^2_{fD}}{X_DX_f}e_{q2}\\&=-\frac{X_{aD}(X_{af}X_D)X_f-X_{af}(X_{aD}X_{fD})X_{fD}}{X_{aD}(X_{af}X_D)X_f}e_{q2}\\&=-\frac{X^2_{aD}X_{fD}X_f-X^2_{af}X_DX_{fD}}{X^2_{aD}X_{fD}X_f}e_{q2}\\&=-\frac{X^2_{aD}/X_D-X^2_{af}/X_f}{X^2_{aD}/X_D}e_{q2}=-\frac{X'_d-X''_d}{X_d-X''_d}e_{q2}\end{aligned} \tag{3-92}$$

将 e_{q2} 的表达式(见式(3-80))代入式(3-92)，经整理得

$$T''_{d0}pe''_q=e'_q-e''_q-(X'_d-X''_d)i_d \tag{3-93}$$

3) q 轴阻尼绕组 g 的电路方程

q 轴阻尼绕组 g 的电路方程如下

$$T'_{q0}pe'_d=-e_{d1}=-\frac{X_q-X''_q}{X'_q-X''_q}e'_d+\frac{X_q-X''_q}{X'_q-X''_q}e''_d \tag{3-94}$$

4) q 轴阻尼绕组 Q 的电路方程

q 轴阻尼绕组 Q 的电路方程如下

$$T''_{q0}pe''_d=-\frac{X'_q-X''_q}{X_q-X''_q}e_{q2}=e'_d-e''_d+(X'_q-X''_q)i_q \tag{3-95}$$

4. 电机参数表示的同步发电机方程

综上所述，在经过 Park 变换后的 12 个方程(6 个电压方程、6 个磁链方程，不包括零轴回路的方程)中，化简消去 4 个中间变量 e_{q1}、e_{q2}、e_{d1} 和 e_{d2}，化简后的电机参数表示的同步发电机模型如下(不包含零轴绕组)

$$\begin{cases}u_d=-R_ai_d+p\psi_d-\omega\psi_q\\u_q=-R_ai_q+p\psi_q+\omega\psi_d\end{cases} \tag{3-96}$$

$$\begin{cases}\psi_d=e''_q-X''_di_d\\\psi_q=-e''_d-X''_qi_q\end{cases} \tag{3-97}$$

$$\begin{cases}T'_{d0}pe'_q=-\dfrac{X_d-X''_d}{X'_d-X''_d}e'_q+\dfrac{X_d-X'_d}{X'_d-X''_d}e''_q+E_{fq}\\T''_{d0}pe''_q=e'_q-e''_q-(X'_d-X''_d)i_d\\T'_{q0}pe'_d=-\dfrac{X_q-X''_q}{X'_q-X''_q}e'_d+\dfrac{X_q-X''_q}{X'_q-X''_q}e''_d\\T''_{q0}pe''_d=e'_d-e''_d+(X'_q-X''_q)i_q\end{cases} \tag{3-98}$$

3.4.4 同步发电机的简化模型

当电力系统发生故障时，不仅在电力系统中产生电磁暂态过程，同时由于系统电磁功率的变化，导致系统发电机的转子发生摇摆现象，即机电暂态过程。这两个过程是同时发生的，但在实际的工程分析和计算中，由于电磁暂态过程的时间常数很短，通常是毫秒级，而机电暂态的时间常数较长，通常为秒级，因此在分析电力系统机电暂态稳定性的时候，对同步发电机的模型通常作一些合理的简化，即在考虑机电暂态过程时，不考虑定子绕组电磁暂态过程的变化(以后在对故障进行电磁暂态分析的时候，同样不考虑机电暂态过程的影响)。

1. 定子绕组方程的简化

对定子绕组的简化，通常忽略定子绕组的电磁暂态过程，即忽略定子绕组电压方程中磁链的变化(变压器电势)，同时考虑到，在机电暂态过程中，发电机转子的转速变化并不大，因此取 $\omega=1$，这个模型称为准稳态模型。同步发电机的定子电压和磁链方程就简化为

$$\begin{cases} u_d = -R_a i_d - \psi_q \\ u_q = -R_a i_q + \psi_d \end{cases} \tag{3-99}$$

准稳态模型的特点是只考虑转子绕组中的暂态过程而忽略定子绕组的暂态过程，这样就可以将转子绕组中的暂态电流的变化等效为定子的等效电势。当同时考虑阻尼绕组 D(Q 绕组)和励磁绕组 f(g 绕组)中的暂态电流变化时，从定子绕组看进去等效于次暂态电势的变化；当不考虑 D(Q)绕组中暂态电流的变化(或认为这两个绕组中的暂态电流衰减完)时，f 绕组(g 绕组)中暂态电流的变化等效于暂态电势的变化。

定子绕组的磁链 ψ_d 和 ψ_q 取决于转子绕组的简化情况。

2. 转子绕组方程的简化

发电机模型的简化主要是对转子绕组的简化。转子绕组主要包括 d 轴方向的励磁绕组 f、阻尼绕组 D 和 q 轴方向的阻尼绕组 g 和 Q。通过忽略某些阻尼绕组可达到简化同步发电机方程的目的。

(1) 忽略 q 轴的阻尼绕组 g，即认为 $X_g=\infty$，$X_{ag}=0$，这样，$X'_q=X_q$，$e'_d=0$，定子的磁链方程

$$\begin{cases} \psi_d = e''_q - X''_d i_d \\ \psi_q = -e''_d - X''_q i_q \end{cases} \tag{3-100}$$

转子的电压方程减少为三个，即

$$\begin{cases} T'_{d0} p e'_q = -\dfrac{X_d - X''_d}{X'_d - X''_d} e'_q + \dfrac{X_d - X'_d}{X'_d - X''_d} e''_q + E_{fq} \\ T''_{d0} p e''_q = e'_q - e''_q - (X'_d - X''_d) i_d \\ T''_{q0} p e''_d = -e''_d + (X_q - X''_q) i_q \end{cases} \tag{3-101}$$

经过简化后，将定子绕组磁链代入定子电压方程中，发电机的模型简化为三个微分方程和两个代数方程。

(2) 忽略 d 轴阻尼绕组 D 和 q 轴阻尼绕组 Q，即认为 D 绕组和 Q 绕组开路，这样，定子磁链方程为

$$\begin{cases}\psi_d = e_q' - X_d' i_d \\ \psi_q = - e_d' - X_q' i_q\end{cases} \tag{3-102}$$

转子绕组的电压方程减少为两个，即

$$\begin{cases}T_{d0}' p e_q' = - e_q' - (X_d - X_d') i_d + E_{fq} \\ T_{q0}' p e_d' = - e_d' + (X_q - X_q') i_q\end{cases} \tag{3-103}$$

经过上述简化后，同步发电机的模型为两个微分方程和两个代数方程。

(3) 忽略所有阻尼绕组的模型，即认为所有的阻尼绕组 D、Q 和 g 都开路，定子磁链方程简化为

$$\begin{cases}\psi_d = e_q' - X_d' i_d \\ \psi_q = - X_q i_q\end{cases} \tag{3-104}$$

转子电压方程只剩下励磁绕组的电压方程，即

$$T_{d0}' p e_q' = - e_q' - (X_d - X_d') i_d + E_{fq} \tag{3-105}$$

(4) e_q' 恒定模型，即认为励磁绕组的暂态过程和励磁调节系统使得励磁绕组的磁链不变，即认为 $pe_q'=0$，可得

$$e_q' = E_{fq} - (X_d - X_d') i_d \tag{3-106}$$

这样，在同步发电机电路模型中，只有两个代数方程，即定子电压方程，无微分方程(微分方程只有两个转子运动方程)，这个模型称为同步发电机的经典模型。

当同步发电机采用准稳态模型时，忽略了定子绕组中的暂态过程，即忽略了定子磁链的变化，并假设 $\omega=1$。由于 d、q 轴是互相正交的，因此发电机的方程在 d 轴和 q 轴上的分量可以合成相量方程。那么发电机端电压和电流相量与空载电势、暂态电势、次暂态电势是什么关系呢？

另外，同步发电机的电路模型包含两个代数方程和若干微分方程，微分方程中的状态量包括暂态电势和次暂态电势，要求解这些微分方程，必须知道这些状态量的初始状态，那么如何根据发电机初始的电压电流求得这些状态量的初始条件呢？这需要知道在稳态运行时这些状态量与机端电压电流的关系。3.5 节将阐述这个问题。

3.5　同步发电机稳态和准稳态机端电压相量方程

同步发电机在稳态运行时，频率为同步频率。在发电机的电压回路方程中，变压器电势为零，考虑准稳态模型时，发电机的定子回路方程为

$$\begin{cases}u_d = - R_a i_d - \psi_q \\ u_q = - R_a i_q + \psi_d\end{cases} \tag{3-107}$$

同步发电机的定子磁链既可以用空载电势来表示，也可以用暂态电势来表示，还可以用次暂态电势来表示。

3.5.1　用空载电势表示的同步发电机端电压相量方程

发电机稳态运行时，阻尼绕组产生的空载电势 $e_{q2}=e_{d1}=e_{d2}=0$，因此同步发电机在稳

态时的定子磁链方程为

$$\begin{cases}\psi_d = -X_d i_d + e_q \\ \psi_q = -X_q i_q\end{cases} \tag{3-108}$$

这样，定子绕组的电压在 d 轴和 q 轴上的分量可以表示为

$$\begin{cases}u_d = -R_a i_d + X_q i_q \\ u_q = -R_a i_q + e_q - X_d i_d\end{cases} \tag{3-109}$$

以 d 轴为横坐标，q 轴为纵坐标，那么，机端电压、电流相量表示为

$$\begin{cases}\dot{U}_G = u_d + \mathrm{j}u_q \\ \dot{I}_G = i_d + \mathrm{j}i_q\end{cases} \tag{3-110}$$

将式(3-109)代入式(3-110)可以得到机端电压、电流相量与空载电势之间的关系如下

$$\begin{aligned}\dot{U}_G &= u_d + \mathrm{j}u_q \\ &= -R_a(i_d + \mathrm{j}i_q) + \mathrm{j}e_q - \mathrm{j}X_q(i_d + \mathrm{j}i_q) - \mathrm{j}(X_d - X_q)i_d \\ &= -R_a\dot{I}_G - \mathrm{j}X_q\dot{I}_G + \dot{E}_q - \mathrm{j}(X_d - X_q)\dot{I}_d\end{aligned} \tag{3-111}$$

其中，$\dot{E}_q = \mathrm{j}e_q$，$\dot{I}_d = i_d$。

反过来，式(3-111)可以表示为

$$\dot{E}_q = \dot{U}_G + (R_a + \mathrm{j}X_q)\dot{I}_G + \mathrm{j}(X_d - X_q)\dot{I}_d \tag{3-112}$$

空载电势 $\dot{E}_q$ 一定在 q 轴上，$\mathrm{j}(X_d - X_q)\dot{I}_d$ 也一定在 q 轴方向上，因此，定义一个虚构的空载电势 E_Q

$$\dot{E}_Q = \dot{U}_G + (R_a + \mathrm{j}X_q)\dot{I}_G \tag{3-113}$$

虚构空载电势一定也在 q 轴上，可以通过它来确定 q 轴，然后确定 d 轴。

根据上述分析，不难得到机端电压、电流和空载电势的相量图如图 3-13 所示。根据该相量图，在已知机端电压、电流、功率因数的情况下，不难求出空载电势的值以及功角 δ。

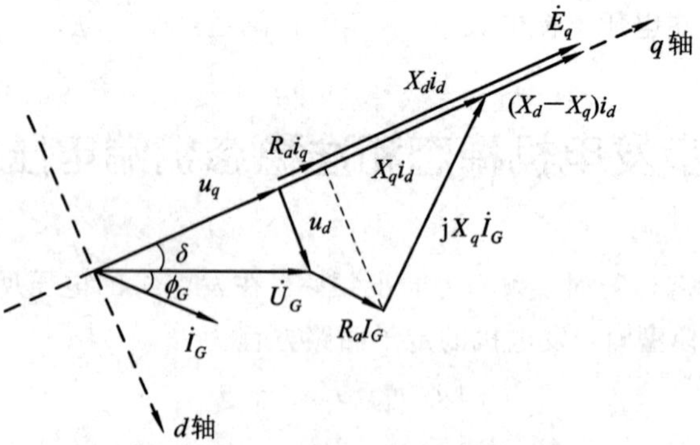

图 3-13 空载电势表示的同步发电机稳态运行相量图

3.5.2 用暂态电势表示的同步发电机端电压相量方程

在不考虑阻尼绕组 D 和 Q 的情况下，发电机端电压和暂态电势的关系如下

$$\begin{cases} u_d = -R_a i_d + e'_d + X'_q i_q \\ u_q = -R_a i_q + e'_q - X'_d i_d \end{cases} \tag{3-114}$$

因此同步发电机机端电压相量方程为

$$\begin{aligned} \dot{U}_G = u_d + \mathrm{j}u_q &= -R_a(i_d + \mathrm{j}i_q) + (e'_d + \mathrm{j}e'_q) - \mathrm{j}X'_q(\mathrm{j}i_q) - \mathrm{j}X'_d i_d \\ &= -R_a\dot{I}_G + \dot{E}' - \mathrm{j}X'_d\dot{I}_G - \mathrm{j}(X'_d - X'_q)\dot{I}_q \end{aligned} \tag{3-115}$$

机端电压、电流和暂态电势的相量图如图 3-14 所示，仍需要利用虚构的空载电势 $\dot{E}_Q$ 来确定 q 轴和 d 轴。

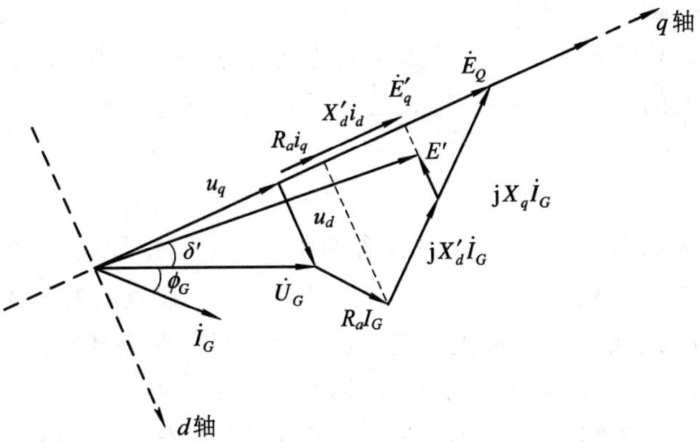

图 3-14 暂态电势表示的同步发电机稳态运行相量图

3.5.3 用次暂态电势表示的同步发电机端电压相量方程

考虑阻尼绕组 D 和 Q 时，发电机端电压与次暂态电势的关系如下

$$\begin{cases} u_d = -R_a i_d + e''_d + X''_q i_q \\ u_q = -R_a i_q + e''_q - X''_d i_d \end{cases} \tag{3-116}$$

因此同步发电机机端电压相量方程为

$$\begin{aligned} \dot{U}_G = u_d + \mathrm{j}u_q &= -R_a(i_d + \mathrm{j}i_q) + (e''_d + \mathrm{j}e''_q) - \mathrm{j}X''_q(ji_q) - \mathrm{j}X'_d i_d \\ &= -R_a\dot{I}_G + \dot{E}'' - \mathrm{j}X''_d\dot{I}_G - \mathrm{j}(X''_d - X''_q)\dot{I}_q \end{aligned} \tag{3-117}$$

机端电压、电流和次暂态电势的相量图如图 3-15 所示，仍需要利用虚构的空载电势 $\dot{E}_Q$ 来确定 q 轴和 d 轴。

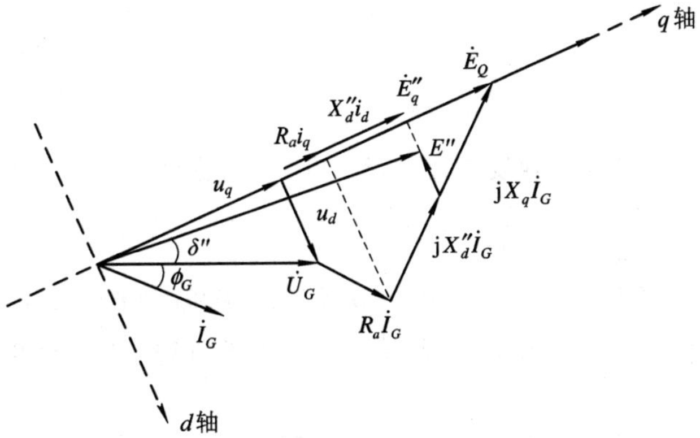

图 3-15 次暂态电势表示的同步发电机稳态运行相量图

根据上述相量图，已知机端电压、电流和功率因数的情况下，可以求出暂态电势、次暂态电势以及空载电势在稳态运行下的值。

3.6　转子运动方程

在电力系统的机电暂态稳定性分析中，主要研究对象是当电力系统受到扰动后，转子的角速度(转子的角速度决定系统的频率)随时间变化的情况。例如电力系统某个地方发生短路，继电保护装置切除短路后，就造成了对电力系统的一个扰动。因此，发电机机电暂态模型中，一个重要的部分就是对发电机的转子运动情况进行建模。

3.6.1　概述

作用在同步发电机转子上的力矩主要有两个：一个是由原动机产生的转动力矩 M_T，其方向与转子转动的方向相同；另一个是由于发电机定子磁场与转子磁场之间的相互作用产生的力矩 M_E，称为电磁转矩。除此之外，还有由于机械摩擦和空气阻力带来的阻力转矩 M_D，其方向始终和转子的运动方向相反。在同步发电机稳态运行时，作用在转子上的净转矩(所有转矩的代数和)为零，同步发电机的转子就以某个转速匀速转动，当电力系统内部发生扰动时，由于机端电压、电流的变化，导致电磁转矩发生变化，作用在转子上的净转矩不再为零，转子的运动状态就会发生改变。

根据牛顿运动定律，转子的角加速度与净转矩之间的关系为

$$J\frac{\mathrm{d}\Omega}{\mathrm{d}t}=\Delta M \tag{3-118}$$

其中，J 为转子的转动惯量；Ω 为转子角速度；ΔM 为施加在转子上的净转矩。

转动惯量可以通过测量惯性时间常数来确定，即在发电机转子上施加额定转矩 M_N，测量转子从静止加速到额定转速的时间，这个时间称为惯性时间常数，用 T_J 表示。因此有

$$\Omega_0=\int_0^{T_J}\frac{M_N}{J}\mathrm{d}t=\frac{M_N T_J}{J} \tag{3-119}$$

其中，Ω_0 为额定转速，T_J 为惯性时间常数，M_N 为额定转矩。额定转矩与额定功率之间的关系为：$S_N=M_N\Omega_0$。因此有

因此转动惯量

$$J=T_J\frac{M_N}{\Omega_0} \tag{3-120}$$

将式(3-120)代入转子角速度方程式(3-118)，考虑到 $S=M\Omega$，可得

$$T_J\frac{\mathrm{d}(\Omega/\Omega_0)}{\mathrm{d}t}=\frac{\Delta M}{M_N}=\frac{M_T-M_E-M_D}{M_N}=\frac{P_T-P_E-P_D}{S_N(\Omega/\Omega_0)} \tag{3-121}$$

其中，阻力转矩 $M_D=DM_N\Omega/\Omega_0$，D 为阻尼系数，P_T 为机械功率，P_E 为电磁功率。由于机械角速度和电气角速度的关系为 $\omega=p\Omega$，其中，p 为极对数，因此可将式(3-121)转换为电角速度(角频率)方程

$$T_J\frac{\mathrm{d}(\omega/\omega_0)}{\mathrm{d}t}=\frac{\Delta M}{M_N}=\frac{M_T-M_E-M_D}{M_N}=\frac{P_T-P_E}{S_N(\omega/\omega_0)}-D(\omega/\omega_0) \tag{3-122}$$

3.6.2 标幺制表示的转子运动方程

事实上，将式(3-122)稍加变化就可以得到标幺制表示的转子运动方程。

取功率、角频率和时间的基准值如下：$S_B=S_N$，$\omega_B=\omega_0$，$t_B=1/\omega_0$，则

$$\frac{T_J}{t_B}\frac{\mathrm{d}(\omega_0/\omega)}{\mathrm{d}(t/t_B)}=\frac{(P_T-P_E)/S_N}{(\omega/\omega_0)}-D(\omega/\omega_0) \tag{3-123}$$

即

$$T_{J*}\frac{\mathrm{d}\omega_*}{\mathrm{d}t_*}=\frac{P_{T*}-P_{E*}}{\omega_*}-D\omega_* \tag{3-124}$$

3.6.3 电角度方程(功角方程)

在转子运动方程中，需要知道电磁功率P_E与转子角频率ω的关系。根据同步发电机的电压方程可知，同步发电机供给电网的电磁功率(用空载电势表示，且忽略定子绕组损耗，也可以用暂态电势或者次暂态电势来表示)为

$$\begin{aligned}P_E&=R_E[\dot{U}_G\hat{I}_G]=u_di_d+u_qi_q\\&=U_G\sin\delta\frac{E_q-U_G\cos\delta}{X_d}+U_G\cos\delta\frac{U_G\sin\delta}{X_q}\\&=\frac{E_qU_G}{X_d}\sin\delta-\frac{U_G^2}{2}\sin(2\delta)\left(\frac{1}{X_d}-\frac{1}{X_q}\right)\end{aligned} \tag{3-125}$$

由此可见，电磁功率实际上与电角度δ有关，这个角度称为功角，是转子与定子参考坐标之间的相对角度。如果选择机端电压为定子参考坐标轴，那么这个角度就是q轴与机端电压之间的夹角，如图3-13所示，δ角即为E_q和U_G的夹角。在单机无穷大系统中，通常选择无穷大系统母线作为公共参考轴。在多机系统中，通常选择惯性中心作为公共参考轴。

因此，必须确定电角度与转子角速度之间的关系。根据牛顿运动定律，电角度实际上是转子角速度变化的积分，即电角度的微分就是转子角速度的变化量即

$$\frac{\mathrm{d}\delta}{\mathrm{d}t}=\Delta\omega=\omega-\omega_0 \tag{3-126}$$

式(3-126)若用标幺制表示，将上面的方程两边同除以ω_B，得(电角度若用弧度表示，本身就是标幺制)，即

$$\frac{\mathrm{d}\delta}{\mathrm{d}t_*}=\omega_*-1 \tag{3-127}$$

因此，同步发电机的转子方程为(标幺制方程，省略下标“*”)

$$\begin{cases}\dfrac{\mathrm{d}\delta}{\mathrm{d}t}=\omega-1\\[2ex] T_J\dfrac{\mathrm{d}\omega}{\mathrm{d}t}=\dfrac{P_T-P_E}{\omega}-D\omega\end{cases} \tag{3-128}$$

第四章　电力系统潮流分析与计算

电力系统潮流计算是电力系统稳态运行分析与控制的基础，同时也是安全性分析、稳定性分析、电磁暂态分析的基础(稳定性分析和电磁暂态分析需要首先计算初始状态，而初始状态需要进行潮流计算)。其根本任务是根据给定的运行参数，例如节点的注入功率，计算电网各个节点的电压、相角以及各支路的有功功率和无功功率的分布及损耗。

潮流计算的本质是求解节点功率方程，系统的节点功率方程是节点电压方程乘以节点电压。要计算各支路的功率潮流，首先根据节点的注入功率计算节点电压，即求解节点功率方程。节点功率方程是一组高维的非线性代数方程，需要借助迭代的计算方法来完成。简单辐射型网络和环形网络的潮流估算是以单支路的潮流计算为基础。

本章主要介绍电力系统节点功率方程的形成，潮流计算的数值计算方法，包括高斯迭代法、牛顿拉夫逊法以及 PQ 解耦法等。介绍单电源辐射型网络和双端电源环形网络的潮流估算方法。

4.1　潮流计算方程——节点功率方程

4.1.1　支路潮流

所谓潮流计算就是计算电力系统的功率在各支路的分布、各支路的功率损耗以及各节点的电压和各支路的电压损耗。由于电力系统可以用等值电路来模拟，从本质上讲，电力系统的潮流计算首先是根据各个节点的注入功率求解电力系统各节点的电压，当各节点的电压相量已知时，就很容易计算出各支路的功率损耗和功率分布。

假设支路的两个节点分别为 k 和 l，支路导纳为 y_{kl}，两节点的电压已知，分别为 $\dot{U}_k$ 和 $\dot{U}_l$，如图 4-1 所示。

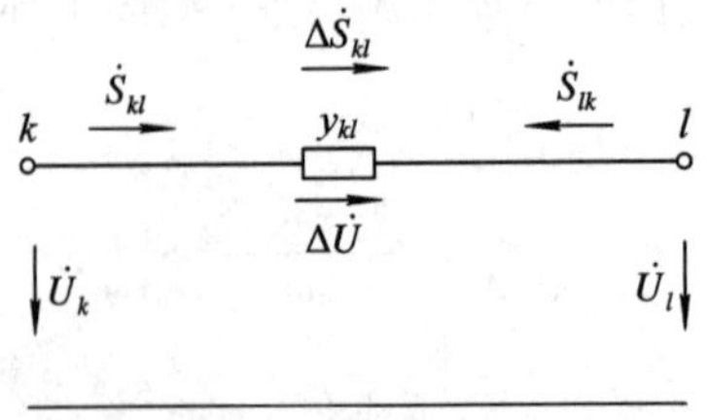

图 4-1　支路功率及其分布

从节点 k 流向节点 l 的复功率为(变量上面的“—”表示复共扼)

$$\widetilde{S}_{kl} = \dot{U}_k \bar{I}_{kl} = \dot{U}_k[\bar{y}_{kl}(\bar{U}_k - \bar{U}_l)] \tag{4-1}$$

从节点 l 流向节点 k 的复功率为：

$$\widetilde{S}_{lk} = \dot{U}_l \bar{I}_{lk} = \dot{U}_l[\bar{y}_{kl}(\bar{U}_l - \bar{U}_k)] \tag{4-2}$$

功率损耗为

$$\Delta\widetilde{S}_{kl} = \widetilde{S}_{kl} + \widetilde{S}_{lk} = (\dot{U}_k - \dot{U}_l)\bar{y}_{kl}(\bar{U}_k - \bar{U}_l) = \bar{y}_{kl}\Delta U_{kl}^2 \tag{4-3}$$

因此，潮流计算的第一步是求解节点的电压和相位，根据电路理论，可以采用节点导纳方程求解各节点的电压。

4.1.2　节点功率方程

根据电路理论，求系统各节点的电压，需要利用系统的节点导纳方程。

如图 4-2 所示的电网络，有 N 个节点，假如已知各节点的注入电流源的电流，以及各支路的支路导纳，根据节点导纳方程求出电网各节点电压

$$\boldsymbol{YU} = \boldsymbol{I}_S \tag{4-4}$$

其中

$$\boldsymbol{Y} = \begin{bmatrix} Y_{11} & Y_{12} & \cdots & Y_{1N} \\ Y_{21} & Y_{22} & \cdots & Y_{2N} \\ \cdots & \cdots & \cdots & \cdots \\ Y_{N1} & Y_{N2} & \cdots & Y_{NN} \end{bmatrix}$$

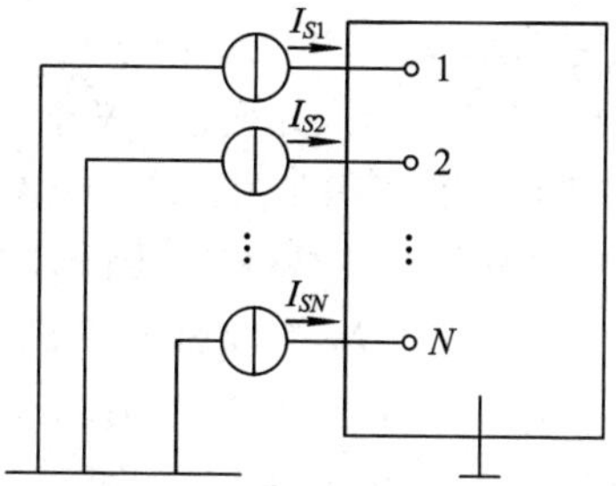

图 4-2　电网络示意图

为电网络的节点导纳矩阵，$Y_{kk}(k=1, 2, \cdots N)$为自导纳，是所有与 k 节点连接支路导纳之和，$Y_{kl}(k \neq l)$为互导纳，是所有连接 k 和 l 节点的支路导纳之和的负值。

$\boldsymbol{U}=[U_1, U_2, \cdots, U_N]^T$ 为各个节点的电压相量，$\boldsymbol{I}_S=[I_{S1}, I_{S2}, \cdots, I_{SN}]^T$ 为注入到各节点的总电流。

1. 节点功率方程

计算各节点电压，需要系统参数及节点导纳矩阵以及节点注入电流源的电流。而电力系统中节点的注入电流未知，已知的是各节点注入功率。因此需要将节点电压方程转化为节点功率方程。

式(4-4)中第 $k(k=1, 2, \cdots, N)$个节点的方程可以表示为

$$\sum_{l=1}^{N} Y_{kl}\dot{U}_l = Y_{k1}\dot{U}_1 + Y_{k2}\dot{U}_2 + \cdots + Y_{kk}\dot{U}_k + \cdots + Y_{kN}\dot{U}_N = \dot{I}_{Sk} \tag{4-5}$$

式(4－5)两端乘以$\overline{U}_k$，得到

$$\overline{U}_k \sum_{l=1}^{N} Y_{kl}\dot{U}_l = \overline{U}_k \dot{I}_{Sk} = \overline{S}_{Sk} = P_{Sk} - \mathrm{j}Q_{Sk} \tag{4-6}$$

如果电力系统中各节点注入的复功率已知，那么就可以用式(4－6)求解各节点电压。然而实际情况并非如此，已知的条件是：有些节点注入的复功率S已知，有一些节点的电压幅值和注入有功功率已知，有些节点电压和相角已知。根据这三种不同的情况，电力系统中各节点分为三种类型：PQ节点、PU节点和$U\delta$节点。

所谓PQ节点，就是该节点注入的复功率S是已知的，这样的节点一般为中间节点或者是负荷节点。

PV节点，指该节点注入节点的有功功率P和电压幅值U已知，这样的节点通常是发电机节点。

$V\delta$节点指的是该节点的电压幅值和相角是已知的，这样的节点通常是平衡节点，在每个局部电网中只有一个这样的节点。

当然，PQ节点和PV节点在一定条件下还可以互相转化，例如，当发电机节点无法维持该节点电压，运行于功率极限时，发电机节点的有功功率和无功功率变成了已知量，而电压幅值则未知，此时，该节点由PV节点转化为PQ节点。再比如某负荷节点运行要求电压不能越限，当该节点的电压幅值达到极限，或电力系统调压要求该节点的电压恒定，此时该负荷节点就由PQ节点转化为PV节点。

假如全系统有N个节点，其中有M个PQ节点，$N-M-1$个PV节点，1个平衡节点，每个节点有四个参数：电压幅值U和相位角δ(用极坐标表示电压，如果用直角坐标表示电压相量则是e和f)、注入有功功率P_S和无功功率Q_S，任何一个节点的四个参数中总有两个是已知的，因此N个节点，有$2N$个未知变量，N个复数方程(即$2N$个实数方程，实部和虚部各N个)，通过求解该复数方程可得到另外$2N$个参数。这就是潮流计算的本质。

但在实际求解过程中，由于求解的对象是电压，因此，实际上不需要$2N$个功率方程，对于M个PQ节点，有$2M$个功率方程(M个实部有功功率方程，M个虚部无功功率方程)；对于$N-M-1$个PV节点，由于电压有效值U已知，因此只有$N-M-1$个有功功率方程；对于平衡节点，由于电压和相角已知，不需要功率方程。因此总计有$2M+N-M-1=N+M-1$个功率方程。如果电压相量用极坐标表示，即$\dot{U}_k=U_k\angle\delta_k$，则$M$个$PQ$节点有$2M$个未知数($M$个电压有效值，$M$个电压相角)，$N-M-1$个$PV$节点有$N-M-1$个未知数(电压有效值已知，未知数为电压相角)，平衡节点没有未知数，因此未知数的个数也是$N+M-1$个，与方程数一致。如果复电压用直角坐标表示，$\dot{U}_k=e_k+jf_k$，则有$2(N-1)$个未知数，还需要增加$N-M-1$个电压方程，即$\dot{U}_k^2=e_k^2+f_k^2$。

2. 用直角坐标表示的电力系统节点功率方程

对于PQ节点，已知注入节点的功率P和Q，将$Y_{km}=G_{km}+\mathrm{j}B_{km}$和$\dot{U}_k=e_k+\mathrm{j}f_k$代入节点功率方程的复数表达式中，可以得到有功功率和无功功率两个方程

$$\begin{cases} P_{Sk} = P_{Gk} - P_{Lk} = e_k \sum\limits_{m=1}^{N-1}(G_{km}e_m - B_{km}f_m) + f_k \sum\limits_{m=1}^{N-1}(G_{km}f_m + B_{km}e_m) \\ Q_{Sk} = Q_{Gk} - Q_{Lk} = f_k \sum\limits_{m=1}^{N-1}(G_{km}e_m - B_{km}f_m) - e_k \sum\limits_{m=1}^{N-1}(G_{km}f_m + B_{km}e_m) \end{cases} \tag{4-7}$$

式(4－7)中 P_{Sk} 和 Q_{Sk} 为注入到节点 k 的净功率，即注入功率和消耗功率的代数和。P_{Gk}、Q_{Gk} 表示注入的功率，P_{Lk} 和 Q_{Lk} 为消耗的功率。

对于 PV 节点，除了有功功率方程外，因为已知该节点的电压幅值，还有一个电压方程：

$$U_k^2 = e_k^2 + f_k^2 \tag{4-8}$$

式(4－7)可以抽象地表示为

$$\begin{cases}\Delta P_k(e_1, f_1, \cdots, e_{N-1}, f_{N-1}) = 0 \\ \Delta Q_k(e_1, f_1, \cdots, e_{N-1}, f_{N-1}) = 0\end{cases} \tag{4-9}$$

式(4－8)可以抽象地表示为

$$\Delta U_k(e_1, f_1, \cdots, e_{N-1}, f_{N-1}) = 0 \tag{4-10}$$

因此，对于一个具有 N 个节点的电力系统，其中 M 个 PQ 节点，$N-M-1$ 个 PV 节点，1 个平衡节点，有方程如下

$$\left.\begin{aligned}&\Delta P_1(e_1, f_1, \cdots, e_{N-1}, f_{N-1}) = 0\\&\Delta Q_1(e_1, f_1, \cdots, e_{N-1}, f_{N-1}) = 0\\&\cdots\\&\Delta P_M(e_1, f_1, \cdots, e_{N-1}, f_{N-1}) = 0\\&\Delta Q_M(e_1, f_1, \cdots, e_{N-1}, f_{N-1}) = 0\end{aligned}\right\}2M\text{ 个 }PQ\text{ 节点的方程}$$

$$\left.\begin{aligned}&\Delta P_{M+1}(e_1, f_1, \cdots, e_{N-1}, f_{N-1}) = 0\\&\Delta U_{M+1}(e_1, f_1, \cdots, e_{N-1}, f_{N-1}) = 0\\&\cdots\\&\Delta P_{N-1}(e_1, f_1, \cdots, e_{N-1}, f_{N-1}) = 0\\&\Delta U_{N-1}(e_1, f_1, \cdots, e_{N-1}, f_{N-1}) = 0\end{aligned}\right\}2(N-M-1)\text{ 个 }PV\text{ 节点方程} \tag{4-11}$$

N 个节点中，平衡节点的电压幅值和相角已知，即其横分量和纵分量已知，因此平衡节点不参与计算。剩余 $N-1$ 个节点的电压的横分量和纵分量未知，共 $2N-2$ 个未知数。$2M$ 个 PQ 节点方程，$2(N-M-1)$个 PV 节点方程，共计 $2N-2$ 个方程。

解式(4－11)，可得到 N 个节点的电压相量，根据各个节点的电压相量和已知注入的功率，可以计算出各个支路的潮流分布，及各个支路的功率损耗。

3. 极坐标表示的节点功率方程

对于 PQ 节点，已知注入节点的功率 P 和 Q，将 $Y_{km}=G_{km}+jB_{km}$ 和 $\dot{U}_k=U_k\angle\delta_k$ 代入节点功率方程的复数表达式中，可得到实部和虚部两个方程

$$\begin{cases}P_{Sk} = P_{Gk} - P_{Lk} = U_k\sum\limits_{m=1}^{N}U_m(G_{km}\cos\delta_{km} + B_{km}\sin\delta_{km}) \\ Q_{Sk} = Q_{Gk} - Q_{Lk} = U_k\sum\limits_{m=1}^{N}U_m(G_{km}\sin\delta_{km} - B_{km}\cos\delta_{km})\end{cases} \tag{4-12}$$

式(4－12)中，U 表示电压幅值，相角 $\delta_{km}=\delta_k-\delta_m$。

对于 PV 节点，节点的电压幅值已知，只有有功功率方程而没有无功功率方程。

同样，式(4－12)可以抽象的表示为

$$\Delta P_k(U_1, \cdots, U_M, \delta_1, \cdots, \delta_{N-1}) = 0 \tag{4-13a}$$

$$\Delta Q_k(U_1, \cdots, U_M, \delta_1, \cdots, \delta_{N-1}) = 0 \tag{4-13b}$$

因此，对于一个具有 N 个节点的电力系统，其中 M 个 PQ 节点，$N-M-1$ 个 PV 节点，1 个平衡节点，有方程如下

$$\left.\begin{aligned}&\left.\begin{aligned}&\Delta P_1(U_1,\cdots,U_M,\delta_1,\cdots,\delta_{N-1})=0\\&\Delta Q_1(U_1,\cdots,U_M,\delta_1,\cdots,\delta_{N-1})=0\\&\cdots\\&\Delta P_M(U_1,\cdots,U_M,\delta_1,\cdots,\delta_{N-1})=0\\&\Delta Q_M(U_1,\cdots,U_M,\delta_1,\cdots,\delta_{N-1})=0\end{aligned}\right\}2M\text{ 个 }PQ\text{ 节点方程}\\&\left.\begin{aligned}&\Delta P_{M+1}(U_1,\cdots,U_M,\delta_1,\cdots,\delta_{N-1})=0\\&\cdots\\&\Delta P_{N-1}(U_1,\cdots,U_M,\delta_1,\cdots,\delta_{N-1})=0\end{aligned}\right\}N-M-1\text{ 个 }PV\text{ 节点方程}\end{aligned}\right. \tag{4-14}$$

除了平衡节点外，$N-1$ 个节点中，有 M 个 PQ 节点的电压幅值和相角都是未知数，$N-M-1$ 个 PV 节点的相角为未知数，因此共有 $2M+N-M-1=N+M-1$ 个未知数，$2M+N-M-1=N+M-1$ 个方程。

式(4-14)中，可以把 $N-1$ 个有功功率方程放在一起，M 个无功功率方程放在一起，即

$$\begin{aligned}&\left.\begin{aligned}&\Delta P_1(U_1,\cdots,U_M,\delta_1,\cdots,\delta_{N-1})=0\\&\cdots\\&\Delta P_{N-1}(U_1,\cdots,U_M,\delta_1,\cdots,\delta_{N-1})=0\end{aligned}\right\}N-1\text{ 个有功功率方程}\\&\left.\begin{aligned}&\Delta Q_1(U_1,\cdots,U_M,\delta_1,\cdots,\delta_{N-1})=0\\&\cdots\\&\Delta Q_M(U_1,\cdots,U_M,\delta_1,\cdots,\delta_{N-1})=0\end{aligned}\right\}M\text{ 个无功功率方程}\end{aligned} \tag{4-15}$$

求解式(4-15)，就可以得到各节点的电压幅值和相角，进而可以计算出各支路潮流分布和功率损耗。

4.1.3 小结

潮流计算是计算电力网各个支路的功率潮流分布和功率损耗，同时也计算各支路的电压损耗。首先要求出电力网各节点的电压相量，根据电网络理论，节点电压通常采用节点导纳方程来求解，已知电网络的节点导纳矩阵和各节点注入电流源的电流，然而通常电力系统各节点的注入电流是未知的，已知的是各个节点的注入功率，因此需要将节点电压方程转化为节点功率方程。

实际电力系统的节点注入功率并非都已知，有的已知注入有功功率 P 和无功功率 Q 称为 PQ 节点；有的已知注入有功功率 P 和节点电压有效值 U，称为 PV 节点；有的已知节点电压 U 和相角 δ，称为平衡节点或 $U\delta$ 节点。无论哪种类型节点，每一个节点均含有 4 个参量 P、Q、U、δ(或 e、f)并已知其中的两个，因此可以利用节点功率方程(4-6)求解出另外两个参量。假设系统有 N 个节点，必然有 $2N$ 个未知数，同样有 $2N$ 个节点功率方程式(4-12 中的实部和虚部各 N 个)。

实际上求解的目标是电压，对于 PV 节点和 $V\delta$ 节点来说，前者电压有效值已知，后者电压相量已知，因此不存在 $2N$ 个未知数，当然也不需要 $2N$ 个方程。假设系统有 N 个节点，M 个 PQ 节点，$N-M-1$ 个 PU 节点 1 个平衡节点，对于直角坐标表示的节点电压来说，有 $2(N-1)$个未知数，$2M+N-M-1$ 个功率方程，只需要补充 $N-M-1$ 个电压方程

就可以了；对于极坐标表示的电压来说，只有 $N-1$ 个 δ 的未知数，M 个 U 的未知数，因此只需要 $N+M-1$ 个功率方程。

潮流计算是求解一组非线性代数方程组，即

$$F(\boldsymbol{X}, \boldsymbol{C}, \boldsymbol{U}) = 0 \tag{4-16}$$

其中，$\boldsymbol{X}$ 代表系统状态，包括电压 U 和相角 δ；$\boldsymbol{C}$ 代表参数，包括电导 $\boldsymbol{G}$ 和电纳 B；$\boldsymbol{U}$ 表示系统激励，即注入的功率。

求解式(4-16)多维非线性代数方程组，需要利用计算机进行辅助迭代计算，即先选定一个初值，然后不断迭代，逐渐逼近真实解。采用的方法有高斯—赛德尔迭代法，牛顿—拉夫逊法和 PQ 解耦法。

4.2　高斯—赛德尔迭代法

4.2.1　基本原理

为了便于理解 n 维方程组的迭代求解方法，先从一元非线性方程的求解开始。假设有一维方程 $f(x)=0$，高斯法的基本原理是先将方程转化为

$$x = g(x) \tag{4-17}$$

那么给定一个初值 $x^{[0]}$，代入式(4-17)就可得到一个新值 $x^{[1]}=g(x^{[0]})$，第 k 次迭代的值为

$$x^{[k+1]} = g(x^{[k]}) \tag{4-18}$$

按式(4-18)一直迭代到误差满足要求为止，即

$$|x^{[N]} - x^{[N-1]}| < \varepsilon \tag{4-19}$$

其中 ε 为事先设定的允许误差。其计算流程如图 4-3 所示。

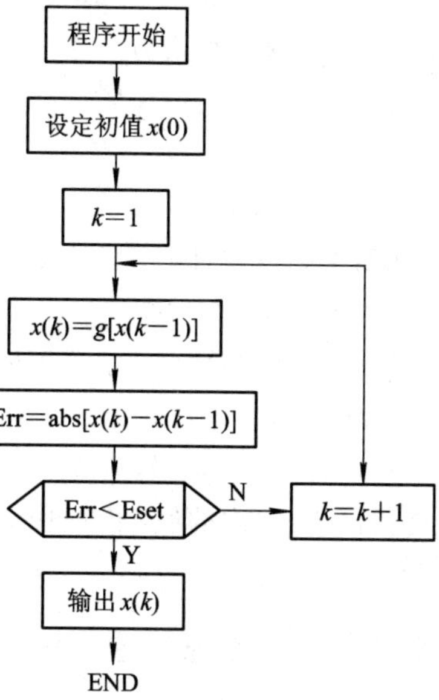

图 4-3　高斯-赛德尔叠代法的计算流程

上述解方程的方法称为高斯-赛德尔迭代法。迭代求解的过程可以这样来理解：$x=g(x)$的解可以认为是两曲线 $y=x$ 和 $y=g(x)$交点的横坐标 x^*，首先选定一个初值 $x^{[0]}$，$g(x^{[0]})$与斜线 $y=x$ 的交点横坐标即为迭代后的新解 $x^{[1]}$，$g(x^{[1]})$与斜线 $y=x$ 交点的横坐标即为迭代后的新解 $x^{[2]}$，如此围绕交点往复循环，不断地逼近方程的真实解，如图 4－4 所示。

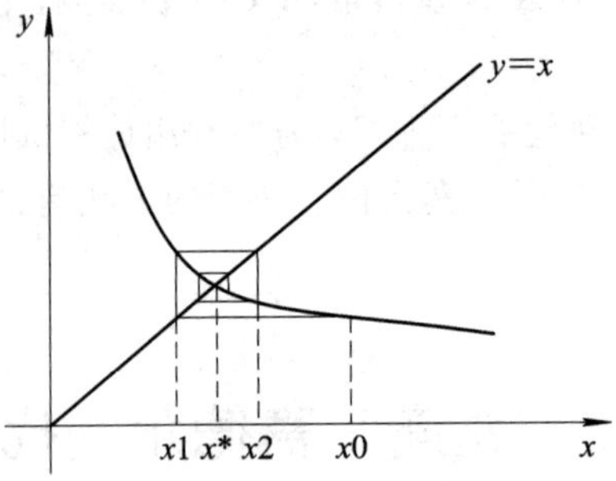

图 4－4　高斯-赛德尔迭迭代法的几何解释

高斯-赛德尔迭代法可以推广到 n 维非线性代数方程组，假设 n 维方程组为

$$\begin{cases} f_1(x_1, x_2\cdots, x_n) = 0 \\ f_2(x_1, x_2\cdots, x_n) = 0 \\ \cdots \\ f_n(x_1, x_2\cdots, x_n) = 0 \end{cases} \tag{4-20}$$

首先将式(4－20)转化为

$$\begin{cases} x_1 = g(x_1, x_2, \cdots, x_n) \\ x_2 = g(x_1, x_2, \cdots, x_n) \\ \cdots \\ x_n = g(x_1, x_2, \cdots, x_n) \end{cases} \tag{4-21}$$

选定一组初始值 $\boldsymbol{X}^{[0]}=[x_1^{[0]}, x_2^{[0]}, \cdots, x_n^{[0]}]^{\mathrm{T}}$，代入式(4－21)，得到一组新值 $\boldsymbol{X}^{[1]}=\boldsymbol{g}(\boldsymbol{X}^{[0]})$，不断迭代，循环往复，第 k 次迭代结果为

$$\boldsymbol{X}^{[k+1]} = \boldsymbol{g}(\boldsymbol{X}^{[k]}) \tag{4-22}$$

其中第 j 个方程为

$$x_j^{[k+1]} = g_j(x_1^{[k]}, x_2^{[k]}, \cdots, x_n^{[k]}) \tag{4-23}$$

直到相邻两次迭代结果的最大误差不超过允许的误差为止，即

$$\max_j\{|x_j^{[N+1]} - x_j^{[N]}|\} < \varepsilon \tag{4-24}$$

为了提高高斯——赛德尔迭代法的收敛速度，赛德尔提出将已经迭代出的新值代替旧值参与迭代计算，如在第 k 次迭代中，第 j 个方程为

$$x_j^{[k+1]} = g_j(x_1^{[k+1]}, \cdots, x_{j-1}^{[k+1]}, x_j^{[k]}, \cdots, x_n^{[k]}) \tag{4-25}$$

第 1 至 $j-1$ 个元素已经迭代出 $k+1$ 次的值，因此代替第 k 次的值参与第 j 个元素的迭代，就可以提高收敛速度。

4.2.2　电力系统潮流计算的高斯—赛德尔迭代法

电力系统潮流计算需要求解节点功率方程，其中第 $m(m=1, 2, \cdots, N)$个节点功率方

程为

$$\dot{U}_m \sum_{l=1}^{N} Y_{ml} \dot{U}_l = Y_{mm} \dot{U}_m^2 + \overline{U}_m \sum_{\substack{l=1 \\ l \neq m}}^{N} Y_{ml} \dot{U}_l = P_{Sm} - \mathrm{j}Q_{Sm} \tag{4-26}$$

将式(4－26)变换为 $x=g(x)$ 的形式，可以得到如下方程

$$\dot{U}_m = \frac{1}{Y_{mm}} \left(\frac{P_{Sm} - \mathrm{j}Q_{Sm}}{\overline{U}_m} - \sum_{\substack{l=1 \\ l \neq m}}^{N} Y_{ml} \dot{U}_l \right) \tag{4-27}$$

根据高斯-赛德尔迭代法，首先选定电压相量的初值，对于 PQ 节点，不仅需要给定电压幅值的初值，还要给出相角的初值(设为零)。

假如第 m 个节点为 PQ 节点，第 k 次迭代公式为(第 m 个节点以前的节点第 k 次迭代已经完毕，因此用 $k+1$ 次的值取代 k 次的值，而在第 m 个节点以后的节点尚未进行第 k 次迭代)

$$\dot{U}_m^{[k+1]} = \frac{1}{Y_{mm}} \left(\frac{P_{Sm} - \mathrm{j}Q_{Sm}}{\overline{U}_m^{[k]}} - \sum_{l=1}^{m-1} Y_{ml} \dot{U}_l^{[k+1]} - \sum_{l=m+1}^{N} Y_{ml} U_l^{[k]} \right) \tag{4-28}$$

对于 PV 节点，选定的电压初值为给定的电压，相角初值设为零，注入该节点的无功功率未知，因此第 k 次叠代时，首先按照下式计算注入 PV 节点(假设第 m 个节点是 PV 节点)的无功功率

$$Q_{Sm}^{[k]} = \mathrm{Im}[\dot{V}_m^{[k]} \overline{I}_{Sm}^{[k]}] = \mathrm{Im}\left[\dot{U}_m^{[k]} \left(\sum_{l=1}^{m-1} \overline{Y}_{ml} \overline{U}_l^{[k+1]} + \sum_{l=m}^{N} \overline{Y}_{ml} \overline{U}_l^{[k]} \right)\right] \tag{4-29}$$

在迭代过程中，任意节点的电压和无功功率必须满足不等约束条件

$$U_{m\,\min} \leqslant U_m^{[k]} \leqslant U_{m\,\max}$$

$$Q_{m\,\min} \leqslant Q_m^{[k]} \leqslant Q_{m\,\max}$$

如果在迭代过程中，PQ 节点的电压幅值超出允许范围，则该节点电压幅值就固定为允许电压的上限(如果超出上限)或下限(如果越过下限)，PQ 节点就变为 PV 节点继续进行迭代。同样，对于 PV 节点来说，如果在迭代过程中，无功功率 Q 超出了允许范围，则 PV 节点就变为 PQ 节点继续进行迭代。高斯-赛德尔迭代法的计算过程如下：

第一步：设置初始值，对于 PQ 节点，由于其电压相量的幅值和相角均未知，因此初始电压相量的幅值可以设定为各点的额定电压，相角选择为零；对于 PV 节点，由于其电压相量的幅值已知，因此初始电压相量的幅值设定为已知电压，初始相角设定为零。

第二步：对于 PQ 节点，直接将设定的初始值代入，用式(4－28)求出下一次迭代的电压值，判断是否越限。如果越限，则取其限值(越过上限用上限值，越过下限则用下限值)，该节点在下一次迭代过程中转化为 PV 节点；对于 PV 节点，利用式(4－29)求出注入的无功功率，判断无功功率是否越限。如果越限则采用上限值或者下限值，下一次迭代时该节点转化为 PQ 节点，将求得的注入无功功率和已知的有功功率代入式(4－28)求解下一次迭代的电压相量值。

第三步：判断误差是否满足要求，用第 k 次迭代的结果和 $k-1$ 次迭代的结果进行比较，如果其最大的误差满足事先设定的误差要求，则输出计算结果；如果不满足要求，则返回第二步继续迭代。其计算流程图如图 4－5 所示。

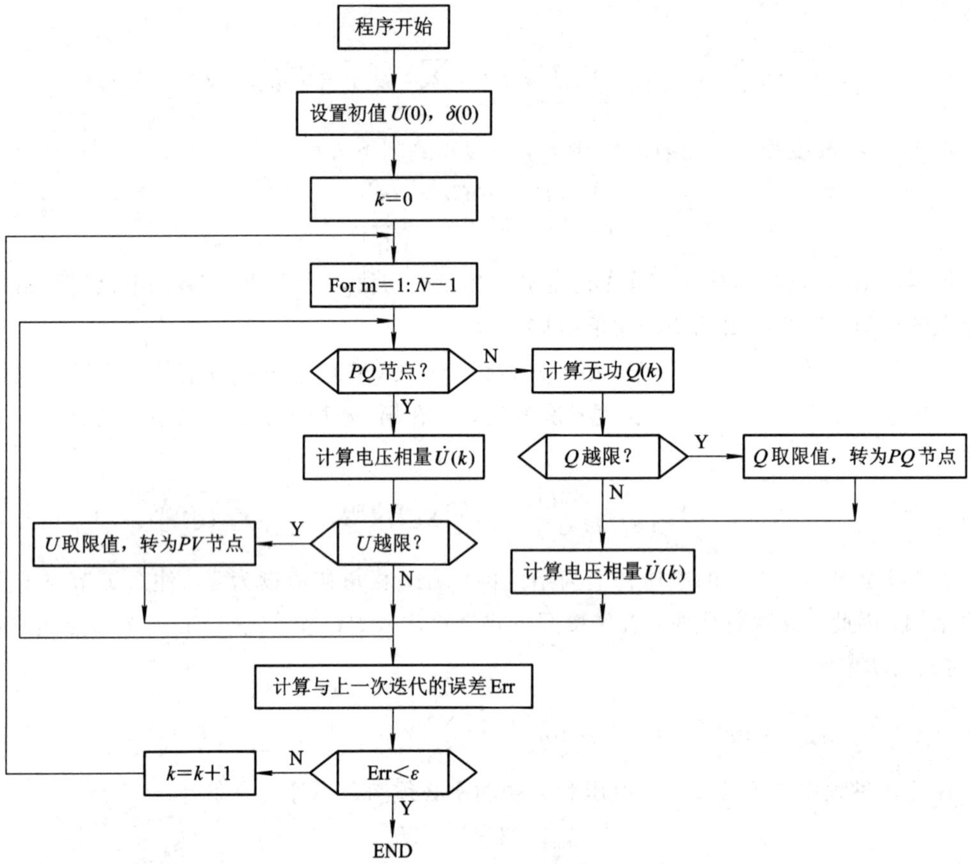

图 4-5 高斯—赛德尔迭代法求解电力系统潮流的计算流程图

4.3 牛顿—拉夫逊法

4.3.1 牛顿—拉夫逊法的基本原理

先考虑一个一元非线性方程 $f(x)=0$ 的求解问题，假设 x_0 是该方程的近似解，与真实解之间的误差为 Δx，那么有

$$f(x_0+\Delta x)=0 \tag{4-30}$$

将式(4-30)展开成一阶泰勒级数

$$f(x_0+\Delta x)\approx f(x_0)+f'(x_0)\Delta x=0 \tag{4-31}$$

可以计算出近似解 x_0 与真实解之间的误差近似为

$$\Delta x=-\frac{f(x_0)}{f'(x_0)} \tag{4-32}$$

因此，一元非线性方程的求解步骤为：首先给定初始值 $x^{[0]}$，然后根据式(4-32)求出初始值的修正值 $\Delta x^{[0]}$，由此可以得到该方程的新的解 $x^{[1]}=x^{[0]}+\Delta x^{[0]}$，如此反复迭代，直到误差满足要求 $|\Delta x^{[N]}|<\varepsilon$。迭代计算流程如图 4-6 所示。

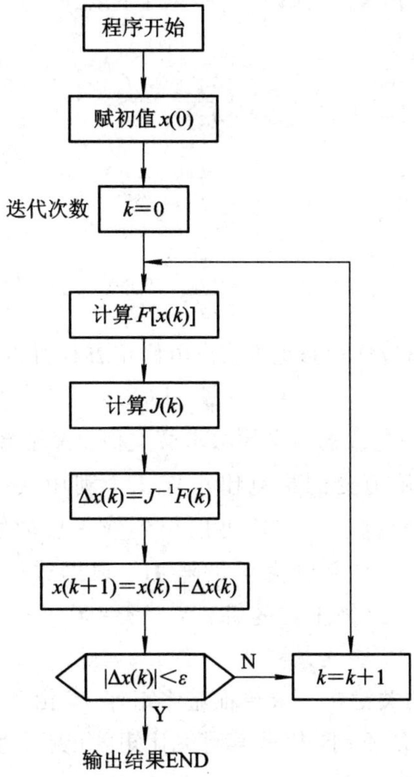

图 4-6　牛顿-拉夫逊法计算流程

一元非线性方程迭代求解过程的几何意义如图 4-7 所示。

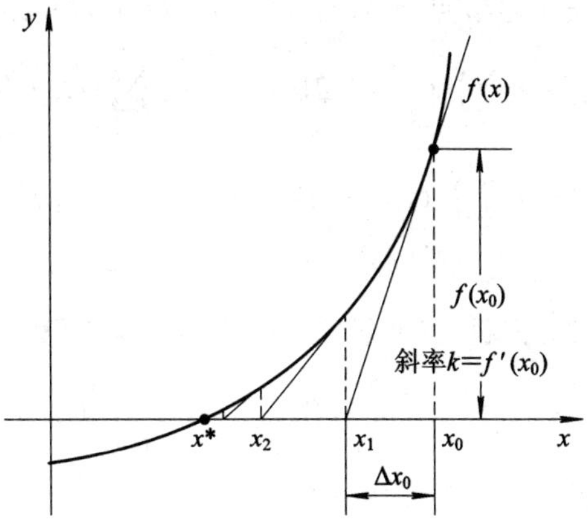

图 4-7　牛顿-拉夫逊法的几何解释

上述求解一元非线性代数方程的方法可以推广到 n 维非线性代数方程的求解。非线性代数方程式(4-20)可以表示为矩阵形式

$$\boldsymbol{F}(\boldsymbol{X}) = \boldsymbol{0} \tag{4-33}$$

假定 $\boldsymbol{X}_0$ 是该方程组的近似解，与真实解之间的误差为 $\Delta\boldsymbol{X}$，在 $\boldsymbol{X}_0$ 处展成一阶泰勒级数

$$\boldsymbol{F}(\boldsymbol{X}_0+\Delta\boldsymbol{X})\approx\boldsymbol{F}(\boldsymbol{X}_0)+\boldsymbol{J}\Delta\boldsymbol{X}=0 \tag{4-34}$$

其中，

$$\boldsymbol{J}=\frac{\mathrm{d}\boldsymbol{F}(\boldsymbol{X})}{\mathrm{d}\boldsymbol{X}}\Big|_{\boldsymbol{X}=\boldsymbol{X}_0}=\begin{bmatrix}\frac{\partial f_1}{\partial x_1} & \frac{\partial f_1}{\partial x_2} & \cdots & \frac{\partial f_1}{\partial x_n}\\ \frac{\partial f_2}{\partial x_1} & \frac{\partial f_2}{\partial x_2} & \cdots & \frac{\partial f_2}{\partial x_n}\\ \cdots & \cdots & \cdots & \cdots\\ \frac{\partial f_n}{\partial x_1} & \frac{\partial f_n}{\partial x_2} & \cdots & \frac{\partial f_n}{\partial x_n}\end{bmatrix}_{\boldsymbol{X}=\boldsymbol{X}_0} \tag{4-35}$$

J 称为雅克比矩阵。式(4-34)称为修正方程，由修正方程可得到修正值 $\Delta\boldsymbol{X}$

$$\Delta\boldsymbol{X}=-\boldsymbol{J}^{-1}\boldsymbol{F}(\boldsymbol{X}_0) \tag{4-36}$$

式(4-34)计算过程与一维方程的牛顿法求解类似，首先给定初始值 $\boldsymbol{X}^{[0]}=[x_1^{[0]},x_2^{[0]},\cdots,x_n^{[0]}]^{\mathrm{T}}$，并计算出在初始值处的雅克比矩阵 $\boldsymbol{J}_0$，利用式(4-36)计算初始值的修正值 $\Delta\boldsymbol{X}^{[0]}=-\boldsymbol{J}_0^{-1}\boldsymbol{F}(\boldsymbol{X}^{[0]})$，根据这个差值可以得到修正后的解 $\boldsymbol{X}^{[1]}=\boldsymbol{X}^{[0]}+\Delta\boldsymbol{X}^{[0]}$。如此循环往复，在第 k 次迭代时，计算雅克比矩阵 $\boldsymbol{J}_k$，根据式(4-36)计算修正值 $\Delta\boldsymbol{X}^{[k]}=-\boldsymbol{J}_k^{-1}\boldsymbol{F}(\boldsymbol{X}^{[k]})$，得到第 $k+1$ 次修正后的解：$\boldsymbol{X}^{[k+1]}=\boldsymbol{X}^{[k]}+\Delta\boldsymbol{X}^{[k]}$，重复上述过程，直到误差满足要求为止。

可见，牛顿-拉夫逊法的关键在于求解雅克比矩阵 $\boldsymbol{J}$，由于直角坐标表示和极坐标表示电压相量的节点功率方程有所不同，因此其雅克比矩阵也有很大的差异。

4.3.2 基于直角坐标的牛顿—拉夫逊法

假设系统有 N 个节点，其中 M 个 PQ 节点，$N-M-1$ 个 PV 节点，1 个平衡节点，则 M 个 PQ 节点方程为(假设 1 号节点至 M 号节点为 PQ 节点)

$$\begin{cases}\Delta P_k=P_{Sk}-e_k\sum_{l=1}^{N}(G_{kl}e_l-B_{kl}f_l)-f_k\sum_{l=1}^{N}(G_{kl}f_l+B_{kl}e_l)=0\\ \Delta Q_k=Q_{Sk}-f_k\sum_{l=1}^{N}(G_{kl}e_l-B_{kl}f_l)+e_k\sum_{l=1}^{N}(G_{kl}f_l+B_{kl}e_l)=0\end{cases}$$

$$k=1,2,\cdots,M \tag{4-37}$$

$N-M-1$ 个 PV 节点的方程为(假设第 $M+1$ 号节点至第 $N-1$ 号节点为 PV 节点)：

$$\begin{cases}\Delta P_k=P_{Sk}-e_k\sum_{l=1}^{N}(G_{kl}e_l-B_{kl}f_l)-f_k\sum_{l=1}^{N}(G_{kl}f_l+B_{kl}e_l)=0\\ \Delta U_k=U_k^2-e_k^2-f_k^2=0\end{cases}$$

$$k=M+1,M+2,\cdots,N-1 \tag{4-38}$$

其中，ΔU_k 只代表一个函数，并非代表电压差；P_{Sk} 和 Q_{Sk} 为注入到节点 k 的净功率，即注入到该节点的发电功率减去该节点的负荷功率。

PQ 节点的方程是有功功率和无功功率方程，PV 节点方程是有功功率方程和电压方程，平衡节点为参考节点，电压已知，没有方程，但其电压参与节点功率计算。未知变量是除了平衡节点外的各节点电压相量的横分量和纵分量，共有 $2(N-1)$ 个未知数，$2(N-1)$ 个方程。

直角坐标下牛顿—拉夫逊法的修正方程为

$$\begin{bmatrix} \Delta P_1 \\ \Delta Q_1 \\ \cdots \\ \Delta P_m \\ \Delta Q_m \\ \Delta P_{m+1} \\ \Delta U_{m+1} \\ \cdots \\ \Delta P_{n-1} \\ \Delta U_{n-1} \end{bmatrix} = -\left[\begin{array}{cccc|cccc} N_{11} & H_{11} & \cdots & N_{1m} & H_{1m} & N_{1,m+1} & H_{1,m+1} & \cdots & N_{1,n-1} & H_{1,n-1} \\ M_{11} & L_{11} & \cdots & M_{1m} & L_{1m} & M_{1,m+1} & L_{1,m+1} & \cdots & M_{1,n-1} & L_{1,n-1} \\ \cdots & \cdots & \cdots & \cdots & \cdots & \cdots & \cdots & \cdots & \cdots & \cdots \\ N_{m,1} & H_{m,1} & \cdots & N_{m,m} & H_{m,m} & N_{m,m+1} & H_{m,m+1} & \cdots & N_{m,n-1} & H_{m,n-1} \\ M_{m,1} & L_{m,1} & \cdots & M_{m,m} & L_{m,m} & M_{m,m+1} & L_{m,m+1} & \cdots & M_{m,n-1} & L_{m,n-1} \\ \hline N_{m+1,1} & H_{m+1,1} & \cdots & N_{m+1,m} & H_{m+1,m} & N_{m+1,m+1} & H_{m+1,m+1} & \cdots & N_{m+1,n-1} & H_{m+1,n-1} \\ R_{m+1,1} & S_{m+1,1} & \cdots & R_{m+1,m} & S_{m+1,m} & R_{m+1,m+1} & S_{m+1,m+1} & \cdots & R_{m+1,n-1} & S_{m+1,n-1} \\ \cdots & \cdots & \cdots & \cdots & \cdots & \cdots & \cdots & \cdots & \cdots & \cdots \\ N_{n-1,1} & H_{n-1,1} & \cdots & N_{n-1,m} & H_{n-1,m} & N_{n-1,m+1} & H_{n-1,m+1} & \cdots & N_{n-1,n-1} & H_{n-1,n-1} \\ R_{n-1,1} & S_{n-1,1} & \cdots & R_{n-1,m} & S_{n-1,m} & R_{n-1,m+1} & S_{n-1,m+1} & \cdots & R_{n-1,n-1} & S_{n-1,n-1} \end{array}\right] \begin{bmatrix} \Delta e_1 \\ \Delta f_1 \\ \cdots \\ \Delta e_m \\ \Delta f_m \\ \Delta e_{m+1} \\ \Delta f_{m+1} \\ \cdots \\ \Delta e_{n-1} \\ \Delta f_{n-1} \end{bmatrix} \tag{4-39}$$

其中，

$$N_{kj} = \frac{\partial \Delta P_k}{\partial e_j} = -G_{kj}e_k - B_{kj}f_k \qquad (j \neq k)$$

$$N_{kk} = \frac{\partial \Delta P_k}{\partial e_k} = -G_{kk}e_k - B_{kk}f_k - \sum_{l=1}^{n-1}(G_{kl}e_l - B_{kl}f_l)$$

$$H_{kj} = \frac{\partial \Delta P_k}{\partial f_j} = -G_{kj}f_k + B_{kj}e_k \qquad (j \neq k)$$

$$H_{kk} = \frac{\partial \Delta P_k}{\partial f_k} = B_{kk}e_k - G_{kk}f_k - \sum_{l=1}^{n-1}(G_{kl}f_l + B_{kl}e_l)$$

$$M_{kj} = \frac{\partial \Delta Q_k}{\partial e_j} = -G_{kj}f_k + B_{kj}e_k \qquad (j \neq k)$$

$$M_{kk} = \frac{\partial \Delta Q_k}{\partial e_k} = B_{kk}e_k - G_{kk}f_k + \sum_{l=1}^{n-1}(G_{kl}f_l + B_{kl}e_l)$$

$$L_{kj} = \frac{\partial \Delta Q_k}{\partial f_j} = B_{kj}f_k + G_{kj}e_k \qquad (j \neq k)$$

$$L_{kk} = \frac{\partial \Delta Q_k}{\partial f_k} = G_{kk}e_k + B_{kk}f_k - \sum_{l=1}^{n-1}(G_{kl}e_l - B_{kl}f_l)$$

$$R_{kj} = \frac{\partial \Delta U_k}{\partial e_j} = 0 \qquad (j \neq k)$$

$$R_{kk} = \frac{\partial \Delta U_k}{\partial e_k} = -2e_k$$

$$S_{kj} = \frac{\partial \Delta U_k}{\partial f_j} = 0 \qquad (j \neq k)$$

$$S_{kk} = \frac{\partial \Delta U_k}{\partial f_k} = -2f_k$$

基于直角坐标的牛顿—拉夫逊法求解潮流计算的步骤如下：

第一步：设定初值，对于 PQ 节点，其电压幅值的初值设定为该点的额定电压，相角设定为零，因此，电压实部设定为额定电压，虚部设定为零。对于 PV 节点，电压幅值已知，因此该节点的电压相量实部设定为已知的电压幅值，虚部设定为零。

第二步：求出 PQ 节点有功功率和无功功率增量 $\Delta P^{(k)}$、$\Delta Q^{(k)}$，以及 PV 节点的有功功率和电压幅值的增量 $\Delta P^{(k)}$ 和 $\Delta U^{(k)}$（公式(4-38)），同时求出相应的雅克比矩阵 $J^{(k)}$。

第三步：求解修正方程式(4-39)，得到电压的实部和虚部的修正值 $\Delta e^{(k)}$ 和 $\Delta f^{(k)}$，据此修正设定的电压初始值。

第四步：判断误差是否满足要求，如果满足要求，则输出计算结果，否则就令 $k=k+1$，转入第二步继续迭代。

4.3.3 基于极坐标的牛顿—拉夫逊法

假设系统有 N 个节点，其中 M 个 PQ 节点，$N-M-1$ 个 PV 节点，1 个平衡节点。则 M 个 PQ 节点方程为(假设第 1 号节点至第 M 号节点为 PQ 节点)

$$\begin{cases}\Delta P_k = P_{Sk} - U_k \sum_{l=1}^{N} U_l (G_{kl}\cos\delta_{kl} + B_{kl}\sin\delta_{kl}) = 0 \\ \Delta Q_k = Q_{Sk} - U_k \sum_{l=1}^{n} U_l (G_{kl}\sin\delta_{kl} - B_{kl}\cos\delta_{kl}) = 0\end{cases} \quad k = 1,2,\cdots,M \tag{4-40}$$

$N-M-1$ 个 PV 节点只包含有功功率方程(假设第 $M+1$ 号节点至 $N-1$ 号节点为 PV 节点)

$$\Delta P_k = P_{Sk} - U_k \sum_{l=1}^{N} U_l (G_{kl}\cos\delta_{kl} + B_{kl}\sin\delta_{kl}) = 0 \tag{4-41}$$

其中 P_{Sk} 和 Q_{Sk} 为注入到节点 k 的净功率，即注入到该节点的发电功率减去该节点负荷功率。PQ 节点既有有功功率方程，也有无功功率方程，未知数为电压幅值和相角；而 PV 节点则只有有功功率方程，未知数只有电压的相角。因此，极坐标下的节点功率方程共有 $2M+(N-1-M)=N+M-1$ 个未知数和方程。

把上述方程顺序调整一下：$N-1$ 个有功功率方程放在一起，M 个无功功率方程放在一起，方程可以写为

$$\begin{cases}\Delta \boldsymbol{P}(\delta, \boldsymbol{U}) = 0 \\ \Delta \boldsymbol{Q}(\delta, \boldsymbol{U}) = 0\end{cases} \tag{4-42}$$

$$\Delta \boldsymbol{P} = [\Delta P_1, \Delta P_2, \cdots, \Delta P_{N-1}]^{\mathrm{T}}, \Delta \boldsymbol{Q} = [\Delta Q_1, \Delta Q_2, \cdots, \Delta Q_M]^{\mathrm{T}}$$
$$\delta = [\delta_1, \delta_2, \cdots, \delta_{N-1}]^{\mathrm{T}}, \boldsymbol{U} = [U_1, U_2, \cdots, U_M]^{\mathrm{T}}$$

极坐标下牛顿—拉夫逊法的修正方程为：

$$\begin{bmatrix}\Delta P_1 \\ \cdots \\ \Delta P_{n-1} \\ \hline \Delta Q_1 \\ \cdots \\ \Delta Q_m\end{bmatrix} = -\left[\begin{array}{ccc|ccc}\frac{\partial \Delta P_1}{\partial \delta_1} & \cdots & \frac{\partial \Delta P_1}{\partial \delta_{n-1}} & U_1 \frac{\partial \Delta P_1}{\partial U_1} & \cdots & U_m \frac{\partial \Delta P_1}{\partial U_m} \\ \cdots & \cdots & \cdots & \cdots & \cdots & \cdots \\ \frac{\partial \Delta P_{n-1}}{\partial \delta_1} & \cdots & \frac{\partial \Delta P_{n-1}}{\partial \delta_{n-1}} & U_1 \frac{\partial \Delta P_{n-1}}{\partial U_1} & \cdots & U_m \frac{\partial \Delta P_{n-1}}{\partial U_m} \\ \hline \frac{\partial \Delta Q_1}{\partial \delta_1} & \cdots & \frac{\partial \Delta Q_1}{\partial \delta_{n-1}} & U_1 \frac{\partial \Delta Q_1}{\partial U_1} & \cdots & U_m \frac{\partial \Delta Q_1}{\partial U_m} \\ \cdots & \cdots & \cdots & \cdots & \cdots & \cdots \\ \frac{\partial \Delta Q_m}{\partial \delta_1} & \cdots & \frac{\partial \Delta Q_m}{\partial \delta_{n-1}} & U_1 \frac{\partial \Delta Q_m}{\partial U_1} & \cdots & U_m \frac{\partial \Delta Q_m}{\partial U_m}\end{array}\right] \begin{bmatrix}\Delta \delta_1 \\ \cdots \\ \Delta \delta_{n-1} \\ \hline \Delta U_1/U_1 \\ \cdots \\ \Delta U_m/U_m\end{bmatrix} \tag{4-43}$$

式(4－43)中，为使雅克比矩阵的各元素具有相似性，并为PQ解耦法作铺垫，将雅克比矩阵中对电压的偏导乘以电压值，电压增量除以电压值，经过上述处理后修正方程不变。将式(4－43)中的矩阵分为两部分：

$$\begin{bmatrix}\Delta \boldsymbol{P}\\ \Delta \boldsymbol{Q}\end{bmatrix}=-\begin{bmatrix}\boldsymbol{N} & \boldsymbol{H}\\ \boldsymbol{M} & \boldsymbol{L}\end{bmatrix}\begin{bmatrix}\Delta\delta\\ \Delta \boldsymbol{U}/\boldsymbol{U}\end{bmatrix} \tag{4-44}$$

$\Delta \boldsymbol{U}/\boldsymbol{U}=[\Delta U_1/U_1, \cdots, \Delta U_m/U_m]^{\mathrm{T}}$，并非是矩阵相除；分块矩阵 $\boldsymbol{N}$ 为 $(N-1)\times(N-1)$ 阶矩阵，$\boldsymbol{H}$ 为 $(N-1)\times M$ 阶矩阵，$\boldsymbol{M}$ 为 $M\times(N-1)$ 阶矩阵，$\boldsymbol{L}$ 为 $M\times M$ 阶矩阵。上述分块矩阵的元素分别表示如下

$$N_{kk}=\frac{\partial \Delta P_k}{\partial \delta_k}=U_k\sum_{l\neq k}U_l(G_{kl}\sin\delta_{kl}-B_{kl}\cos\delta_{kl})=Q_{sk}+U_k^2B_{kk}$$

$$N_{kj}=\frac{\partial \Delta P_k}{\partial \delta_j}=U_kU_j(B_{kj}\cos\delta_{kj}-G_{kj}\sin\delta_{kj})\quad (j\neq k)$$

$$H_{kk}=U_k\frac{\partial \Delta P_k}{\partial U_k}=-U_k\sum_{l\neq k}U_l(G_{kl}\cos\delta_{kl}+B_{kl}\sin\delta_{kl})-2U_k^2G_{kk}=-U_k^2G_{kk}-P_{sk}$$

$$H_{kj}=U_j\frac{\partial \Delta P_k}{\partial U_j}=-U_kU_j(G_{kj}\cos\delta_{kj}+B_{kj}\sin\delta_{kj})\quad (j\neq k)$$

$$M_{kk}=\frac{\partial \Delta Q_k}{\partial \delta_k}=-U_k\sum_{l\neq k}U_l(G_{kl}\cos\delta_{kl}-B_{kl}\sin\delta_{kl})=U_k^2G_{kk}-P_{sk}$$

$$M_{kj}=\frac{\partial \Delta Q_k}{\partial \delta_j}=U_kU_j(G_{kj}\cos\delta_{kj}+B_{kj}\sin\delta_{kj})\quad (j\neq k)$$

$$L_{kk}=U_k\frac{\partial \Delta Q_k}{\partial U_k}=-U_k\sum_{l\neq k}U_l(G_{kl}\sin\delta_{kl}-B_{kl}\cos\delta_{kl})+2U_k^2B_{kk}=U_k^2B_{kk}-Q_{sk}$$

$$L_{kj}=U_j\frac{\partial \Delta Q_k}{\partial U_j}=U_kU_j(B_{kj}\cos\delta_{kj}-G_{kj}\sin\delta_{kj})\quad (j\neq k)$$

基于极坐标下的牛顿-拉夫逊法的潮流计算过程如下：

第一步：设定初值，对于 PQ 节点，电压幅值的初值设定为该点的额定电压，相角设定为零；对于 PV 节点，电压幅值已知，只设定相角的初值，一般设为零。

第二步：求出 PQ 节点有功功率和无功功率增量 $\Delta P^{(k)}$、$\Delta Q^{(k)}$，以及 PV 节点的有功功率和电压幅值的增量 $\Delta P^{(k)}\Delta U^{(k)}$，同时求出雅克比矩阵 $J^{(k)}$。

第三步：求解修正方程式(4－43)，得到电压幅值和相角的修正量 $\Delta \boldsymbol{U}^{(k)}$ 和 $\Delta\delta^{(k)}$，据此修正设定的电压初始值。

第四步：判断误差是否满足要求，即 $\|\Delta\delta^{(k)}\|<\varepsilon_1$、$\|\Delta \boldsymbol{U}^{(k)}\|<\varepsilon_2$。如果满足要求，则输出计算结果，否则令 $k=k+1$，转入第二步继续叠代。

4.4　*PQ* 解耦法

通过上面的分析和论述，可以发现，牛顿—拉夫逊法的收敛速度很快，但计算量很大，因为每一次迭代都必须重新计算雅克比矩阵，并求解修正方程。因此，为了减少计算量，根据基于极坐标的牛顿—拉夫逊法的特点，建立 PQ 解耦法的潮流计算方法。

观察基于极坐标下的牛顿—拉夫逊法潮流计算的电压修正方程中的雅克比矩阵，根据

电力系统在稳态运行时的实际情况，可知，$G_{kj} \ll B_{kj}$，$\delta_{kj} \approx 0$，$P_{sk} \ll U_k^2 B_{kk}$，$Q_{sk} \ll U_k^2 B_{kk}$，因此，我们可以近似的认为：

$$N_{kk} = L_{kk} \approx U_k^2 B_{kk};\ N_{kj} = L_{kj} \approx U_k U_j B_{kj};\ H_{kk} = M_{kk} \approx 0;\ H_{kj} = M_{kj} \approx 0$$

这就是说，各个节点电压相角的变化主要与注入净有功功率的变化有关，各个节点电压幅值的变化主要与注入的净无功功率的变化有关：$\Delta \boldsymbol{P} = -\boldsymbol{N}\Delta\delta$；$\Delta \boldsymbol{Q} = -\boldsymbol{L}\Delta \boldsymbol{U}/\boldsymbol{U}$，将这两个修正方程可以表示为：

$$\begin{bmatrix} \Delta P_1 \\ \Delta P_2 \\ \cdots \\ \Delta P_{N-} \end{bmatrix} = -\begin{bmatrix} U_1 B_{11} U_1 & U_1 B_{12} U_2 & \cdots & U_1 B_{1,N-1} U_{N-1} \\ U_2 B_{21} U_1 & U_2 B_{22} U_2 & \cdots & U_2 B_{2,N-1} U_{N-1} \\ \cdots & \cdots & \cdots & \cdots \\ U_{N-1} B_{N-1,1} U_1 & U_{N-1} B_{N-1,2} U_2 & \cdots & U_{N-1} B_{N-1,N-1} U_{N-1} \end{bmatrix} \begin{bmatrix} \Delta\delta_1 \\ \Delta\delta_2 \\ \cdots \\ \Delta\delta_{N-1} \end{bmatrix}$$

$$= -\begin{bmatrix} U_1 & 0 & \cdots & 0 \\ 0 & U_2 & \cdots & 0 \\ \cdots & \cdots & \cdots & \cdots \\ 0 & 0 & \cdots & U_{N-1} \end{bmatrix} \begin{bmatrix} B_{11} & B_{12} & \cdots & B_{1,n-1} \\ B_{21} & B_{22} & \cdots & B_{2,n-1} \\ \cdots & \cdots & \cdots & \cdots \\ B_{N-1,1} & B_{N-1,2} & \cdots & B_{N-1,N-1} \end{bmatrix}$$

$$\begin{bmatrix} U_1 & 0 & \cdots & 0 \\ 0 & U_2 & \cdots & 0 \\ \cdots & \cdots & \cdots & \cdots \\ 0 & 0 & \cdots & U_{N-1} \end{bmatrix} \begin{bmatrix} \Delta\delta_1 \\ \Delta\delta_2 \\ \cdots \\ \Delta\delta_{N-1} \end{bmatrix} \tag{4-45}$$

式(4-45)进一步表示为

$$\begin{bmatrix} \Delta P_1/U_1 \\ \Delta P_2/U_2 \\ \cdots \\ \Delta P_{N-1}/U_{N-1} \end{bmatrix} = -\begin{bmatrix} B_{11} & B_{12} & \cdots & B_{1,N-1} \\ B_{21} & B_{22} & \cdots & B_{2,N-1} \\ \cdots & \cdots & \cdots & \cdots \\ B_{N-1,1} & B_{N-1,2} & \cdots & B_{N-1,N-1} \end{bmatrix} \begin{bmatrix} U_1\Delta\delta_1 \\ U_2\Delta\delta_2 \\ \cdots \\ U_{N-1}\Delta\delta_{N-1} \end{bmatrix} \tag{4-46}$$

式(4-46)可简写为

$$\Delta \boldsymbol{P}/\boldsymbol{U} = -\boldsymbol{B}(\boldsymbol{U}\Delta\delta) \tag{4-47}$$

其中，矩阵 $\boldsymbol{B}$ 为全系统除了平衡节点以外的节点电纳矩阵。注：$\Delta\boldsymbol{P}/\boldsymbol{U}$ 和 $\boldsymbol{U}\Delta\delta$ 表示不是很严谨，它们仅代表由 $\Delta P_k/U_k$ 和 $U_k\Delta\delta_k$ 组成的列向量。

同理可得

$$\Delta \boldsymbol{Q}/\boldsymbol{U} = -\boldsymbol{B}'(\Delta\boldsymbol{U}) \tag{4-48}$$

其中，矩阵 $\boldsymbol{B}'$ 为所有 PQ 节点以外的节点电纳矩阵。注：$\Delta\boldsymbol{Q}/\boldsymbol{U}$ 仅代表由 $\Delta Q_k/U_k$ 组成的列向量。

求解修正方程式(4-47)和(4-48)时，只需提前将节点电纳矩阵 $\boldsymbol{B}$ 和 $\boldsymbol{B}'$ 利用高斯消去法变换成上(或下)三角矩阵，并记录变换过程就可以了。与牛顿-拉夫逊法相比，PQ 解耦法每一步的迭代过程都大大减少了工作量。

PQ 解耦法的潮流计算步骤如下：

(1) 准备工作，形成全系统(平衡节点除外)的节点电纳矩阵 $\boldsymbol{B}$，以及其子矩阵——全部 PQ 节点的节点以外电纳矩阵 $\boldsymbol{B}'$，然后利用高斯消去法形成上(或者下)三角矩阵并记录变换过程。

(2) 赋初值 $\boldsymbol{U}^{(0)}$ 和 $\delta^{(0)}$，将全系统 PQ 节点的电压幅值设置为额定电压，全系统电压节点的相角(平衡节点除外)设置为 0。令迭代次数 $k=0$。

(3) 根据设置的电压和相角初始值计算 $[\Delta\boldsymbol{P}/\boldsymbol{U}]^{(k)}$ 以及 $[\Delta\boldsymbol{Q}/\boldsymbol{U}]^{(k)}$，根据节点导纳矩阵的上/下三角矩阵求解修正方程式(4-47)和(4-48)，得到 $\Delta\delta^{(k)}$ 和 $\Delta\boldsymbol{U}^{(k)}$。并根据修正值修正设定的电压初始值。

(4) 判断误差是否满足要求，即 $|\Delta\delta^{(k)}|<\varepsilon_1$、$|\Delta\boldsymbol{U}^{(k)}|<\varepsilon_2$。如果满足要求，则输出计算结果，否则令 $k=k+1$，转入第二步继续迭代。

PQ 解耦法简化了每一步迭代的计算量，迭代得到的修正值与牛顿—拉夫逊法的修正值相比误差要大，因此，虽然每一步的迭代计算量减少了，但代价是增加了迭代次数。PQ 解耦法最终的计算精度不受影响，因为计算精度取决于最终的误差要求 ε_1 和 ε_2，如果误差要求和牛顿-拉夫逊法一样的，则二者最终计算结果精度相同。

4.5　潮流计算的手工计算方法

大约半个多世纪以前，数字计算机还没有出现，潮流计算都是采用手工的计算方法。虽然潮流计算的本质是解电力系统的节点功率方程，然而手工计算方法是不可能采用解节点功率方程的方法来进行潮流计算的。手工潮流计算是根据一条简单支路的电压和功率传输关系，将较为复杂的电力系统分解为若干条简单支路来进行潮流计算的。因此任何复杂的潮流计算都是从一条简单支路的潮流分布和电压降落的计算开始的。对于环形网络，首先将其解开为双端电源网络，然后将双端电源从功率分点解开，成为两个辐射形网络，对其进行近似的潮流估算。

4.5.1　简单支路的潮流分布和电压降落

如图 4-8 所示的简单支路，节点 1 和 2 之间的阻抗 $Z=R+\mathrm{j}X$ 已知，两端的电压分别为 $\dot{U}_1$ 和 $\dot{U}_2$，从节点 1 注入该支路的复功率为 $\widetilde{S}_1$，从节点 2 流出的功率为 $\widetilde{S}_2$，阻抗损耗的功率为 $\Delta\widetilde{S}$。根据电路理论，$\dot{U}_1$、$\widetilde{S}_1$ 和 $\dot{U}_2$、$\widetilde{S}_2$ 四个变量中任意两个变量已知都可以求出另外两个变量。

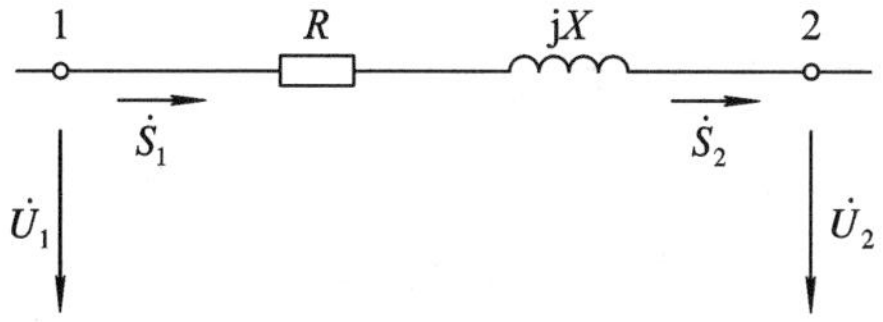

图 4-8　简单支路示意图

1. 已知一侧的电压和功率求另一侧的电压和功率

假设已知末端(节点 2)的电压 $\dot{U}_2$ 和流出的功率 $\widetilde{S}_2$，可求出流过该支路的电流为

$$\dot{I}=\frac{\overline{S}_2}{\overline{U}_2}\tag{4-49}$$

如果以 $\dot{U}_2$ 作为参考相量，阻抗 Z 引起的电压降落和功率损耗分别为

$$\Delta\dot{U}=(R+\mathrm{j}X)\frac{(P_2-\mathrm{j}Q_2)}{U_2} \tag{4-50}$$

$$\Delta\widetilde{S}=I^2Z=(R+\mathrm{j}X)\frac{P_2^2+Q_2^2}{U_2^2} \tag{4-51}$$

因此首端(节点 1)的电压为

$$\dot{U}_1=\dot{U}_2+\Delta\dot{U}=\left(U_2+\frac{RP_2+XQ_2}{U_2}\right)+\mathrm{j}\,\frac{XP_2-RQ_2}{U_2} \tag{4-52}$$

流过节点 1 的复功率为

$$\widetilde{S}_1=\widetilde{S}_2+\Delta\widetilde{S} \tag{4-53}$$

两端电压的关系可以由图 4-9 所示的相量图中得到(以 $\dot{U}_2$ 为参考相量)，φ 为末端电压和电流的夹角，称为功率因数角。从相量图中，不难得到阻抗 Z 引起的电压降落的横分量和纵分量分别为

$$\Delta U_x=RI\cos\varphi+XI\sin\varphi=\frac{RU_2I\cos\varphi+XU_2I\sin\varphi}{U_2}=\frac{RP_2+XQ_2}{U_2} \tag{4-54a}$$

$$\Delta U_y=XI\cos\varphi-RI\sin\varphi=\frac{XU_2I\cos\varphi-RU_2I\sin\varphi}{U_2}=\frac{XP_2-RQ_2}{U_2} \tag{4-54b}$$

可得首端(节点 1)的电压幅值和相角分别为

$$U_1=\sqrt{(U_2+\Delta U_x)^2+\Delta U_y^2} \tag{4-55}$$

$$\delta_1=\arctan\frac{\Delta U_y}{U_2+\Delta U_x} \tag{4-56}$$

如果已知首端(节点 1)的电压和流入的功率，求末端的电压和流出的功率，其基本原理同上，读者可自行推导分析。

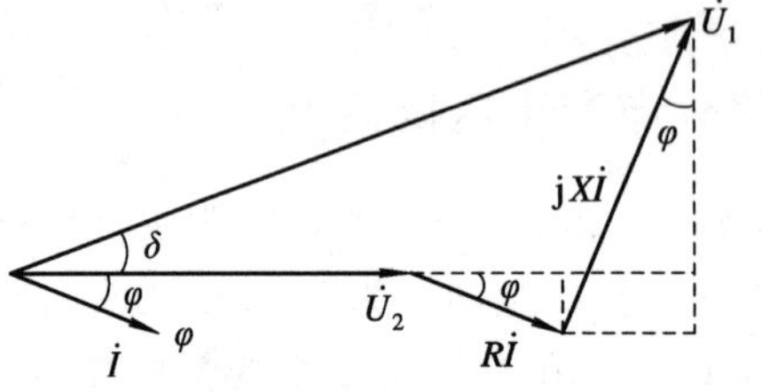

图 4-9 两端电压相量示意图

2. 已知一端的电压和流过另一端的功率

如果已知首端电压 $\dot{U}_1$ 和末端功率 $\widetilde{S}_2$，要求首端功率 $\widetilde{S}_1$ 和末端电压 $\dot{U}_2$，可以利用两端电压的关系以及两端功率的关系列出如下方程组(以 $\dot{U}_1$ 为参考相量)

$$\widetilde{S}_1=\widetilde{S}_2+\frac{P_2^2+Q_2^2}{U_2^2}(R+\mathrm{j}X) \tag{4-57}$$

$$\dot{U}_2=\left(U_1-\frac{RP_1+XQ_1}{U_1}\right)-\mathrm{j}\,\frac{XP_1-RQ_1}{U_1} \tag{4-58}$$

直接求解式(4-57)和式(4-58)很麻烦，可以通过迭代法来求解：先设定末端电压的初值(可以设定为该节点的平均额定电压)，然后将之代入式(4-57)，求出 $\widetilde{S}_1$，(4-58)式得到 $\dot{U}_2$，重复上面的过程，直到误差满足要求为止。

由于潮流计算通常是在电力系统的稳态运行条件下，此时节点电压与平均额定电压差别不大，因此，在手工近似计算中，将上述的叠代过程只进行一次。即先设定未知电压为平均额定电压，利用式(4－51)，根据末端的功率计算支路的功率损耗，然后利用式(4－53)计算出首端功率，再利用首端功率和首端电压计算系统的电压损耗，最后计算出末端电压。

4.5.2　辐射形网络的手工潮流计算方法

所谓辐射型网络就是单电源供电的非环形网络，系统中所有的负荷都由一个电源供电，辐射形网络由若干条简单支路树枝状串级联接而成。对于辐射形网络中的接地支路可以做如下处理：

(1) 将接地支路等效为该支路消耗的功率，对地支路的电压用额定电压来替代，例如，对地支路的导纳为 $G+\mathrm{j}B$，则该对地支路消耗的功率 $S=(G+\mathrm{j}B)U_N^2$；

(2) 将同一节点消耗的功率进行合并。

通过这样处理，辐射形网络就化简为若干简单支路的级联，可以利用简单支路的潮流和电压计算方法逐级进行潮流计算。辐射形网络的手工潮流计算一般从系统末端开始，因为通常辐射形网络末端的负荷为已知。首先计算潮流的近似分布，然后再从电源端开始根据潮流分布计算出各个节点的电压。因此，辐射形网络的手动潮流估算仅包含三步：

第一步：根据电力系统各元件的参数，建立的等值计算电路，然后将对地支路等效为支路损耗的功率，并将各节点损耗的功率进行合并。

第二步：首先将系统中各节点的未知电压设为平均额定电压，然后从辐射形网络的末端开始，依次计算各支路的功率损耗，最后得到潮流在辐射形网络中的近似分布。

第三步：根据估算出的潮流分布，从电源端开始，根据前面简单支路的电压计算公式依次计算各个节点的电压。

通过一个实例来说明潮流计算的过程，如图 4－10 所示的辐射形单电源的简单电力系统，已知节点 1(发电机节点)的电压 U_1 和各节点的负荷 S_{L1}、S_{L2}、S_{L3}、S_{L4}，求该系统的功率和电压分布。

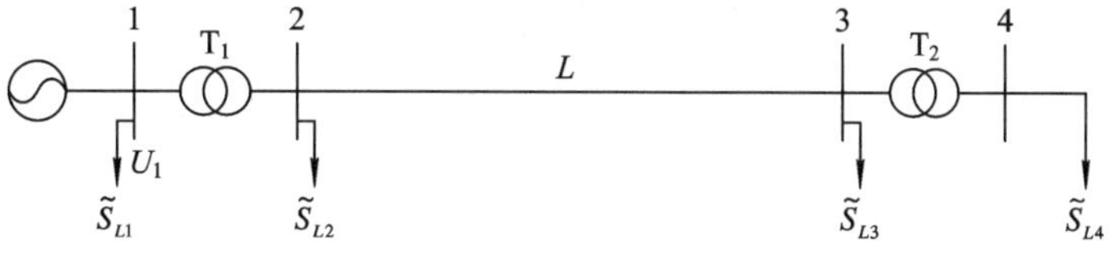

图 4－10　单电源辐射型电力系统

已知电力系统的各个元件的参数如下所示：

变压器 T_1：额定容量 S_N，额定变比 $k_{T1}=U_{N\,\mathrm{I}}/U_{N\,\mathrm{II}}$，空载损耗 ΔP_0，空载电流百分数 $I_0\%$，短路损耗 ΔP_k，短路电压百分数 $U_k\%$。

输电线路 L：每公里长的正序阻抗 z_1，每公里长的对地电纳 b_0，线路长度 l。

变压器 T_2：额定容量 S_N，额定变比 $kT_2=U_{N\,\mathrm{II}}/U_{N\,\mathrm{III}}$，空载损耗 ΔP_0，空载电流百分数 $I_0\%$，短路损耗 ΔP_k，短路电压百分数 $U_k\%$。

第一步，求各元件的参数，作系统等值电路。

求各个元件的参数，作等值电路如图 4 - 11 所示。

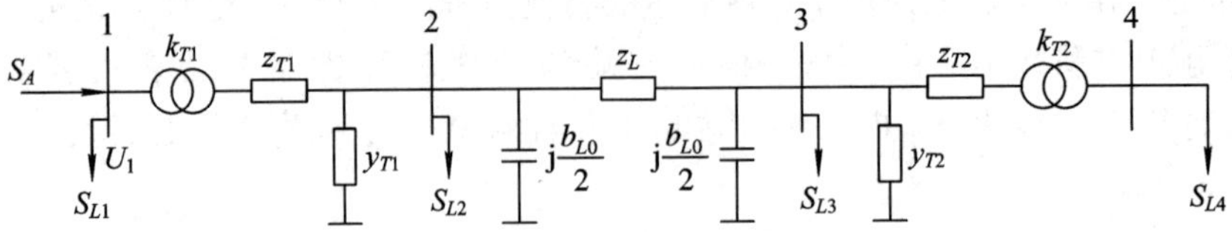

图 4 - 11 等值电路 I

计算等值电路中各元件参数之前，先选择功率和电压的基准值 S_B，U_{B1}，U_{B2}，U_{B3}。

变压器 T_1（根据等值电路，变压器参数都归算到高压侧）

$$R_{T1*}=\frac{\Delta P_k U_{N\mathrm{II}}^2}{S_N^2}\frac{S_B}{U_{B2}^2}$$

$$X_{T1*}=\frac{U_k\%}{100}\frac{U_{N\mathrm{II}}^2}{S_N}\frac{S_B}{U_{B2}^2}$$

$$z_{T1*}=R_{T1*}+\mathrm{j}X_{T1*}$$

$$G_{T1*}=\frac{\Delta P_0}{U_{N\mathrm{II}}^2}\frac{U_{B2}^2}{S_B}$$

$$B_{T1*}=\frac{I_0\%}{100}\frac{S_N}{U_{N\mathrm{II}}^2}$$

$$y_{T1*}=G_{T1*}+\mathrm{j}B_{T1*}$$

$$k_{T1*}=\frac{k_{T1}}{k_B}=\frac{U_{N\mathrm{I}}/U_{N\mathrm{II}}}{U_{B1}/U_{B2}}$$

输电线路

$$z_{L*}=z_1 l\frac{S_B}{U_{B2}^2}$$

$$b_{L0*}=b_0 L\frac{U_{B2}^2}{S_B}$$

变压器 T_2（变压器参数归算到高压侧）

$$R_{T2*}=\frac{\Delta P_k U_{N\mathrm{I}}^2}{S_N^2}\frac{S_B}{U_{B2}^2}$$

$$X_{T2*}=\frac{U_k\%}{100}\frac{U_{N\mathrm{I}}^2}{S_N}\frac{S_B}{U_{B2}^2}$$

$$z_{T2*}=R_{T2*}+\mathrm{j}X_{T2*}$$

$$G_{T2*}=\frac{\Delta P_0}{U_{N\mathrm{I}}^2}\frac{U_{B2}^2}{S_B}$$

$$B_{T2*}=\frac{I_0\%}{100}\frac{S_N}{U_{N\mathrm{I}}^2}$$

$$y_{T2}=G_{T2*}+\mathrm{j}B_{T2*}$$

$$k_{T2*}=\frac{k_{T2}}{k_B}=\frac{U_{N\mathrm{II}}/U_{N\mathrm{III}}}{U_{B2}/U_{B3}}$$

第二步，将对地支路简化为对地功率损耗。

如果电压基准值的选取与变压器的实际变比相匹配，那么 $k_{T1*}=k_{T2*}=1$；如果不匹配，则需要将变压器变比的标幺制等效到电路中，将变压器的阻抗支路，变为 π 型等效电路(见第二章，2.3 节)。

为了说明问题，假设电压基准值的选取与变压器实际变比匹配，或者忽略非标准变比的影响。对地支路假设为对地损耗功率，其对地支路的损耗用该点的额定电压来计算，等值电路变为如图 4 - 12 所示。

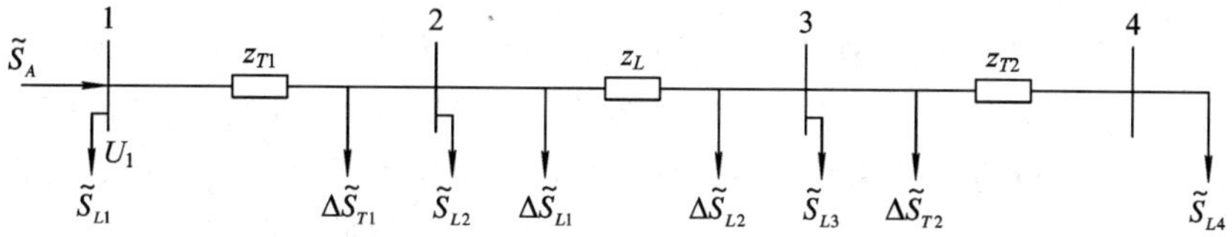

图 4 - 12　等值电路Ⅱ

图中，

$$\Delta S_{T1*}=U_{N2*}^2 y_{T2*},\quad \Delta S_{L1*}=U_{N2*}^2\left(-\frac{jb_{L0*}}{2}\right)$$

$$\Delta S_{L2*}=U_{N3*}^2\left(-\frac{jb_{L0*}}{2}\right);\ \Delta S_{T2*}=U_{N4*}^2 y_{T2*}$$

第三步，节点功率合并。

然后，将 1、2、3、4 各个节点上的所有功率合并，如图 4 - 13 所示。

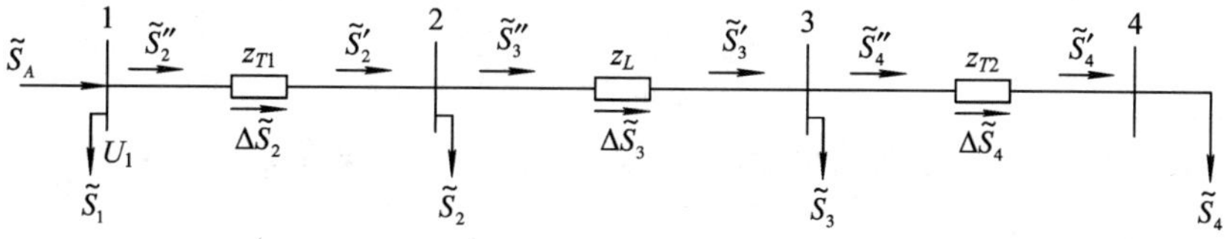

图 4 - 13　等值电路Ⅲ

图中：

$$\tilde{S}_{4*}=\tilde{S}_{L4*},\quad \tilde{S}_{3*}=\tilde{S}_{L3*}+\Delta\tilde{S}_{L2*}+\Delta\tilde{S}_{T2*}$$
$$\tilde{S}_{2*}=\tilde{S}_{L2*}+\Delta\tilde{S}_{L1*}+\Delta\tilde{S}_{T1*},\ \tilde{S}_{1*}=\tilde{S}_{L1*}$$

第四步，从末端开始，根据末端功率计算功率分布。

利用各节点额定电压以及流出支路的功率计算各支路功率损耗和功率分布。

$$\Delta S_{4*}=\frac{S'^2_{4*}}{U_{N4*}^2}(R_{T2*}+jX_{T2*});\ S''_{4*}=S'_{4*}+\Delta S_{4*};\ S'_{3*}=S''_{4*}+S_{3*}$$

$$\Delta S_{3*}=\frac{S'^2_{3*}}{U_{N3*}^2}(R_{L*}+jX_{L*});\ S''_{3*}=S'_{3*}+\Delta S_{3*};\ S'_{2*}=S''_{3*}+S_{2*}$$

$$\Delta S_{2*}=\frac{S'^2_{2*}}{U_{N2*}^2}(R_{T1*}+jX_{T1*});\ S''_{2*}=S'_{2*}+\Delta S_{2*};\ S_A=S''_2+S_1$$

这样，就求得了功率的分布和节点 1 的注入功率 S_A。

第五步，从首端开始，根据首端电压计算电压损耗和各个节点的电压：

$$\Delta\dot{U}_{2*}=\frac{P''R_{T1*}+Q''X_{T1*}}{U_{1*}}+j\frac{P''_{2*}X_{T1*}-Q''_{2*}R_{T1*}}{U_{1*}},\quad \dot{U}_{2*}=\dot{U}_{1*}+\Delta\dot{U}_{2*}$$

$$\Delta\dot{U}_{3*}=\frac{P''_{3*}R_{L*}+Q''_{3*}X_{L*}}{U_{2*}}+j\frac{P''_{3*}X_{L*}-Q''_3R_{L*}}{U_{2*}},\quad \dot{U}_{3*}=\dot{U}_{2*}-\Delta\dot{U}_{3*}$$

$$\Delta\dot{U}_{4*}=\frac{P''_{4*}R_{T2*}+Q''_{4*}X_{T2*}}{U_{3*}}+\mathrm{j}\frac{P''_{4*}X_{T2*}-Q''_{4}R_{T2*}}{U_{3*}},\quad \dot{U}_{4*}=\dot{U}_{3*}-\Delta\dot{U}_{4*}$$

4.5.3 环网的手工潮流计算方法

与辐射形网络相比，环形网络的供电可靠性高，环网中，任意一条线路断开后，不会中断任一负荷的供电。

环网的手工潮流计算方法是建立在辐射形网络潮流计算方法基础之上的，首先将环网解开成双端电源网络，然后将双端电源网络在某个节点分开成两个辐射形网络，这个节点称为功率分点，功率分点一般为功率的汇集点。从这个节点开始，向两边计算两个辐射形网络的潮流和电压分布。功率分点的确定，需要估算网络的近似潮流分布。

1. 双端电源网络的近似功率分布

如图 4－14 所示的双端电源供电系统，节点 3 和 4 的负荷功率分别为 $\tilde{S}_{L1}$ 和 $\tilde{S}_{L2}$，两端电源分别为 $\dot{E}_1$ 和 $\dot{E}_2$。如果忽略系统阻抗的功率损耗，在该系统中的功率分布 $\tilde{S}_1$、$\tilde{S}_2$ 和 $\tilde{S}_3$ 如何计算？

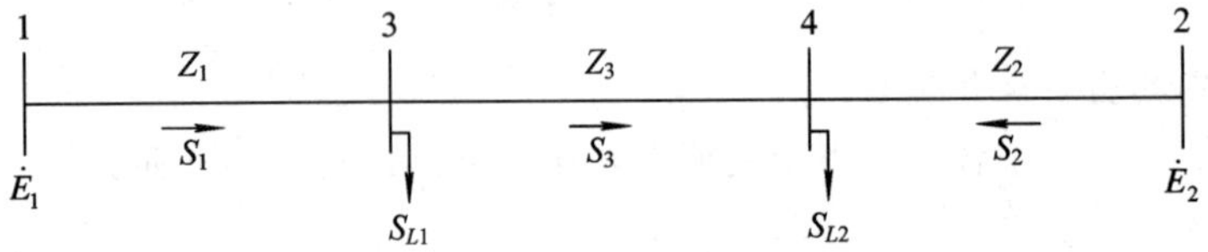

图 4－14　简单双端电源供电系统

假设考虑节点 3 和 4 流出的电流分别为 $\dot{I}_{L1}$ 和 $\dot{I}_{L2}$，根据叠加原理，计算出各支路的电流

$$\dot{I}_1=\frac{\dot{E}_1-\dot{E}_2}{Z_1+Z_2+Z_3}+\frac{Z_2+Z_3}{Z_1+Z_2+Z_3}\dot{I}_{L1}+\frac{Z_2}{Z_1+Z_2+Z_3}\dot{I}_{L2} \tag{4-59}$$

$$\dot{I}_2=\frac{\dot{E}_2-\dot{E}_1}{Z_1+Z_2+Z_3}+\frac{Z_1}{Z_1+Z_2+Z_3}\dot{I}_{L1}+\frac{Z_1+Z_3}{Z_1+Z_2+Z_3}\dot{I}_{L2} \tag{4-60}$$

如果不考虑各支路的功率损耗，即认为各节点的电压均为额定电压，将式(4－59)和(4－60)取共扼后乘以额定电压，可求出各支路的近似功率分布

$$\dot{S}_1=\frac{\bar{Z}_2+\bar{Z}_3}{\bar{Z}_1+\bar{Z}_2+\bar{Z}_3}\dot{S}_{L1}+\frac{\bar{Z}_2}{\bar{Z}_1+\bar{Z}_2+\bar{Z}_3}\dot{S}_{L2}+\frac{\bar{E}_1-\bar{E}_2}{\bar{Z}_1+\bar{Z}_2+\bar{Z}_3}U_N \tag{4-61}$$

$$\dot{S}_2=\frac{\bar{Z}_1}{\bar{Z}_1+\bar{Z}_2+\bar{Z}_3}\dot{S}_{L1}+\frac{\bar{Z}_1+\bar{Z}_3}{\bar{Z}_1+\bar{Z}_2+\bar{Z}_3}\dot{S}_{L2}-\frac{\bar{E}_1-\bar{E}_2}{\bar{Z}_1+\bar{Z}_2+\bar{Z}_3}U_N \tag{4-62}$$

很显然，求出 $\tilde{S}_1$、$\tilde{S}_2$ 就可以求出 $\tilde{S}_3$，$\tilde{S}_3=\tilde{S}_1-\tilde{S}_{L1}$，这样就可以求出忽略支路损耗后，全系统各支路的功率分布。该计算推广到任意多个负荷节点的双端电源系统中。观察功率分布的公式就会发现，$\tilde{S}_1$ 和 $\tilde{S}_2$ 由两部分组成，一部分是两个电源的环流功率，另一部分是负荷功率的分支，是由负荷功率乘以电流分布系数得到。因此对于 N 个负荷节点的双端供电系统，第一条支路和最后一条支路的近似功率分别为

$$\tilde{S}_1=\frac{\sum_{k=1}^{N}\sum_{j=k}^{N}\bar{Z}_j\dot{S}_{Lk}}{\bar{Z}_\Sigma}+\Delta\tilde{S} \tag{4-63}$$

$$\widetilde{S}_N = \frac{\sum_{k=1}^{N}\sum_{j=1}^{k}\overline{Z}_j\dot{S}_{Lk}}{\overline{Z}_\Sigma} - \Delta\widetilde{S} \tag{4-64}$$

其中，$\Delta\widetilde{S} = \frac{\Delta\overline{E}}{\overline{Z}_\Sigma}U_N$ 为环流功率，$Z_\Sigma = \sum_{k=1}^{N} Z_k$ 为总的支路阻抗之和。

根据式(4－63)和(4－64)可以求出任意多个负荷节点的双端电源供电系统的近似功率分布，支路两端的实际功率都注入的节点称为“功率分点”。如果计算出的实际功率分布为 $\widetilde{S}_2$ 和 $\widetilde{S}_3$ 都注入节点 4，那么节点 4 就是功率分点。有时候，有功功率的功率分点和无功功率的功率分点不一致，分别称为“有功功率分点”和“无功功率分点”。

2. 双端电源的潮流手工计算

找到功率分点后，可以从功率分点处将双端电源网络解开成两个单端电源网络。如果有功功率分点和无功功率分点不一致，就从无功功率分点解开。因为无功功率分点是无功功率的注入点，是全系统电压最低点，理论分析和工程计算经验证明，从电压最低点解开环网计算误差最小。然后按照单电源辐射形网络的计算方法，先计算各支路的功率损耗，再计算潮流分布，然后根据潮流分布计算各节点电压。

环形网络的潮流手工估算方法可以归纳为如下几个步骤：

(1) 首先在环形网络的某个节点将电力系统展开成一个双端电源网络。

(2) 然后根据双端电源网络中的负荷估算各支路的近似功率分布，找到功率分点，在无功功率分点处将之分解为两个单电源网络。

(3) 最后利用单电源的潮流估算方法计算各支路的功率损耗及各节点电压。

第五章 电力系统频率和电压的调整与控制

在理想的功率绝对平衡的条件下，电力系统的频率和电压是恒定的，且运行于额定值，这是绝对的稳态。而实际上绝对的稳态是不存在的，因为电力系统的负荷时时刻刻在波动，这就导致功率的平衡时时刻刻都在被打破。当系统出现不平衡功率时，由于负荷吸收的功率是频率和电压的函数，而发电机组装有励磁控制系统和调速系统，因此其发出的功率也是频率和电压的函数，系统将出现三种情况：第一，当不平衡功率较小时，由于发电机和负荷的调节作用，系统将很快达到新的平衡状态，频率和电压发生了变化，但偏差不超过允许的范围，而且从前一个状态过渡到新的状态的暂态过程时间很短，可以忽略，这种状态为正常稳态；第二，当不平衡功率较大时，虽然系统能够达到新的平衡，但频率和电压的偏差超出了允许的范围，这种状态为电力系统异常运行状态；第三，当不平衡功率很大时，有可能超出发电机和负荷本身的调节范围，或者系统经过很长过渡过程最终达到了新的平衡，此时系统是稳定的，或者系统将无法达到新的平衡，频率或电压无法达到“稳态”，此时系统将失去稳定；前两种情况属于电力系统稳态分析的范畴，最后一种情况属于电力系统稳定性分析的范畴。

由此可见，由于负荷随机性的波动，电力系统绝对的稳态是不存在的，所谓电力系统稳态只不过是由于扰动较小，过渡过程很短，系统的频率和电压从一种状态很快过渡到另一种状态。本章所讨论的内容就是电力系统在稳态运行情况下，负荷的波动导致频率和电压的波动，以及当电压和频率超出允许范围时，将电力系统的电压和频率的调整至允许范围以内的控制方法。由电力系统的潮流分析可知，电力系统的频率(功角的变化主要是频率的变化引起的)主要与系统的有功功率有关，而电力系统的节点电压则与无功功率的平衡有关。因此在电力系统中，频率和电压的调整是分开进行的。

5.1 电力系统的有功功率平衡和频率调整

电网的频率是接放电网中各发电机的电角速度。电力系统正常稳态运行情况下，全系统只有一个频率。也就是说，各发电机组转子的电角速度必须同步。发电机的机械角速度和电角速度之间的关系为

$$\omega = p\Omega \tag{5-1}$$

其中，$\omega=2\pi f$ 为电角速度，p 为同步发电机的极对数，Ω 为同步发电机的机械角速度。根据转子的运动方程可知

$$T_J \frac{\mathrm{d}\omega}{\mathrm{d}t} = P_T(\omega) - P_E(\omega) \tag{5-2}$$

P_T 为同步发电机输入功率(机械功率)，P_E 为负荷消耗的功率(电磁功率)，它们都是频率的函数，称为功率——频率特性。当系统处于稳态运行时，频率是恒定的，即

$$T_J \frac{\mathrm{d}\omega}{\mathrm{d}t} = P_T(\omega) - P_E(\omega) = 0 \tag{5-3}$$

即频率的运行点是发电机的功率——频率特性曲线与负荷的功率—频率特性曲线的交点。当系统出现不平衡功率时，频率将发生变化。当不平衡功率较小时，系统很快达到一个新的稳定状态，即在发电机发出功率和负荷消耗功率的调节作用下，达到了一个新的平衡，此时负荷功率——频率曲线发生变化，系统的频率运行点位于它与发电机发出的功率—频率曲线新的交点。

因此，要确定在负荷发生变化的情况下，系统频率的运行点，必须给出发电机和负荷的有功功率——频率特性。

5.1.1　负荷的频率特性

电力系统的负荷功率是不断变化的，负荷消耗的有功功率是时间、频率和电压的函数。负荷消耗的有功功率与电压的关系远不如其与频率的关系密切，因此在电力系统实际运行中通常不考虑有功功率负荷随电压的变化情况。负荷随时间的变化曲线称为负荷曲线，负荷随频率的变化曲线称为负荷有功功率的静态频率特性，简称负荷的频率特性。

1. 负荷曲线

负荷曲线是指负荷随时间变化的曲线。负荷的有功功率随时间的变化是随机且连续的。反映一天负荷变化情况的曲线称为日负荷曲线。实际电力系统中，由于用电的随机性、周围环境温度的变化等，日负荷曲线不尽相同，具有随机性。但就统计规律而言，负荷曲线又具有一定的规律性，而且一般以一周、一年为周期做周期性的变化。为了精确掌握负荷的变化情况，以便安全、合理、经济地调度发电机的出力和系统的运行方式，调度部门每天都在进行短期(或长期)的负荷预测，即通过历史数据预测次日(或未来一周或一年内)的负荷变化趋势。

2. 负荷静态频率特性

负荷的频率特性与负荷的类型有关。有的负荷对频率变化很敏感，例如感应电动机吸收的有功功率受频率的影响较大。感应电动机转速与频率几乎成正比例关系，当感应电动机带有机械负载，转矩保持不变时，感应电动机吸收的有功功率变化几乎和频率的变化成正比例关系。有的负荷其转矩与转速的平方、三次方甚至更高次方成正比，而有的负荷如照明、电热器、整流设备等，其消耗的功率可以认为与频率没有关系。

由于系统的负荷是上述各种类型负荷的组合，因此，可以用下式表示负荷吸收的有功功率与频率的关系

$$P_{LD} = P_{LN}\left[\alpha_0 + \alpha_1\left(\frac{f}{f_N}\right) + \alpha_2\left(\frac{f}{f_N}\right)^2 + \alpha_3\left(\frac{f}{f_N}\right)^3 + \cdots\right] \tag{5-4}$$

其中，P_{LD} 为负荷在实际频率 f 下消耗的功率，P_{LN} 为负荷在额定频率下消耗的功率，$\alpha_k(k=0, 1, 2\cdots)$为与频率的 k 次方成正比的负荷的权重，显然有 $\alpha_0+\alpha_1+\cdots=1$。

写成标幺制的形式为

$$P_{LD*}=\alpha_0+\alpha_1 f_*+\alpha_2 f_*^2+\alpha_3 f_*^3+\cdots \quad (5-5)$$

负荷的静态频率特性如图 5-1 所示。由于系统在正常稳态运行时，系统频率的变化不大(一般在±0.1%～±0.2%)，而且与频率高次方成正比例关系的负荷权重比较小，因此可以用在额定频率附近的线性化的直线来反映频率偏移与有功功率负荷的变化，即

$$\Delta P_L = K_L \Delta f \quad (5-6)$$

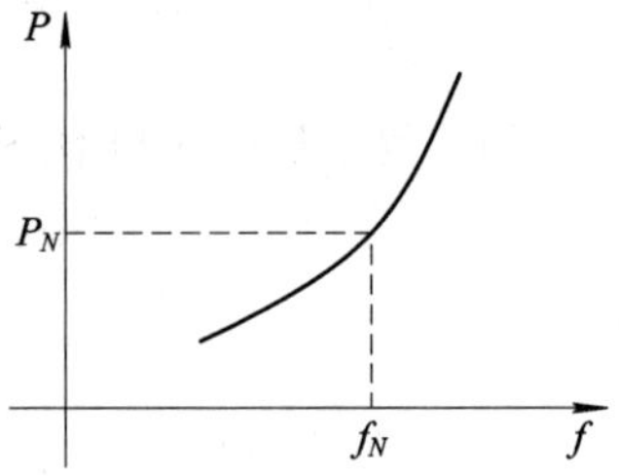

图 5-1　负荷的静态频率特性

其中，K_L 称为负荷的单位调节功率，单位为 MW/Hz，即频率每上升/下降单位 Hz，负荷吸收的有功功率上升或下降的功率。式(5-6)用标幺制表示为

$$\Delta P_{L*} = K_{L*} \Delta f_* \quad (5-7)$$

其中，$K_{L*}=\dfrac{K_L f_N}{P_{LN}}$。

5.1.2　发电机组的频率特性

负荷是随时间不断变化的，而且具有一定的随机性，系统越小，随机性越明显。发电机组必须时时刻刻跟踪负荷所需要的功率来调整发电机组的出力，这项工作首先是由发电机组原动机的自动调速系统完成的。

1. 发电机组自动调速系统

发电机组自动调速系统的种类很多，根据其测量元件的不同，可以分为两大类：机械液压式和电气液压式。二者的主要区别在于测量频率的方法，前者采用离心飞摆等机械装置将转速信号转化为位置信号；后者将测量发电机的转速的后转化为电信号，再通过电气—液压转换器转变为液压信号，从而控制发电机组原动机汽门的大小。由于离心飞摆等机械装置结构复杂，且测量失真区大，因此在大型汽轮发电机中，目前广泛采用的是电气液压式调速系统。但是由于机械液压式自动调速系统的原理比较直观，因此在这里简单介绍其结构、工作原理和特性。

机械液压式调速系统的结构示意图如图 5-2 所示，离心飞摆由同步发电机的原动机主轴带动，当原动机转速发生变化时，离心飞摆的离心力发生变化。比如，当原动机转速降低时，离心飞摆的离心力降低，滑环使得 A 点的位置下降。正常时，B 点处于平衡位置，恰好堵住油口 a 和 b。当转速降低时，A 点下降，带动 B 点也下降。B 点位置下降后，压力油在压力作用下，进入油动机，油动机活塞上移，汽轮机的汽门增大，在油动机活塞 C 点的带动下，回到平衡位置，汽门

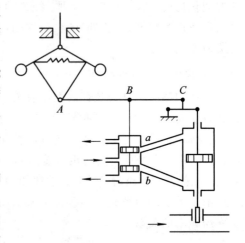

图 5-2　机械液压式调速系统原理示意图

打开的大小就不再变化，反之亦然。

显然，调速系统汽门开放得越大，滑环 A 点的位置就越低，即这种调节不可能将转速恢复到额定状态，此时稳定后的转速要比原来的转速略低，这种调节也称为有差调节。实际上，机械液压式调速系统只是一个比例反馈校正控制系统，不可能实现输出的无差调节。

电气液压式调速系统分为模拟和数字两种，下面简单介绍功率——频率电气液压调速系统(简称功频电液调速系统)的基本原理。如图 5－3 所示，功频电液调速系统由转速测量、功率测量、综合放大器、PID 调节器、电液转换器和油动机等单元组成。由转速测量单元测量机组的转速，并把转速信号转换为电信号(或者数字信号)与设定的转速进行比较，得到频率误差信号；然后由功率测量单元测量功率，同样转化为电信号或数字信号，与设定值比较，得到功率误差信号；再将频率误差信号和功率误差信号进行综合，得到综合误差信号

$$U_{err} = (P_{set} - P) + K_G(f_{set} - f) \tag{5-8}$$

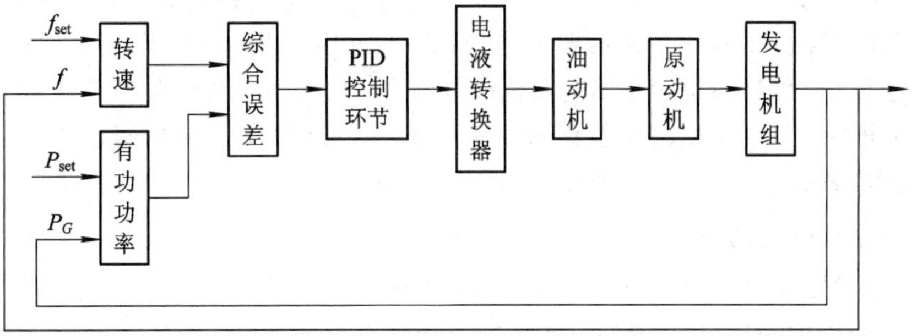

图 5－3　功频电液调速系统原理图

综合误差信号经过 PID 调节环节，以实现功率偏差和转速偏差之间的稳定的无差控制。所得到的信号经过功率放大后驱动电液转换器，将电信号转换为油压信号，最终使执行机构油动机动作，调整汽轮机的汽门。

反馈频率和功率的综合误差，是考虑到发电机组的功率——频率特性必须具有调差特性。如果仅反馈频率误差，经过 PID 控制后，发电机的功频特性将是无差特性，即输出频率恒定。显然，无差特性的同步发电机是无法并网与其它发电机组并列运行的。

2. 发电机组的有功功率静态频率特性

经过 PID(或 PI)控制，可使输出变为稳定的无差输出，即最终的控制结果是使综合误差信号的稳态结果为零

$$\Delta P_G = -K_G \Delta f \tag{5-9}$$

其中，K_G称为发电机的单位调节功率，单位为 MW/Hz。如图 5－4 所示，当转速下降时，输出有功功率增加；当转速上升时，输出有功功率降低。

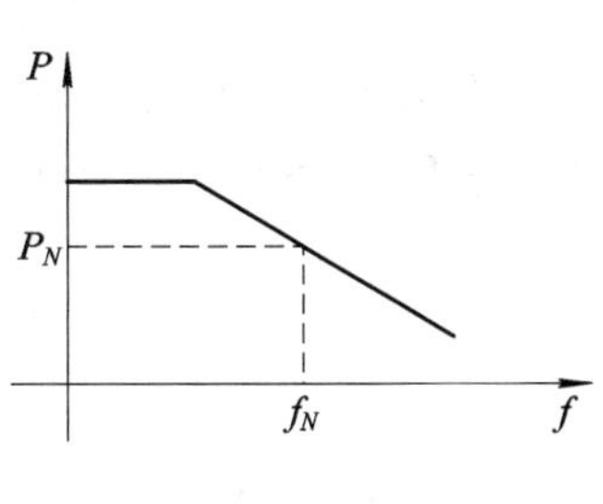

图 5－4　发电机的功率频率特性

单位调节功率用标幺制可表示为

$$K_{G*} = \frac{K_G f_N}{P_{GN}} \tag{5-10}$$

其中，f_N为额定频率，P_{GN}为发电机的额定有功功率。

工程中通常用调差系数$\sigma\%$来反应发电机组的有功功率——频率特性，它与单位调节功率的标幺制有如下关系

$$K_{G*}=\frac{1}{\sigma\%}\times 100 \tag{5-11}$$

每台机组调速系统的调差系数或者单位调节功率可以单独设定。对于机械液压式调速系统，可以通过调频器来设定其调差系数。对于功频电液调速系统，则可以直接整定K_G。对于系统中有多台发电机组，且调差系数不同的情况，需要根据各台机组的额定出力和调差系数进行计算，得到全系统的综合调差系数和相应的单位调节功率标幺制。

5.1.3　电力系统频率调整

电力系统的频率调整分为一次调频、二次调频和三次调频。电力系统的一次调频由发电机组的调速系统自动完成。由于发电机组的调差特性，负荷参与频率调整，导致一次调频不可避免地会产生频率偏差，而且当系统负荷功率变化较大时，仅靠一次调频可能无法保证频率偏差不超出允许的范围。二次调频则是通过对电力系统发电机组施加额外的控制，如区域控制误差(Area Control Error，ACE)的方法，达到频率无差调节的目标，或者在负荷变化较大时保证系统频率偏差在允许范围内。三次调频则是在二次调频的基础上对电网中各发电机组的功率实现最优化的调度和分配。实现二次、三次调频的系统称为自动发电控制系统(Automatic Generation Control，AGC)。

1. 电力系统一次调频

电力系统中所有的发电机组都有自动调速系统，电力系统的一次调频就是由发电机组的自动调速系统和负荷共同完成的。系统的运行频率一定是在负荷的频率特性曲线和发电机组的负荷特性曲线的交点上。在这个交点上，负荷消耗的功率和发电机组的出力是相等的。如果这个交点恰好是额定频率点，即处于理想的稳定运行状态，此时发出的有功功率和消耗的有功功率相同，就称为有功功率平衡。如果在额定频率处，发出的有功功率和消耗的有功功率不相等，则称为有功功率不平衡，其差值就是不平衡功率。

假设系统的总负荷增加ΔP_D，负荷的功频曲线将向上移动ΔP_D的高度，此时负荷功频曲线与发电机功频曲线的交点就偏移了。由于发电机组调速系统存在调差特性，因此增加的这部分负荷被分为两部分：一部分由于频率下降导致发电机增加出力，另一部分由于频率下降导致负荷减少消耗。如图5-5所示，负荷增加前，两曲线的交点在f_N处，负荷增加后，增加的负荷由负荷和发电机组共同调节完成，发电机组发出的功率在上升，而负荷消耗的功率在减少，最后二者交汇在f'点

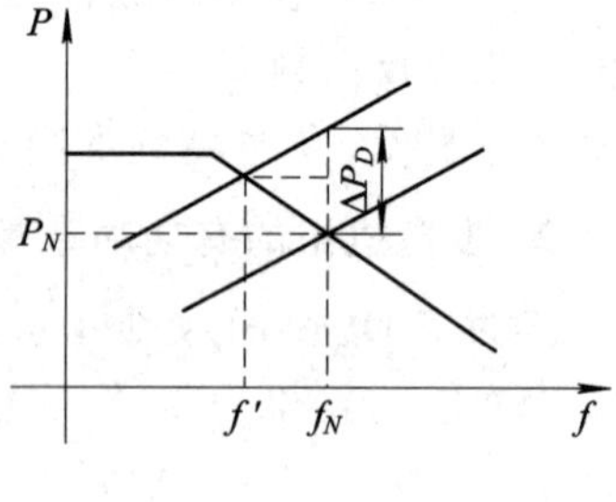

图5-5　电力系统一次调频

$$\begin{aligned}\Delta P_D&=\Delta P_G-\Delta P_L\\&=-(K_G+K_L)\Delta f\\&=-K_S\Delta f\end{aligned} \tag{5-12}$$

其中，$K_S=K_G+K_L$为系统的单位调节功率，反映了系统频率每变化1 Hz，系统负荷的增加量。

2. 电力系统二次调频

一次调频后，如果系统频率偏差较大时，需要对发电机组施加额外的控制，进行频率的二次调整，以期减少频率的偏差甚至做到频率的无差调整。

假设系统发电机组的总单位调节功率 K_G已知，总的负荷单位调节功率 K_L已知，发电机组的二次调整功率 P_T 已知，当系统增加了 ΔP_D的负荷后，如图 5-6 所示，频率的偏差可由下式求出来，不难得到：

$$\Delta P_D + P_T = -(K_G + K_L)\Delta f \tag{5-13}$$

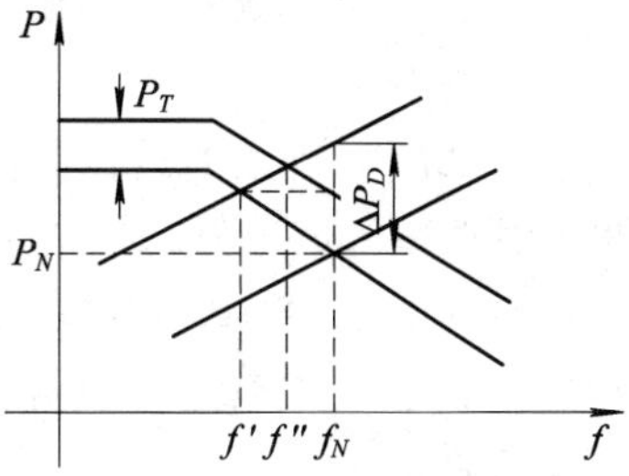

图 5-6　电力系统二次调频

要实现频率的无差调整，只需二次调频时控制发电机组增加的出力等于负荷的增量即可，如图 5-7 所示。

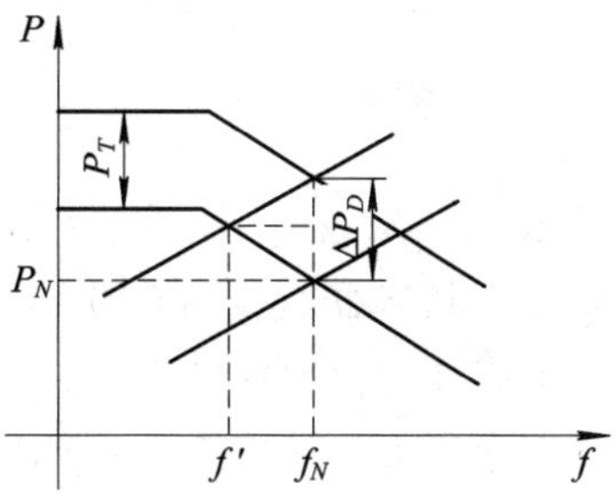

图 5-7　频率的无差调整

3. 区域控制误差

现代电网都是由很多子系统互联而成的大电网，由于各子系统之间的联络线功率传输是有限的，而且在电力市场的环境下，各区域之间的功率交换需要按照预先约定的协议来执行。因此，不仅需要控制系统频率，而且还需要控制联络线的交换功率，这种控制称为频率——联络线功率控制，也称为负荷频率控制(Load Frequency Control，LFC)。如图 5-8 所示的系统，不仅需要控制系统的频率偏差，而且联络线的净交换功率也是控制对象之一。通常将频率偏差和联络线交换功率误差组合成区域控制误差(Area Control Error，ACE)，以达到既控制系统频率，又控制联络线功率的目的。

以图 5-8 中的子系统 i 为例，定义区域控制误差为

$$ACE_i = \beta_i \Delta P_{Ti} + K_i \Delta f \tag{5-14}$$

式中，$\Delta P_{Ti} = \Delta P_{ij} + \Delta P_{ik}$ 为与系统 i 相联的所有联络线功率之和与计划交换功率的偏差，β_i 和 K_i分别为功率偏差系数和频率偏差系数。

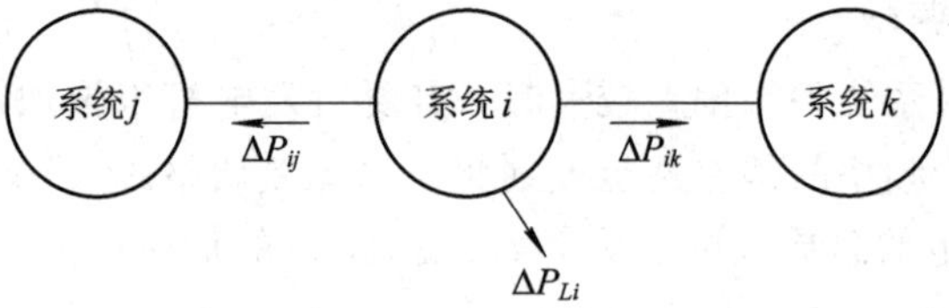

图 5-8 区域电力系统的调频

根据 β_i 和 K_i 的取值不同，有三种控制模式：

(1) 取 $\beta_i=0$，$K_i=1$ 时，$ACE_i=\Delta f$，即当通过控制使区域控制误差稳态值为零时，实际上是控制系统的频率偏差为零。

(2) 取 $\beta_i=1$，$K_i=0$ 时，$ACE_i=\Delta P_{Ti}$，即当通过控制使区域控制误差稳态值为零时，实际上就是使稳态下区域 i 的联络线功率为恒定值。

(3) 取 $\beta_i=1$，$K_i=K_{Si}$ 为系统 i 的单位调节功率时，区域 i 的控制误差为 $ACE_i=\Delta P_{Ti}+K_{si}\Delta f$。在这种控制模式下，当系统 i 中负荷增加 ΔP_{Li} 时，系统首先由各子系统中发电机组的调速系统进行一次调频

$$\Delta P_{Li}=-(K_{si}+K_{sj}+K_{sk})\Delta f \tag{5-15}$$

其中，K_{si}、K_{sj}、K_{sk} 分别为三个子系统 i、j、k 的单位调节功率。显然由于一次调频后频率的变化，导致系统 j 和 k 通过联络线向系统 i 中注入了功率：

$$\begin{cases}\Delta P_{ij}=K_{si}\Delta f\\ \Delta P_{ik}=K_{sk}\Delta f\end{cases} \tag{5-16}$$

因此有

$$ACE_i=\Delta P_{Ti}+K_{si}\Delta f=\Delta P_{ij}+\Delta P_{ik}+K_{si}\Delta f=-\Delta P_{Li} \tag{5-17}$$

在这种控制模式下，各子系统区域控制误差的值实际上就是该系统负的净负荷增量，即区域控制误差反映了本区域的负荷变化情况。当 $ACE_i=0$ 时，说明子系统 i 的负荷没有变化；当 $ACE_i>0$ 时，本系统 i 的总负荷有所降低；当 $ACE_i<0$ 时，本系统 i 的负荷有所增加。如果能够控制 i 系统内发电机组的出力使之与增加的负荷平衡，其它子系统发电机组的出力将自动恢复到原来水平，那么系统的频率和联络线功率的偏差都将被控制为零。各子系统的区域控制如图 5-9 所示。

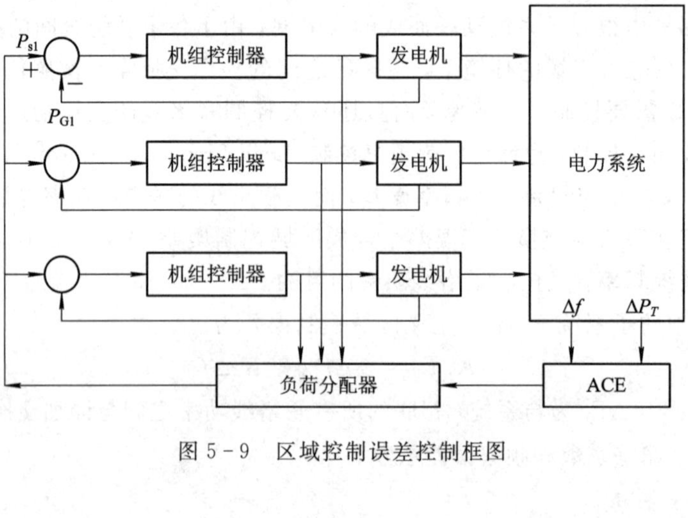

图 5-9 区域控制误差控制框图

4. 有功功率的经济分配(三次调频)

电力系统进行二次调频时，各子系统需要根据区域控制误差测量本系统负荷的增量，然后将该功率增量分配给本系统的各发电机组。例如，图 5-9 中的负荷分配器实现的就是功率的分配功能，各发电机组之间的功率分配还应该满足经济性的要求。

为了使发电机组之间的功率分配达到最优的经济性目标，调度部门首先要对次日的负荷进行预测，按照经济性原则分配给各个发电机组，这就是电力系统有功功率的经济调度。而负荷预测与实际负荷总是存在偏差。在实际运行中，区域控制误差能够实时地反应本区域负荷的变化，调整发电机出力跟踪负荷的变化，达到调频的目的。为了达到运行经济性目的而作的调整，称为三次调频，又称为经济性调度控制(Economic Dispatching Control，EDC)，或简称经济调度(ED)。

三次调频的本质是经济性运行的问题，是根据电网对功率的需求以及电厂或机组的发电经济特性(比如燃料耗量特性)在电厂或机组之间的最佳功率分配。

1）火电厂之间的有功功率经济分配

经典的经济调度目标是参与调节的电厂的总燃料耗量为最小，只考虑发电机有功功率的限制，而不考虑无功功率或系统的状态是否越限等其它安全约束条件。

在稳态情况下，火电机组在单位时间内消耗的燃料与发电机组所发出的有功功率的关系称为机组的燃料耗量特性，简称耗量特性。为了方便分析和计算，通常用有理多项式来近似逼近燃料耗量特性函数

$$F_i(P_{Gi}) = a_i + b_i P_{Gi} + c_i P_{Gi}^2 \tag{5-18}$$

假设共有 n 个火力发电机厂，各火电厂之间最优有功功率经济分配的数学模型可以表示如下：

目标函数

$$\min F = \sum_{k=1}^{n} F_k(P_{Gk})$$

等约束条件

$$\sum_{k=1}^{n} P_{Gk} - P_{L\Sigma} - \Delta P_\Sigma = 0$$

其中 $P_{L\Sigma}$是系统总负荷，ΔP_Σ为系统总的网络损耗。

不等约束条件

$$P_{Gk\,\min} \leqslant P_{Gk} \leqslant P_{Gk\,\max},\ k = 1,\ 2\cdots,\ n$$

如果不考虑不等约束条件，上述问题是一个简单的条件极值问题，可以用拉格朗日函数法进行求解

$$L = \sum_{k=1}^{n} F_k(P_{Gk}) - \lambda\left[\sum_{k=1}^{n} P_{Gk} - P_{L\Sigma} - \Delta P_\Sigma\right] \tag{5-19}$$

这样就将条件极值问题转化为无条件极值问题。令拉格朗日函数对所有变量(包括 λ)的偏微分等于零，即

$$\frac{\partial L}{\partial P_{Gk}} = \frac{\partial F_k(P_{Gk})}{\partial P_{Gk}} - \lambda\left(1 - \frac{\partial \Delta P_\Sigma}{\partial P_{Gk}}\right) = 0 \tag{5-20}$$

$$\frac{\partial L}{\partial \lambda} = \sum_{k=1}^{n} P_{Gk} - P_{L\Sigma} - \Delta P_\Sigma = 0 \tag{5-21}$$

拉格朗日函数对 λ 的偏导数式(5－21)即为等约束条件。如果忽略网损，由式(5－20)可得，火电厂之间最优经济分配的条件为

$$\frac{\partial F_1}{\partial P_{G1}}=\frac{\partial F_2}{\partial P_{G2}}=\cdots=\frac{\partial F_n}{\partial P_{Gn}}=\lambda \tag{5-22}$$

λ 称为耗量微增率，这个条件称为等耗量微增率，即每台机组增加的单位出力所消耗的燃料相等。可以这样来理解，耗量微增率可以看做是耗量对出力的灵敏度，假如第 k 台机组的耗量微增率大于第 l 台机组的耗量微增率，那么就说明可以适当地增加第 l 台机组的出力，减少第 k 台机组的出力，这样可以降低燃料的耗量。这说明此时并没有达到最优化的结果(没有达到极值点)，只有当两台发电机的耗量微增率相等时，继续改变发电机的出力才会增加耗量，因此，当耗量微增率相等时，就达到了最优化的经济分配效果。

当计及网损时，有功功率经济分配的条件为

$$\frac{\dfrac{\partial F_1}{\partial P_{G1}}}{1-\dfrac{\partial \Delta P_\Sigma}{\partial P_{G1}}}=\frac{\dfrac{\partial F_2}{\partial P_{G2}}}{1-\dfrac{\partial \Delta P_\Sigma}{\partial P_{G2}}}=\cdots=\frac{\dfrac{\partial F_n}{\partial P_{Gn}}}{1-\dfrac{\partial \Delta P_\Sigma}{\partial P_{Gn}}} \tag{5-23}$$

式中，$\partial \Delta P_\Sigma/\partial P_{Gk}$ 称为网络损耗微增率，简称网损微增率；$1/(1-\partial \Delta P_\Sigma/\partial P_{Gk})$ 称为网络损耗修正系数；λ 称为经过网损修正的耗量微增率。

网损微增率反应的是网络损耗对各个发电机增加出力的灵敏度。例如，第 k 号机组的网损微增率大于第 l 号机组，其物理意义是，k 号机组每增发单位功率的出力，其导致的网络损耗要大于 l 号机组增发单位功率出力时的网损。各机组间的最优经济分配应该使修正的燃料耗量微增率相等。当某台机组的网损微增率较大时，其网损修正系数也很大，相应的修正耗量微增率就很大，这台机组就会分配较少的出力。从物理上解释，当某台机组的网损微增率较大时，说明这台机组多出力将导致电网的损耗增加，所有发电机的出力增加，导致各个机组的燃料耗量增大，因此这台机组应该分配较少的出力才能达到经济性的目标。关于网损微增率的计算将在后面最优潮流的计算方法中阐述。

在考虑不等约束条件后，在等耗量微增率的情况下，某台机组的出力超出了其允许的范围，那么这台机组的出力就变为恒定出力，发出功率为其允许范围的上限或下限。简单系统的火电机组的最优经济分配计算很简单，这里不再赘述，对于复杂电网的火电机组的最优经济分配的计算方法与最优潮流的计算方法相似，将在后面章节详细阐述。

2) 水、火电厂之间的有功功率经济分配

水力发电机组的特点是方便调节，机组起停比较方便，另外水库本身也具有调节作用，比如在枯水期蓄水，在丰水期放水。因此在电网中，通常利用具有水库的中小型水电厂作为调峰(也称调频)水电厂，即与系统中的火力发电厂配合，在负荷高峰的时候，调峰水电厂多发电，在负荷低谷时，少出力或者不发电。这是因为当负荷变动较大时，在负荷低谷期，火力发电机组的起停费用非常高。这样由调峰水电厂和火电厂之间最优的经济调度就可以大大降低火力发电厂的总的燃料耗量。

对于具有一定库容量的主力水电厂，调度部门通常根据水量的变化来决定水电厂每天的总耗水量。对于无水库的主力水电厂，其发电耗水量取决于河流的天然流量，这类水电厂没有大的调节功能，特别是在丰水期，为了避免弃水，通常全天满载运行。但是这类水电厂在一天的总耗水量基本是恒定的，因此这类水电厂的出力也是已知的。

水、火电厂之间的经济调度的数学模型与火电厂间的数学模型不同，它增加了若干等约束条件，即每个水电厂一天中的总耗水量是恒定的。因此，目标函数也不再是火电厂单位时间的燃料耗量，而是一天总的燃料耗量最低。假设系统中共有 n 个机组，其中 m 个火电机组，其他为水电机组，假设 1 号到 m 号是火电机组，$m+1$ 号到 n 号是水电机组，那么

目标函数

$$\min F=\int_0^{24}\sum_{k=1}^{m}F_k[P_{Gk}(t)]\mathrm{d}t$$

等约束条件之一

$$\sum_{k=1}^{n}P_{Gk}(t)-P_{L\Sigma}(t)-\Delta P_{\Sigma}(t)=0$$

等约束条件之二

$$\int_0^{24}W_{m+1}[P_{G,\ m+1}(t)]\mathrm{d}t=W_{T,\ m+1}$$

$$\int_0^{24}W_{m+2}[P_{G,\ m+2}(t)]\mathrm{d}t=W_{T,\ m+2}$$

$$\vdots$$

$$\int_0^{24}W_{n}[P_{G,\ n}(t)]\mathrm{d}t=W_{T,\ n}$$

不等约束条件

$$P_{Gk\min}\leqslant P_{Gk}\leqslant P_{Gk\max},\quad k=1,2,\cdots,m \tag{5-24}$$

这是一个范函的极值问题，可以用变分法来解决，也可以通过将时间离散化，把积分转变为求和叠加，仍然用拉格朗日函数法来处理。将一天的时间分为 24 个小时段，则

目标函数

$$\min F=\sum_{t=1}^{24}\sum_{k=1}^{m}F_k(P_{Gk,\ t})$$

等约束条件之一

$$\sum_{k=1}^{n}P_{Gk,\ t}-P_{L\Sigma,\ t}-\Delta P_{\Sigma,\ t}=0,\quad t=1,2,\cdots,24$$

等约束条件之二

$$\sum_{t=1}^{24}W_l(P_{Gl,\ t})=W_{T,\ l},\quad l=m+1,m+2,\cdots,n$$

不等约束条件

$$P_{Gk\min}\leqslant P_{Gk}\leqslant P_{Gk\max},\quad k=1,2,\cdots,m \tag{5-25}$$

共有 24 个功率平衡等约束条件，$n-m-1$ 个水电厂耗水总量恒定的等约束条件。可以构造拉格朗日函数如下

$$\begin{aligned}L=&\sum_{t=1}^{24}\sum_{k=1}^{m}F_k(P_{Gk,\ t})-\sum_{t=1}^{24}\lambda_t\Big[\sum_{k=1}^{n}P_{Gk,\ t}-P_{L\Sigma,\ t}-\Delta P_{\Sigma,\ t}\Big]\\&+\sum_{l=m+1}^{n}\mu_l\Big[\sum_{t=1}^{24}W_l(P_{Gl,\ t})-W_{Tl}\Big]\end{aligned} \tag{5-26}$$

令拉格朗日函数对所有变量的偏微分等于零，得到极值的必要条件

$$\frac{\partial L}{\partial P_{Gk,t}}=\frac{\mathrm{d}F_k(P_{Gk,t})}{\mathrm{d}P_{Gk,t}}-\lambda_t=0,\quad k=1,2,\cdots m,\ t=1,2,\cdots,24 \tag{5-27a}$$

$$\frac{\partial L}{\partial P_{Gl,t}}=\mu_l\frac{\mathrm{d}W_l(P_{Gl,t})}{\mathrm{d}P_{Gl,t}}-\lambda_t=0,\quad l=m+1,m+2,\cdots n,\ t=1,2,\cdots,24 \tag{5-27b}$$

$$\frac{\partial L}{\partial \lambda_t}=\sum_{k=1}^{n}P_{Gk,t}-P_{L\Sigma,t}-\Delta P_{\Sigma,t}=0,\quad t=1,2,\cdots,24 \tag{5-27c}$$

$$\frac{\partial L}{\partial \mu_l}=\sum_{t=1}^{24}W_l(P_{Gl,t})-W_{T,l}=0,\quad l=m+1,m+2,\cdots n \tag{5-27d}$$

式(5-26)和式(5-27)是 $n-m-1+24$ 个等约束条件方程，式(5-24)和式(5-25)共组成了 $24\times n$ 个方程，共有 24 个 λ_t、$n-m-1$ 个 μ_l、$24\times m$ 个火电厂功率 $P_{G,k,t}$、$24\times(n-m-1)$ 个水电机组功率 $P_{G,l,t}$。联立上述方程可以求出一天 24 小时各时间段每台机组的出力。

同样，需要对机组输出功率是否越限进行检查，以满足不等约束条件。若检查到某台机组在某个时刻的出力超出了其允许范围，则取它的边界值(超出上限，则取上界；低于下限，则取下界)。具体的计算流程请读者自己完成。

5.2 电力系统的无功功率和电压调整

类似于频率调整，只要系统电压稳定，负荷的无功功率和发电机发出的无功功率随电压变化曲线(曲面)的交点，就是当前电压的运行点。不同于频率的控制与调整，全系统只有一个频率，而全系统的各个节点的电压有一定差别，因此无功功率的平衡方程包含全系统各节点的无功功率方程。如果各个节点的电压都运行在额定电压，则称电力系统无功功率平衡。无功功率是电压的函数，无功功率与电压的关系称为无功功率—电压曲线。

下面研究无功功率电源和无功功率负荷的电压特性。

5.2.1 同步发电机和无功补偿设备的无功功率——电压特性

除同步发电机能向系统提供无功功率之外，电力系统中还有很多无功功率的补偿设备，包括同步调相机、并联电容器、静止补偿器(Static Var Compensator，SVC)以及静止无功发生器(Static Var Generator，SVG)。

1. 同步发电机和同步调相机

同步发电机是电力系统中的主要无功功率电源之一，它不仅可以发出无功功率，而且可以吸收无功功率，通过励磁调节器可以平滑地控制无功功率的输出。同步调相机除了不发出有功功率以外，其它工作原理与同步发电机相似。根据第三章同步发电机的稳态模型一节中可知，同步发电机“消耗”的无功功率与电压的关系为(参考方向以消耗为正)：

$$
\begin{aligned}
Q_G &= \mathrm{Im}[(u_d + \mathrm{j}u_q)(i_d - \mathrm{j}i_q)] \\
&= u_q i_d - u_d i_q \\
&= U\cos\delta\frac{E_q - U\cos\delta}{X_d} - U\sin\delta\frac{U\sin\delta}{X_q} \\
&= -\frac{1}{2}\left[\left(\frac{1}{X_d}+\frac{1}{X_q}\right)+\left(\frac{1}{X_d}-\frac{1}{X_q}\right)\cos 2\delta\right]U^2 + \frac{E_q\cos\delta}{X_d}U
\end{aligned}
\tag{5-28}
$$

式中，X_d和X_q分别代表同步发电机的直轴和交轴同步电抗，E_q为空载电势，δ为发电机的功角。当同步发电机的原动机有功功率输出不变时，功角可近似认为恒定不变，认为发电机输出的无功功率仅是机端电压的函数。

对于隐极机有 $X_d = X_q$，无功功率和电压关系为

$$
\begin{aligned}
Q_G &= -\frac{1}{X_d}U^2 + \frac{E_q\cos\delta}{X_d}U \\
&= -\frac{1}{X_d}\left[\left(U - \frac{E_q\cos\delta}{2}\right)^2 + \left(\frac{E_q\cos\delta}{2}\right)^2\right]
\end{aligned}
\tag{5-29}
$$

由此可见，同步发电机的无功功率——电压特性是一个开口朝下的二次曲线，如图 5-10 所示。

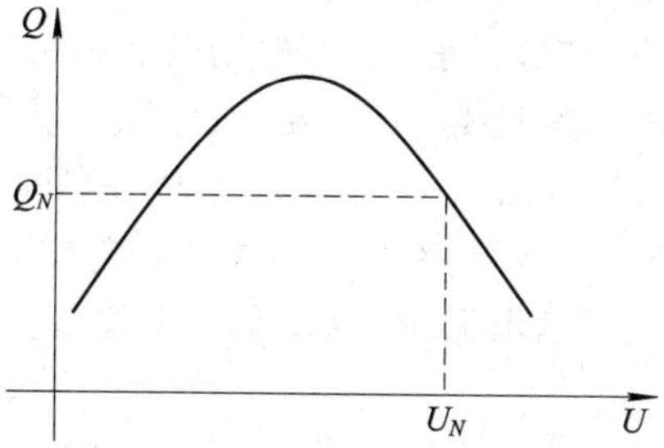

图 5-10　同步发电机的无功功率—电压特性曲线

由于同步发电机额定容量、原动机的最大输出功率、机端电压、绕组发热、励磁电流、功角稳定等因素的限制，同步发电机的输出功率存在有功功率和无功功率的极限，输出功率极限如图 5-11 所示。发电机输出的功率为

$$
P = \left|\dot{U}_N \frac{\overline{E}_q - \overline{U}_N}{\overline{X}_d}\right|\cos\varphi \tag{5-30}
$$

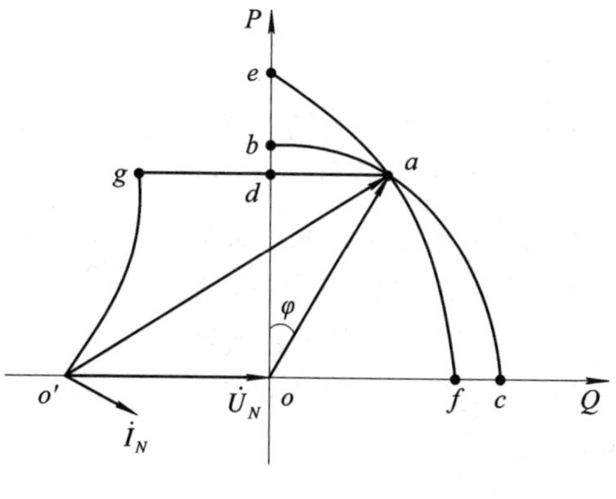

图 5-11　同步发电机的功率运行极限图

$$Q = \left| \dot{U}_N \frac{\overline{E}_q - \overline{U}_N}{\overline{X}_d} \right| \sin\varphi \tag{5-31}$$

如果将有功功率和无功功率都除以一个常数 X_d/U_N，则线段 oa 代表视在功率 S，该线段在纵坐标上的投影是输出的有功功率 P，横坐标上的投影是无功功率 Q。当功率因数角 $\varphi>0$，即发电机定子电流滞后机端电压时，发电机不仅输出有功功率，而且还发出无功功率，此时为发电机的常规运行状态，即滞相运行。反之，当 $\varphi<0$，即发电机的定子电流超前电压时，发电机发出有功功率，但吸收无功功率，此时称为进相运行。

在发电机常规运行状态即滞相运行时，发电机输出的功率受额定视在功率 S_N 的限制，所以其功率输出应该在圆弧 bc 内，这段圆弧是以 o 为圆心，以 oa 为半径。同时，输出功率还受到有功功率的限制，因此输出功率应该在直线 ad 以下。另外，励磁电流的限制，使得空载电势 E_q 具有极限，因此输出功率还必须在以 o' 为圆心，$o'a$ 为半径的圆弧 ef 内。因此在滞相运行状态下，有功功率和无功功率的输出应该在区域 $odaf$ 中。

同步发电机进相运行时，由于静态稳定性的限制，δ 不能超过 90 度，且要有一定的稳定裕度，因此在输出额定有功功率下，吸收的无功功率不能超过 g 点。另外，由于定子端部发热的影响(当进相运行时，由于励磁电流减小，励磁绕组端部漏磁场减弱，护环的饱和程度下降，减小了定子端部漏磁场所经过磁路的磁阻，从而使定子端部漏磁场增大，铁损加大，致使定子端部铁芯严重受热)，进相运行时励磁电流受到发热的限制，吸收无功功率的极限被限制在曲线 $o'g$ 内，边界曲线 $o'g$ 需要试验测定。

同步调相机的无功功率——电压特性与同步发电机相同，不仅可以发出无功功率，而且可以吸收无功功率，一般吸收无功功率的数值是其额定补偿容量的 60%左右。其优点是调节灵活，且可以平滑地吸收或输出无功功率，但成本较高。

2. 并联补偿电容器

如果并联电容器的电容量为 C，电压为 U，则其“消耗”的无功功率为

$$Q_C = -CU^2 \tag{5-32}$$

并联电容器补偿成本与同步调相机相比具有简单、低成本的优点，在低压配电网中广泛应用。缺点是无法做到无功功率补偿的平滑调节，而且容易引起系统的谐振。为减少电容器的投入对系统的影响，通常采用电容器组的投切方式，即将最大的补偿容量分成若干部分，根据系统对无功功率的需要，分组投切。另外，在系统无功功率过剩时，电容器组不可能吸收无功功率。

3. 静止无功补偿器

静止无功补偿器利用电力电子器件对无功功率实现快速、连续的调节和控制，其效果与同步调相机相似，可以实现无功功率输出的连续调节，不仅维护简单，而且成本较低。通常，静止无功补偿的控制由两部分并联而成，如图 5-12 所示，一部分直接利用晶闸管(或其他可控开关器件)控制电容器的等效电容量，称为晶闸管控制投切电容器(Thyristor Switching Capacitor，TSC)，另一部分是利用晶闸管控制与电容器并联的电抗器，通过改变电抗器的等效电抗改变补偿器输出无功功率的大小，称为晶闸管调节电抗器(Thyristor Controlled Reactor，TCR)。

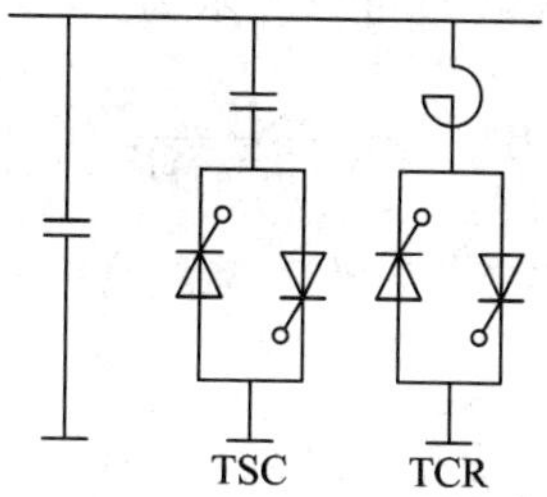

图 5-12　静止无功补偿器原理图

无论 TSC 还是 TCR，其控制的原理都是由两个互相反向的可控开关器件 V_{T1} 和 V_{T2} 并联构成，通过改变触发导通的相角，控制该回路中基频等效电流的大小，从而实现输出无功功率的调节。以 TCR 为例，流过电感 L 的电流和电压之间的关系为

$$L\frac{\mathrm{d}i(t)}{\mathrm{d}t}=u(t)=\sqrt{2}U_N\cos\omega_0 t \tag{5-33}$$

其边界条件为：在正半个周期内，当相位角 $\omega_0 t=\alpha$，$\pi-\alpha$ 时，触发控制晶闸管，$i(t)=0$，因此式(5-33)的解为

$$i(t)=\frac{\sqrt{2}U_N}{\omega_0 L}(\sin\omega_0 t-\sin\alpha),\quad \alpha\leqslant\omega_0 t\leqslant\pi-\alpha \tag{5-34}$$

在负半周，其波形刚好相反。如果将其解利用傅立叶级数展开，则得到其基波的值为

$$i_1(t)=\frac{\sqrt{2}U_N}{\omega_0 L}\frac{\pi-2\alpha-\sin 2\alpha}{\pi}\sin\omega_0 t \tag{5-35}$$

可见，基波电流的有效值与触发角有关系，相位与没有晶闸管控制时的电流同相。通过对触发角的控制可以改变回路中的电流，达到控制无功功率输出的目的。TCR 与 TSC 两者进行合理的配合可以达到与同步调相机相同的效果，既可以平滑地控制无功功率的输出，又可以吸收系统多余的无功功率。静止无功补偿器的最大缺陷是会给系统带来大量的谐波，而且有可能引发系统的非线性谐振。

5.2.2　负荷的无功功率——电压特性

电力系统负荷中，除了白炽灯、电热器等纯粹的有功功率负荷外，其余的所有负荷，特别是电动机等负荷要从系统中吸收大量的无功功率。除此之外，变压器的励磁支路在电力系统潮流计算中通常也作为无功负荷进行计算。然而实际的负荷是综合性负荷，且负荷曲线的变化规律是随机的，因此综合负荷的无功功率——电压特性同样是根据统计结果进行拟合。

1. 异步电动机的无功功率——电压特性

异步电动机的等效电路如图 5-13 所示，R_1 为定子绕组的铜损，X_1 为定子绕组的漏抗，R_2 为转子绕组的铜损，X_2 为转子绕组的漏抗，假设异步电动机的有功功率负载恒定，即 P_m 恒定，即

$$I^2\frac{1-s}{s}R_2=P_m \tag{5-36}$$

则电动机消耗的无功功率和电压的关系可以表示为

$$Q_m = B_m U_m^2 + \frac{sP_m}{(1-s)R_2}(X_1 + X_2) \tag{5-37}$$

其中，B_m为励磁电纳，s为异步电动机的转差率。异步电动机的无功功率—电压特性曲线是一个开口向上的抛物线。

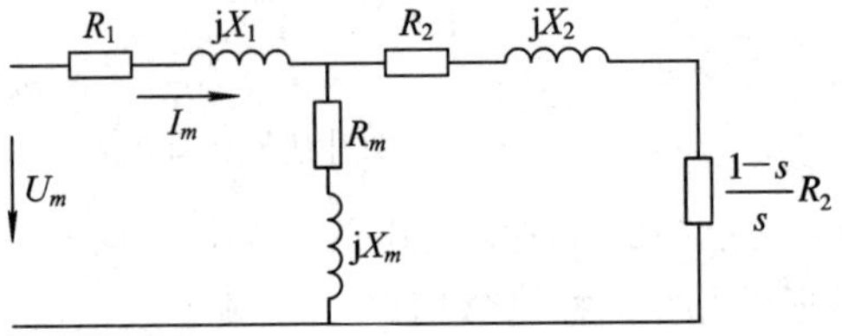

图 5-13　异步电动机的等效电路

2. 综合负荷的无功功率——电压特性

根据电动机负荷的无功功率——电压特性，再考虑到一些恒定无功功率负荷，以及与电压成一次比例关系的无功功率负荷(恒定电流)，综合负荷的静态电压无功功率——电压特性可以用二次多项式来拟合

$$Q_L = Q_{LN}\left[\alpha_Q\left(\frac{U}{U_N}\right)^2 + \beta_Q\left(\frac{U}{U_N}\right) + \gamma_Q\right] \tag{5-38}$$

其中，U_N为负荷节点的额定电压，Q_N为负荷吸收的额定无功功率。标幺制表示为

$$Q_{L*} = \alpha_Q U_*^2 + \beta_Q U_* + \gamma_Q \tag{5-39}$$

5.2.3　电力系统无功功率平衡和电压调整

工程中，电力系统调压时，不考虑有功功率的变化，即认为电压的调整与有功功率没有关系。通常无功功率是否平衡可以利用发电机和负荷的功率因数大小来做粗略的判断。电力系统调压的方式有很多，包括发电机调压、变压器分抽头调压、线路串补电容调压、并联补偿调压等方式。节点无功功率的补偿对电力系统的网损有很大影响，最优化潮流不仅能够对无功功率而且还能够对有功功率做到最优的分配和调整。

1. 电力系统无功功率平衡

类似于电力系统频率的调整，电力系统的无功功率平衡也是各节点在额定电压下系统中无功功率的平衡。电力系统的电压运行点也是无功功率平衡这个条件下各节点无功负荷和无功电源电压特性的交点。与电力系统的频率调整不同的是，由于全系统在稳态下只有一个变量频率，因此其运行点是所有有功功率负荷的频率特性曲线与所有有功功率电源频率特性曲线的交点。电力系统中的每一个节点都有电压变量，因此，电力系统电压运行状态是所有节点的无功电源和无功负荷曲面的交汇。类似于有功功率平衡的概念，当全系统电压都位于额定电压时，如果系统无功功率平衡，则称电力系统无功功率平衡。简单电力系统的无功功率—电压曲线如图 5-14 所示，发电机发出无功功率——电压曲线与负荷消耗的无功功率—电压曲线的交点就是该系统电压的运行点，当无功功率负荷增加时，系统节点电压下降，反之节点电压上升。

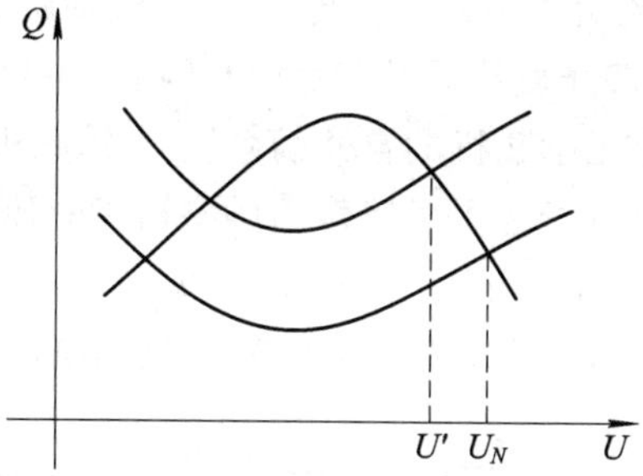

图 5-14　无功功率—电压曲线

工程中为了简化计算，无功功率平衡和电压调整的近似计算中，通常假设有功功率恒定，因此可以用功率发电设备和负荷的功率因素来近似估算无功功率的平衡

$$\lambda = \cos\varphi = \cos\left[\arctan\frac{Q}{P}\right] \tag{5-40}$$

在全系统有功功率恒定的情况下，输出或消耗的无功功率越大，功率因素越低。为了防止系统无功功率的不足，电力系统运行导则中对负荷和用户的功率因数做出了相应的规定。对于负荷，功率因数不能低于 0.8～0.9；对于发电厂，功率因数不能高于 0.85～0.9。

2. 电力系统调压的方法

如图 5-16 所示的典型电力系统，末端的负荷是 $\widetilde{S}_L = P_L + \mathrm{j}Q_L$，从发电机节点至末端负荷点的等效阻抗(都折算到高压侧)为 $Z=R+\mathrm{j}X$，忽略变压器的励磁阻抗和线路对地电容。假设首端的电压为 U_1，根据单一支路的潮流计算理论可知电压的降落近似为

$$\Delta U = \frac{RP_L + XQ_L}{U_N} \tag{5-41}$$

则末端的电压为

$$U_2 = \frac{k_1 U_1 - \dfrac{RP_L + XQ_L}{U_N}}{k_2} \tag{5-42}$$

由式(5-42)可知，要想调整末端负荷节点电压 U_2，可以通过控制如下几个变量来实现：

(1) 通过发电机组的励磁调节系统，调整发电机的机端电压 U_1。

(2) 通过改变变压器的分抽头，调整变压器的变比。

(3) 在线路上加装串联补偿电容，减少整个系统的等效电抗，缩短电气距离。

(4) 在线路末端负荷节点加装无功补偿装置，减少负荷吸收的无功功率。

1) 发电机调压

由第三章同步发电机模型可知，同步发电机的机端电压与转子绕组中励磁电流的大小有关，励磁电流在转子中产生的磁场在定子中感应为空载电势，因此可以通过调节发电机转子励磁电流的大小来控制发电机的机端电压。产生和控制发电机转子绕组励磁电流的系统称为励磁系统。励磁系统由主励磁系统和自动励磁调节系统两部分组成，前者用来提供发电机的励磁电流，后者用于对励磁电流的调节与控制。

根据主励磁系统产生励磁电流的方式不同，励磁系统分为直流励磁机励磁系统(即同

步发电机转子绕组中励磁电流由直流发电机提供）、交流励磁机励磁系统（励磁电流由中频交流发电机经整流后提供）、静止励磁系统（励磁电流由发电机定子输出的电流经过整流后提供，不需要励磁机，又称为无励磁机的自并励系统）。励磁机的励磁又分为自励和他励两种类型。所谓自励，就是利用自身电源反馈作为励磁电源；他励则是利用下一级励磁机电源作为励磁电源。发电机励磁系统的原理如图 5－15 所示（以自并励系统为例），变压器 TU 为转子绕组提供电源，电压互感器 TV 实时测量机端电压以对励磁电流进行控制。

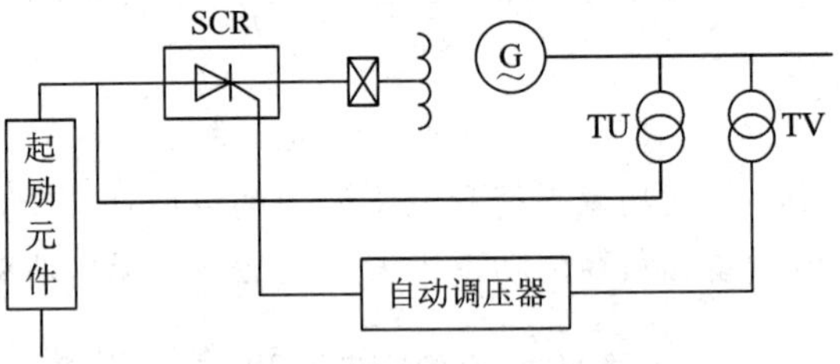

图 5－15 自并励系统框图

利用发电机进行调压无需增加任何设备。当励磁调节系统增大励磁来提高发电机机端电压时，相应的发电机无功功率输出就会增加；反之，降低发电机机端的电压时，无功功率输出就会减少。因此发电机调压受到发电机无功功率输出极限的限制，调压的效果有限。当降低有功功率的输出时，发电机无功功率的输出极限增加。同步发电机的有功功率和无功功率运行极限参考图 5－11。发电机机端电压的允许调节范围为 0.95～1.05U_N，如果低于 0.95U_N，则输出的视在功率减少。

对于由发电机供电的小系统，有可能只依靠发电机调压就能满足负荷的要求，但对于大系统来说，尤其是多电压等级的大系统，仅依靠发电机调压不可能满足系统各点的电压要求，必须与其他的调压方法相配合。

2）调整变压器变比调压

通常变压器的高压侧都具有多个分抽头，可以通过改变分抽头的位置来调整变压器的变比。具有分抽头的变压器也分为两种类型：一种是普通变压器，分抽头不具备灭弧的功能，因此必须停电后切换；另一种是有载调压变压器，可以不停电切换分抽头，且可以随时根据调压的需要改变分抽头的位置。下面以普通变压器为例说明如何选择变压器的分抽头。

如图 5－16 所示的简单电力系统，从节点 A 到负荷 B 间的等效阻抗为 $Z=R+\mathrm{j}X$，最大负荷和最小负荷分别为 $\widetilde{S}_{\max}=P_{\max}+\mathrm{j}Q_{\max}$ 和 $\widetilde{S}_{\min}=P_{\min}+\mathrm{j}Q_{\min}$，在最大负荷和最小负荷时节点 A 的电压分别为 $U_{1\max}$ 和 $U_{1\min}$，在最大负荷和最小负荷下，节点 B 的允许电压范围为 $U_{S\max}$ 和 $U_{S\min}$，变压器的变比 $k=U_{t1}/U_{t2}$。

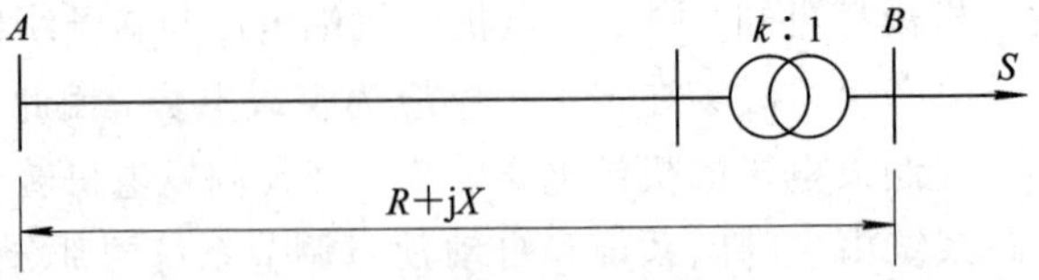

图 5－16 简单电力系统示意图

在最大负荷下，系统的电压损耗近似为

$$\Delta U_{\max}=\frac{RP_{\max}+XQ_{\max}}{U_N} \tag{5-43}$$

因此，在理想变压器的高压侧 B' 点，电压为

$$U'_{B\max}=U_{1\max}-\Delta U_{\max} \tag{5-44}$$

在最大负荷下，变压器变比应为

$$k_{\max}=\frac{U'_{B\max}}{U_{S\max}} \tag{5-45}$$

在最大负荷下，变压器原边的分抽头电压应该为

$$U_{t1\max}=k_{\max}U_{t2}=\frac{U'_{B\max}}{U_{S\max}}U_{t2} \tag{5-46}$$

同理可得，在最小负荷下，变压器原边抽头电压

$$U_{t1\min}=k_{\min}U_{t2}=\frac{U'_{B\min}}{U_{S\min}}U_{t2} \tag{5-47}$$

当变压器的抽头不能有载调节时，为了兼顾最大负荷和最小负荷，通常抽头取最大负荷和最小负荷下的平均值

$$U_{t1}=\frac{U_{t1\max}+U_{t1\min}}{2} \tag{5-48}$$

按照式(5-48)得到的变压器原边的电压不可能正好在变压器的分抽头上，取最接近的分抽头，并加以验算，校验所选择的分抽头是否符合要求。

需要注意的是，调整变压器的变比调压只有在无功功率比较充足的情况下才有效，因为变压器变比的调整并不能增加或减少无功功率，而是改变无功功率在各支路中的分布。无功功率不足的情况下，改变分抽头的调压效果有限，甚至会导致其它母线电压的进一步降低。

3）并联无功功率补偿调压

当发电机调压和调整变压器变比调压无法满足系统的电压要求时，通常采用并联无功功率补偿的方式进行调压。采用无功功率补偿的方式调压不仅可以使电力系统各节点电压满足要求，而且还能降低全系统的网络损耗，达到电力系统经济运行的效果。无功功率的补偿通常有并联电容器补偿、并联同步调相机补偿、并联静止无功功率补偿器补偿、静止无功发生器补偿等。并联电容器补偿的最大优点是经济、方便，电容器可以分散安装在用户负荷节点或者降压变电所的母线上，缺点是不能对无功功率进行平滑的调节，特别是不能吸收系统多余的无功功率。同步调相机实际上就是一个没有原动机(没有有功功率输出)的同步发电机，不仅可以平滑地控制输出的无功功率，而且还可以在系统无功功率过剩时吸收无功功率，缺点是成本太高，不方便安装和维护。静止无功功率补偿器通常是用电力电子元件实现平滑控制发出和吸收无功功率的补偿装置，优点是不仅可以平滑地控制吸收或发出的无功功率，而且成本较低，但由于电力电子器件都是非线性的器件，因此会向系统中注入大量的谐波。

由于电力系统的负荷实时变化，因此在进行并联补偿时要确定并联补偿的容量。下面以图 5-16 所示的简单系统为例，说明简单系统的并联补偿容量的计算方法。假设在负荷点 B 处安装电容器补偿，补偿的无功功率用 Q_C 表示，当 $Q_C>0$ 时，无功补偿设备向节点注

入无功功率，反之吸收无功功率。

假设补偿设备的无功功率调整范围为$-\alpha Q_C \sim Q_C$，即在最小负荷时，补偿设备吸收的无功功率为αQ_C，其中$0<\alpha<1$，在最大负荷时注入的无功功率为Q_C。已知负荷点电压在最大和最小负荷下电压允许的范围为$U_{S\max}$和$U_{S\min}$，那么在最大负荷下

$$U_A = kU_{S\max} + \frac{RP_{\max} + X(Q_{\max} - Q_C)}{kU_{S\max}} \tag{5-49}$$

在最小负荷下

$$U_A = kU_{S\min} + \frac{RP_{\min} + X(Q_{\min} + \alpha Q_C)}{kU_{S\min}} \tag{5-50}$$

根据式(5-49)和式(5-50)可以解出变比k以及补偿装置最小的补偿容量Q_C

$$k = \frac{(U_{S\min} + \alpha U_{S\max})U_A}{U_{S\min}^2 + \alpha U_{S\max}^2} \tag{5-51}$$

$$Q_C = \frac{kU_{S\max}}{X}(kU_{S\max} - U_A) \tag{5-52}$$

如果选择并联电容器补偿，则不能吸收无功功率，式(5-51)中的$\alpha=0$。对于复杂大系统的并联补偿容量和变压器变比的求取，则需要利用节点功率方程组，同时以系统最小网络损耗为目标，分别在最大和最小运行方式下进行最优潮流计算。

4) 线路串联补偿电容改善电压质量

在35～110 kV架空线路上，当线路负荷变化范围较大且线路较长、或向冲击负荷供电时，通常在线路上串联电容器，以抵消一部分线路的电抗，降低线路的电压损耗。在220 kV以上电压等级的架空输电线路上安装串联补偿电容的主要目的是缩短电气距离，提高电力系统的稳定性。

如图5-17所示的输电线路，末端的负荷为$\tilde{S}=P+jQ$，线路的等效阻抗为$Z=R+jX$，没有安装串联补偿电容时：

$$\dot{U}_2 = \dot{U}_1 - \frac{PR + QX}{\dot{U}_2} - j\frac{PX - QR}{\dot{U}_2} \tag{5-53}$$

安装了串联补偿电容后

$$\dot{U}_2' = \dot{U}_1 - \frac{PR + Q(X - X_C)}{\dot{U}_2'} - j\frac{P(X - X_C) - QR}{\dot{U}_2'} \tag{5-54}$$

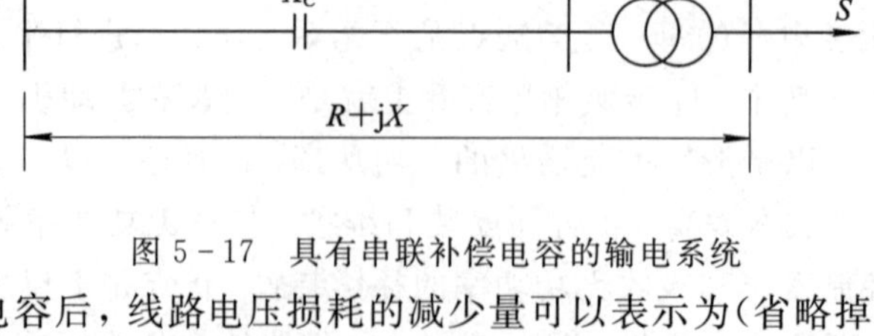

图5-17 具有串联补偿电容的输电系统

接入串联补偿电容后，线路电压损耗的减少量可以表示为(省略掉电压降落虚轴分量)

$$\Delta U\% = \frac{\Delta U - \Delta U'}{\Delta U} \times 100\% \approx \frac{X_C/X}{1 + (R/X)\cot\varphi} \times 100\% \tag{5-55}$$

其中，φ为负荷的功率因数角。可见，补偿度$K_C = X_C/X$越大，线路电压损耗的减少量越大，补偿的效果越好。当$K_C<1$时，称为欠补偿；当$K_C=1$时，称为完全补偿；当$K_C>1$时，称为过补偿。同样地，线路末端负荷的功率因数越小，补偿效果也越好。当负荷功率因

数为 1 时，$\cot\varphi=\infty$，电压降落的减少为 0，加装串联补偿电容毫无意义。线路参数 R/X 越小，补偿效果越好，因此 10 kV 以下的线路，由于 R/X 较大，一般不安装串补电容。

如果已知末端电压的要求值 U_2' 和未加装串补电容的电压值 U_2，联立式(5－53)和式(5－54)可以求出串补电容的容抗值

$$X_C \approx \frac{U_2'}{Q}(U_2' - U_2) \tag{5-56}$$

在线路串联电容器后，电容器两端的电压是流过电容器电流的积分

$$u_C(t) = \frac{1}{C}\int_{-\infty}^{t} i(\tau)\mathrm{d}\tau \tag{5-57}$$

线路发生短路时，由于短路电流很大，在电容器两侧会出现较大的过电压，特别是在短路电流的暂态过程中，如果暂态电流的变化率很大，则在大约 10 ms 后，将会产生很大的暂态过电压，因此串联补偿电力电容器不仅在电容器的耐压规格上有特殊要求，而且必须在串补电容两端并联保护间隙或非线性的电阻，在电容器两端暂态电压过高时放电，保护电容器不被击穿。通常，串补电容是由若干串联的电容器和并联的电容器组构成的。

串补电容安装地点的选择与负荷的分布有关系。当负荷大量集中在线路末端时，串补电容安装在线路的送电端、中间和末端的补偿效果是一样的，但安装在送电端时，若线路上发生短路，则由于从首端到故障点间的电抗被电容器大大补偿，因此会引起很大的短路电流，而且短路电流流经串联补偿电容时也将引起电容器两侧较大的过电压。从经济上考虑，在这种情况下安装在末端变电所是合理的。如果线路沿线接有若干负荷，串补电容的安装位置则要考虑各个负荷点的电压尽量均匀分布。串补电容尽管减少了电压损耗，改善了电压质量，但同时也带来了很多的问题，诸如继电保护难于配置和整定，会引起系统的次同步谐振等。

3. 电力系统的电压管理

很显然，根据电压降落的公式(5－41)，当系统参数恒定时，负荷波动会导致该节点电压的波动。电力系统中的节点很多，不可能全部进行监控，只能对比较重要的中枢节点电压进行控制。中枢点一般选择区域性电厂的母线节点、中枢变电所的母线节点、连接有大量负荷的母线节点等。对中枢节点的电压管理和控制实际上就是根据中枢节点所连接的负荷的电压要求确定中枢点的电压波动范围。下面以图 5－18 所示的简单电力系统为例来说明。

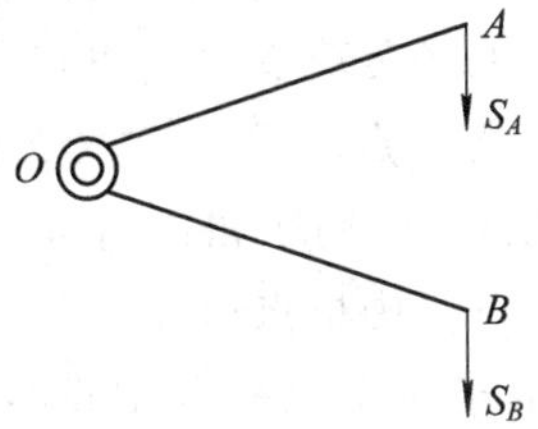

图 5－18　简单电力系统中枢点到两个负荷点供电

图 5－18 中 O 点为中枢点，A 和 B 为两个负荷点，负荷点的电压波动范围在 $U_{f\min}$～$U_{f\max}$，假设负荷 A 和 B 的负荷曲线如图 5－19 所示，两个支路的电压损耗如图 5－20 所示，则负荷 A 对中枢点的要求

$$U_{O\min} = U_{f\min} + \Delta U_{A\min}$$
$$U_{O\max} = U_{f\max} + \Delta U_{A\max}$$

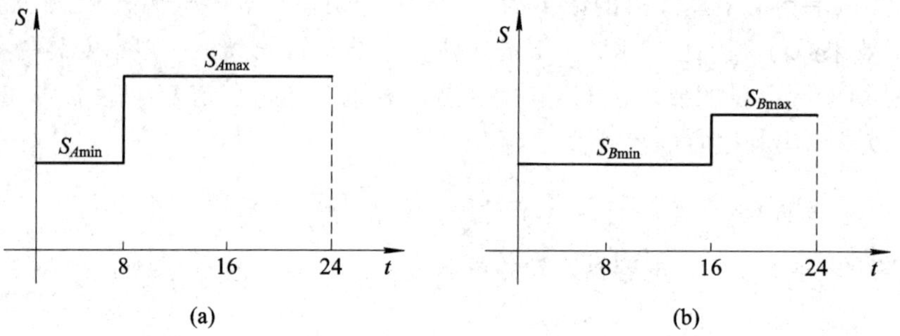

图 5-19 负荷 A 和 B 的负荷曲线

中枢点 O 点的电压为了满足负荷 A 必须在如图 5-20 所示的 A 区范围内。同样负荷 B 对中枢点电压的要求

$$U_{O\min} = U_{f\min} + \Delta U_{B\min}$$
$$U_{O\max} = U_{f\max} + \Delta U_{B\max}$$

负荷 B 对中枢点的电压要求在如图 5-20 所示的 B 区。如果两个区域存在公共交叉区域，如图 5-20 中的阴影部分，则中枢点的电压为了同时满足 A 和 B，必须在阴影部分的范围内。如果两个区域在某个时间段内不存在公共交叉区域，如图 5-20(b)所示，即不能同时满足负荷 A 和负荷 B 的电压要求，则必须采用其它手段，诸如在负荷 A 或 B 加装并联无功补偿等方法。

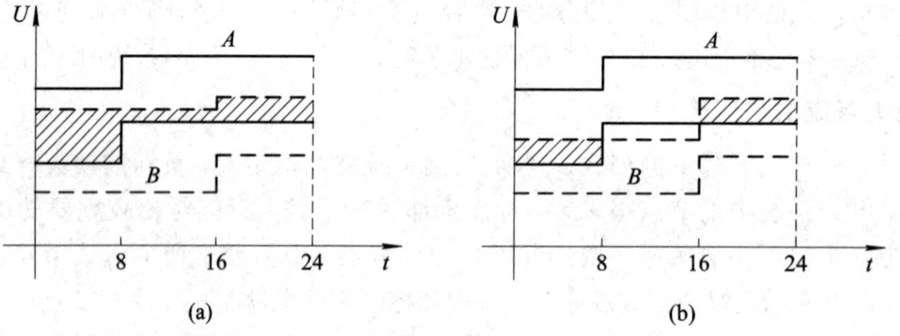

图 5-20 中枢点的电压波动范围

很多情况下，由于中枢点供电的各负荷变化规律差别很大，仅靠中枢点无法满足各负荷点的电压要求，因此必须在某些负荷点增设其它的必要调压设备。为了进行调压计算，中枢点通常有三种调压方式：逆调压、顺调压和常调压。

所谓逆调压，就是在大负荷时升高中枢点电压，在小负荷时降低电压的调压方式。但是对于某些在负荷侧的中枢点，由于从发电机到中枢点间也有电压损耗，因此在大负荷时，中枢点的电压自然要降低一些，而在小负荷时中枢点的电压会稍高一些，这是中枢点电压的自然规律。逆调压很难实现，因此对于某些供电距离较短，负荷变化不大的中枢点可以采用顺调压方式，即负荷大时允许中枢点电压稍低，但不低于额定电压的102.5%，小负荷时允许稍高，但不能高于额定电压的 107.5%。介于两者之间的称为恒调压(常调压)，即无论在何种情况下，都保持中枢点电压恒定不变，一般比线路额定电压高 2%～5%。

4. 电力系统最优潮流

对于多电压等级的电网，由于网络结构比较复杂，因此电压的调整要比上述简单系统的调整复杂得多。同时在进行电压调整的时候，还需要考虑电力系统运行的经济性。比如，如果系统的无功功率不足，在哪里安装无功补偿设备最经济？在电力系统运行时，在负荷不断变化的情况下，发电机节点注入的有功功率或者具有无功功率补偿的节点注入的无功功率分别是多少时才能保证电力系统运行的经济性？有载调压变压器运行在哪个抽头最好？这些问题都需要实时的最优潮流(Optimal Power Flow，OPF)计算来解决。现代电力系统调度自动化的监控和数据采集(Supervisory Control and Data Acquisition，SCADA)系统为电力系统最优潮流计算提供了数据基础。

最优潮流的概念是20世纪60年代法国学者Carpentien提出的，它把电力系统的经济调度和潮流计算有机地融合在一起，以潮流方程为基础，进行经济与安全、有功功率、无功功率的全面优化。电力系统的潮流方程可以表示为

$$F(X, C, U) = 0 \tag{5-58}$$

其中，X 表示系统的状态，如电压和相角；C 表示系统的参数，比如节点导纳、变压器变比等；U 表示控制变量，比如各个节点的净注入功率等。

电力系统最优潮流的数学模型可以描述为确定一组最优的控制变量使得系统在满足等约束条件(系统潮流方程)和不等约束条件(系统状态的允许范围)下，目标函数达到极值，即

目标函数

$$\min f(X)$$

等约束条件

$$F(X, C, U) = 0$$

不等约束条件

$$g(X) \leqslant 0$$

对于复杂系统最优潮流的求解方法有简化梯度法、牛顿法、解耦法、内点法等。简化梯度法以牛顿——拉夫逊的潮流计算方法为基础，对等约束条件采用拉格朗日乘子法处理，对于不等约束条件采用Kuhn-Tucker罚函数处理，这种方法比较简单，但计算量很大，另外罚因子数值的选取对算法的收敛性影响很大。牛顿法是一种具有二阶收敛特性的算法，将状态变量和控制变量同时进行迭代，除了利用目标函数的一阶导数外，还利用了目标函数的二阶导数，考虑了梯度的变化趋势，具有收敛速度快的特点。解耦法是将整体的潮流优化问题分解为有功功率优化和无功功率优化的两个子问题，交替迭代求解，最终达到有功和无功的综合优化。

第六章 电力系统三相对称故障分析

电力系统在运行过程中经常会发生故障，对电力系统危害最大的故障就是短路故障，短路故障特别是三相短路会产生很大的短路电流，将直接危害电力设备的安全，主要包含两个方面，其一是短路电流最大峰值即冲击电流将产生很大的电动力，破坏电力元件的结构，其次是短路电流会产生很大的热量，烧毁电力元件。因此，在电力系统出现短路故障时，必须由电力系统继电保护装置将故障元件切除，降低短路电流的危害。电力系统继电保护原理的构造、保护的整定计算以及保护的动作和特性都需要对电力系统进行故障分析。

保护装置可以切除故障元件，但从故障发生到切除需要一段时间，因此，设计电力系统时必须考虑电力设备能够承受短路电流所产生的电动力和发热。另外，当短路电流较大时，断路器等开关设备将在触点外产生很大的拉弧而出现无法开断的现象，因此对于开关设备的选择还必须满足开断最大短路电流的要求。

通常电力系统的最大短路电流出现在三相对称短路中。电力系统发生三相短路故障后，短路电流将从故障前的稳态过渡到故障后的稳态，这个过渡过程称为电力系统的电磁暂态过程，最大短路冲击电流和短路冲击电流有效值就出现在这个暂态过程中。在工程中，对电力系统的故障进行电磁暂态过程分析是不现实的，通常对于短路后的稳态量很容易计算，因此首先需要对一个无穷大电源系统的三相短路进行分析，研究最大冲击电流和短路冲击电流有效值与短路后稳态电流有效值的关系，利用这个关系，可以在工程中近似估算最大短路冲击电流和短路冲击电流有效值。

电力系统发生三相短路时，在同步发电机转子的各绕组中将产生衰减的直流分量和衰减的工频分量，会在电力系统中产生衰减的工频周期分量、直流分量和倍频分量。因此，因此还必须研究发电机机端发生三相短路后的暂态短路电流，必须考虑发电机对工频周期分量的影响。

本章主要介绍电力系统故障后的暂态过程及其特征，包括无穷大电源系统的故障暂态过程，发电机机端三相短路后的暂态过程，电力系统三相短路故障的实用计算、短路曲线以及复杂电力系统的故障稳态分析。

6.1 电力系统故障概述

6.1.1 短路的概念及类型

电力系统中，常见的故障有短路、断线和各种复杂故障(即在不同位置同时发生短路或断线故障)，其中最常见、对电力系统影响最大的是短路故障，因此必须对短路故障进行分析和计算。

所谓短路，是指电力系统正常运行情况以外的相与相之间或相与地之间发生短接的情况。简单的短路故障包含四种类型：三相短路、两相短路(AB 相间、BC 相间和 CA 相间)、两相接地短路(包括 ABG、BCG 和 CAG)和单相接地短路(包括 AG、BG 和 CG)。三相短路是对称的，其它几种类型的短路均是不对称短路。

四种短路类型中，单相接地短路发生的几率最大，达到 65%，两相接地短路约占 20%，两相间短路约占 10%，三相短路的发生几率最小，仅占 5%，然而三相短路由于短路电流很大，因此对系统的影响最为严重。本章主要分析三相短路后的故障分析。

6.1.2　短路发生的原因与危害

电力系统发生短路的原因很多，其根本原因是电气设备各相载流部分的绝缘遭到破坏，导致相与相之间或者相与地之间发生击穿放电现象。短路发生的原因，主要有如下几个方面：

(1) 雷击等各种形式的过电压以及绝缘材料的自然老化，或遭受机械损伤，致使载流导体的绝缘被损坏。

(2) 不可预计的自然损坏，例如架空线路因大风或导线履冰引起电杆倒塌等，或因鸟兽跨接裸露导体等。

(3) 自然的污垢加重，降低绝缘能力。

(4) 运行人员违反安全操作规程而误操作，例如运行人员带负荷拉刀闸，线路或设备检修后未拆除接地线就合闸引起短路等。

电力系统发生短路故障后，通常会产生很大的短路电流，对电力系统的正常运行带来极大的危害：

(1) 短路发生时往往伴有电弧产生，不仅可能烧坏故障元件本身，也可能烧坏周围设备和伤害周围的人员。

(2) 产生从电源到短路故障点巨大的短路电流，可达正常负荷电流的几倍到几十倍；短路电流通过电气设备，一方面会使导体大量发热，导致设备因过热而损坏；另一方面巨大的短路电流还将产生很大的电动力作用于导体，使导体变形、扭曲或损坏。

(3) 引起系统电压大幅度降低，特别是靠近短路点处的电压降低得更多，从而可能导致部分用户或全部用户的供电遭到破坏。网络电压的降低，使供电设备的正常工作受到损坏，也可能导致工厂的产品报废或设备损坏，如电动机过热受损等。

(4) 电力系统中出现短路故障时，系统功率分布的突然变化，可能破坏各发电厂并联运行的稳定性，导致整个系统解列甚至瓦解和崩溃。

(5) 发生不对称短路时，三相不平衡电流会在邻近的通信线路感应出电动势，产生的不平衡交变磁场对周围的通信网络、信号系统、晶闸管触发系统及自动控制系统产生干扰。

6.1.3　短路故障分析的内容与目的

电力系统的安全运行，首先是电力设备的安全运行，当电力设备发生短路故障时，要求快速准确地切除故障，这就要求在电力系统的设计和运行中，合理地选择电气设备、电气主接线，正确的配置和设计继电保护以及限制短路电流的措施。例如，选择断路器，必须保证其的开断容量大于系统发生短路时流过本支路的最大短路容量，同时还要进行短路后的热稳定和动稳定校验。另外，继电保护的整定，也需要对系统进行短路计算和分析。

短路故障的分析和计算，主要是短路电流的分析和计算。当系统突然发生短路时，短路电流将从故障前的正常运行电流过渡到故障后的稳态电流，因此有必要对短路后的故障暂态过程进行分析。另外，同步发电机转子中的暂态电流将导致在定子中感应出衰减的工频分量、衰减的倍频分量和衰减的直流分量。下面将分别对无穷大电源系统和同步发电机机端发生三相短路后，短路电流的过渡过程进行分析和计算。

6.2 简单无穷大电源系统的三相短路的暂态过程分析

6.2.1 简单无穷大电源供电系统的短路暂态电流

如图 6-1 所示的简单对称三相系统，电源为无限大功率电源，即恒定电势源，a 相的电源 $e_a(t)=E_m\cos(\omega_0 t+\alpha)$，$b$ 相和 c 相的电源分别与 a 相相差 120°和 240°。假设在 $t=0$ 时刻，在 F 点突然发生三相短路，分析其暂态过程。

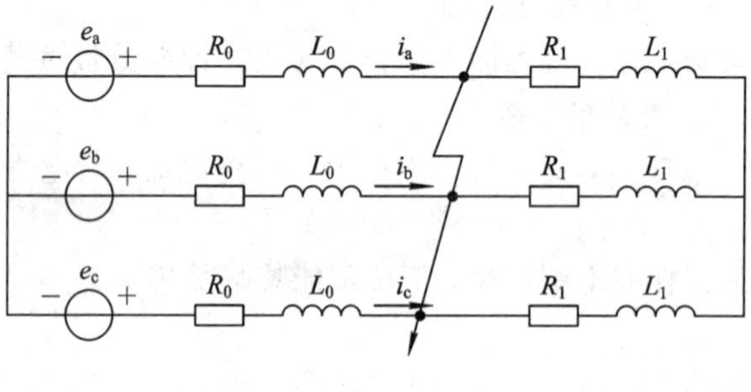

图 6-1 无穷大电源三相系统

1. 三相短路后的微分方程和电流初始值

由于三相短路后，电路仍然是三相对称的，因此只需要分析其中一相的暂态过程，以 a 相为例，根据 KVL 定理，短路电流满足如下微分方程

$$L_0\frac{\mathrm{d}i_a(t)}{\mathrm{d}t}+R_0 i_a(t)=E_m\cos(\omega_0 t+\alpha) \tag{6-1}$$

在短路瞬间的初始电流可以用故障前的稳态相量法求取，故障前电流的稳态相量（为了表述方便，电压电流相量采用幅值和相角的表示方式，而非有效值表示）

$$\dot{I}_{a0}=\frac{E_m\angle\alpha}{(R_0+R_1)+\mathrm{j}\omega_0(L_0+L_1)}=I_{m0}\angle(\alpha-\varphi_0) \tag{6-2}$$

其中，$I_{m0}=E_m/Z_\Sigma$，$Z_\Sigma=\sqrt{(R_0+R_1)^2+\omega_0^2(L_0+L_1)^2}$ 为故障前系统的阻抗值，$\varphi_0=\arctan[(\omega_0(L_0+L_1))/(R_0+R_1)]$为故障前的系统所有阻抗的阻抗角。

故障前的稳态电流为

$$i_a(t) = I_{m0}\cos(\omega_0 t + \alpha - \varphi_0) \tag{6-3}$$

因此故障瞬间的初始电流，即为将故障时刻 $t=0$ 代入(6-3)式所得电流

$$i_a(0_-) = I_{m0}\cos(\alpha - \varphi_0) \tag{6-4}$$

2. 微分方程的通解

式(6-1)是一个常系数一阶非齐次微分方程，其通解包含齐次解(暂态解)和非齐次解(稳态解)两部分。其稳态解为短路后的稳态电流，也可以用相量法求解

$$\dot{I}_a = \frac{E_m\angle\alpha}{R_0 + \mathrm{j}\omega_0 L_0} = I_m\angle(\alpha - \varphi) \tag{6-5}$$

可知，故障后的稳态解为

$$i_{pa}(t) = I_m\cos(\omega_0 t + \alpha - \varphi) \tag{6-6}$$

其中，$I_m = E_m/Z$，$Z=\sqrt{R_0^2+(\omega_0 L_0)^2}$ 为故障后的系统阻抗值，$\varphi=\mathrm{arctg}(\omega_0 L_0/R_0)$ 为故障后的系统阻抗角。

齐次微分方程的解为

$$i_{na}(t) = C\mathrm{e}^{-t/T_a} \tag{6-7}$$

其中，$T_a = L_0/R_0$ 为暂态衰减时间常数，C 为积分常数。

这样，可以求得到 a 相的短路电流为

$$i_{\mathrm{a}}(t) = I_m\cos(\omega_0 t + \alpha - \varphi) + C\mathrm{e}^{-t/T_a} \tag{6-8}$$

为了确定积分常数 C，可以根据短路瞬间电流不能突变这一特点，即短路前瞬间与短路后瞬间的电流值相等。在故障时刻 $t=0$，令故障前的电流和故障后的电流相等，可得积分常数 C

$$C = I_{m0}\cos(\alpha - \varphi_0) - I_m\cos(\alpha - \varphi) \tag{6-9}$$

因此，短路后的 a 相短路电流为

$$i_a(t) = I_m\cos(\omega_0 t + \alpha - \varphi) + [I_{m0}\cos(\alpha - \varphi_0) - I_m\cos(\alpha - \varphi)]\mathrm{e}^{-t/T_a} \tag{6-10}$$

由于三相对称，因此，分别用$(\alpha_0 - 2\pi/3)$和$(\alpha_0 + 2\pi/3)$替代上式中的 α_0 就可以得到 b 相和 c 相的短路电流

$$i_b(t) = I_m\cos\left(\omega_0 t + \alpha - \varphi - \frac{2\pi}{3}\right) + \left[I_{m0}\cos\left(\alpha - \varphi_0 - \frac{2\pi}{3}\right) - I_m\cos\left(\alpha - \varphi - \frac{2\pi}{3}\right)\right]\mathrm{e}^{-t/T_a}$$

$$i_c(t) = I_m\cos\left(\omega_0 t + \alpha - \varphi + \frac{2\pi}{3}\right) + \left[I_{m0}\cos\left(\alpha - \varphi_0 + \frac{2\pi}{3}\right) - I_m\cos\left(\alpha - \varphi + \frac{2\pi}{3}\right)\right]\mathrm{e}^{-t/T_a}$$

6.2.2　暂态过程分析

下面来分析一下短路电流的最大峰值电流和最大有效值出现的时刻？根据前面的分析，故障后的电流为故障后的稳态电流与故障后的衰减的暂态电流的叠加

$$i_{\mathrm{a}}(t) = I_m\cos(\omega_0 t + \alpha - \varphi) + [I_{m0}\cos(\alpha - \varphi_0) - I_m\cos(\alpha - \varphi)]\mathrm{e}^{-t/T_a}$$

显然，在系统阻抗固定的情况下，短路电流的最大峰值与故障时刻有关，即与电源 $e_{\mathrm{A}}(t)$的初始相位在故障瞬间暂态电流值有关系。如图 6-2 所示，图中的相量为在短路瞬间，电源及电压相量 $\dot{E}_m$、故障前的电流相量 $\dot{I}_{m0}$、故障后的电流相量 $\dot{I}_m$ 以及故障前后电流相量之差 $\dot{I}_{m0}-\dot{I}_m$。故障瞬间的暂态电流显然是相量 $\dot{I}_{m0}-\dot{I}_m$ 在实轴R 轴上的投影，只有当 $\dot{I}_{m0}-\dot{I}_m$ 与实轴平行时，暂态电流最大。

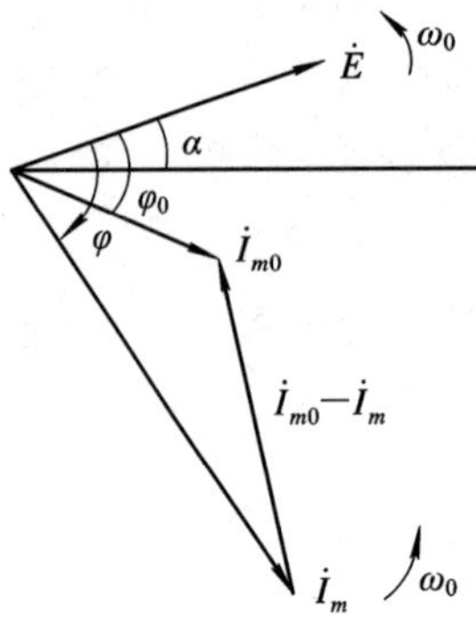

图 6-2 故障时刻电源电压与故障前后电流相量的关系

因此，分析图 6-2，不难发现，出现短路电流最大峰值的条件是：

(1) 相量 $\dot{I}_{m0}-\dot{I}_m$ 的长度最长，很明显只有当 $I_{m0}=0$ 即故障前空载时，该相量最长。

(2) 故障发生的时刻在相量 $\dot{I}_{m0}-\dot{I}_m$ 与实轴平行时刻，即 $\alpha-\varphi=0°$或 180°。

故障前空载，且电源电压的初始相角满足 $\alpha-\varphi=0$ 时，A 相短路电流为

$$i_a(t)=I_m\cos(\omega_0 t)-I_m e^{-t/T_a} \tag{6-11}$$

其波形如图 6-3(a)所示。

故障前空载，且电源电压的初始相角满足 $\alpha-\varphi=180°$时，A 相的短路电流为

$$i_a(t)=-I_m\cos(\omega_0 t)+I_m e^{-t/T_a} \tag{6-12}$$

其波形如图 6-3(b)所示。

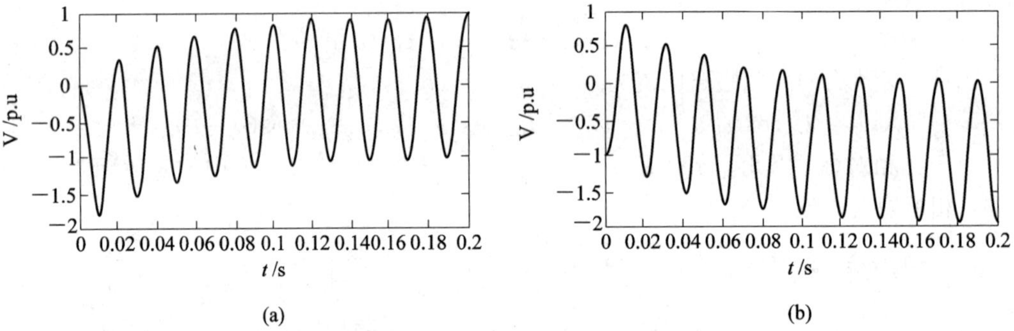

图 6-3 故障后短路电流波形图

6.2.3 短路冲击电流

从图 6-3 中可以看出，短路电流最大瞬时值，即冲击电流，大约在半个周期(频率为 50 Hz 时，大约在 0.01 s)出现，由此可得短路冲击电流大约为

$$i_M\approx I_m+I_m e^{-0.01/T_a}=k_M I_{av} \tag{6-13}$$

$I_{av}=I_m/\sqrt{2}$为故障后的稳态电流有效值，$k_M=\sqrt{2}(1+e^{-0.01/T_a})$称为冲击系数，即冲击电流相对于短路电流周期分量幅值的倍数。在一般的计算中，k_M取 1.8，当在发电机附近短路时，k_M取 1.9。

6.2.4　短路电流有效值

任意时刻 t 的短路电流有效值定义为

$$I_t = \sqrt{\frac{1}{T}\int_{t-T/2}^{t+T/2} i^2(t)\mathrm{d}t} \tag{6-14}$$

为了简化计算，认为在一个周期 T 内，衰减直流分量保持不变，因此，t 时刻的有效值为

$$I_t \approx \sqrt{I_{av}^2 + I_{nt}^2} \tag{6-15}$$

式中，I_{nt} 为衰减直流分量。

很显然，短路电流的最大有效值同样出现在最大瞬时值时刻，即短路后约半个周期时刻，在该时刻的短路电流有效值为

$$I_M = \sqrt{I_{av}^2 + 2(k_M - 1)^2 I_{av}^2} = \sqrt{1 + 2(k_M - 1)^2}\, I_{av} \tag{6-16}$$

式中，I_{av} 为短路后短路电流的有效值，I_{nt} 为衰减值流分量在 $t=0.01$ 时刻的值。

通过上述分析可知，我们无需分析电力系统短路后的暂态过程，直接分析电力系统发生三相短路后的稳态工频分量，即可得出短路冲击电流和短路电流的最大有效值。

6.3　同步发电机机端发生三相短路时的暂态过程分析

本节主要介绍在同步发电机机端发生三相短路时，短路电路的暂态过程。首先分析无阻尼绕组同步发电机机端三相短路的短路电流，然后分析考虑阻尼绕组时同步发电机机端三相短路时的短路电流。本节根据同步发电机的数学模型，利用叠加原理将三相短路后的短路电流分为三部分：稳态响应，零状态响应和零输入响应。稳态响应是短路后的强制分量；零状态响应，即不考虑同步发电机短路前瞬间定子中包含的磁链；零输入响应，则是不考虑励磁电源，仅考虑短路瞬间定子中包含的磁链。

6.3.1　简单一阶动态电路

如图 6-4 所示的简单一阶动态电路，假设在 t_0 时刻合上开关 K。根据电路中一阶动态电路理论，该电路中的全电流包含三部分：稳态响应、零状态响应和零输入响应。

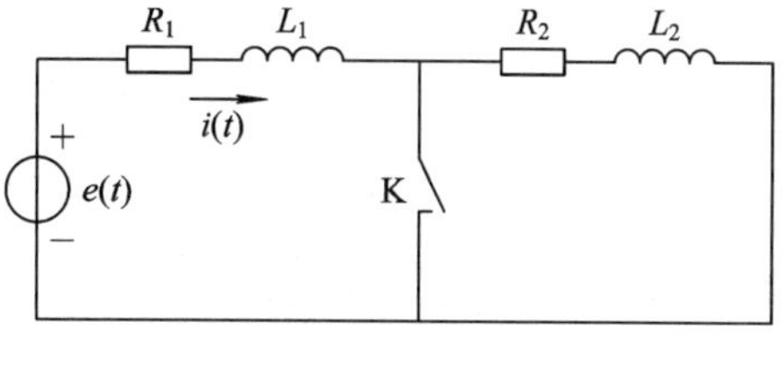

图 6-4　简单一阶动态电路

全电流可以用叠加定理来求得：零状态响应是不考虑开关 K 合上瞬间 L_1 中包含的磁链 $\psi(t_{0-})$，仅考虑由于输入电源引起的暂态衰减；零输入响应则是不考虑电源输入，仅考虑在开关 K 合上瞬间 L_1 中包含的磁链引起的暂态电流的衰减。

$$i(t) = I_{tr1}e^{-t/T_1} + I_{tr2}e^{-t/T_1} + i_{\infty}(t) \tag{6-17}$$

第一部分零状态响应是指电感 L_1 的磁链在开关 K 合上之前为零，即令 $\psi_0=\psi(t_{0-})=0$，零状态响应部分的暂态电流是 t_0 时刻前后两个状态下电流的差值

$$I_{tr1} = i(t_{0-}) - i(t_{0+}) = i_0 - i_{\infty 0} \tag{6-18}$$

式(6-18)中，i_0 表示 K 合上瞬间稳态电流在 t_0 时刻的值，$i_{\infty 0}$ 为 K 合上后的稳态电流在 t_0 时刻的值。显然，在图 6-4 中简单的一阶动态电路中，$L_1 i_0=\psi(t_{0-})=0$，可以简单推知 $i_0=0$。

需要注意的是，如果绕组 L_1 还其其它绕组耦合的话，尽管 L_1 的磁链为零(零状态)，但与之耦合的绕组磁链不为零，那么在开关 K 合上瞬间之前，其电流 i_0 就不为零。假设绕组 L_1 还与一个自感为 L_3 的绕组耦合，在 t_0 时刻，绕组 L_3 的磁链为 ψ_{30}，它们之间的互感为 M，那么此时 L_1 的电流 i_0 满足方程：

$$\begin{cases}\psi_0 = L_1 i_0 + M i_{30} = 0 \\ \psi_{30} = M i_0 + L_3 i_{30}\end{cases} \tag{6-19}$$

第二部分零输入响应，则是不考虑电路中的电源，只考虑在开关 K 合上瞬间之前，电感 L_1 中包含的磁链的衰减

$$I_{tr2} = \frac{\psi(t_{0-})}{L_1} \tag{6-20}$$

同样需要注意，若还有绕组与 L_1 耦合，零输入部分的暂态电流 I_{tr2} 同样需要考虑耦合绕组的影响。

这就是三要素法，利用三要素法则，很容易得到简单一阶电路的全响应，例如，假设令 $e(t)=1$ V，$R_1=1$ Ω，$R_2=1$ Ω，则，稳态响应 $i_{\infty}=1$ A，$I_{tr1}=0-1=-1$ A，$I_{tr2}=0.5$ A，电流全响应为

$$i(t)=1+(0-1)e^{-t/T}+0.5e^{-t/T}$$

根据一阶动态电路的三要素法则，可以知道：

(1) 在解决一阶动态问题时无需求解微分方程，可以将电流的全响应用叠加定理划分为三部分：稳态响应、零状态响应和零输入响应。

(2) 稳态响应是开关合上后的稳态表达式。

(3) 零状态响应则不考虑开关合上瞬间电感中包含的磁链，仅考虑由于输入激励引起的暂态，即 $\psi_0=\psi(t_{0-})=0$。零状态响应的幅值为 $I_{tr1}=i(t_{0-})-i(t_{0+})$，即两个稳态在开关合上时刻 t_0 的差值。对于没有其它耦合绕组的情况下，$i(t_{0-})=0$，如果与其他绕组耦合，则需要联立方程求解 $i(t_{0-})$。

(4) 零输入响应则是不考虑输入电源，仅考虑在开关合上瞬间电感中包含磁链引起的暂态。$I_{tr2}=\psi(t_{0-})/L_1$，同理，如果与其它绕组耦合，需要与其它绕组联立方程求解。

6.3.2 同步发电机机端三相短路电流的暂态分析

由第三章同步发电机的模型可知，同步发电机的模型在经过 Park 变换后，等价于 d 轴和 q 轴上分别有三个绕组的耦合。以 d 轴绕组为例，定子绕组同时耦合有励磁绕组 f 和阻尼绕组 D，如图 6-5 所示。

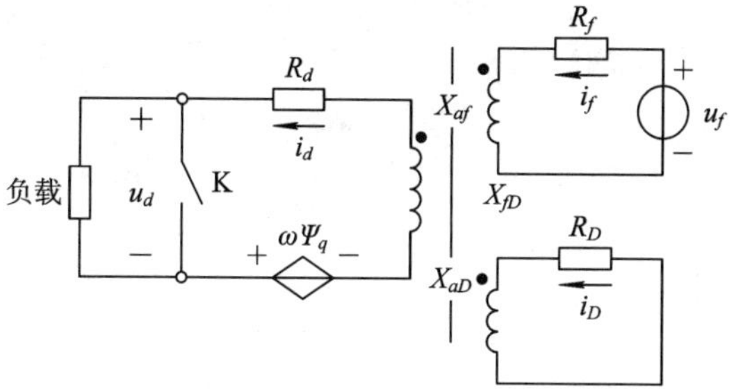

图 6-5　机端三相短路等效电路(d 轴绕组)

假设在 $t=0$ 时刻，机端发生三相短路，相当于在 $t=0$ 时刻开关 K 合闸。在合闸瞬间，由于发电机有负载，因此在三相定子绕组中包含磁链。

根据三要素法，在机端发生三相短路后，定子绕组的电流可以划分为故障后稳态电流、故障后的零状态响应和故障后的零输入响应(仅以 d 轴为例，q 轴同理)：

$$i_d(t)=i_{d\infty}(t)+I_{dtr1}e^{-t/T_1}+I_{dtr2}e^{-t/T_2}$$

$I_{dtr1}=i_d(0_-)-i_d(0_+)$ 为零状态响应的暂态量幅值，其值等于故障瞬间前后两个稳态电流在 $t=0$ 时刻的差值。虽然零状态响应中认为定子绕组的磁链 $\psi_d(0_-)$ 为零，但由于定子绕组还与励磁绕组和阻尼绕组耦合，因此，$i_d(0_-)$ 并不为零，需要联立另外两个绕组的方程求解。$i_d(0_+)$ 则是故障后稳态分量在 $t=0$ 时刻的值。

I_{dtr2} 为零输入响应的暂态量幅值，即不考虑激励的输入电源，只考虑故障瞬间定子绕组所包含磁链的衰减。考虑到另外两个绕组的耦合作用，I_{dtr2} 的值应该在定子 d 绕组磁链为 ψ_{d0}，其它绕组磁链都为零的情况下，联立求解。由于 ψ_{d0} 是定子绕组在故障瞬间的磁链经过 Park 变换后得到，因此，经过变换后，ψ_{d0} 为工频量。

下面详细阐述同步发电机机端发生三相短路后的短路电流。为了便于理解，先忽略阻尼绕组的影响，然后再考虑阻尼绕组的影响。

1. 不考虑阻尼绕组情况下，机端三相短路电流分析

根据第三章建立的同步发电机的模型，在不考虑阻尼绕组时，同步发电机经过 Park 变换后，定子绕组以及励磁绕组在 d 轴和 q 轴的电压回路方程和磁链方程如下(三相短路为对称短路，因此零轴回路电流为零)：

$$\begin{cases} u_d=-R_ai_d+p\psi_d-\omega\psi_q \\ u_q=-R_ai_q+p\psi_q+\omega\psi_d \end{cases} \quad \text{(定子绕组电压方程)}$$

$$\begin{cases} \psi_d=e_q'-X_d'i_d \\ \psi_q=-X_qi_q \end{cases} \quad \text{(定子绕组磁链方程)}$$

$$T_{d0}'pe_q'=-e_q'-(X_d-X_d')i_d+E_{fq} \quad \text{(励磁绕组电压方程)}$$

1) 故障后稳态电流(强制分量)

故障后达到稳态时，定子 d 绕组和 q 绕组的磁链以及励磁绕组的磁链都恒定不变，即

$$p\psi_d=0,\ p\psi_q=0,\ pe_q'=0$$

故障后励磁绕组中的稳态电流与故障前稳态励磁电流相等，即 $i_{f\infty}=i_{f0}=u_f/R_f$，假想空载电势为

$$E_{fq} = X_{af}u_f/R_f = X_{af}i_{f0} = e_{q0} \tag{6-21}$$

故障后的稳态方程(忽略定子绕组损耗)为

$$\begin{cases} u_d = -\psi_q = X_q i_{q\infty} = 0 \\ u_q = \psi_d = e_{q0} - X_d i_{d\infty} = 0 \end{cases} \tag{6-22}$$

故障后的定子绕组稳态故障电流为

$$\begin{cases} i_{d\infty} = \dfrac{E_{q0}}{X_d} \\ i_{q\infty} = 0 \end{cases} \tag{6-23}$$

故障后的励磁稳态电流可以根据故障前的励磁稳态电流来求解：

$$\begin{cases} \psi_{d0} = -X_d i_{d0} + X_{af} i_{f0} \\ \psi_{f0} = -X_{af} i_{d0} + X_f i_{f0} \end{cases} \tag{6-24}$$

可得：

$$i_{f\infty} = i_{f0} = \frac{X_d \psi_{f0} - X_{af}\psi_{d0}}{X_d X_f - X_{af}^2} = \frac{X_d E'_{q0} - (X_d - X'_d)V_{q0}}{X_{af}X'_d} \tag{6-25}$$

2）衰减的暂态分量—零状态响应

零状态响应部分的暂态电流幅值 $I_{tr1}=i(0_-)-i(0_+)$，其中，$i_d(0_-)$、$i_q(0_-)$、$i_f(0_-)$ 为故障前瞬间的值，即在定子绕组 d 和 q 的磁链为零，励磁绕组的磁链为 ψ_{f0} 时电流值

$$\begin{cases} \psi_{d0} = -X_d i_{d0-} + X_{af} i_{f0-} = 0 \\ \psi_{f0} = -X_{af} i_{d0-} + X_f i_{f0-} \\ \psi_{q0} = -X_q i_{q0-} = 0 \end{cases} \tag{6-26}$$

求解式(6-26)可得：

$$\begin{cases} i_{d0-} = \dfrac{E'_{q0}}{X'_d} \\ i_{q0-} = 0 \\ i_{f0-} = \dfrac{X_d}{X'_d X_{af}} E'_{q0} \end{cases} \tag{6-27}$$

$i(0_+)=i_\infty(0)$是各电流在故障后的稳态值，因此，零状态响应部分的暂态电流分别为

$$\begin{cases} I_{dtr1} = \dfrac{E'_{q0}}{X'_d} - \dfrac{E_{q0}}{X_d} \\ I_{qtr1} = 0 \\ I_{ftr1} = \dfrac{(X_d - X'_d)V_{q0}}{X_{af}X'_d} \end{cases} \tag{6-28}$$

3）衰减的自由分量——零输入响应

零输入响应只考虑在短路发生瞬间各相绕组包含的磁链，而不考虑励磁电压的输入。在发生短路瞬间，由于各定子绕组中包含恒定的磁链 ψ_{a0}，ψ_{b0}，ψ_{c0}。由于定子绕组磁链不突变，因此将衰减为零。三相恒定的磁链可以看做是一个静止的相量 $\dot{\psi}_0$ 在 abc 三个轴上的投影。静止的磁链相量经过 Park 变换后，投影到 d 轴和 q 轴上，成为一个按照工频交变的磁链(因为故障瞬间定子绕组包含的磁链是静止的，而 dq 轴则是以工频旋转的)，如图 6-6 所示。

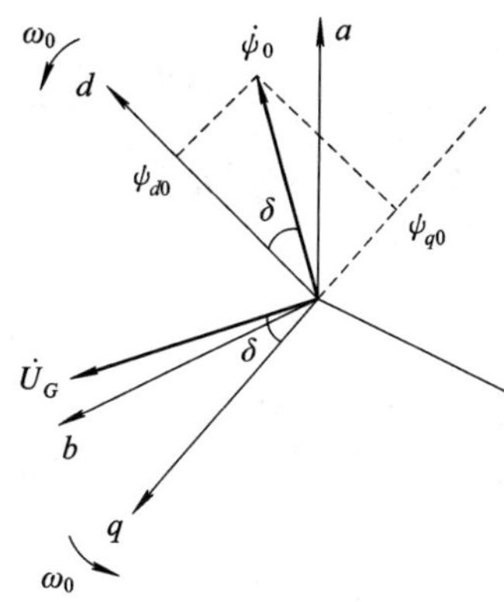

图 6-6　定子磁链、机端电压与 d、q 轴的关系

由故障前的稳态方程可得：

$$\dot{\psi}_0 = \psi_{d0} + \mathrm{j}\psi_{q0} = u_{q0} - \mathrm{j}u_{d0} = -\mathrm{j}\dot{U}_{G0} \tag{6-29}$$

其中，$\dot{U}_{G0}$ 为故障前瞬间机端电压相量。因此，磁链 $\dot{\psi}_0$ 滞后机端电压相量 $\dot{U}_G$ 为 90°，如图 6-6 所示幅值与机端电压相等。假设在故障瞬间，机端电压滞后 q 轴的角度为 δ_0（这个角度即为功角），那么根据图 6-6 不难推知故障瞬间定子磁链经过 Park 变换后的磁链值：

$$\begin{cases} \psi_{d0} = U_{G0}\cos(\omega_0 t + \delta_0) \\ \psi_{q0} = -U_{G0}\sin(\omega_0 t + \delta_0) \end{cases} \tag{6-30}$$

因此，零输入响应的暂态幅值为定子绕组磁链故障前瞬间的磁链，励磁绕组磁链为零的情况下的值

$$\begin{cases} \psi_{d0} = -X_d i_d + X_{af} i_f = U_{G0}\cos(\omega_0 t + \delta_0) \\ \psi_{f0} = -X_{af} i_d + X_f i_f = 0 \\ \psi_{q0} = -X_q i_q = -U_{G0}\sin(\omega_0 t + \delta_0) \end{cases} \tag{6-31}$$

因此，可得到零输入响应值

$$\begin{cases} I_{dtr2} = -\dfrac{U_{G0}\cos(\omega_0 t + \delta_0)}{X_d'} \\ I_{ftr2} = -\dfrac{X_{af}}{X_f}\dfrac{U_{G0}\cos(\omega_0 t + \delta_0)}{X_d'} \\ I_{qtr2} = \dfrac{U_{G0}\sin(\omega_0 t + \delta_0)}{X_q} \end{cases} \tag{6-32}$$

4）零状态响应的衰减时间常数

发电机端发生三相短路后的自由分量中，零状态响应的自由分量主要是由励磁电流的变化引起的，由于短路瞬间励磁绕组的磁链不突变，导致励磁绕组中的励磁电流发生了突变，最终衰减到稳态值。从 d 轴绕组看进去，相当于在故障瞬间，暂态电势不突变，d 绕组回路等价于由暂态电势串联直轴暂态同步电抗，过渡到最终由稳态空载电势串联直轴同步电抗，如图 6-7 所示。

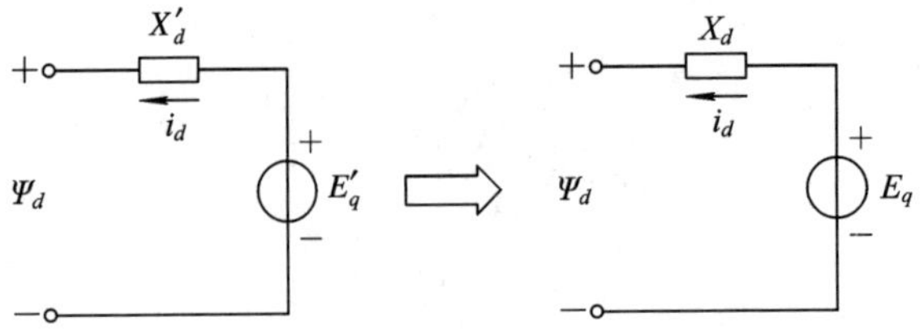

图 6-7　零状态响应的过渡过程

因此，零状态响应自由分量的衰减取决于当定子绕组（d 绕组）短路时，励磁绕组中自由电流的暂态衰减时间常数 T'_d

$$T'_d = \frac{X'_f}{R_f} \tag{6-33}$$

其中 X'_f 为当 d 轴绕组短路时，从励磁绕组看进去的等效电抗，如图 6-8 所示。

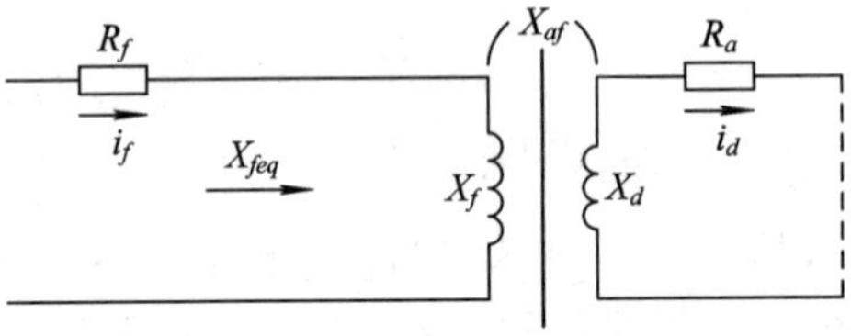

图 6-8　定子 d 绕组短路时，励磁绕组暂态衰减时间常数

d 轴绕组短路，假设在励磁绕组中通入 i_f 的电流，则有

$$\begin{cases}\psi_f = -X_{af}i_d + X_f i_f \\ 0 = -X_d i_d + X_{af} i_f\end{cases} \tag{6-34}$$

由上式(6-34)可以得到在 d 轴绕组短路时，励磁绕组的等效电抗为

$$X'_f = \frac{\psi_f}{i_f} = X_f - \frac{X_{af}^2}{X_d} = \frac{X'_d X_f}{X_d} \tag{6-35}$$

因此，定子绕组短路时，励磁绕组的衰减时间常数 T'_d 为

$$T'_d = \frac{X'_f}{R_f} = \frac{X'_d}{X_d} T_{d0} \tag{6-36}$$

其中，$T_{d0} = X_f/R_f$ 为开路暂态衰减时间常数（即 d 绕组开路时励磁绕组的衰减时间常数）。

5) 零输入响应的衰减时间常数

零输入响应的自由分量，是由故障瞬间定子各相绕组磁链不突变引起的，因此，其衰减时间常数与定子绕组有关，它将按照定子绕组的时间常数 T_a 衰减。转子绕组的旋转，导致磁通的路径不断地周期性变化，即定子绕组的等效电抗不断变化。在机端发生短路瞬间，当磁通通过转子的纵轴时，定子绕组的等效电抗为 X'_d，而通过横轴时，则等效电抗为 X_q，因此其等效电抗近似为直轴和交轴等效电抗并联的两倍。因此，其衰减时间常数为

$$T_a = \frac{2X'_d X_q}{R_a(X'_d + X_q)} \tag{6-37}$$

6) 无阻尼绕组时机端三相短路的全电流

根据上述分析，对于某同步发电机，机端电压为 $\dot{U}_{G0}$，功率因数为 $\cos\varphi$，直轴同步电抗

为 X_d，交轴同步电抗为 X_q，暂态直轴同步电抗为 X'_d，假设在 t_0 时刻发电机端发生三相短路，此时，机端电压相量的相角为 α_0（与 a 轴的夹角），机端电压与空载电势的夹角为 δ_0，可以得到 d 绕组、q 绕组以及励磁绕组的短路后的全电流如下

$$i_d(t)=\frac{E_{q0}}{X_d}+\left(\frac{E'_{q0}}{X'_d}-\frac{E_{q0}}{X_d}\right)e^{-t/T'_d}-\frac{U_{G0}\cos\delta_0}{X'_d}\cos(\omega_0 t+\delta_0)e^{-t/T_a}$$

$$i_q(t)=\frac{U_{G0}}{X_q}\sin(\omega_0 t+\delta_0)e^{-t/T_a}$$

$$\begin{aligned} i_f(t)=&\frac{X_dE'_{q0}-(X_d-X'_d)U_{G0}\cos\delta_0}{X_{af}X'_d}+\frac{(X_d-X'_d)U_{G0}\cos\delta_0}{X_{af}X'_d}e^{-t/T'_d}\\ &-\frac{(X_d-X'_d)U_{G0}}{X_{af}X'_d}\cos(\omega_0 t+\delta_0)e^{-t/T_a} \end{aligned} \tag{6-38}$$

经过 Park 反变换后，可以得到 a 相电流为

$$\begin{aligned} i_a(t)=&\left[\frac{E_{q0}}{X_d}+\left(\frac{E'_{q0}}{X'_d}-\frac{E_{q0}}{X_d}\right)e^{-t/T'_d}\right]\cos(\omega_0 t+\theta_0)\\ &-\frac{U_{G0}}{2}\left(\frac{1}{X'_d}+\frac{1}{X_q}\right)e^{-t/T_a}\cos(\delta_0-\theta_0)\\ &-\frac{U_{G0}}{2}\left(\frac{1}{X'_d}-\frac{1}{X_q}\right)\cos(2\omega_0 t+\delta_0-\theta_0) \end{aligned} \tag{6-39}$$

其中，$\theta_0=\alpha_0+\delta_0-90°$。在故障瞬间，机端电压、空载电势（$q$ 轴）、d 轴的关系如图 6－9 所示。

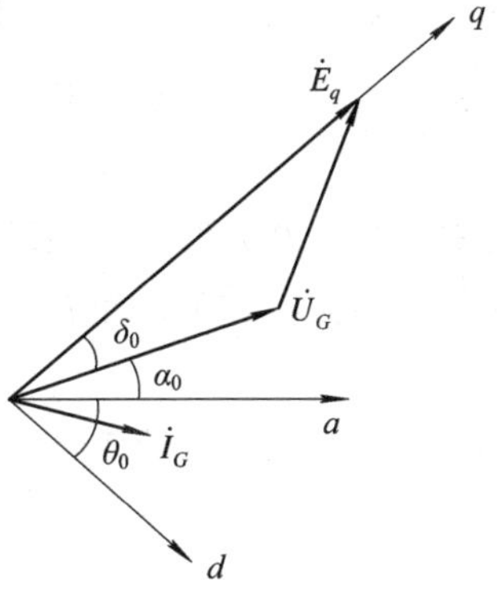

图 6－9　故障瞬间机端电压、空载电势、d 轴、q 轴的关系

b 相和 c 相的电流分别与 a 相电流相差 120°，即分别用 $\theta_0-120°$ 和 $\theta_0+120°$ 替代上式的 θ_0 即可。

通过上述分析可知，当同步发电机机端发生三相短路时，各绕组的短路电流包含四部分：稳态的工频分量、衰减的工频分量、衰减的直流分量和衰减的倍频分量。其中，衰减的直流分量和衰减的倍频分量，是由短路瞬间定子绕组中的磁链在励磁绕组中感应出工频分量，然后在定子绕组中又感应出直流分量和倍频分量得到的。发生短路后，工频分量是随着时间的变化而变化的，在短路瞬间，当不计阻尼绕组的影响时，同步发电机可以等效为暂态电势与暂态同步电抗的串联，而随着时间的推移，短路进入稳态后，同步发电机则过渡为空载电势和同步电抗的串连。

2. 考虑阻尼绕组时机端三相短路电流分析

考虑阻尼绕组的情况下，同步发电机经过 Park 变换后，得到 d 轴的三个互相耦合的绕组(d 绕组、f 绕组和 D 绕组)和 q 轴的三个互相耦合的绕组(q 绕组、g 绕组和 Q 绕组)，如图 6-10 所示。

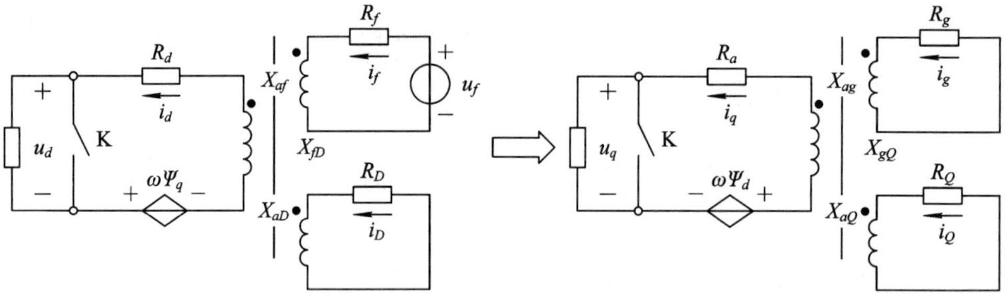

图 6-10 考虑阻尼绕组时同步发电机的等值电路

同样，将同步发电机端发生三相短路后的短路电流划分为稳态响应、零状态响应和零输入响应。

零状态响应指不考虑故障瞬间定子绕组包含的磁链，在发生机端三相短路瞬间，定子绕组 d 中的短路电流自由分量是由励磁绕组 f 和阻尼绕组 D 的暂态电流决定的(这两个绕组的磁链不突变)，同样，定子 q 绕组的短路电流自由分量是由 g 绕组和 Q 绕组共同决定的，此时从定子绕组看进去等价于次暂态电势与次暂态同步电抗的串联，这部分过渡过程称为次暂态过程。随着时间的推移，由于阻尼绕组 D 和 Q 中的暂态电流衰减比 f 绕组和 g 绕组衰减的快，当 D 和 Q 绕组中的暂态电流衰减完毕，不再对定子绕组中的短路电流起作用(相当于开路)，此时定子绕组中的短路电流仅与 f 绕组和 g 绕组中的暂态电流有关，此时，从定子绕组看进去等价于次暂态电势与次暂态电抗的串联，这个过渡过程称为次暂态过程。

零输入响应指输入励磁电压为零，仅考虑定子绕组在故障瞬间所包含磁链的衰减而产生的暂态电流。由于其电流的衰减是在定子绕组中，因此，必须考虑所有阻尼绕组共同作用的影响。

因此，考虑阻尼绕组的暂态电流包含以下几部分：稳态分量、零状态响应的次暂态、零状态响应的暂态过程、零输入响应等，即：

$$i(t) = i_{\infty}(t) + I_{tr1}\mathrm{e}^{-t/T_1} + I_{tr2}\mathrm{e}^{-t/T_2} + I_{tr3}\mathrm{e}^{-t/T_3} \tag{6-40}$$

1) 故障后的稳态分量(强制分量)

考虑阻尼绕组时，同步发电机机端发生三相短路后的短路电流稳态分量与不考虑阻尼绕组时的稳态分量相同，因为当发电机达到稳态后，各阻尼绕组中的暂态电流均衰减为零，因此，阻尼绕组对于故障后的稳态分量不起作用，即仍然有

$$\begin{cases} i_{d\infty} = \dfrac{E_{q0}}{X_d} \\ i_{q\infty} = 0 \end{cases} \tag{6-41}$$

2）零状态响应的次暂态过程

根据一阶动态电路理论，零状态响应次暂态部分的幅值应该是故障瞬间前的稳态值减去故障后下一个状态即暂态过程的起始电流值：$I_{tr1}=i(0_-)-i(0_+)$。短路瞬间前的电流值由下式确定(考虑三个互相耦合的绕组)

$$\begin{cases}\psi_{d0}=-X_d i_{d0-}+X_{af}i_{f0-}+X_{aD}i_{D0-}=0\\ \psi_{f0}=-X_{af}i_{d0-}+X_f i_{f0-}+X_{fD}i_{D0-}\\ \psi_{D0}=-X_{aD}i_{d0-}+X_{fD}i_{f0-}+X_D i_{D0-}\end{cases}\tag{6-42}$$

$$\begin{cases}\psi_{q0}=-X_q i_{q0-}+X_{ag}i_{g0-}+X_{aQ}i_{Q0-}=0\\ \psi_{g0}=-X_{ag}i_{q0-}+X_g i_{g0-}+X_{gQ}i_{Q0-}\\ \psi_{Q0}=-X_{aQ}i_{d0-}+X_{gQ}i_{f0-}+X_Q i_{D0-}\end{cases}\tag{6-43}$$

根据第三章中电机参数模型的推导，可得

$$\begin{cases}i_{d0-}=\dfrac{E''_{q0}}{X''_d}\\ i_{q0-}=-\dfrac{E''_{d0}}{X''_q}\end{cases}\tag{6-44}$$

短路后暂态过程的电流值由下式确定

$$\begin{cases}\psi_{d0}=-X_d i_{d0+}+X_{af}i_{f0+}=0\\ \psi_{f0}=-X_{af}i_{d0+}+X_f i_{f0+}\end{cases}\tag{6-45}$$

$$\begin{cases}\psi_{q0}=-X_q i_{q0+}+X_{ag}i_{g0+}=0\\ \psi_{g0}=-X_{ag}i_{q0+}+X_g i_{g0+}\end{cases}\tag{6-46}$$

根据第三章可得

$$\begin{cases}i_{d0+}=\dfrac{E'_{q0}}{X'_d}\\ i_{q0+}=-\dfrac{E'_{d0}}{X'_q}\end{cases}\tag{6-47}$$

因此，次暂态过程的短路电流幅值为

$$\begin{cases}I_{dtr1}=\dfrac{E''_{q0}}{X''_d}-\dfrac{E'_{q0}}{X'_d}\\ I_{qtr1}=-\dfrac{E''_{d0}}{X''_q}+\dfrac{E'_{d0}}{X'_q}\end{cases}\tag{6-48}$$

3）零状态响应的暂态过程

这部分衰减的自由分量是在阻尼绕组 D 和 Q 不起作用(其暂态电流衰减为零)的情况下，其幅值仍然等于故障前的电流值减去故障后的稳态值，只是故障前瞬间的稳态值不考虑阻尼绕组 D 和 Q 的影响，即 f 和 g 的磁链保持故障前的磁链不变(也就是 E' 恒定)。不考虑阻尼绕组 D 和 Q 时，故障前瞬间的电流值由式(6-45)和(6-46)确定，即

$$\begin{cases}i_{d0-}=\dfrac{E'_{q0}}{X'_d}\\ i_{q0-}=-\dfrac{E'_{d0}}{X'_q}\end{cases}\tag{6-49}$$

故障后第三个状态即稳态的值为

$$\begin{cases} i_{d\infty} = \dfrac{E_{q0}}{X_d} \\ i_{q\infty} = 0 \end{cases} \tag{6-50}$$

因此，零状态响应暂态过程的短路电流幅值为

$$\begin{cases} I_{dtr2} = \dfrac{E'_{q0}}{X'_d} - \dfrac{E_{q0}}{X_d} \\ I_{qtr2} = -\dfrac{E'_{d0}}{X'_q} \end{cases} \tag{6-51}$$

4）零输入响应

零输入响应是由定子绕组在故障瞬间包含的磁链产生的衰减电流。定子磁链经过 Park 变换后可得

$$\begin{cases} \psi_{d0} = U_{G0}\cos(\omega_0 t + \delta_0) \\ \psi_{q0} = -U_{G0}\sin(\omega_0 t + \delta_0) \end{cases} \tag{6-52}$$

定子短路电流的零输入响应由下式决定：

$$\begin{cases} \psi_{d0} = -X_d i_{d0} + X_{af} i_{f0} + X_{aD} i_{D0} \\ \psi_{f0} = -X_{af} i_{d0} + X_f i_{f0} + X_{fD} i_{D0} = 0 \\ \psi_{D0} = -X_{aD} i_{d0} + X_{fD} i_{f0} + X_D i_{D0} = 0 \end{cases} \tag{6-53}$$

$$\begin{cases} \psi_{q0} = -X_q i_{q0} + X_{ag} i_{g0} + X_{aQ} i_{Q0} \\ \psi_{g0} = -X_{ag} i_{q0} + X_g i_{g0} + X_{gQ} i_{Q0} = 0 \\ \psi_{Q0} = -X_{aQ} i_{d0} + X_{gQ} i_{f0} + X_Q i_{D0} = 0 \end{cases} \tag{6-54}$$

得到

$$\begin{cases} I_{dtr3} = -\dfrac{U_{G0}\cos(\omega_0 t + \delta_0)}{X''_d} \\ I_{qtr3} = \dfrac{U_{G0}\sin(\omega_0 t + \delta_0)}{X''_q} \end{cases} \tag{6-55}$$

5）次暂态过程的衰减时间常数

定子绕组短路电流的次暂态过程主要是由阻尼绕组 D 和 Q 中的暂态电流引起的，考虑到 D 和 Q 绕组中的短路电流衰减时间常数比 f 绕组和 g 绕组小得多，因此当发生机端三相短路的瞬间，励磁绕组 f 和阻尼绕组 g 中的电流还没有来得及发生变化，D 和 Q 中的暂态电流已经出现，而且很快衰减完毕。因此定子绕组三相短路电流次暂态过程的衰减主要由阻尼绕组 D 和 Q 的衰减所决定。次暂态过程的衰减时间常数就是在定子绕组 d 和 q 短路以及 f 和 g 绕组短路的情况下，分别从 D 和 Q 绕组看进去的等效衰减时间常数，即

$$\begin{cases} T''_d = \dfrac{X''_D}{R_D} \\ T''_q = \dfrac{X''_Q}{R_Q} \end{cases} \tag{6-56}$$

X''_D、X''_Q 分别为在定子绕组 d、q 和励磁绕组 f 以及阻尼绕组 g 短路的情况下，从 D 绕组和 Q 绕组看进去的等效电抗，可通过下面的方程组消去 i_d、i_f 和 i_q、i_g 后，求解其等效电抗。

$$\begin{cases}\psi_d = -X_d i_d + X_{af} i_f + X_{aD} i_D = 0 \\ \psi_f = -X_{af} i_d + X_f i_f + X_{fD} i_D = 0 \\ \psi_D = -X_{aD} i_d + X_{fD} i_f + X_D i_D\end{cases} \tag{6-57}$$

$$\begin{cases}\psi_q = -X_q i_q + X_{ag} i_g + X_{aQ} i_Q = 0 \\ \psi_g = -X_{ag} i_q + X_g i_g + X_{gQ} i_Q = 0 \\ \psi_Q = -X_{aQ} i_d + X_{gQ} i_f + X_Q i_D\end{cases} \tag{6-58}$$

求解上述方程并转化为电机参数很复杂，考虑到第三章同步发电机的电机参数一节中，开路次暂态时间常数为：

$$T''_{d0} = \frac{X'_D}{R_D} = \frac{X_D - X_{fD}^2/X_f}{R_D} \tag{6-59}$$

式中，X'_D 是在 d 绕组开路，f 绕组短路，从 D 绕组看进去的等效电抗。即当 $i_d=0$ 时，有

$$\psi_D = \left(X_D - \frac{X_{fD}^2}{X_f}\right) i_D \tag{6-60}$$

考虑定子绕组短路时，有

$$i_d = \frac{E''_q}{X''_d} = \frac{X_{aD}\psi_D}{X_D X''_d} \tag{6-61}$$

因此，当考虑定子绕组短路且励磁绕组短路时，在 D 绕组通入 i_D后，D 绕组的磁链为

$$\psi_D = X'_D i_D - X_{aD}\frac{X_{aD}\psi_D}{X_D X''_d} \tag{6-62}$$

另有

$$X''_D = X'_D \frac{X''_d}{X_d} \tag{6-63}$$

因此，可求得直轴次暂态分量的衰减时间常数为

$$T''_d = \frac{X''_D}{R_D} = \frac{X''_d}{X_d}\frac{X'_D}{R_D} = \frac{X''_d}{X_d} T''_{d0} \tag{6-64}$$

同理可得交轴次暂态分量的衰减时间常数为

$$T''_q = \frac{X''_Q}{R_Q} = \frac{X''_q}{X_q}\frac{X'_Q}{R_Q} = \frac{X''_q}{X_q} T''_{q0} \tag{6-65}$$

6）暂态过程衰减时间常数

暂态过程是在次暂态过程结束后的过渡过程，即在 D 和 Q 绕组的暂态电流衰减完后，f 和 g 绕组中才出现暂态电流(其实它们是同时出现的，只不过 D 和 Q 的动态时间常数远小于 f 和 g。因此，与 f 和 g 中电流相比，D 和 Q 中的暂态电流上升得快，衰减得也快。在 D 和 Q 中的暂态电流衰减完后，f 和 g 中的暂态电流才显现出来)，它们的作用导致了定子绕组短路电流的暂态过程。因此，定子绕组短路电流暂态过程的衰减时间常数实际上是 f 和 g 绕组在定子绕组 d 和 q 短路的情况下的衰减时间常数，即

$$\begin{cases}T'_d = \dfrac{X'_f}{R_f} \\ T'_q = \dfrac{X'_g}{R_g}\end{cases} \tag{6-66}$$

很显然，X'_f 和 X'_g 分别是在定子绕组 d 和 q 短路情况下，从 f 和 g 绕组中看进去的等

效电抗，可由下面的磁链方程求得：

$$\begin{cases}\psi_f = -X_{af}i_d + X_f i_f \\ 0 = -X_d i_d + X_{af} i_f\end{cases} \tag{6-67}$$

$$\begin{cases}\psi_g = -X_{ag}i_q + X_g i_g \\ 0 = -X_q i_q + X_{ag} i_g\end{cases} \tag{6-68}$$

分别消去 i_d 和 i_q，可得：

$$\begin{cases}X'_f = \dfrac{\psi_f}{i_f} = X_f - \dfrac{X_{af}^2}{X_d} \\ X'_g = \dfrac{\psi_g}{i_g} = X_g - \dfrac{X_{ag}^2}{X_q}\end{cases} \tag{6-69}$$

由此，可求得暂态过程的衰减时间常数为

$$\begin{cases}T'_d = \dfrac{X'_f}{R_f} = \dfrac{X_f}{R_f}\dfrac{X'_d}{X_d} = \dfrac{X'_d}{X_d}T'_{d0} \\ T'_q = \dfrac{X'_g}{R_g} = \dfrac{X_g}{R_g}\dfrac{X'_q}{X_q} = \dfrac{X'_q}{X_q}T'_{q0}\end{cases} \tag{6-70}$$

7）零输入响应的衰减时间常数

与不考虑阻尼绕组时的衰减类似，零输入响应的衰减时间常数与定子绕组有关，它将按照定子绕组的时间常数 T_a 衰减。只是当转子绕组旋转时，变化的定子绕组等效电抗需要考虑阻尼绕组的影响，即当通过纵轴时，定子绕组的等效电抗为 X''_d，而通过横轴时，等效电抗为 X''_q，因此其等效电抗近似为直轴和交轴等效电抗并联的两倍。因此，其衰减时间常数为

$$T_a = \frac{2X''_d X''_q}{R_a(X''_d + X''_q)} \tag{6-71}$$

8）同步发电机机端三相短路的全响应

综上所述，当已知三相短路前瞬间机端电压 $\dot{U}_{G0}$、电流 $\dot{I}_{G0}$ 以及功率因数，即可计算出短路前瞬间的次暂态电势 E''、暂态电势 E' 以及空载电势 E_q，就能得到 q 轴与 $\dot{U}_{G0}$ 的夹角 δ，以及 d 轴与 a 轴的夹角 θ（如图 6-9 所示）。d 轴和 q 轴上的短路电流分别表示为

$$i_d = \frac{E_{q0}}{X_d} + \left(\frac{E''_{q0}}{X''_d} - \frac{E'_{q0}}{X'_d}\right)e^{-t/T''_d} + \left(\frac{E'_{q0}}{X'_d} - \frac{E_{q0}}{X_d}\right)e^{-t/T'_d} - \frac{U_{G0}\cos(\omega_0 t + \delta_0)}{X''_d}e^{-t/T_a} \tag{6-72}$$

$$i_q = \left(-\frac{E''_{d0}}{X''_q} + \frac{E'_{d0}}{X'_q}\right)e^{-t/T''_q} + \left(-\frac{E'_{d0}}{X'_q}\right)e^{-t/T'_q} + \frac{U_{G0}\sin(\omega_0 t + \delta_0)}{X''_q}e^{-t/T_a} \tag{6-73}$$

经过 Park 反变换后得到三相电流

$$\begin{cases}i_a = i_d\cos(\omega_0 + \theta_0) - i_q\sin(\omega_0 t + \theta_0) \\ i_b = i_d\cos(\omega_0 + \theta_0 - 120°) - i_q\sin(\omega_0 t + \theta_0 - 120°) \\ i_a = i_d\cos(\omega_0 + \theta_0 + 120°) - i_q\sin(\omega_0 t + \theta_0 + 120°)\end{cases} \tag{6-74}$$

3. 强励对短路电流暂态的影响

上述短路电流的暂态过程没有考虑励磁调节系统的影响，即认为励磁电压 u_f 恒定。实际上同步发电机组都装有自动励磁调节系统，其目的是为了保证在正常稳态运行情况下，

保证机端电压恒定。强行励磁是励磁调节系统的组成部分，其功能是在电力系统发生短路故障导致发电机机端电压严重下降时，启动强行励磁，增大励磁电压，使得机端电压得到一定程度的恢复，从而增加系统的稳定性。

在实际系统中，强行励磁动作时，励磁电压的上升曲线是比较复杂的，为了便于分析，假设在强励时，励磁电压是按照指数规律上升的，即

$$u_{\mathrm{f}}(t)=u_{\mathrm{f0}}+\Delta u_{\mathrm{fm}}(1-\mathrm{e}^{-t/T_{\mathrm{f}}}) \tag{6-75}$$

强励后的暂态电流等价于励磁电压不变的暂态过程叠加上一个 $\Delta u_{\mathrm{f}}(t)$的励磁电压。

$$\Delta u_{\mathrm{f}}(t)=\Delta u_{\mathrm{fm}}(1-\mathrm{e}^{-t/T_{\mathrm{f}}}) \tag{6-76}$$

其中，$\Delta u_{\mathrm{fm}}=u_{\mathrm{fm}}-u_{\mathrm{f0}}$为强励励磁电压的峰值与额定励磁电压的差值。可由叠加定理来求解定子电流的暂态过程。励磁电压可以看做是两个分量的叠加，一分量为 u_{f0}，另一分量为 Δu_{f}。根据发电机机端三相短路后的定子绕组电压方程可知：

$$\begin{cases}u_d=-R_a i_d+p\psi_d-\omega\psi_q\approx-\psi_q=0\\ u_q=-R_a i_q+p\psi_q+\omega\psi_d\approx\psi_d=0\end{cases} \tag{6-77}$$

因此，叠加分量的等效电路如图 6 - 11 所示(忽略阻尼绕组)。

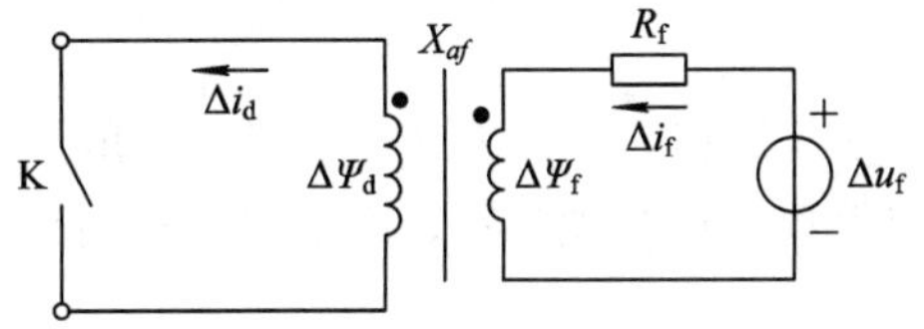

图 6 - 11　强励后叠加的励磁电压及其等效电路

根据定子绕组和励磁绕组的磁链以及励磁绕组的电压回路方程可得

$$\begin{cases}\Delta\psi_d=-X_d\Delta i_d+X_{af}\Delta i_f=-X_d\Delta i_d+\Delta e_q=0\\ \Delta e_q'=-(X_d-X_d')\Delta i_d+\Delta e_q\\ T_{d0}'p\Delta e_q'=\dfrac{X_{af}}{R_f}\Delta u_f-\Delta e_q\end{cases} \tag{6-78}$$

求解式(6 - 77)可以得到叠加分量的定子短路电流(由于电压是按照指数规律增加的，因此最简单的方法是利用拉普拉斯变换求解)为

$$\Delta i_d(t)=\frac{X_{af}\Delta u_{fm}}{X_d R_f}\left[1-\frac{T_d'\mathrm{e}^{-t/T_d'}-T_f'\mathrm{e}^{-t/T_f}}{T_d'-T_f}\right] \tag{6-79}$$

因此，强励后的定子短路电流为(仅考虑工频分量)

$$i_d=\frac{E_{q0}}{X_d}+\frac{X_{af}\Delta u_{fm}}{X_d R_f}\left[1-\frac{T_d'\mathrm{e}^{-t/T_d'}-T_f'\mathrm{e}^{-t/T_f}}{T_d'-T_f}\right]+\left(\frac{E_{q0}'}{X_d'}-\frac{E_{q0}}{X_d}\right)\mathrm{e}^{-t/T_d'} \tag{6-80}$$

6.4　三相短路的实用计算

在实际工程中，由于系统接线和短路后暂态过程的复杂性，直接进行三相短路的暂态计算是不现实的。前面两节分别分析了无穷大电源系统和同步发电机机端发生三相短路后的暂态过程，前者的目的是为了得到故障后的最大短路冲击电流(产生最大的电动力)和最

大短路电流有效值(产生最大的发热量)与短路后的工频周期分量之间的关系；后者论证了电力系统由于同步发电机转子中在短路后存在衰减的直流分量，导致工频周期分量也是衰减变化的，同时给出了机端短路后起始次暂态电流与发电机状态以及参数之间的关系。上述两节的分析奠定了工程中三相短路实用计算的基础。

在工程中，通常三相短路的计算是计算短路后的短路电流工频分量的起始值，即起始次暂态电流。如果需要计算三相短路后不同时刻的值，通常利用短路电流计算曲线。短路电流计算曲线是按照不同的发电机的类型，计算出在不同的短路点(即发电机至短路点的转移阻抗)，不同时刻下的短路电流工频周期分量的有效值。借助于短路电流计算曲线，只要求出发电机至短路点的转移阻抗，就可按照发电机的类型，直接查出各时刻的短路电流值，从而大大简化工程计算。

6.4.1 工程中实用短路计算的假设条件

在工程中，为了简化短路电流计算通常做如下假设：

(1) 发电机采用次暂态或暂态等值电路来表示，同时假设 d 轴和 q 轴的电抗参数相等。即用 $\dot{E}''=\dot{U}_G+\mathrm{j}X''_d$ 或 $\dot{E}'=\dot{U}_G+\mathrm{j}X'_d$(不考虑阻尼绕组)来表示。$E''$或$E'$在短路故障发生瞬间是不突变的。

(2) 不考虑机电暂态的摇摆过程，即假设发电机转子的角频率 ω_0 恒定。这个假设是合理的，因为机电暂态的时间常数长达数秒，在短路后很短的时间内，机电暂态过程几乎还没有开始。

(3) 负荷或考虑为恒定阻抗，或考虑成电源，或不予考虑，需按照实际的工程情况来确定。通常负荷电流与三相短路后的短路电流相比非常小，而且短路后负荷对短路电流的贡献也较小，一般略去不计。但在短路点附近有较大容量的电动机负荷时，则需要将其作为电源来考虑，因为电动机在系统发生三相短路时会向系统中提供短路电流，提供短路电流的大小与电动机的容量有关。

(4) 假设三相系统是对称的，三相参数是平衡的。

(5) 不考虑磁路的饱和等非线性因素，三相短路计算可以采用叠加定理。

(6) 忽略线路的电阻和电容，忽略变压器的损耗和励磁支路，全系统的元件均只用电抗来表示。

(7) 不考虑短路时的过渡电阻。对于对称三相系统来说，三相短路后是否接地并没有任何影响，因此接地过渡电阻的大小不影响三相短路故障。而相间的过渡电阻通常是弧光电阻，这个过渡电阻很小(相间的弧光电压不超过额定电压的 5%)，因此也可以忽略不计。另外，三相短路的计算目的是为了设备的选择和校验，采用金属性三相短路作为校验可以保证计算得到的短路电流最大。

6.4.2 起始次暂态短路电流和冲击电流的计算

1. 发电机等效次暂态电势的计算

根据第三章中用次暂态电势表示的发电机等效电路，次暂态电势是阻尼绕组在短路瞬间磁链不突变在定子中感应的等效电势，因此，在三相短路的瞬间不突变，即短路后瞬间的次暂态电势与短路前的次暂态电势相等

$$\dot{E}'' = \dot{U}_{G[0]} + jX''\dot{I}_{G[0]} \tag{6-81}$$

式(6－81)中，$X''=X''_d$，并假设 d 轴和 q 轴的次暂态参数相同，$\dot{U}_{G[0]}$、$\dot{I}_{G[0]}$ 为发电机在三相短路前的稳态电压和电流。次暂态电势和短路前的机端电压电流的关系如相量图 6－12 所示，次暂态电势的近似值可以表示为

$$E'' \approx U_{G[0]} + X''I_{G[0]}\sin\varphi_{[0]} \tag{6-82}$$

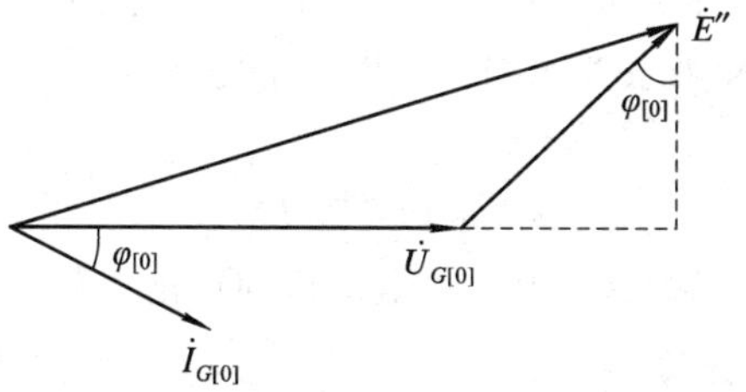

图 6－12　发电机次暂态电势与机端电压电流相量图

假定在短路前，发电机额定满载运行，即 $U_{G[0]}=1$(p. u.)，$I_{G[0]}=1$(p. u.)，$\sin\varphi_{[0]}=0.53$，次暂态同步电抗 $X''=0.13\sim0.2$(p. u.)，因此，$E''\approx1.07\sim1.11$(p. u.)。如果三相短路前发电机的运行参数未知，可以取 $E''\approx1.05\sim1.1$(p. u.)。当不计负载影响时，E'' 可取 1.0 p. u.。

2. 负荷的等效电势和等效电抗的计算

负荷中含有大量的异步电动机负荷，异步电动机的暂态过程可以看作是含有转差率 s 的同步发电机方程来分析。考虑到转差率 s 一般很小($s=2\%\sim5\%$)，因此电动机的三相短路计算模型与发电机的模型类似

$$\dot{E}''_D = \dot{U}_D - X''_D\dot{I}_D \tag{6-83}$$

异步电动机的等效次暂态电抗可以利用电动机的启动电流初始值来计算，在电动机启动时瞬间，次暂态电势为零，启动电流起始值为(标幺制)

$$I_{st} = \frac{1}{X''_D} \tag{6-84}$$

因此，异步电动机的次暂态电抗(标幺制)为：

$$X''_D = \frac{1}{I_{st}} \tag{6-85}$$

同理，异步电动机的次暂态电势可以用近似计算公式表示如下

$$E''_D \approx U_{D[0]} - X''_D I_{D[0]}\sin\varphi_{D[0]} \tag{6-86}$$

其中，$U_{D[0]}$、$I_{D[0]}$ 分别为短路前瞬间异步电动机的电压和电流，$\varphi_{D[0]}$ 为短路前瞬间功率因数角。在电力系统中，通常接有很多异步电动机，要想得到所有异步电动机在短路前的状态是很困难的，所以在实用工程计算中，只有在短路点附近有大型异步电动机负荷时，才按照式(6－86)进行计算，其余的电动机都考虑为综合负荷的一部分。综合负荷通常取次暂态电势 $E''=0.8$，$X''=0.35$，在等效次暂态电抗中，包含电动机的电抗 0.2 和连接的降压变压器的电抗 0.15。

由于异步电动机主要输出有功功率，因此其等效电路中的电阻相对较大，即由电动机提供的短路电流的衰减时间常数较小。因此，在实用计算中，负荷电动机产生的冲击电流

系数与发电机提供的冲击电流系数不同。

$$i_m = k_{fm} I''_{fh} \tag{6-87}$$

式中，k_{fm}为负荷电动机的冲击系数，I''_{fh}为电动机提供的短路电流的起始次暂态电流。通过选择合适的冲击系数，可以将电动机产生的周期分量电流的衰减考虑进去。对于小容量的电动机和综合负荷，$k_{fm}=1$；容量为 200～500 kW 的异步电动机，$k_{fm}=1.3～1.5$；容量为 500～1000 kW 的异步电动机，$k_{fm}=1.7～1.8$；对于同步电动机，其冲击系数的选择与同容量的同步发电机的冲击系数相当。这样，计及负荷的影响因素后，故障点短路电流的冲击电流可以表示为

$$i_m = k_m I'' + k_{fm} I''_{fh} \tag{6-88}$$

其中，k_m 为发电机的冲击系数，k_{fm}为异步电动机的冲击系数。

3. 短路电流起始值的计算

当同步发电机的次暂态电势、电动机的次暂态电势和次暂态电抗计算出后，电网的等值电路和参数计算也得到后，三相短路电流的计算就转化为网络的化简计算。网络化简的目标是利用星三角变换得到各电源点与三相短路点之间的转移阻抗 X_{js}，然后即可计算出各电源提供的短路起始电流值，并根据冲击系数求取短路冲击电流值。

6.4.3　短路电流计算曲线的制订及其应用

根据同步发电机机端三相短路的暂态过程分析可知，电力系统发生三相短路后，由于同步发电机转子绕组中存在稳态直流分量、衰减直流分量和衰减工频分量，因此会在定子中感应出稳态工频分量、衰减的工频分量、衰减的直流分量和衰减的倍频分量。即使是工频分量，其有效值也是随时间而变化的，其衰减时间常数分别与阻尼绕组的衰减时间常数 T''_d(次暂态过程)和励磁绕组的衰减时间常数 T'_d 有关。在工程中，直接计算各个时刻的短路电流是不现实的。为了方便工程中的应用，根据标准的电力系统模型，针对不同类型的发电机组，在不同的电气距离发生短路的情况下(用一个电抗来模拟从发电机至短路点的转移阻抗)，制订了三相短路电流工频分量随时间变化的计算曲线。在实际工程计算中，可以根据从发电机至短路点的转移阻抗，利用计算曲线直接查表就可得到各时刻短路电流的工频分量值。

1. 短路电流计算曲线的制订

短路电流计算曲线制订的标准模型如图 6－13 所示，在变压器高压母线上接有 50％的负荷，模拟发电机出口处的负荷；另外 50％的负荷通过一个可调的电抗器接在短路点外侧，模拟输送到远方的负荷；可调的电抗器模拟电力系统三相短路点与发电机之间的转移阻抗(电气距离)。

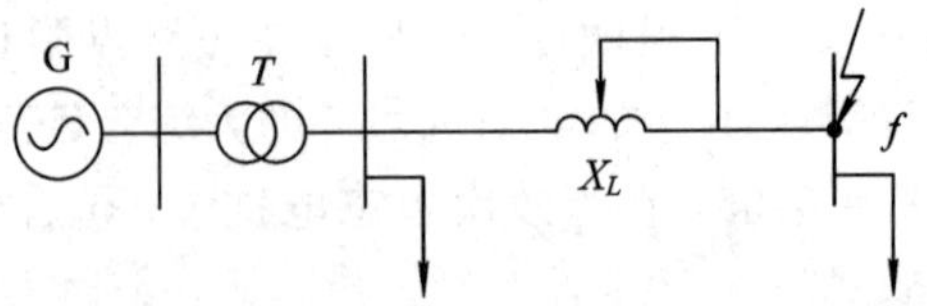

图 6－13　短路计算曲线制定的标准模型

改变 X_L 的值可以得到在转移阻抗 $X_{js}=X_L+X_T+X''_d$ 下各时刻的短路电流值。这样，在实际应用中，只需要计算出发电机距离短路点的转移阻抗就可以通过短路计算曲线，查得各时刻的短路电流值。

实际上对于不同发电机，由于参数的差异，其计算曲线是有所不同的。为了克服由于发电机参数差异导致的计算误差过大，制订时短路曲线，通常统计若干发电机的参数(同种类型，都是汽轮机组或者水轮机组)，依次计算出相应的短路曲线，并取其平均值作为短路电流计算曲线上的点。

2. 短路电流计算曲线的应用

电力系统三相短路的实用计算中，只需求同步发电机的次暂态同步电抗 X'_d，因为在计算曲线中已经考虑了负荷的影响，但在短路点附近的大容量电动机则必须考虑。然后利用网络化简找到每台同步发电机至短路点的转移阻抗 X_{js}，转移阻抗的计算可利用星三角化简法。最后查短路电流计算曲线，得到各时刻的短路电流工频分量。如果实际发电机参数与计算曲线中发电机参数相差较大，需要进一步修正。

6.4.4　短路电流周期分量的近似计算

在很多工程应用中，不需要做精确的短路电流计算，如在变电站设计时设备的选择和校验。在进行短路电流周期分量的近似计算时，通常不考虑由于发电机的作用导致工频周期分量的衰减。发电机的等效电势取为 1，直接求出从发电机至短路点的等效转移阻抗，即可估算出短路电流周期分量的近似值

$$I_{d*}=\frac{1}{X_{\Sigma *}} \tag{6-89}$$

相应的短路容量为(取额定电压为基准电压)

$$S_d=\sqrt{3}U_BI_d=\sqrt{3}U_BI_{d*}\frac{S_B}{\sqrt{3}U_B} \tag{6-90}$$

若计算时，无法获取外部电力系统的全部状态和参数数据，则将外部系统等值为电源和内阻抗串联的形式。系统的内阻抗可以根据系统母线处故障时，系统提供的短路电流或短路容量来确定

$$X_{s*}=\frac{1/X_s}{U_B/I_B}=\frac{I_B}{I_S}=\frac{S_B}{S_s} \tag{6-91}$$

如果系统阻抗未知，则可以根据与系统相连的出口断路器的开断容量作为母线处短路的最大短路容量。

6.4.5　复杂网络的三相短路的计算方法

一个复杂的电力网络，已知其节点阻抗矩阵，假设在网络中的节点 K 发生三相短路，求网络中任何支路的短路电流，如图 6－14 所示。将电力系统三相短路计算时所需要考虑的电源(包括同步发电机和需要考虑的大容量电动机负荷)作为注入电流源来考虑，例如，同步发电机，将以电势和电抗串联表示的等效电路转化为等效电流源和并联电纳，并将并联电纳计入电力系统的节点阻抗矩阵中。

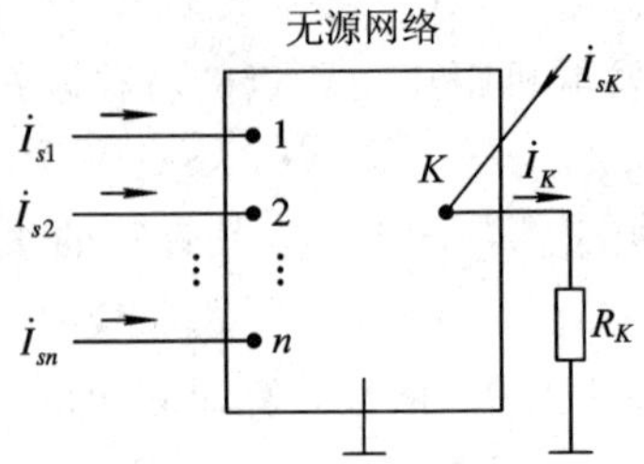

图 6－14　复杂系统三相短路示意图

假设系统中的 K 点发生三相短路，短路过渡电阻为 R_K。三相短路电流的求解思路是：首先求出短路点的短路电流 $\dot{I}_K$，然后将 $\dot{I}_K$ 作为注入电流求出系统各节点的电压，最后根据支路导纳求解各支路的短路电流。

1. 短路点短路电流的计算

已知各电源节点的注入电流和系统的节点导纳矩阵，可以用戴维南定理求解短路点的短路电流 $\dot{I}_K$，如图 6－15 所示。

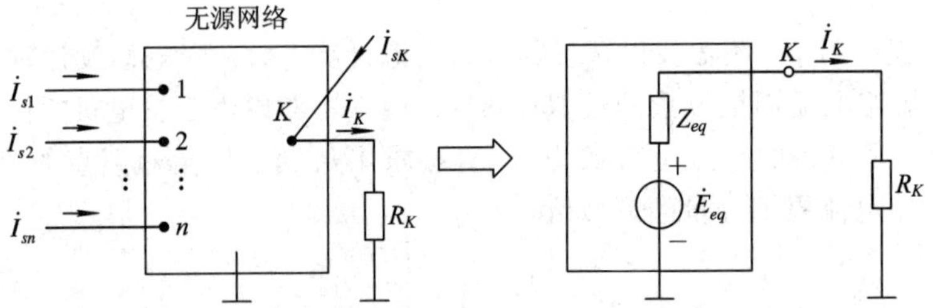

图 6－15　戴维南等效电路

已知系统的节点阻抗矩阵，不难求得到戴维南等效电路中的等效电源 $\dot{E}_{eq}$ 和等效阻抗 Z_{eq}。等效电源即短路支路开路时 K 点的电压，为短路点 K 短路前的电压

$$\dot{E}_{eq} = \dot{U}_{K(0)} \tag{6-92}$$

等效阻抗则可以通过在 K 点注入单位电流，令其它节点的注入电流为零，通过计算 K 点的电压得到

$$Z_{eq} = \dot{U}_K \Big|_{\substack{I_{sK}=1; \\ I_{s(j\neq K)}=0}} = Z_{KK} \tag{6-93}$$

从而可以求得故障支路的短路电流为

$$\dot{I}_K = \frac{\dot{U}_{K(0)}}{Z_{KK} + R_K} \tag{6-94}$$

2. 短路后各节点电压的计算

短路后系统中各节点电压的计算可以通过在短路点 K 增加注入负的短路电流补偿来计算，如图 6－16 所示应用叠加原理可以将该网络分为两部分，一部分是 K 节点没有注入补偿的短路电流，另一部分是只有在 K 节点注入补偿的短路电流。很明显，前者就是故障前各节点的电压，而后者则可以通过节点阻抗方程来计算。

以节点 m 为例($m\neq K$)，m 点的电压可以分为两部分，一部分是没有补偿注入电流的电压 $\dot{U}_m^{(1)}$，另一部分为仅考虑 K 点补偿注入电流在 m 点产生的电压 $\dot{U}_m^{(2)}$。

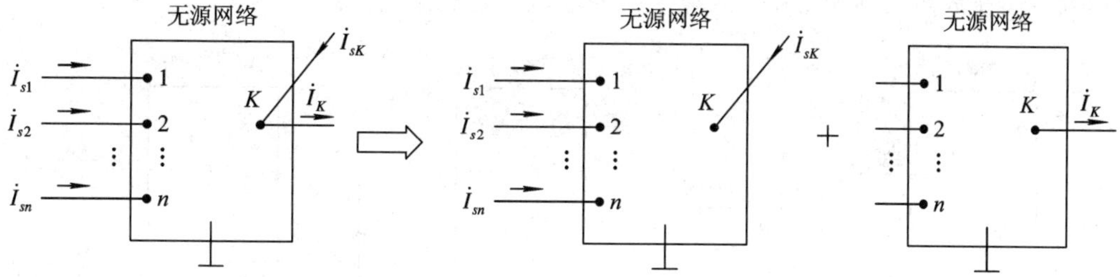

图 6-16　叠加原理求各节点电压示意图

对于任意一个节点 m 来说，第一部分电压为短路点没有补偿注入电流情况下的电压，这个电压即为短路前 m 点的电压

$$\dot{U}_m^{(1)} = \dot{U}_{m(0)} \tag{6-95}$$

而第二部分电压为只考虑短路点注入补偿电流在 m 点产生的电压，其余节点的注入电流均为零：

$$\dot{U}_m^{(2)} = Z_{m1}\dot{I}_{s1} + \cdots + Z_{mK}\dot{I}_{sK} + \cdots + Z_{mn}\dot{I}_{sn} = -Z_{mK}\dot{I}_K \tag{6-96}$$

因此，三相短路后，系统中任意节点 m 的电压为

$$\dot{U}_m = \dot{U}_{m(0)} - Z_{mK}\dot{I}_K = \dot{U}_{m(0)} - Z_{mK}\frac{\dot{U}_{K(0)}}{Z_{KK}+R_K} \tag{6-97}$$

3. 短路后各个支路短路电流的计算

各节点电压，已求得各个支路的导纳已知，即可求出各支路的短路电流。支路 ij 的短路电流为

$$\begin{aligned}\dot{I}_{ij} &= y_{ij}(\dot{U}_i - \dot{U}_j) = y_{ij}\left(\dot{U}_{i(0)} - Z_{iK}\frac{\dot{U}_{K(0)}}{Z_{KK}+R_K} - \dot{U}_{j(0)} + Z_{jK}\frac{\dot{U}_{K(0)}}{Z_{KK}+R_K}\right) \\ &= \dot{I}_{ij(0)} - y_{ij}(Z_{ik} - Z_{jk})\frac{\dot{U}_{K(0)}}{Z_{KK}+R_K}\end{aligned} \tag{6-98}$$

式(6-98)中 $\dot{I}_{ij(0)}$ 为支路 ij 故障前的电流，y_{ij} 为支路 ij 的导纳。

4. 三相短路电流计算的另一种思路——叠加原理法

复杂系统的三相短路电流计算，可以采用叠加原理法。如图 6-17 所示，在 K 点发生的三相短路，等价于在 K' 点叠加一个与故障前电压大小相等、方向相反的电压源。

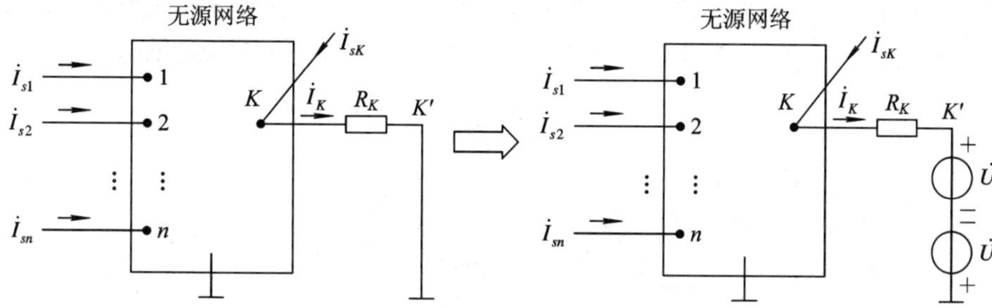

图 6-17　三相短路的等效示意图

图 6-17 所示的等效网络电路又可以等效为故障前的网络和故障附加网络的叠加，如图 6-18 所示，很显然，故障前的网络中由于 K' 点和 K 点的电压相同，因此故障支路中没

有电流。而在故障附加网络中，故障支路的电流就是短路电流。

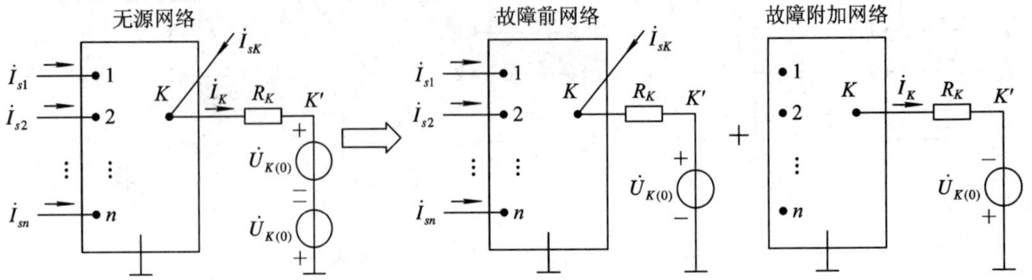

图 6-18 三相短路的叠加原理

在故障附加网络中，系统中除了节点 K 外，其它节点的注入电流源都为零。要求出附加网络中各支路的短路电流，需要先求出故障支路的短路电流。显然，在故障附加网络中，从 K 点看进去的等效阻抗为 Z_{KK}。因此，不难得到故障支路的短路电流为

$$\dot{I}_K = \frac{\dot{U}_{K(0)}}{Z_{KK} + R_K} \tag{6-99}$$

然后，根据 K 点的短路电流可求出故障附加网络中各节点的电压，以节点 m 为例

$$\Delta U_m = Z_{mK}(-\dot{I}_K) = -Z_{mK}\frac{\dot{U}_{K(0)}}{Z_{KK} + R_K} \tag{6-100}$$

这样，故障附加网络中任意支路 ij 的短路电流为

$$\begin{aligned}\Delta\dot{I}_{ij} &= y_{ij}(\Delta\dot{U}_i - \Delta\dot{U}_j)\\ &= y_{ij}\left(-Z_{iK}\frac{\dot{U}_{K(0)}}{Z_{KK} + R_K} + Z_{jK}\frac{\dot{U}_{K(0)}}{Z_{KK} + R_K}\right)\\ &= -y_{ij}(Z_{ik} - Z_{jk})\frac{\dot{U}_{K(0)}}{Z_{KK} + R_K}\end{aligned} \tag{6-101}$$

流过支路 ij 的短路电流为故障前的电流加上附加短路电流

$$\dot{I}_{ij} = \dot{I}_{ij(0)} + \Delta\dot{I}_{ij} \tag{6-102}$$

短路电流计算结果与前面的分析完全一致。

5. 节点之间三相短路电流的计算

系统中发生的短路故障往往并不在母线上，而是发生在母线节点之间的线路上。如图 6-19 所示，故障发生在线路 MN 之间的 F 点。假设 MN 之间的线路阻抗为 Z_L，故障点距离 M 点的阻抗为 αZ_L，距离 N 点的阻抗为 $(1-\alpha)Z_L$，求各支路的短路电流。

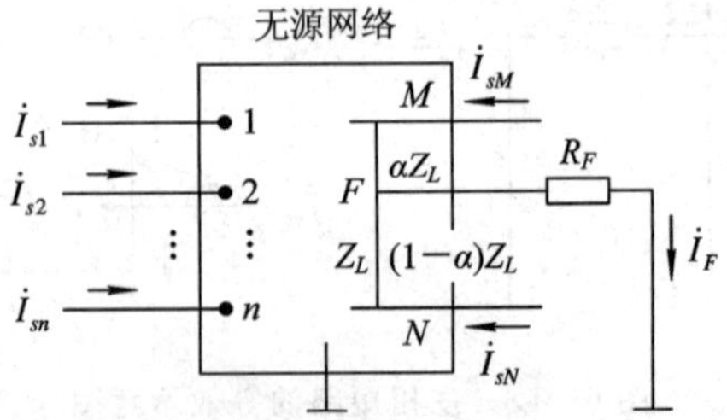

图 6-19 F 点发生故障示意图

如果将 F 点考虑进去，需重新修改节点导纳矩阵，计算方法同前，但计算繁锁。

利用叠加原理的计算方法，故障附加网络如图 6-20 所示，要求故障电流 $\dot{I}_F$，必须先得到 F 点看进去的等效阻抗。

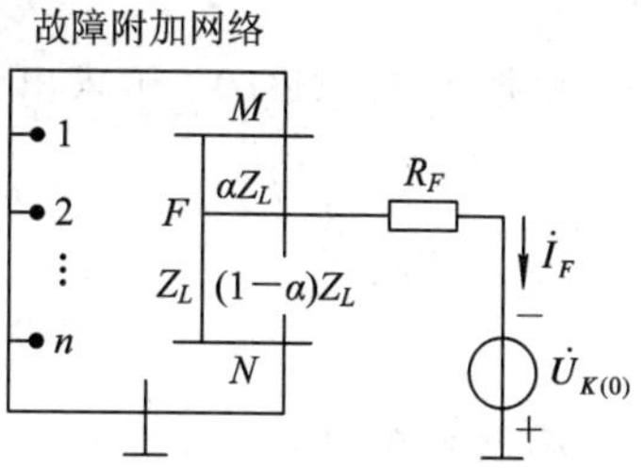

图 6-20　故障附加网络示意图

从 F 点看进去的等效阻抗等价于在 F 点注入单位电流后(其余节点的注入电流为零)F 点的电压值

$$Z_{eq}=\dot{U}_F\Big|_{\substack{I_{sF}=1\\ I_{s(j\neq F)}=0}}$$

要求 F 点的电压，必须先求得节点 M 和 N 的电压。为了计算方便，不改变网络的节点阻抗矩阵参数，考虑将 F 点注入的单位电流，等效为在 M 点和 N 点补偿注入电流 $\dot{I}_{sM}$ 和 $\dot{I}_{sN}$，如果能够求出这两个等效的补偿注入电流，就可以根据节点阻抗矩阵计算出节点 M 和 N 的电压，进而计算出 F 点的电压，即从 F 点看进去的等效阻抗。

如何求这两个补偿的注入电流？首先，根据广义的基尔霍夫电流定律，两个注入的补偿电流之和一定等于 F 点的注入电流，即

$$\dot{I}_{sM}+\dot{I}_{sN}=\dot{I}_{sF} \tag{6-103}$$

根据图 6-21(a)左边的电路图可知

$$\begin{cases}\dot{U}_M=\dot{U}_F-\alpha Z_L\dot{I}_M\\ \dot{U}_N=\dot{U}_F-(1-\alpha)Z_L\dot{I}_N\end{cases} \tag{6-104}$$

将式(6-104)中两个方程相减，消掉 $\dot{U}_F$，可得

$$\begin{aligned}\dot{U}_{MN}&=-\alpha Z_L(\dot{I}_M+\dot{I}_N)+Z_L\dot{I}_N=-\alpha Z_L\dot{I}_{sF}+Z_L\dot{I}_N\\&=-\alpha Z_L(\dot{I}_{sM}+\dot{I}_{sN})+Z_L\dot{I}_N\end{aligned} \tag{6-105}$$

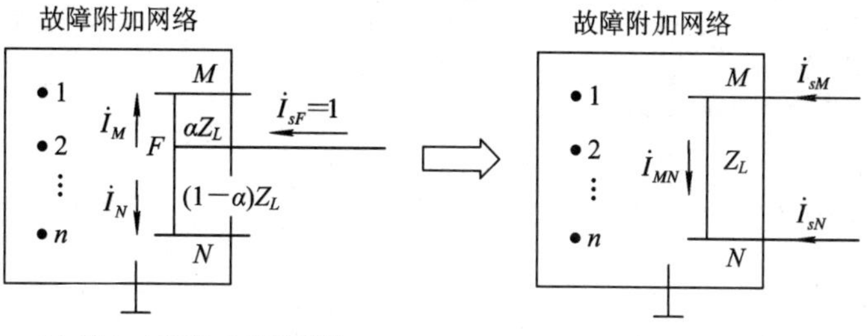

(a) 注入电流法求等效阻抗　　(b) 注入电流的补偿

图 6-21　注入电流的补偿

比较图 6-21(a)与 6-21(b)中的两个电路，可知

$$\dot{I}_N=\dot{I}_{MN}+\dot{I}_{sN}=\frac{\dot{U}_{MN}}{Z_L}+\dot{I}_{sN} \tag{6-106}$$

将式(6-106)代入式(6-105)中，可得

$$\alpha I_{sM}=(1-\alpha)I_{sN} \tag{6-107}$$

将式(6-107)代入式(6-103)中，可得

$$\begin{cases}\dot{I}_{sM}=(1-\alpha)I_{sF}\\ \dot{I}_{sN}=\alpha\dot{I}_{sF}\end{cases} \tag{6-108}$$

根据(6-108)，就可以根据节点阻抗矩阵即可求出节点 M 和 N 点的电压

$$\begin{cases}\dot{U}_M = Z_{MM}(1-\alpha)\dot{I}_F + Z_{MN}\alpha\dot{I}_F \\ \dot{U}_N = Z_{MN}(1-\alpha)\dot{I}_F + Z_{NN}\alpha\dot{I}_F\end{cases} \tag{6-109}$$

根据图 6-21(b)，可求出 $\dot{I}_M$ 和 $\dot{I}_N$

$$\begin{cases}\dot{I}_M = \dot{I}_{sM} - \dot{I}_{MN} = \dfrac{(1-\alpha)(Z_L - Z_{MM}) - 2Z_{MN} - \alpha Z_{NN}}{Z_L}\dot{I}_F \\ \dot{I}_N = \dot{I}_{sN} + \dot{I}_{MN} = \dfrac{\alpha(Z_L + Z_{NN}) + (1-\alpha)Z_{MM} + 2Z_{MN}}{Z_L}\dot{I}_F\end{cases} \tag{6-100}$$

根据图 6-21(a)可求出 F 点的电压：

$$\dot{U}_F = \dot{U}_M + \alpha Z_L\dot{I}_M = [(1-\alpha)^2 Z_{MM} + 2\alpha(1-\alpha)Z_{MN} + \alpha^2 Z_{NN} + \alpha(1-\alpha)Z_L]\dot{I}_F \tag{6-111}$$

因此，从 F 点看进去的等效阻抗为

$$Z_{eq} = (1-\alpha)^2 Z_{MM} + 2\alpha(1-\alpha)Z_{MN} + \alpha^2 Z_{NN} + \alpha(1-\alpha)Z_L \tag{6-112}$$

从而可求得故障支路的短路电流为

$$\dot{I}_F = \frac{\dot{U}_{F(0)}}{Z_{eq} + R_F} \tag{6-113}$$

其中，$\dot{U}_{F(0)}$ 为故障前故障点的电压

$$\dot{U}_{F(0)} = \dot{U}_{M(0)} - \alpha Z_L\frac{\dot{U}_{M(0)} - \dot{U}_{N(0)}}{Z_L} = (1-\alpha)\dot{U}_{M(0)} + \alpha\dot{U}_{N(0)} \tag{6-114}$$

得到了故障支路的短路电流，就可以将这个短路电流当做在 F 点的注入电流，利用补偿法(式(6-108))得到在 M、N 点的补偿注入电流，即可利用节点阻抗矩阵得到故障附加网络中各节点的故障分量电压，进而得到各支路故障分量的短路电流，与故障前的分量进行迭加，即可得到就是故障后各支路的短路电流。由于公式比较复杂，这里不再一一列出。

第七章　电力系统不对称故障分析

电力系统是三相输电系统，由于各相之间存在电磁耦合，因此各相之间存在互阻抗和互导纳。如图 7－1 所示的三相系统，各相除了具有电阻 r_a、r_b、r_c，自感 L_a、L_b、L_c，以及对地电容 C_a、C_b、C_c外，还存在相间互感 m_{ab}、m_{bc}、m_{ca} 和互电容 C_{ab}、C_{bc}、C_{ca}。

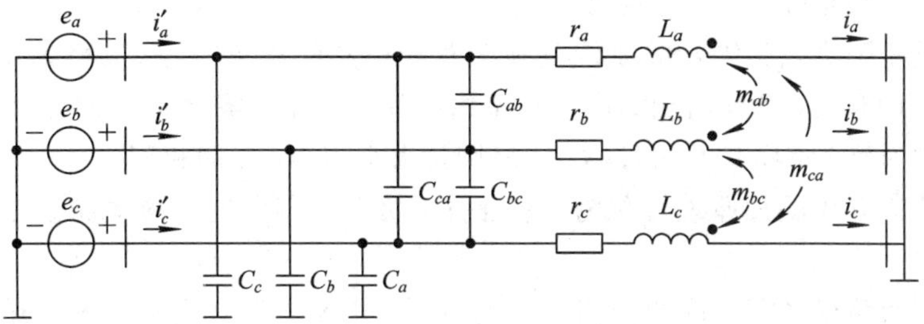

图 7－1　三相电磁耦合系统

根据电路理论可知，如果三相系统的自阻抗和自导纳参数相等，相间的互阻抗、互导纳参数也分别相等，这样的三相系统称为三相平衡系统。只有在三相平衡系统中，当电源电压对称时系统中各个节点或支路的电压和电流才对称。以图 7－1 所示的系统为例，假设三相的自感相等，相间互感也相等，自阻抗用 Z_s表示，互阻抗用 Z_m表示，则三相电压与电流的关系为

$$\begin{cases}\dot{E}_a = Z_s\dot{I}_a + Z_m\dot{I}_b + Z_m\dot{I}_c \\ \dot{E}_b = Z_m\dot{I}_a + Z_s\dot{I}_b + Z_m\dot{I}_c \\ \dot{E}_c = Z_m\dot{I}_a + Z_m\dot{I}_b + Z_s\dot{I}_c\end{cases} \tag{7-1}$$

如果三相电源对称，将式(7－1)中三个方程相加得到

$$\dot{E}_a + \dot{E}_b + \dot{E}_c = (Z_s + 2Z_m)(\dot{I}_a + \dot{I}_b + \dot{I}_c) = 0 \tag{7-2}$$

由式(7－2)可知

$$\dot{I}_a + \dot{I}_b + \dot{I}_c = 0$$

则三相电压方程式(7－1)变为

$$\begin{cases}\dot{E}_a = Z_s\dot{I}_a + Z_m\dot{I}_b + Z_m\dot{I}_c = (Z_s - Z_m)\dot{I}_a \\ \dot{E}_b = Z_m\dot{I}_a + Z_s\dot{I}_b + Z_m\dot{I}_c = (Z_s - Z_m)\dot{I}_b \\ \dot{E}_c = Z_m\dot{I}_a + Z_m\dot{I}_b + Z_s\dot{I}_c = (Z_s - Z_m)\dot{I}_c\end{cases} \tag{7-3}$$

式(7－3)说明三相电流也对称。式(7－3)是在三相系统平衡且对称情况下，用单相法进行三相电路计算的基础。

而电力系统发生的故障大多数情况下都是不对称故障，用什么方法来进行分析和计算

呢？显然，不对称的三相系统不能用单相来代替，如果采用三相电路方程进行计算，不对称故障分析将非常复杂(随着计算机技术的发展，很多计算是采用三相电路计算的)。

不能用单相法求解不对称三相电路的主要原因在于三相之间的电磁耦合，相与相之间不独立。从矩阵理论的角度看，耦合导致参数矩阵不是对角线矩阵(如式(7－1)中的阻抗矩阵)，如果能够找到一个线性变换矩阵 $\boldsymbol{P}$，将参数矩阵转化为对角线矩阵，那么变换后的三个量之间就不再有耦合关系。

根据矩阵理论，三相平衡系统的特征值中，有两个特征值是相等的，因此其线性变换矩阵 $\boldsymbol{P}$ 存在无穷多个。在不对称故障的稳态分析中，通常采用对称分量矩阵，因为对称分量矩阵对于分析故障后的稳态非常方便，而且具有非常明显的物理意义。但在不对称故障的电磁暂态过程分析中，则采用实数的相模变换矩阵，如克拉克矩阵、凯伦布尔矩阵等。对于不平衡的三相系统，由于其变换矩阵与参数有关，因此在故障分析中需要针对具体的参数来求取其变换矩阵，这里不再赘述。

对称分量矩阵将三相耦合的系统变换为互相独立的正负零序(又称为 1、2、0)系统，具有明显的物理意义，即任何相的电气量都由正序、负序和零序对称的分量叠加而成，其中正序是正向对称，负序是反向对称，零序则是大小相等，方向相同。这样，三相电路的不对称问题就可以利用叠加原理转化为三相正序、负序和零序电路的叠加。这个方法称为对称分量法。

因此对不对称或者不平衡的三相系统的分析，主要方法就是对三相系统进行解耦合。本章主要针对平衡的三相系统发生故障后的稳态电气量进行分析，主要介绍利用对称分量法进行不对称故障分析。

7.1 对称分量法的基本原理

本节主要讨论对称分量法的基本原理，以及利用对称分量法分析不对称故障的思路。解决三相系统的不对称问题，需要将互相耦合的三相系统进行解耦，将三相阻抗或导纳矩阵通过线性变换转化为对角线矩阵；或进行坐标变换，将 a、b、c 三相的投影变换到正交的坐标系中。由于投影变换到正交系中，因此在三个序中的分量就互不相关，相与相之间就不存在耦合关系。

由于三相平衡系统的参数矩阵的特征值有两个是相等的，因此，其变换矩阵就有无穷多个。例如将 abc 三相系统转换为静止的正交系中，就是 $\alpha\beta0$ 变换；转换到同步旋转的坐标系中，就是 $dq0$ 变换；转换到正向旋转的 dq 坐标系、反向旋转的 dq 坐标系和与 a、b、c 三个轴垂直的旋转正交坐标系，就是 120°变换(正负零序系统)。

实际上它们都具有解耦合的作用，$dq0$ 系统适用于不考虑负序和零序的发电机系统(第三章发电机模型中，采用 $dq0$ 变换后，参数不仅恒定，而且解耦)，$\alpha\beta0$ 变换适合于故障暂态分析，而 120°变换则适合于不对称的稳态相量分析。因为在不对称故障后的稳态相量分析中，它具有明确的物理意义，即任何一相都可以分解为三个序分量的叠加，所以利用叠加原理可以将平衡系统的三相不对称问题转化为三个互相对称网络的叠加。

7.1.1　三相平衡系统的解耦

图 7-1 所示的三相平衡系统中，用矩阵形式表示电压、电流的关系为

$$\begin{bmatrix}\dot{U}_a\\ \dot{U}_b\\ \dot{U}_c\end{bmatrix}=\begin{bmatrix}Z_s & Z_m & Z_m\\ Z_m & Z_s & Z_m\\ Z_m & Z_m & Z_s\end{bmatrix}\begin{bmatrix}\dot{I}_a\\ \dot{I}_b\\ \dot{I}_c\end{bmatrix}\tag{7-4}$$

当系统处于不对称状态时，需将式(7-4)中的参数矩阵转化为对角线矩阵

$$\boldsymbol{PU}=\boldsymbol{PZP}^{-1}(\boldsymbol{PI})\tag{7-5}$$

即

$$\begin{bmatrix}\dot{U}_1\\ \dot{U}_2\\ \dot{U}_0\end{bmatrix}=\begin{bmatrix}Z_1 & 0 & 0\\ 0 & Z_2 & 0\\ 0 & 0 & Z_0\end{bmatrix}\begin{bmatrix}\dot{I}_1\\ \dot{I}_2\\ \dot{I}_0\end{bmatrix}\tag{7-6}$$

变换后的三个电压和电流的关系互相独立。对角线矩阵中的元素 Z_1、Z_2 和 Z_0 分别是参数矩阵 $\boldsymbol{Z}$ 的三个特征值，而转换矩阵则是特征值对应的特征向量组成的矩阵。

根据线性代数(或矩阵理论)中的知识可知，参数矩阵的特征值是由特征方程得到的

$$\det(\lambda\boldsymbol{E}-\boldsymbol{Z})=0\tag{7-7}$$

式中，det 表示求矩阵行列式的值，$\boldsymbol{E}$ 表示单位矩阵。经过化简，特征方程为

$$[\lambda-(Z_s-Z_m)]^2[\lambda-(Z_s+2Z_m)]=0\tag{7-8}$$

因此，其特征值为

$$\begin{cases}\lambda_1=Z_1=Z_s-Z_m\\ \lambda_2=Z_2=Z_s-Z_m\\ \lambda_0=Z_0=Z_s+2Z_m\end{cases}\tag{7-9}$$

Z_1、Z_2、Z_0 分别称为正序、负序和零序阻抗。由于平衡系统的参数矩阵存在两个互相相等的特征值，因此，其特征向量为无穷多个，特征矩阵 $\boldsymbol{P}$ 的元素满足：

$$\begin{cases}P_{11}+P_{12}+P_{13}=0\\ P_{21}+P_{22}+P_{23}=0\\ P_{31}=P_{32}=P_{33}\end{cases}\tag{7-10}$$

凡是满足式(7-10)的所有非奇异矩阵都具备三相解耦的功能，选择不同的 $\boldsymbol{P}$，就是不同的线性变换，适合不同的分析场合。例如选择

$$\boldsymbol{P}=\begin{bmatrix}1 & -1/2 & -1/2\\ 0 & \sqrt{3}/2 & -\sqrt{3}/2\\ 1 & 1 & 1\end{bmatrix}\tag{7-11}$$

利用式(7-11)进行的变换就是 $\alpha\beta0$ 变换，适合三相系统的不对称故障的电磁暂态过程分析。如果选择

$$\boldsymbol{P}=\frac{2}{3}\begin{bmatrix}\cos(\delta) & \cos(\delta-120^\circ) & \cos(\delta+120^\circ)\\ -\sin(\delta) & -\sin(\delta-120^\circ) & -\sin(\delta+120^\circ)\\ 1/2 & 1/2 & 1/2\end{bmatrix}\tag{7-12}$$

利用式(7-11)进行的变换就是 $dq0$ 变换，适合只考虑发电机正序分量的故障暂态分析(负序是反向旋转的向量在 a、b、c 轴的投影，还需要做反向的 dq 变换)。

如果选择

$$\boldsymbol{P}=\frac{1}{3}\begin{bmatrix}1 & a & a^2\\1 & a^2 & a\\1 & 1 & 1\end{bmatrix}\tag{7-13}$$

其中，$a=e^{j120^\circ}$，该变换矩阵适合于解耦稳态的相量方程，求解不对称故障的稳态解。请读者自己分析一下这三个变换之间的关系，特别是对称分量矩阵与 $dq0$ 变换矩阵的关系，再利用向量代数的相关理论分析坐标变换与上述变换的关系，这里不再赘述。

7.1.2 对称分量法的物理意义

电力系统不对称故障的稳态分析，通常采用适合相量方程的对称分量矩阵(式(7-13))。对于三相不对称的电压或电流相量，经过对称分量变换后，转化为 120°系统

$$\begin{bmatrix}\dot{U}_1\\\dot{U}_2\\\dot{U}_0\end{bmatrix}=\frac{1}{3}\begin{bmatrix}1 & a & a^2\\1 & a^2 & a\\1 & 1 & 1\end{bmatrix}\begin{bmatrix}\dot{U}_a\\\dot{U}_b\\\dot{U}_c\end{bmatrix}\tag{7-14a}$$

$$\begin{bmatrix}\dot{I}_1\\\dot{I}_2\\\dot{I}_0\end{bmatrix}=\frac{1}{3}\begin{bmatrix}1 & a & a^2\\1 & a^2 & a\\1 & 1 & 1\end{bmatrix}\begin{bmatrix}\dot{I}_a\\\dot{I}_b\\\dot{I}_c\end{bmatrix}\tag{7-14b}$$

将式(7-14)进行反变换得

$$\begin{bmatrix}\dot{U}_a\\\dot{U}_b\\\dot{U}_c\end{bmatrix}=\begin{bmatrix}1 & 1 & 1\\a^2 & a & 1\\a & a^2 & 1\end{bmatrix}\begin{bmatrix}\dot{U}_1\\\dot{U}_2\\\dot{U}_0\end{bmatrix}\tag{7-15a}$$

$$\begin{bmatrix}\dot{I}_a\\\dot{I}_b\\\dot{I}_c\end{bmatrix}=\begin{bmatrix}1 & 1 & 1\\a^2 & a & 1\\a & a^2 & 1\end{bmatrix}\begin{bmatrix}\dot{I}_1\\\dot{I}_2\\\dot{I}_0\end{bmatrix}\tag{7-15b}$$

式(7-14)和式(7-15)说明，对于不对称的三相系统，任何一相的相量都可分解为三个分量的叠加(以电压为例)：

$$\begin{cases}\dot{U}_a=\dot{U}_1+\dot{U}_2+\dot{U}_0=\dot{U}_{a1}+\dot{U}_{a2}+\dot{U}_{a0}\\\dot{U}_b=a^2\dot{U}_1+a\dot{U}_2+\dot{U}_0=\dot{U}_{b1}+\dot{U}_{b2}+\dot{U}_{b0}\\\dot{U}_c=a\dot{U}_1+a^2\dot{U}_2+\dot{U}_0=\dot{U}_{c1}+\dot{U}_{c2}+\dot{U}_{c0}\end{cases}\tag{7-16}$$

式(7-16)中，三个分量各自满足如下关系：$\dot{U}_{a1}$、$\dot{U}_{b1}$、$\dot{U}_{c1}$幅值相等，相位关系按照 abc 的正常相序相差 120 度，即 a 超前 b，b 超前 c，即正序对称，因此称为“正序分量”；$\dot{U}_{a2}$、$\dot{U}_{b2}$、$\dot{U}_{c2}$幅值相等，相位关系按照 cba 反相序相差 120°，即负序对称，即 c 超前 b，b 超前 a，因此称为“负序分量”；$\dot{U}_{a0}$、$\dot{U}_{b0}$、$\dot{U}_{c0}$三个相量幅值相等，方向同相，故称为“零序分量”。三个序分量的三相关系如图 7-2 所示。

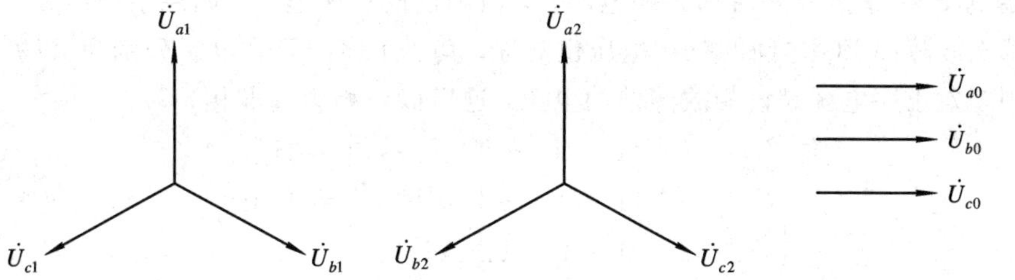

图 7-2　三个序分量的相序关系

式(7-16)中，$\dot{U}_1$、$\dot{U}_2$、$\dot{U}_0$ 是 a 相的正序、负序和零序电压，故称 a 相为"基准相"。当然也可以选择 b 相或 c 相为基准相，因为三个序分量是对称的。以 b 相为基准相时，有

$$\begin{cases}\dot{U}_b = \dot{U}_1 + \dot{U}_2 + \dot{U}_0 \\ \dot{U}_c = a^2\dot{U}_1 + a\dot{U}_2 + \dot{U}_0 \\ \dot{U}_a = a\dot{U}_1 + a^2\dot{U}_2 + \dot{U}_0\end{cases} \tag{7-17}$$

以 c 相为基准相时，有

$$\begin{cases}\dot{U}_c = \dot{U}_1 + \dot{U}_2 + \dot{U}_0 \\ \dot{U}_a = a^2\dot{U}_1 + a\dot{U}_2 + \dot{U}_0 \\ \dot{U}_b = a\dot{U}_1 + a^2\dot{U}_2 + \dot{U}_0\end{cases} \tag{7-18}$$

7.1.3　利用对称分量法分析不对称故障

三相系统的不对称电压和电流可以分解为三个正序、负序、零序的对称分量，可以用叠加原理对不对称故障进行分析。如图 7-3 所示的三相系统，假设 F 点 F 与大地 G 之间发生不对称故障，FG 的三相电压和三相电流不对称，可以将三相电压和电流分解为三个序分量的叠加。

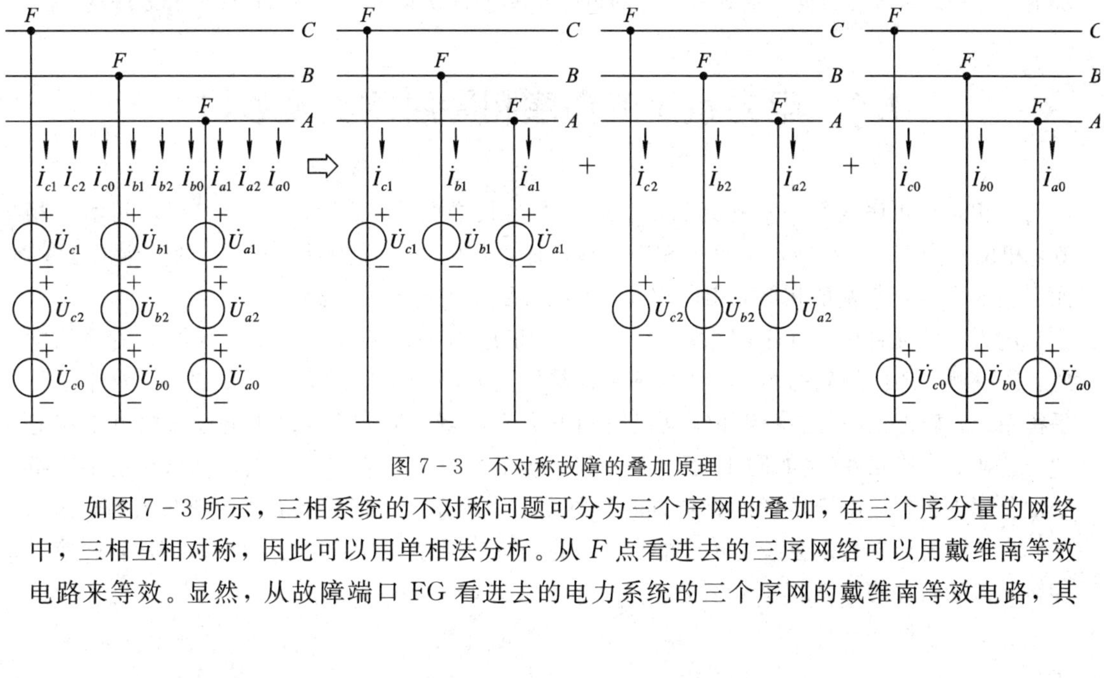

图 7-3　不对称故障的叠加原理

如图 7-3 所示，三相系统的不对称问题可分为三个序网的叠加，在三个序分量的网络中，三相互相对称，因此可以用单相法分析。从 F 点看进去的三序网络可以用戴维南等效电路来等效。显然，从故障端口 FG 看进去的电力系统的三个序网的戴维南等效电路，其

等效电源为 F 和 G 点开路时的三序电压，即故障前的三序电压。如果系统参数平衡且电源对称，那么故障前 FG 之间的三相电压也对称，其三个序的等效电源分别为(以哪一相为基准相，则等效正序电源是该相故障前的电压，这里以 a 相为基准相)

$$\begin{bmatrix}\dot{E}_1\\ \dot{E}_2\\ \dot{E}_0\end{bmatrix}=\frac{1}{3}\begin{bmatrix}1 & a & a^2\\ 1 & a^2 & a\\ 1 & 1 & 1\end{bmatrix}\begin{bmatrix}\dot{U}_{a(0)}\\ a^2\dot{U}_{a(0)}\\ a\dot{U}_{a(0)}\end{bmatrix}=\begin{bmatrix}\dot{U}_{a(0)}\\ 0\\ 0\end{bmatrix} \tag{7-19}$$

从 FG 端口看进去的等效阻抗假设用 Z_1、Z_2 和 Z_0 来表示(由于电力系统的三个序网不同，因此要求等效阻抗，必须先绘制三个序网图)，这样，三个序网就可用互相独立的三个单相网络表示。假设以 a 相为基准相(也可以 b 和 c 相为基准相，以哪一相为基准相，其中的正序负序和零序电压就代表哪一相)，三个序网如图7-4 所示。

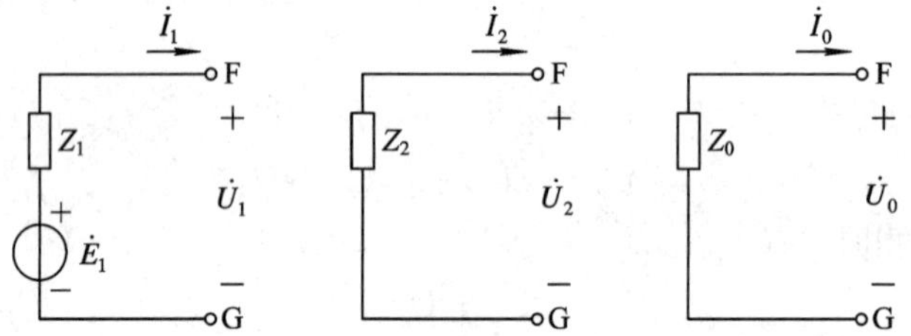

图 7-4　三个序网的戴维南等效电路

可得到三个序网的方程

$$\begin{cases}\dot{E}_1=\dot{U}_1+Z_1\dot{I}_1\\ 0=\dot{U}_2+Z_2\dot{I}_2\\ 0=\dot{U}_0+Z_0\dot{I}_0\end{cases} \tag{7-20}$$

如果知道 FG 端口不对称故障的类型，则就可得到三序电压和电流的另外三个方程，这称为不对称故障的边界条件，联立式(7-20)可解出三个序电压和三个序电流。首先必须解决的问题是，如何得到电力系统各元件的负序和零序等效电路以及如何负序网和零序网。

7.2　电力系统的负序和零序网络及参数

三相系统正序或负序对称运行时，通过相与相之间构成回路，因为三相之间幅值相等，相位差为 120°，在中性点处三相正序或负序电流的代数和为零，中性点的电位也是零，而三相零序由于其幅值相等，相位相同，因此必须以大地构成回路。

电力系统元件中，负序网络的等效电路与正序网络是相同的，在一侧加上负序的电压，另一侧也产生相同的相序，其物理过程与加上正序的电压没有本质的区别。对于三相平衡系统，静止三相元件(例如输电线路和电力变压器)的负序参数和正序参数也是相等的。但对于旋转元件(例如同步发电机)来说，转子的方向一直以正序旋转，当在定子绕组上加负序电流时，由于转子的旋转方向与负序方向相反，因此在定子和转子互相耦合作用下，发电机定子绕组中会产生正序的奇数次谐波，转子绕组中会产生偶数次谐波，这使得旋转元件的负序参数变得更加复杂。

由于零序回路是三相通过大地构成的回路，因此对于输电线路来说，零序等效电路和正序等效电路是相同的，但大地对零序参数的影响必须考虑。在第二章分析输电线路的参数时，考虑的是无穷长的导线，因此线路的自感和互感并没有考虑大地的影响。对于电力变压器，由于原边和副边三相绕组的接线形式多样，因此对零序等效电路的影响很大，不同的接线形式具有不同的零序等值电路。对于同步发电机来说，当在定子绕组上加零序电流后，由于三相定子绕组在空间上相差 120 度电角度，因此它们产生的合成磁场为零，零序电抗只是各个定子绕组的漏抗。本节重点介绍同步发电机、输电线路、电力变压器的负序与零序网络和参数，以及电力系统的负序和零序网络的绘制。

7.2.1 同步发电机的负序和零序参数

同步发电机在对称运行时，只含有正序分量，第三章建立的同步发电机的模型及其电机参数都属于正序参数。例如，直轴和交轴同步电抗 X_d、X_q是稳态运行的参数，X_d'、X_q'为暂态参数，X_d''、X_q'' 为次暂态参数。

1. 同步发电机的负序参数

在同步发电机的定子绕组中通入负序电流时，其等效电路与正序完全相同，因为定子绕组的三相空间位置、转子的旋转方向仍然按照正相序旋转。以 d 轴为例，其等效电路如图 7-5 所示。

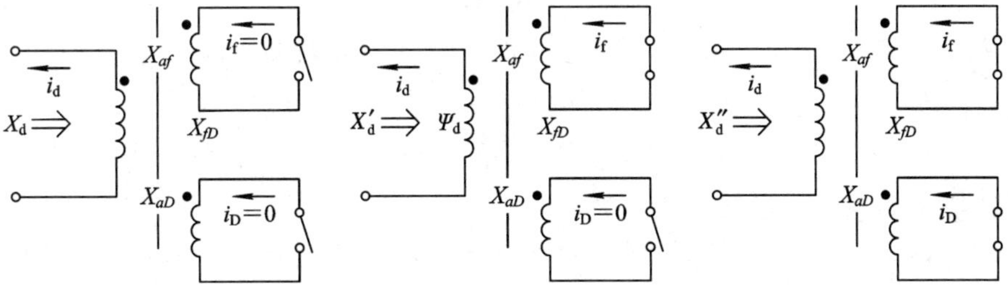

图 7-5 同步发电机磁路的等效(d 轴)

不同之处是，在正序稳态运行时，定子三相绕组中的磁场等价于一个与转子同步旋转的相量在 a、b、c 三个轴上的投影，因此加在转子上的是直流恒定磁场，而励磁绕组和阻尼绕组不起作用，同步发电机的稳态等效电抗为直轴同步电抗和交轴同步电抗。只有在暂态过程中，定子绕组的旋转磁场是变化的，因此在 dq 轴上反映出的是衰减的直流磁场，这样在励磁绕组和阻尼绕组中会感应出电流去抵消这个磁场的变化，导致暂态等效电抗呈现出次暂态电抗。当阻尼绕组中的暂态电流先于励磁绕组衰减完时，从定子侧看进去呈现的是暂态电抗。

然而对于负序分量，由于工频负序分量在转子绕组中产生两倍工频交变的电流，因此励磁绕组和阻尼绕组中始终能感应出交变的电流，这是因为负序分量等价于一个反向旋转的相量在正向旋转的 dq 轴上的投影，相当于在转子上加一个交变的两倍频的磁场。这样就在转子中感应出两倍工频电流。这个电流始终对定子绕组存在影响作用，因此从定子侧看进去，其参数呈现出次暂态电抗参数。

实际上，当电力系统发生不对称故障时，会在定子绕组中产生负序电流(正序电源在故障点产生的），其磁链的变化是非常复杂的。这个负序电流在转子绕组中感应出两倍频电流，而这个电流又在定子绕组中感应出三倍工频的正序电势和工频的负序电势，三倍工频的电势又在故障点产生出三倍频的负序（如果三倍频的回路闭合的话），又在转子绕组中感应出四倍频的电流，以此类推，最终在转子绕组中产生出偶数次的谐波，在定子绕组中产生出奇数次的谐波。

谐波电流对负序磁链产生一定的影响。为使发电机负序电抗有明确的意义，在发电机定子绕组中通入基频负序电流，产生的基频负序磁链与基频负序电流的比值作为同步发电机的负序阻抗（之所以是负号，是因为磁链和电流定义的参考方向非关联，参见第三章同步发电机的模型）

$$X_2 = \frac{\psi_2}{-I_2} \tag{7-21}$$

假设在定子绕组中通入的负序电流为

$$\begin{cases} i_{a2} = I\cos(\omega_0 t + \varphi_0) \\ i_{b2} = I\cos(\omega_0 t + \varphi_0 + 120°) \\ i_{c2} = I\cos(\omega_0 t + \varphi_0 - 120°) \end{cases} \tag{7-22}$$

经过 Park 变换后，d 和 q 绕组的电流为

$$\begin{cases} i_{d2} = I\cos(2\omega_0 t + \varphi_0) \\ i_{q2} = I\sin(2\omega_0 t + \varphi_0) \end{cases} \tag{7-23}$$

在 d、q 绕组中产生的磁链分别为（参见图 7-5 右侧的等效电路）

$$\begin{cases} \psi_{d2} = -X''_d i_{d2} = -X''_d \cos(2\omega_0 t + \varphi_0) \\ \psi_{q2} = -X''_q i_{q2} = -X''_q \sin(2\omega_0 t + \varphi_0) \end{cases} \tag{7-24}$$

利用 Park 反变换可得到

$$\begin{aligned} \psi_{a2} &= -X''_d I\ \cos(2\omega_0 t + \varphi_0)\cos\omega_0 t + X''_q I\ \sin(2\omega_0 t + \varphi_0)\sin\omega_0 t \\ &= -\left(\frac{X''_d + X''_q}{2}\right) I\ \cos(3\omega_0 t + \varphi_0) - \left(\frac{X''_d + X''_q}{2}\right) I\ \cos(\omega_0 t + \varphi_0) \end{aligned} \tag{7-25}$$

根据负序阻抗的定义，只取负序磁链中的基频部分，因此负序阻抗为

$$X_2 = \frac{\psi_2}{-I} = \frac{X''_d + X''_q}{2} \tag{7-26}$$

2. 同步发电机的零序参数

同步发电机的三相定子绕组中通入零序电流时，由于定子绕组三相空间相差 120°电角度，而零序电流三相大小相等方向相同，因此合成磁场为零。所以，发电机定子绕组的零序电流产生的磁链只是三相绕组的漏磁链之和。发电机绕组本身的零序电抗（假设中性点直接接地）大约为 $X_0 = 0.15 \sim 0.6X''_d$。而大多数同步发电机的中性点通常都是非有效接地，因此，其零序阻抗可以认为是无穷大。

7.2.2 输电线路的负序和零序参数

三相正序和负序都是相位相差 120°，中性点的电位为零，在大地中没有电流流过，因此可以认为是以相间构成回路的。三相平衡输电线路中，由于自感相同，互感也相同，因

此其负序等值电路以及负序参数和正序是相同的。第二章，讨论过输电线路的电感与线路几何尺寸的关系，但我们只考虑对称运行的情况，并没有考虑大地或架空地线对自感和互感参数的影响。这并不影响正序和负序参数，因为三相输电线路中对称的正序和负序电流并没有以大地构成回路，即大地(或地线)的电流为零。然而三相输电线路的零序却是以大地(或架空地线)为回路，输电线路的零序参数必须考虑大地中的零序电流带来的影响。

分析输电线路负序和零序参数的思路是：考虑地线(包括架空地线)中流过零序电流分量，得到输电线路的三相自感、互感、自电位系数和互电位系数等参数，进而得到自阻抗、互阻抗、自导纳和互导纳。根据零序参数与它们的关系得到负序和零序参数

$$z_0=z_s+2z_m$$

$$b_0=b_s+2b_m$$

1. 不考虑架空地线时的零序阻抗

不考虑架空地线时，根据第二章的分析，假设在线路中流过 a、b、c 三相不对称的电流，如图 7-6 所示，e 是虚拟的等效导体，则大地中虚拟导体的等值深度

$$D_e=660\sqrt{\frac{\rho_e}{f}} \tag{7-27}$$

其中，ρ_e为大地电阻率，f 为频率。

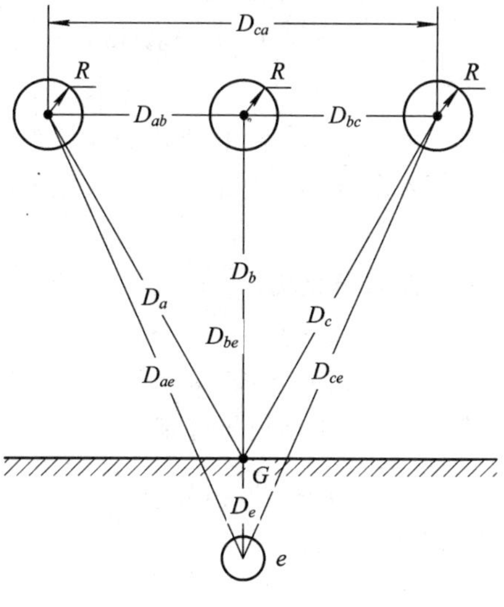

图 7-6　没有架空地线的输电线路的几何结构

设在三相中分别通入电流 i_a、i_b和 i_c，则在大地中流通的电流 $i_e=i_a+i_b+i_c$，交链 a、b、c 三相导体的磁链为

$$\begin{cases}\psi_a=\dfrac{\mu_0}{2\pi}\left[\left(\dfrac{\mu_r}{4}+\ln\dfrac{D_a}{R}\right)i_a+\left(\ln\dfrac{D_b}{D_{ab}}\right)i_b+\left(\ln\dfrac{D_c}{D_{ac}}\right)i_c+\left(\ln\dfrac{D_e}{D_{ae}}\right)i_e\right]\\ \psi_b=\dfrac{\mu_0}{2\pi}\left[\left(\ln\dfrac{D_a}{D_{ab}}\right)i_a+\left(\dfrac{\mu_r}{4}+\ln\dfrac{D_b}{R}\right)i_b+\left(\ln\dfrac{D_c}{D_{bc}}\right)i_c+\left(\ln\dfrac{D_e}{D_{be}}\right)i_e\right]\\ \psi_c=\dfrac{\mu_0}{2\pi}\left[\left(\ln\dfrac{D_a}{D_{ac}}\right)i_a+\left(\ln\dfrac{D_b}{D_{bc}}\right)i_c+\left(\dfrac{\mu_r}{4}+\ln\dfrac{D_c}{R}\right)i_c+\left(\ln\dfrac{D_e}{D_{ce}}\right)i_e\right]\end{cases} \tag{7-28}$$

考虑到三相的平衡换位，三相导线对地的几何均距 $D_h=\sqrt[3]{D_aD_bD_c}$，三相导线之间的

几何均距 $D_m=\sqrt[3]{D_{ab}D_{bc}D_{ca}}$，各相导线到地线的几何均距 $D_{em}=\sqrt[3]{D_{ae}D_{be}D_{ce}}$。因此考虑地线零序电流影响后的三相导线的自感和互感分别为(考虑到 $D_{em}\approx D_h$)

$$\begin{cases}L_s=\dfrac{\mu_0}{2\pi}\ln\dfrac{D_hD_e}{R'D_{em}}\approx\dfrac{\mu_0}{2\pi}\ln\dfrac{D_e}{R'}\\L_m=\dfrac{\mu_0}{2\pi}\ln\dfrac{D_hD_e}{D_mD_{em}}\approx\dfrac{\mu_0}{2\pi}\ln\dfrac{D_e}{D_m}\end{cases}\tag{7-29}$$

式中，$R'=\exp(\mu_r/4)R$。因此三相输电线路考虑大地中零序电流影响后的自感抗和互感抗为 $R'=\mathrm{R}e^{\frac{\mu_r}{4}}$

$$\begin{cases}x_s=2\pi f_0L_s=0.1445\ \lg\dfrac{D_e}{R'}\\x_m=2\pi f_0L_m=0.1445\ \lg\dfrac{D_e}{D_m}\end{cases}\tag{7-30}$$

其中，D_e为大地中虚拟导线的等值深度(参见式(7-28))；$R'=R\cdot e^{\frac{\mu_r}{4}}$，$R$ 为三相导线的半径，如果是分裂导线，R 采用分裂导线的几何半径；D_m 为三相导线间的几何均距，$D_m=\sqrt[3]{D_{ab}D_{bc}D_{ca}}$。

如果三相导线的单位长度电阻为 r_a(参见第二章导线的等值电阻)，大地的等值电阻为 r_e，则大地的等值电阻可以用卡松经验公式来确定

$$r_e=\pi^2f\times10^{-4}\quad(\Omega/\mathrm{km})\tag{7-31}$$

则三相的回路电压方程为

$$\begin{cases}\dot U_a=(r_a+\mathrm{j}x_s)\dot I_a+\mathrm{j}x_m\dot I_b+\mathrm{j}x_m\dot I_c+r_e\dot I_e\\\dot U_b=\mathrm{j}x_m\dot I_a+(r_a+\mathrm{j}x_s)\dot I_b+\mathrm{j}x_m\dot I_c+r_e\dot I_e\\\dot U_c=\mathrm{j}x_m\dot I_a+\mathrm{j}x_m\dot I_b+(r_a+\mathrm{j}x_s)\dot I_c+r_e\dot I_e\end{cases}\tag{7-32}$$

因此三相导线的自阻抗和互阻抗分别为

$$\begin{cases}z_s=r_a+r_e+\mathrm{j}x_s\\z_m=r_e+\mathrm{j}x_m\end{cases}\tag{7-33}$$

根据式(7-9)可知，正序、负序和零序阻抗分别为

$$\begin{cases}z_1=z_s-z_m=r_a+\mathrm{j}0.1445\ \lg\dfrac{D_m}{R'}\\z_2=z_s-z_m=r_a+\mathrm{j}0.1445\ \lg\dfrac{D_m}{R'}\\z_0=z_s+2z_m=r_a+3r_e+\mathrm{j}0.4335\ \lg\dfrac{D_e}{\sqrt[3]{R'D_m^2}}\end{cases}\tag{7-34}$$

式(7-34)中正序阻抗与第二章分析的结果完全相同。由此可见，大地中的零序电流并不能影响正序和负序阻抗，因为正序和负序不通过大地构成回路。

2. 考虑架空地线时的零序阻抗

当考虑架空地线时，由于零序电流一部分流经大地，另一部分流经架空地线，因此需要先得到架空地线中的电流和大地中零序电流的关系。可以先将架空地线也作为一相来考虑，假设考虑单根架空地线，其几何结构如图 7-7 所示，架空地线 g 的半径为 R_g，距离大地的距离为 D_g，到各相的间距分别为 D_{ag}、D_{bg} 和 D_{cg}。

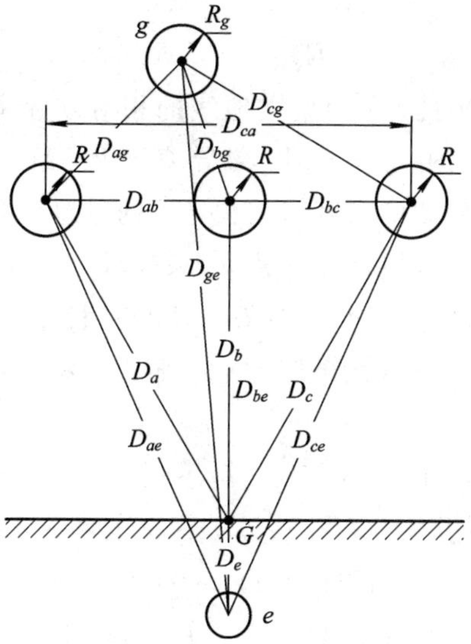

图 7－7　考虑架空地线时的线路结构

分别在 a、b、c 三相和架空地线 g 中通入电流 i_a、i_b、i_c 和 i_g 时，大地中的电流

$$i_e = i_a + i_b + i_c + i_g \tag{7-35}$$

此时，交链 a、b、c、g 四条线路的磁链为

$$\begin{cases}\psi_a = \dfrac{\mu_0}{2\pi}\left[i_a \ln\dfrac{D_a}{R'} + i_b \ln\dfrac{D_b}{D_{ab}} + i_c \ln\dfrac{D_c}{D_{ac}} + i_g \ln\dfrac{D_g}{D_{ag}} + i_e \ln\dfrac{D_e}{D_{ae}}\right] \\ \psi_b = \dfrac{\mu_0}{2\pi}\left[i_a \ln\dfrac{D_a}{D_{ab}} + i_b \ln\dfrac{D_b}{R'} + i_c \ln\dfrac{D_c}{D_{bc}} + i_g \ln\dfrac{D_g}{D_{bg}} + i_e \ln\dfrac{D_e}{D_{be}}\right] \\ \psi_c = \dfrac{\mu_0}{2\pi}[i_a \ln\dfrac{D_a}{D_{ac}} + i_b \ln\dfrac{D_b}{D_{bc}} + i_c \ln\dfrac{D_c}{R'} + i_g \ln\dfrac{D_g}{D_{cg}} + i_e \ln\dfrac{D_e}{D_{ce}}] \\ \psi_g = \dfrac{\mu_0}{2\pi}\left[i_a \ln\dfrac{D_a}{D_{ag}} + i_b \ln\dfrac{D_b}{D_{bg}} + i_c \ln\dfrac{D_c}{D_{cg}} + i_g \ln\dfrac{D_g}{R'_g} + i_e \ln\dfrac{D_e}{D_{ge}}\right]\end{cases} \tag{7-36}$$

考虑到 a、b、c 三相平衡换位，三相和架空地线的磁链用矩阵形式表示为

$$\begin{bmatrix}\psi_a \\ \psi_b \\ \psi_c \\ \psi_g\end{bmatrix} = \begin{bmatrix}L_s & L_m & L_m & m_{ag} \\ L_m & L_s & L_m & m_{bg} \\ L_m & L_m & L_s & m_{cg} \\ m_{ga} & m_{gb} & m_{gc} & L_g\end{bmatrix}\begin{bmatrix}i_a \\ i_b \\ i_c \\ i_g\end{bmatrix} \tag{7-37}$$

其中，L_s 和 L_m 不变，是没有架空地线时三相线路的自感和互感，参见式(7－29)。

$$m_{ag} = m_{bg} = m_{cg} = \frac{\mu_0}{2\pi} \ln\frac{D_g D_e}{D_{gm} D_{em}} \approx \frac{\mu_0}{2\pi} \ln\frac{D_e}{D_{gm}} \tag{7-38}$$

$$m_{ga} = m_{gb} = m_{gc} = \frac{\mu_0}{2\pi} \ln\frac{D_h D_e}{D_{gm} D_{em}} \approx \frac{\mu_0}{2\pi} \ln\frac{D_e}{D_{gm}} \tag{7-39}$$

$$L_g = \frac{\mu_0}{2\pi}\ln\frac{D_g D_e}{R'_g D_{ge}} \approx \frac{\mu_0}{2\pi} \ln\frac{D_e}{R'_g} \tag{7-40}$$

其中

$$D_{gm} = \sqrt[3]{D_{ag} D_{bg} D_{cg}} \tag{7-41}$$

D_{gm}为地线 g 到各相的几何平均距离；

$$R_g' = e^{-\mu_r/4} R_g \tag{7-42}$$

式中，R_g为架空地线的导线半径，μ_r为架空地线的相对磁导率(架空地线的导体材料一般是钢绞线，其相对磁导率与三相导线不同，磁导率较大，而三相导线为钢芯铝绞线，其磁导率近似为1)。考虑到架空地线的高度与三相导线的对地高度的几何平均值近似相等，因此架空地线和三相导线的互感近似相等，用 m_{ag} 来表示。

假设架空地线的单位长度电阻为 r_g(计算方法与三相导线的单位长度电阻的计算方法相同)，大地的电阻为 r_e，各相导体的电阻为 r_a，那么三相导线以及架空地线两端的电压、电流关系为(单位长度)

$$\begin{cases} \dot{U}_a = (r_a + \mathrm{j}x_s)\dot{I}_a + \mathrm{j}x_m\dot{I}_b + \mathrm{j}x_m\dot{I}_c + \mathrm{j}x_{ag}\dot{I}_g + r_e\dot{I}_e \\ \dot{U}_b = \mathrm{j}x_m\dot{I}_a + (r_a + \mathrm{j}x_s)\dot{I}_b + \mathrm{j}x_m\dot{I}_c + \mathrm{j}x_{ag}\dot{I}_g + r_e\dot{I}_e \\ \dot{U}_c = \mathrm{j}x_m\dot{I}_a + \mathrm{j}x_m\dot{I}_b + (r_a + \mathrm{j}x_s)\dot{I}_c + \mathrm{j}x_{ag}\dot{I}_g + r_e\dot{I}_e \\ \dot{U}_g = \mathrm{j}x_{ag}\dot{I}_a + \mathrm{j}x_{ag}\dot{I}_b + \mathrm{j}x_{ag}\dot{I}_c + (r_g + \mathrm{j}x_g)\dot{I}_g + r_e\dot{I}_e \end{cases} \tag{7-43}$$

其中，x_s和 x_m为不考虑架空地线时的三相导体的自感抗和互感抗。

$$x_{ag} = 2\pi f_0 m_{ag} = 0.1445 \lg \frac{D_e}{D_m} \tag{7-44}$$

$$x_g = 2\pi f_0 L_g = 0.1445 \lg \frac{D_e}{R_g'} \tag{7-45}$$

考虑到 $i_e = i_a + i_b + i_c + i_g$，各相导线的电压、电流用矩阵形式表示为

$$\begin{bmatrix} \dot{U}_a \\ \dot{U}_b \\ \dot{U}_c \\ \dot{U}_g \end{bmatrix} = \begin{bmatrix} z_s & z_m & z_m & z_{ag} \\ z_m & z_s & z_m & z_{ag} \\ z_m & z_m & z_s & z_{ag} \\ z_{ag} & z_{ag} & z_{ag} & z_g \end{bmatrix} \begin{bmatrix} \dot{I}_a \\ \dot{I}_b \\ \dot{I}_c \\ \dot{I}_g \end{bmatrix} \tag{7-46}$$

其中，z_s、z_m为不考虑架空地线影响时的自阻抗和互阻抗(参见式(7-33))；

$$z_{ag} = r_e + \mathrm{j}x_{ag}$$

$$z_g = r_g + \mathrm{j}x_g$$

考虑到架空地线的两侧接地，因此架空地线的回路电压为零，即 $U_g = 0$，将方程式(7-43)中的 I_g消掉，可得到考虑架空地线后的三相导线的自阻抗和互阻抗

$$\begin{cases} z_s' = z_s - \dfrac{z_{ag}^2}{z_g} \\ z_m' = z_m - \dfrac{z_{ag}^2}{z_g} \end{cases} \tag{7-47}$$

因此，考虑架空地线后，正序和负序阻抗不变，零序阻抗为

$$z_0' = z_0 - \frac{3z_{ag}^2}{z_g} \tag{7-48}$$

如果考虑两根架空地线，思路完全一致，即先把两个地线和三相线路作为五相导线来考虑，然后根据架空地线两端的电压为零，将两个地线的电流消掉，就得到了三相的自感和互感。

3. 不考虑架空地线时的负序和零序电纳

第二章线路电容参数一节中，讨论线路等值电容时，已考虑大地的影响，但没有考虑架空地线的影响。当没有架空地线时，根据第二章的分析，对于三相平衡线路，三相导线上分别加 q_a、q_b、q_c 的电荷时，三相导线的对地电压分别为

$$\begin{cases} u_a = \dfrac{1}{2\pi\varepsilon_0}\left(q_a \ln\dfrac{H_m}{R} + q_b \ln\dfrac{H_m}{D_m} + q_c \ln\dfrac{H_m}{D_m}\right) \\ u_b = \dfrac{1}{2\pi\varepsilon_0}\left(q_a \ln\dfrac{H_m}{D_m} + q_b \ln\dfrac{H_m}{R} + q_c \ln\dfrac{H_m}{D_m}\right) \\ u_c = \dfrac{1}{2\pi\varepsilon_0}\left(q_a \ln\dfrac{H_m}{D_m} + q_b \ln\dfrac{H_m}{D_m} + q_c \ln\dfrac{H_m}{R}\right) \end{cases} \tag{7-49}$$

其中，$H_m = \sqrt[9]{H_{11}H_{22}H_{33}(H_{12}H_{23}H_{13})^2}$ 为三相导线与其镜像之间的互几何均距；R 为导线的半径，如果为分裂导线，则取其几何平均半径；D_m 为导线间的几何均距。因此，其自电位系数和互电位系数为

$$\begin{cases} \alpha_s = \dfrac{1}{2\pi\varepsilon_0}\ln\dfrac{H_m}{R} \\ \alpha_m = \dfrac{1}{2\pi\varepsilon_0}\ln\dfrac{H_m}{D_m} \end{cases} \tag{7-50}$$

因此正序、负序和零序电位系数分别为

$$\begin{cases} \alpha_1 = \alpha_s - \alpha_m = \dfrac{1}{2\pi\varepsilon_0}\ln\dfrac{D_m}{R} \\ \alpha_2 = \alpha_s - \alpha_m = \dfrac{1}{2\pi\varepsilon_0}\ln\dfrac{D_m}{R} \\ \alpha_0 = \alpha_s + 2\alpha_m = \dfrac{3}{2\pi\varepsilon_0}\ln\dfrac{H_m}{\sqrt[3]{RD_m^2}} \end{cases} \tag{7-51}$$

正序、负序和零序电纳分别为

$$\begin{cases} b_1 = \dfrac{2\pi f_0}{\alpha_1} = \dfrac{7.58}{\lg(D_m/R)}\times 10^{-6} \\ b_2 = \dfrac{2\pi f_0}{\alpha_2} = \dfrac{7.58}{\lg(D_m/R)}\times 10^{-6} \\ b_0 = \dfrac{2\pi f_0}{\alpha_0} = \dfrac{7.58}{3\lg(H_m/\sqrt[3]{RD_m^2})}\times 10^{-6} \end{cases} \quad (\text{S/km}) \tag{7-52}$$

4. 考虑架空地线时的负序和零序电纳

考虑架空地线时，可把架空地线当做第四相来考虑(同理，如果两根架空地线时，作为五相来考虑)

$$\begin{cases} u_a = \dfrac{1}{2\pi\varepsilon_0}\left(q_a \ln\dfrac{H_m}{R} + q_b \ln\dfrac{H_m}{D_m} + q_c \ln\dfrac{H_m}{D_m} + q_g \ln\dfrac{H_{gm}}{D_{gm}}\right) \\ u_b = \dfrac{1}{2\pi\varepsilon_0}\left(q_a \ln\dfrac{H_m}{D_m} + q_b \ln\dfrac{H_m}{R} + q_c \ln\dfrac{H_m}{D_m} + q_g \ln\dfrac{H_{gm}}{D_{gm}}\right) \\ u_c = \dfrac{1}{2\pi\varepsilon_0}\left(q_a \ln\dfrac{H_m}{D_m} + q_b \ln\dfrac{H_m}{D_m} + q_c \ln\dfrac{H_m}{R} + q_g \ln\dfrac{H_{gm}}{D_{gm}}\right) \\ u_g = \dfrac{1}{2\pi\varepsilon_0}\left(q_a \ln\dfrac{H_m}{D_{gm}} + q_b \ln\dfrac{H_m}{D_{gm}} + q_c \ln\dfrac{H_m}{D_{gm}} + q_g \ln\dfrac{H_{gm}}{R_g}\right) \end{cases} \tag{7-53}$$

其中，H_m为三相导线到其镜像之间的几何均距，H_{gm}为架空地线到三相导线的镜像之间的几何均距，D_{gm}为架空地线到三相导线的几何均距，D_m为三相导线间的几何均距，R为三相导线的半径，R_g为架空地线的导线半径。

考虑到架空地线的两端接地，因此对地电压为零，即

$$\begin{bmatrix} u_a \\ u_b \\ u_c \\ 0 \end{bmatrix} = \begin{bmatrix} \alpha_s & \alpha_m & \alpha_m & \alpha_{ag} \\ \alpha_m & \alpha_s & \alpha_m & \alpha_{ag} \\ \alpha_m & \alpha_m & \alpha_s & \alpha_{ag} \\ \alpha_{ag} & \alpha_{ag} & \alpha_{ag} & \alpha_g \end{bmatrix} \begin{bmatrix} q_a \\ q_b \\ q_c \\ q_g \end{bmatrix} \tag{7-54}$$

其中，α_s和α_m为不考虑架空地线时的自电位系数和互电位系数；

$$\alpha_{ag} = \frac{1}{2\pi\varepsilon_0}\ln\frac{H_{gm}}{D_{gm}}$$

$$\alpha_g = \frac{1}{2\pi\varepsilon_0}\ln\frac{H_{gm}}{R_g}$$

式(7-54)中，消掉q_g就可以得到考虑架空地线时的三相的自电位系数和互电位系数

$$\begin{cases} \alpha_s' = \alpha_s - \dfrac{\alpha_{ag}^2}{\alpha_g} \\ \alpha_m' = \alpha_m - \dfrac{\alpha_{ag}^2}{\alpha_g} \end{cases} \tag{7-55}$$

因此，考虑架空地线后的正序、负序电位系数不变，零序电位系数为

$$\alpha_0' = \alpha_0 - \frac{3\alpha_{ag}^2}{\alpha_g} \tag{7-56}$$

考虑架空地线后的零序电纳为

$$b_0 = \frac{2\pi f_0}{\alpha_0'} = \frac{7.58\times10^{-6}}{3\left\{\lg\dfrac{D_m}{R} - \dfrac{[\lg(H_{gm}/D_{gm})]^2}{\lg(H_{gm}/R_g)}\right\}}\quad(\text{S/km}) \tag{7-57}$$

7.2.3　电力变压器的负序和零序等效电路及参数

三相电力变压器的正序、负序等效电路是相同的，参数也相同。因为在三相电力变压器中，无论通入正序电流还是负序电流，其物理过程都一样，都不会改变原边和副边绕组间的电磁关系。但如果通入三相方向相同，大小相等的零序电流，则由于变压器原边和副边三个绕组的接线不同，其等效电路就不同，电力变压器的结构不同，其零序参数也不相同。由于自耦变压器和普通变压器之间存在区别(自耦变压器的第一绕组和第二绕组之间并非电磁耦合，而是电路耦合)，因此自耦变压器单独讨论。

1. 电力变压器的零序等效电路

由于三相变压器具有不同的接线形式，因此其等值电路不同。变压器的接线可以分为Y0/Y0、Y0/Y、Y/Y、Y0/△、Y/△以及△/△等几种形式。下面介绍三种典型接线方式的等效电路，即Y0/Y0、Y0/Y和Y0/△。

1) Y0/Y0接线形式的零序等效电路

该种接线形式如图7-8所示。某些情况下中性点经过一个阻抗接地。为了统一表达，两侧中性点都经阻抗接地。如果中性点直接接地，就令该阻抗等于零。

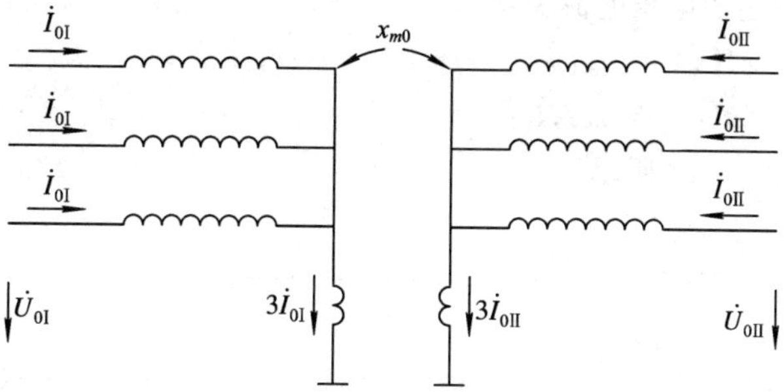

图 7-8　Y0/Y0 接线变压器的电路图

原边加上零序电压，即三相绕组的电压相等、相位相同时，由于中性点接地，因此各相通过大地构成回路，会在原边产生出大小相等、相位相同的三相电流，这三相电流通过磁路耦合到副边，在副边感应出一个等效电势。由于副边的中性点接地，因此副边能否出现零序电流取决于副边后面连接负载的情况。三相原边和副边的回路方程为(三相方程一样，只写一相，折算到同一侧)

$$\begin{cases}\dot{U}_{0\,\mathrm{I}} = r_{0\,\mathrm{I}}\dot{I}_{0\,\mathrm{I}} + \mathrm{j}x_{0\,\mathrm{I}}\dot{I}_{0\,\mathrm{I}} + \mathrm{j}x_{m0}(\dot{I}_{0\,\mathrm{I}} + I_{0\,\mathrm{II}}) + 3z_{n1}\dot{I}_{0\,\mathrm{I}} \\ \dot{U}_{0\,\mathrm{II}} = r_{0\,\mathrm{II}}\dot{I}_{0\,\mathrm{II}} + \mathrm{j}x_{0\,\mathrm{I}}\dot{I}_{0\,\mathrm{II}} + \mathrm{j}x_{m0}(\dot{I}_{0\,\mathrm{I}} + I_{0\,\mathrm{II}}) + 3z_{n2}\dot{I}_{0\,\mathrm{II}}\end{cases} \tag{7-58}$$

其中，$r_{0\,\mathrm{I}}$ 和 $r_{0\,\mathrm{II}}$ 分别为原边和副边的零序铜损，$x_{0\,\mathrm{I}}$ 和 $x_{0\,\mathrm{II}}$ 分别为原边和副边的漏抗，x_{m0} 为零序励磁电抗。

Y0/Y0 接线的变压器的零序等效电路如图 7-9 所示。

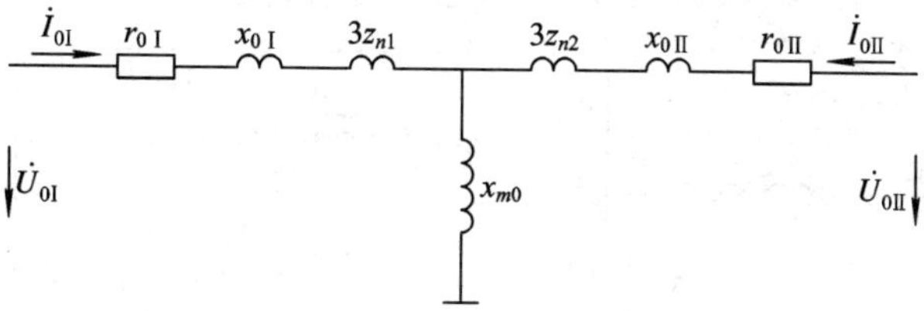

图 7-9　Y0/Y0 接线的零序等效电路

2) Y0/Y 接线的零序等效电路

Y0/Y 接线的变压器如图 7-10 所示，由于副边的中性点开路，不存在零序电流的通路，因此在副边只存在零序电压而没有零序电流。

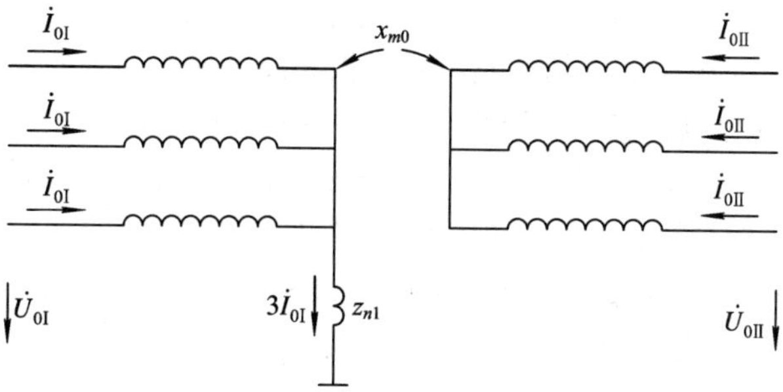

图 7-10　Y0/Y 变压器接线图

因此，原边和副边的电压电流关系为

$$\begin{cases}\dot{U}_{0\,\mathrm{I}}=r_{0\,\mathrm{I}}\dot{I}_{0\,\mathrm{I}}+\mathrm{j}x_{0\,\mathrm{I}}\dot{I}_{0\,\mathrm{I}}+\mathrm{j}x_{m0}\dot{I}_{0\,\mathrm{I}}+3z_{n1}\dot{I}_{0\,\mathrm{I}}\\ \dot{U}_{0\,\mathrm{II}}=\mathrm{j}x_{m0}\dot{I}_{0\,\mathrm{I}}\end{cases}\tag{7-59}$$

其等效电路如图 7-11 所示。

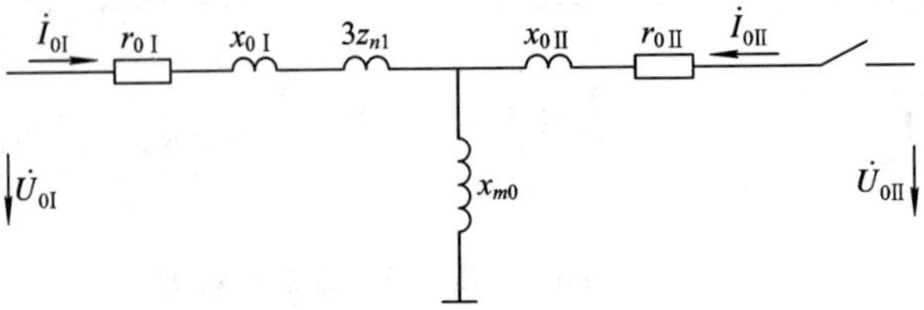

图 7-11　Y0/Y 接线变压器的零序等效电路

可见在中性点不接地的 Y 侧，其零序等值电路与外电路的连接相当于开路，而在中性点接地侧，其等值电路与外电路的连接是通路。

3) Y0/△接线变压器的零序等效电路

原边为 Y0 接线，副边为三角形接线时，其接线图如图 7-12 所示。当在原边三相加上零序电压后，由于原边的中性点接地，因此产生零序电流；由于原副边的磁路耦合，在副边三相绕组感应出一个等效电势。由于这三个感应电势大小相等，方向相同，在三角形侧，产生环流，该电流不能流到外电路中。

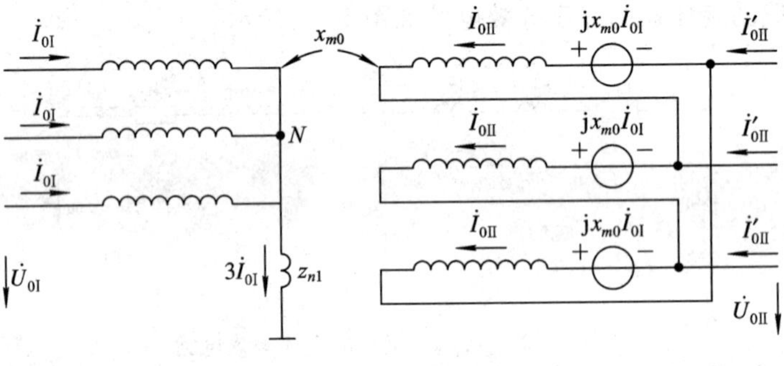

图 7-12　Y0/△接线变压器的电路图

任意一相原边和副边的电压电流关系为

$$\begin{cases}\dot{U}_{0\,\mathrm{I}}=r_{0\,\mathrm{I}}\dot{I}_{0\,\mathrm{I}}+\mathrm{j}x_{0\,\mathrm{I}}\dot{I}_{0\,\mathrm{I}}+\mathrm{j}x_{m0}(\dot{I}_{0\,\mathrm{I}}+I_{0\,\mathrm{II}})+3z_{n1}\dot{I}_{0\,\mathrm{I}}\\ \dot{U}_{0\,\mathrm{II}}=r_{0\,\mathrm{II}}\dot{I}_{0\,\mathrm{II}}+\mathrm{j}x_{0\,\mathrm{I}}\dot{I}_{0\,\mathrm{II}}+\mathrm{j}x_{m0}(\dot{I}_{0\,\mathrm{I}}+I_{0\,\mathrm{II}})+\dot{U}_{0\,\mathrm{II}}\end{cases}\tag{7-60}$$

式(7-60)中，三角形侧的电压回路方程是以相间的通路列出的，以 A 相和 B 相为例，因为 A 和 B 两相的零序电压相同，所以，两侧的电压电流方程为

$$\begin{cases}\dot{U}_{0\,\mathrm{I}}=r_{0\,\mathrm{I}}\dot{I}_{0\,\mathrm{I}}+\mathrm{j}x_{0\,\mathrm{I}}\dot{I}_{0\,\mathrm{I}}+\mathrm{j}x_{m0}(\dot{I}_{0\,\mathrm{I}}+I_{0\,\mathrm{II}})+3z_{n1}\dot{I}_{0\,\mathrm{I}}\\ 0=r_{0\,\mathrm{II}}\dot{I}_{0\,\mathrm{II}}+\mathrm{j}x_{0\,\mathrm{I}}\dot{I}_{0\,\mathrm{II}}+\mathrm{j}x_{m0}(\dot{I}_{0\,\mathrm{I}}+I_{0\,\mathrm{II}})\end{cases}\tag{7-61}$$

对于三角形侧外部电路来说，由于零序电流不存在通路，因此相当于断开。因此，Y0/△接线变压器的零序等效电路如图 7-13 所示。

可见变压器的三角形侧的零序等效电路相当于对地短路。

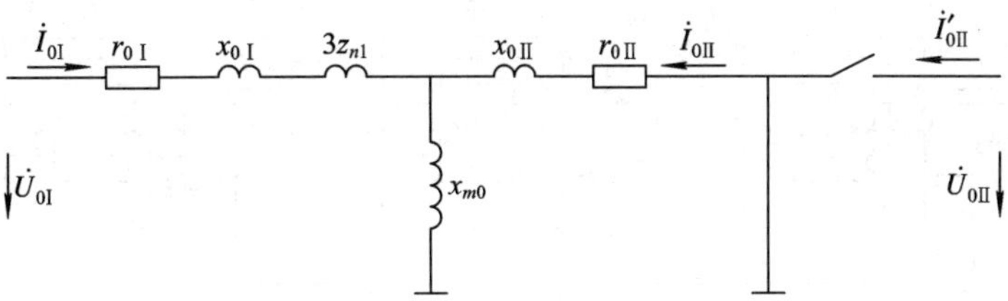

图 7-13　Y0/Δ接线变压器的零序等效电路

通过观察三个典型接线方式的变压器的零序等效电路，得到如下结论：

(1) 星形不接地绕组的零序等效电路相当于对外电路开路。

(2) 星形接地绕组的零序等效电路相当于对外电路通路，中性点经阻抗接地相当于三倍阻抗串联在该绕组中。

(3) 三角形接线绕组的零序等效电路相当于对地短路，同时与外电路断开。

根据以上三个结论，可得到各种变压器的零序等值电路。例如三相三绕组变压器，其三个绕组分别为 Y0/Y/△接线，如图 7-14(a)所示，其等值电路如图 7-14(b)所示。

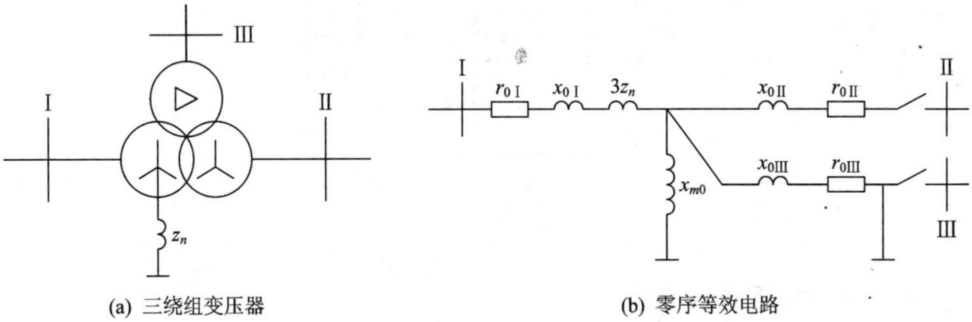

图 7-14　Y0/Y/△接线的三绕组变压器的零序等值电路

2. 电力变压器的零序等值参数

三相绕组的零序铜损和零序漏抗与正序没有差别，因为铜损反映的是绕组的发热损耗，而漏抗反映的是原边和副边磁路的耦合程度，漏抗越大说明两侧的耦合越弱。变压器的零序励磁电抗反映三相绕组的磁通，这与变压器的铁芯结构(磁路)有关。不同铁芯结构的变压器其磁路不同。根据变压器的铁芯结构可以分为三种类型：三个单相变压器组成的三相变压器组、三相三柱式变压器和三相四柱式(或五柱)变压器，下面分别分析它们的零序励磁电抗参数。

1) 三个单相变压器

三个单相变压器组成的三相变压器组，每相的磁路各自独立，在三相绕组上加零序电流时，在各相中产生的磁通互不影响。因此，其零序励磁电抗和正序、负序励磁电抗没有差别。由于其励磁磁阻较小，励磁电抗较大，因此在短路计算时可认为励磁电抗为无穷大，如图 7-15 所示。

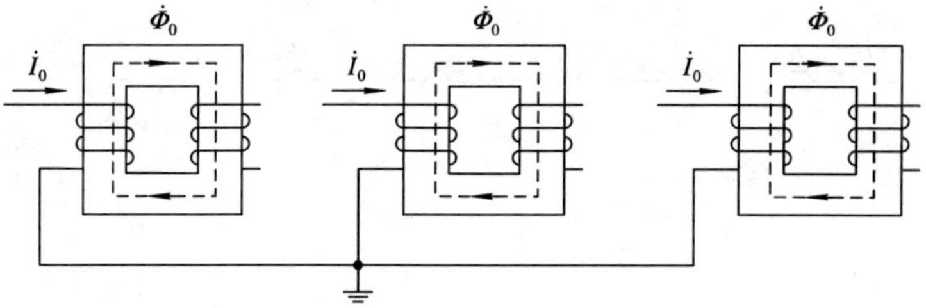

图 7-15 三相变压器组的磁路

2) 三相三柱式变压器

三相三柱式变压器的三相磁路互相连通，当在三相绕组中通入零序电流时，由于各相绕组产生的磁通大小相等，方向相同。因此在三个柱内的励磁磁通互相抵消，它们被迫经过铁芯外的绝缘介质和外壳形成回路，磁阻很大。此种类型的变压器的励磁电抗比正序电抗小得多，其值通常用试验的方法确定，大致为 $x_{m0}=0.3\sim1.0$，如图 7-16 所示。

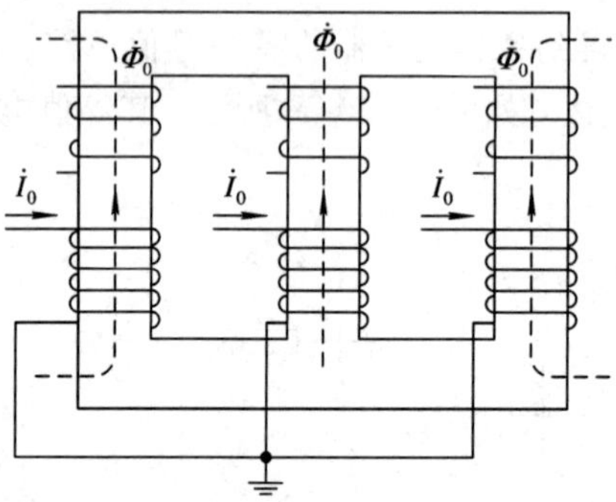

图 7-16 三相三柱式变压器的磁路

3) 三相四柱式(五柱)变压器

对于三相四柱式(五柱式)变压器，由于其各相磁通在铁芯中存在通路，因此，各相零序磁阻很小，励磁磁通很大，励磁电抗也很大，与正序的励磁电抗相比，几乎相等(正序励磁磁通是以相间铁芯作为回路，而零序磁通则通过第四柱形成回路，其磁路稍长)。因此这种情况在短路计算时可认为励磁电抗为无穷大，如图 7-17 所示。

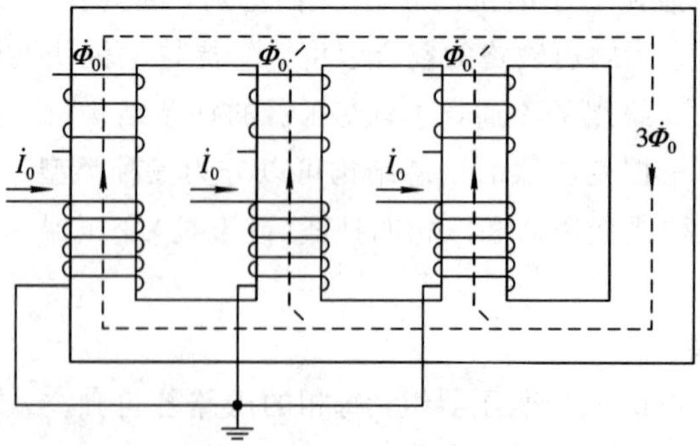

图 7-17 三相四柱式变压器的磁路

3. 自耦变压器的零序等值电路

自耦变压器与普通变压器的区别在于第一绕组和第二绕组之间既存在电路联系又存在

磁路的联系，而且这两个绕组共用一个中性点，中性点对地支路的电流为第一绕组和第二绕组的电流之和，如图 7-18 所示。图 7-18(a)为三相四柱式自耦变压器的磁路结构，图 7-18(b)为某一相的电路结构。

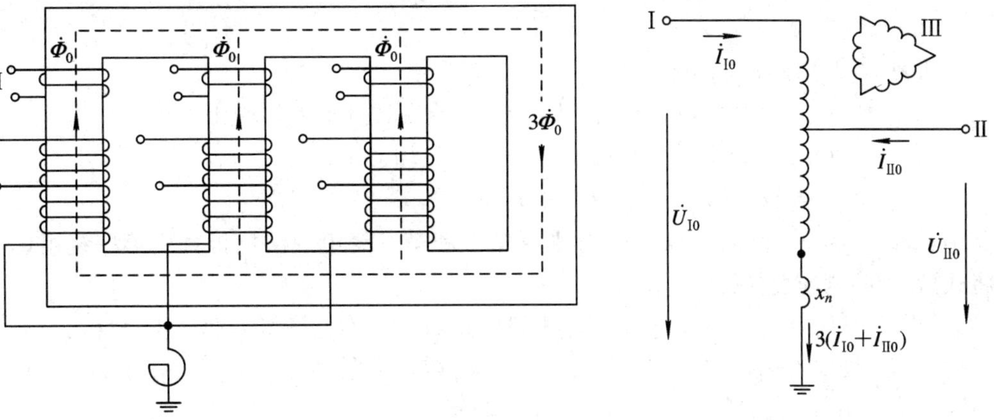

(a) 自耦变压器的磁路　　(b) 自耦变压器的电路

图 7-18　自耦变压器的磁路结构和电路

假设第一绕组的匝数为 1，第二绕组的匝数为 N_2，第三绕组的匝数为 N_3，三个绕组中的零序电流分别为 $\dot{I}_{0\mathrm{I}}$、$\dot{I}_{0\mathrm{II}}$ 和 $\dot{I}_{0\mathrm{III}}$。则三个绕组产生的励磁磁势为

$$\dot{F}_{m0} = N_1\dot{I}_{0\mathrm{I}} + N_2\dot{I}_{0\mathrm{II}} + N_3\dot{I}_{0\mathrm{III}} \tag{7-62}$$

交链三个绕组的励磁磁链分别为

$$\begin{cases} \dot{\Psi}_{m0\mathrm{I}} = N_1\lambda_m(N_1\dot{I}_{0\mathrm{I}} + N_2\dot{I}_{0\mathrm{II}} + N_3\dot{I}_{0\mathrm{III}}) = x_{m0}\left(\dot{I}_{0\mathrm{I}} + \dfrac{\dot{I}_{0\mathrm{II}}}{k_{12}} + \dfrac{\dot{I}_{0\mathrm{III}}}{k_{13}}\right) \\ \dot{\Psi}_{m0\mathrm{II}} = N_2\lambda_m(N_1\dot{I}_{0\mathrm{I}} + N_2\dot{I}_{0\mathrm{II}} + N_3\dot{I}_{0\mathrm{III}}) = x_{m0}\dfrac{\dot{I}_{0\mathrm{I}} + \dfrac{\dot{I}_{0\mathrm{II}}}{k_{12}} + \dfrac{\dot{I}_{0\mathrm{III}}}{k_{13}}}{k_{12}} \\ \dot{\Psi}_{m0\mathrm{III}} = N_3\lambda_m(N_1\dot{I}_{0\mathrm{I}} + N_2\dot{I}_{0\mathrm{II}} + N_3\dot{I}_{0\mathrm{III}}) = x_{m0}\dfrac{\dot{I}_{0\mathrm{I}} + \dfrac{\dot{I}_{0\mathrm{II}}}{k_{12}} + \dfrac{\dot{I}_{0\mathrm{III}}}{k_{13}}}{k_{13}} \end{cases} \tag{7-63}$$

其中，$x_m = N_1^2\lambda_m$ 为折算到第一绕组侧的励磁电抗，λ_m 为励磁磁导。$k_{12} = N_1/N_2$ 为第一绕组和第二绕组的匝数比(变比)，$k_{13} = N_1/N_3$ 为第一和第三绕组的匝数比(变比)。

考虑到第三绕组为三角形接线，那么三个绕组的任意一相的方程为(忽略损耗)

$$\begin{cases} \dot{U}_{\mathrm{I}0} = \mathrm{j}x_{\mathrm{I}0}\dot{I}_{\mathrm{I}0} + \mathrm{j}x_{m0}\left(\dot{I}_{\mathrm{I}0} + \dfrac{\dot{I}_{\mathrm{II}0}}{k_{12}} + \dfrac{\dot{I}_{\mathrm{III}0}}{k_{13}}\right) + \mathrm{j}3x_n(\dot{I}_{\mathrm{I}0} + \dot{I}_{\mathrm{II}0}) \\ \dot{U}_{\mathrm{II}0} = \mathrm{j}x_{\mathrm{II}0}\dot{I}_{\mathrm{II}0} + \dfrac{\mathrm{j}x_{m0}\left(\dot{I}_{\mathrm{I}0} + \dfrac{\dot{I}_{\mathrm{II}0}}{k_{12}} + \dfrac{\dot{I}_{\mathrm{III}0}}{k_{13}}\right)}{k_{12}} + \mathrm{j}3x_n(\dot{I}_{\mathrm{I}0} + \dot{I}_{\mathrm{II}0}) \\ 0 = \mathrm{j}x_{\mathrm{III}0}\dot{I}_{\mathrm{III}0} + \dfrac{\mathrm{j}x_{m0}\left(\dot{I}_{\mathrm{I}0} + \dfrac{\dot{I}_{\mathrm{II}0}}{k_{12}} + \dfrac{\dot{I}_{\mathrm{III}0}}{k_{13}}\right)}{k_{13}} \end{cases} \tag{7-64}$$

其中，$x_{\mathrm{I}0}$、$x_{\mathrm{II}0}$ 和 $x_{\mathrm{III}0}$ 分别为三个绕组的漏抗。将上式(7-64)中第二和第三绕组都折算到

第一绕组侧，即

$$\begin{cases}\dfrac{\dot U'_{\mathrm{II}}}{\dot U_{\mathrm{II}}}=\dfrac{\dot I_{\mathrm{II}}}{\dot I'_{\mathrm{II}}}=k_{12}\\[2mm]\dfrac{\dot U'_{\mathrm{III}}}{\dot U_{\mathrm{III}}}=\dfrac{\dot I_{\mathrm{III}}}{\dot I'_{\mathrm{III}}}=k_{13}\end{cases}\tag{7-65}$$

折算后的方程为

$$\begin{cases}\dot U_{\mathrm{I}0}=\mathrm{j}x_{\mathrm{I}0}\dot I_{\mathrm{I}0}+\mathrm{j}x_{m0}(\dot I_{\mathrm{I}0}+\dot I'_{\mathrm{II}0}+\dot I'_{\mathrm{III}0})+\mathrm{j}3x_n(\dot I_{\mathrm{I}0}+k_{12}\dot I'_{\mathrm{II}0})\\ \dot U'_{\mathrm{II}0}=\mathrm{j}x'_{\mathrm{II}0}\dot I'_{\mathrm{II}0}+\mathrm{j}x_{m0}(\dot I_{\mathrm{I}0}+\dot I'_{\mathrm{II}0}+\dot I'_{\mathrm{III}0})+\mathrm{j}3x_nk_{12}(\dot I_{\mathrm{I}0}+k_{12}\dot I'_{\mathrm{II}0})\\ 0=\mathrm{j}x'_{\mathrm{III}0}\dot I'_{\mathrm{III}0}+\mathrm{j}x_{m0}(\dot I_{\mathrm{I}0}+\dot I'_{\mathrm{II}0}+\dot I'_{\mathrm{III}0})\end{cases}\tag{7-66}$$

其中，$x'_{\mathrm{II}0}=k_{12}^2x_{\mathrm{II}0}$和$x'_{\mathrm{III}0}=k_{13}^2x_{\mathrm{III}0}$分别为第二和第三绕组的漏抗折算到第一绕组侧的值。将式(7－66)稍作变换得

$$\begin{cases}\dot U_{\mathrm{I}0}=\mathrm{j}x_{\mathrm{I}0}\dot I_{\mathrm{I}0}+\mathrm{j}x_{m0}\dot I_{m0}+\mathrm{j}3k_{12}x_n(\dot I_{\mathrm{I}0}+\dot I'_{\mathrm{II}0})+\mathrm{j}3x_n(1-k_{12})\dot I_{\mathrm{I}0}\\ \dot U'_{\mathrm{II}0}=\mathrm{j}x'_{\mathrm{II}0}\dot I'_{\mathrm{II}0}+\mathrm{j}x_{m0}\dot I_{m0}+\mathrm{j}3x_nk_{12}(\dot I_{\mathrm{I}0}+\dot I'_{\mathrm{II}0})+3(k_{12}^2-k_{12})x_n\dot I'_{\mathrm{II}0}\\ 0=\mathrm{j}x'_{\mathrm{III}0}\dot I'_{\mathrm{III}0}+\mathrm{j}x_{m0}(\dot I_{\mathrm{I}0}+\dot I'_{\mathrm{II}0}+\dot I'_{\mathrm{III}0})\end{cases}\tag{7-67}$$

其中，$\dot I_{m0}=\dot I_{\mathrm{I}0}+\dot I'_{\mathrm{II}0}+\dot I'_{\mathrm{III}0}$为折算到第一绕组侧的励磁电流。

根据式(7－67)可得到自耦变压器的零序等值电路，如图7－19(a)所示，考虑到励磁电抗较大，简化后的零序等值电路如图7－19(b)所示。

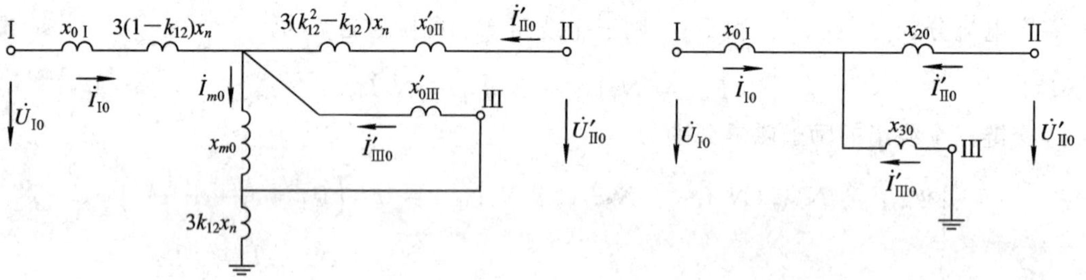

(a) 自耦变压器的零序等值电路　　(b) 简化后的零序等值电路

图7－19　自耦变压器的零序等值电路

简化后的零序等值电路中

$$\begin{cases}x_{10}=x_{\mathrm{I}0}+3(1-k_{12})x_n\\ x_{20}=x'_{\mathrm{II}0}+3(k_{12}^2-k_{12})x_n\\ x_{30}=x'_{\mathrm{III}0}+3k_{12}x_n\end{cases}\tag{7-68}$$

7.2.4　综合负荷的等值电路和序阻抗

由于综合负荷的构成比较复杂，其中包括恒定负荷、异步电动机负荷等。因此要得到综合负荷精确的各序等值电路和等效序阻抗很困难。对于恒定负荷来说，正序和负序阻抗相同，可以用恒定阻抗表示

$$z_{LD}=\frac{U_{LN}^2}{S_{LN}}(\cos\varphi+\mathrm{j}\sin\varphi)\tag{7-69}$$

下面分析异步电动机的正序和负序等效电路。由于异步电动机通常是三角形接线或中

性点不接地的星形接线，不存在零序电流，因此不必分析其零序等值电路和零序阻抗。

1. 异步电动机的正序等效电路和正序阻抗

根据电机学理论，异步电动机等效电路如图 7-20 所示，可见异步电动机的等效正序阻抗与转差率有关。由于在短路过程中，电动机端电压下降，导致转差增大，因此，其等效正序阻抗实际上与端电压有关，而端电压又与短路电流的变化有关。

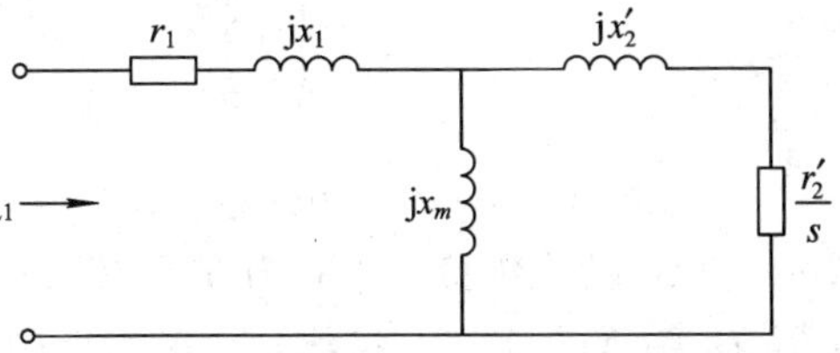

图 7-20　异步电动机的正序等值电路

通常在实用短路计算中，对综合负荷的正序阻抗采用简化的处理方法。在计算起始次暂态电流时，综合负荷或者略去不计，或者表示为次暂态电势和次暂态电抗的电源支路(参见第六章)，这要看负荷节点距离短路点的电气距离和综合负荷中大容量电动机的数量。在利用短路曲线计算任意时刻的短路电流周期分量时，负荷可以不予考虑，因为在短路曲线的制订中，负荷已被考虑进去。

除此以外，将含有电动机的综合负荷考虑为恒定阻抗(如式(7-68)所示)。

2. 异步电动机的负序等值电路和阻抗

由于异步电动机是旋转元件，因此其负序阻抗和正序阻抗不相等。类似于同步发电机负序阻抗的分析，在电动机定子中通入负序电流，由于其转子旋转的方向与负序电流方向相反，因此会在转子中感应出$(2-s)$倍工频频率的电流，该电流将产生一个与定子方向相反的磁场，因此会对电动机的转子产生一个制动转矩，使得转差 s 进一步增大。

同样异步电动机的负序阻抗也与转差 s 有关，如图 7-21 所示。

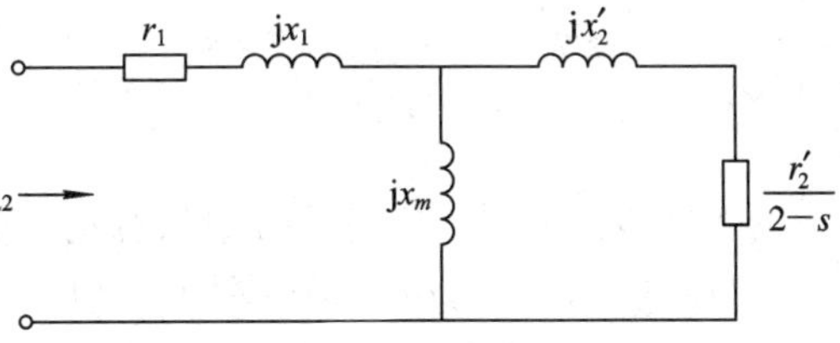

图 7-21　异步电动机的负序等值电路

为简化计算，通常略去电阻，并假设转差 $s=1$，即转子在静止时(或启动瞬间)的等值电抗作为电动机的负序阻抗。这个电抗通常认为是异步电动机的次暂态电抗。

7.2.5　电力系统各序网络的形成

以一个简单的单电源三相供电网络为例来说明正序、负序和零序网络的形成，如图 7-22 所示。

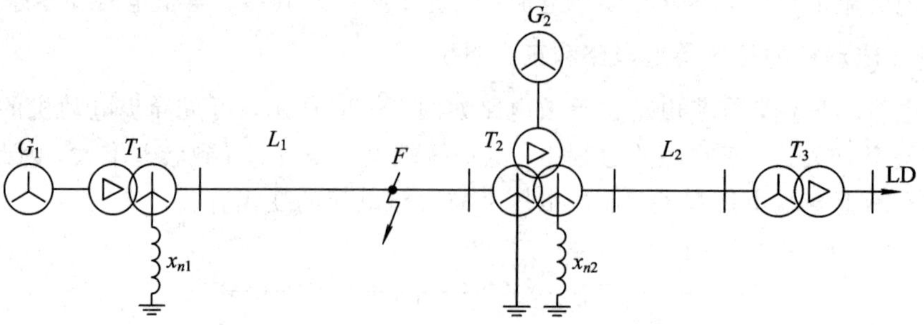

图 7-22　典型的电力系统接线图

图 7-22 中，发电机 G_1 和 G_2 的绕组接线方式为 Y 形接线；变压器 T_1 为 Y0/△接线，中性点经电抗接地；变压器 T_2 为 Y0/ Y0/△接线，二次绕组中性点经电抗接地；变压器 T_3 为 Y/△接线。

1. 正序网络的形成

由于正序网络中只含有正序分量，三相正序分量互相对称，大小相等方向相差 120°，因此中性点的电位为零，星形接线的中性点和大地联通。因此其等效电路与绕组的接线形式无关(三角形接线可以转化为星形接线)，正序等效电路如图 7-23 所示(忽略系统电阻和变压器励磁电抗)。

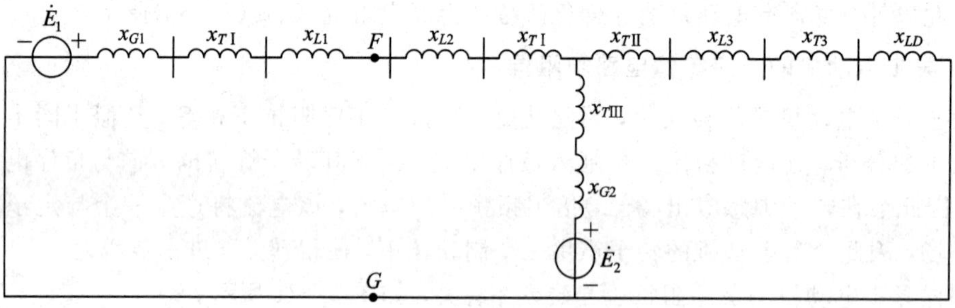

图 7-23　正序/负序网络

2. 负序网络的形成

负序网络和正序网络的等效电路一样，负序网络中只有负序分量，而三相负序分量也是大小相等方向相差 120°，只不过 ABC 三相的相序和正序相反。但要注意零序网络中发电机不发出负序电压，因此电源为零。另外旋转元件的负序电抗与正序电抗不相等。

3. 零序网络的形成

由于零序网络是各相与大地形成的回路，因此，对于发电机 G_1 和 G_2 来说，由于其中性点不接地，因此零序网络中，中性点是断开的。对于负荷也是如此，如果负荷是三角形接线或星形中性点不接地接线形式，则零序网络中，中性点与大地是断开的。其余元件的零序等值电路都已阐述过，因此系统零序等值电路如图 7-24 所示。

当正序网络、负序网络和零序网络形成后，可用戴维南定理将三个网络在故障端口(F 和 G)进行等效，如图 7-24 所示。很显然，正序戴维南等效电路中的等值电势就是从 F 和

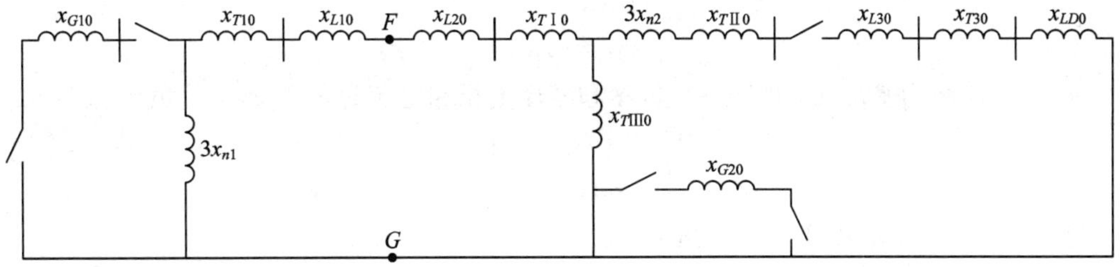

图 7-24　零序网络

G 端口看进去的电压，即 F 点故障前的电压，而等效阻抗则是从 FG 端口看进去的等效阻抗 Z_1。负序和零序网络中没有电源，因此只有从这个端口看进去的等效阻抗 Z_2 和 Z_0。需要注意的是，当故障为断线时，故障端口则是断开的两个点。这样，只需知道故障端口的三个序网的边界条件，就可以进行不对称故障分析。

7.3　简单电力系统的不对称故障分析

形成了正序负序和零序网络，用戴维南(或诺顿)定理等效后，形成三个序网的等值电路，这三个等值电路实际上就是三个方程：

$$\begin{cases}\dot{E}_1 = \dot{U}_1 + Z_1\dot{I}_1 \\ 0 = \dot{U}_2 + Z_2\dot{I}_2 \\ 0 = \dot{U}_0 + Z_0\dot{I}_0\end{cases} \tag{7-70}$$

其中，E_1 是从故障端口看进去的正序等效电源，Z_1、Z_2 和 Z_0 分别是从故障端口看进去的正序负序和零序等效阻抗。待确定的未知变量有六个，即故障端口的三序电压和三序电流。需要不对称故障的边界条件，即不同类型的不对称故障，从边界条件中还能得到三个方程，这样就可以求出故障端口的三序电压和电流，进而求出三相电压和电流。

7.3.1　简单不对称短路故障的分析

1. 单相接地故障

以 A 相接地故障为例，如图 7-25 所示。

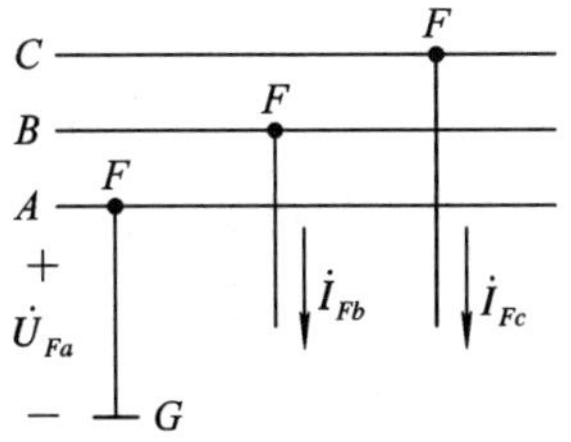

图 7-25　故障端口的边界条件

在故障端口 F 处，F 和 G 的端口的边界条件为

$$\begin{cases}\dot{U}_{Fa}=0\\ \dot{I}_{Fb}=\dot{I}_{Fc}=0\end{cases} \tag{7-71}$$

如果以 A 相为基准相，即正序、负序和零序电压和电流为 A 相的正序负序和零序：

$$\begin{cases}\dot{U}_{Fa}=\dot{U}_1+\dot{U}_2+\dot{U}_0\\ \dot{I}_{Fa}=\dot{I}_1+\dot{I}_2+\dot{I}_0\end{cases} \tag{7-72}$$

边界条件式(7－70)如果用序分量表示，即

$$\begin{cases}\dot{U}_{Fa}=\dot{U}_1+\dot{U}_2+\dot{U}_0=0\\ \dot{I}_{Fb}=a^2\dot{I}_1+a\dot{I}_2+\dot{I}_0=0\\ \dot{I}_{Fc}=a\dot{I}_1+a^2\dot{I}_2+\dot{I}_0=0\end{cases} \Rightarrow \begin{cases}\dot{U}_1+\dot{U}_2+\dot{U}_0=0\\ \dot{I}_1=\dot{I}_2=\dot{I}_0\end{cases} \tag{7-73}$$

联立式(7－73)和(7－70)可解出故障端口的各序电压和电流。实际上，如果用等效电路来表示就是将三个戴维南等效的序分量等效电路在故障端口的串联，如图 7－26 所示。

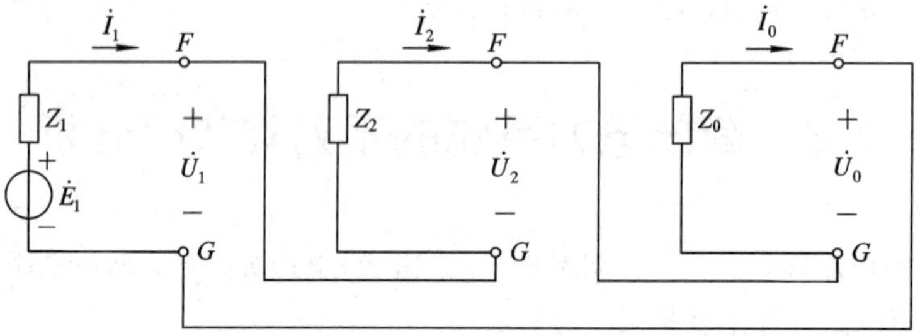

图 7－26　A 相接地故障时故障端口三个序网的等效连接

由图 7－26 可得到各序电流和电压(正序网络中的等效电源 E_1 即为端口开路时的端口电压，即故障前 F 点 A 相电压 $U_{Fa(0)}$)

$$\dot{I}_1=\dot{I}_2=\dot{I}_0=\frac{\dot{E}_1}{Z_1+Z_2+Z_0}=\frac{\dot{U}_{Fa(0)}}{Z_1+Z_2+Z_0} \tag{7-74}$$

$$\begin{cases}\dot{U}_1=\dot{U}_{Fa(0)}-Z_1\dot{I}_1=\dfrac{Z_2+Z_0}{Z_1+Z_2+Z_0}\dot{U}_{Fa(0)}\\ \dot{U}_2=-Z_2\dot{I}_2=-\dfrac{Z_2}{Z_1+Z_2+Z_0}\dot{U}_{Fa(0)}\\ \dot{U}_0=-Z_0\dot{I}_0=-\dfrac{Z_0}{Z_1+Z_2+Z_0}\dot{U}_{Fa(0)}\end{cases} \tag{7-75}$$

因此，故障端口的三相电压和电流分别为

$$\begin{cases}\dot{I}_{Fa}=\dot{I}_1+\dot{I}_2+\dot{I}_0=\dfrac{3\dot{U}_{Fa(0)}}{(Z_1+Z_2+Z_0)}\\ \dot{I}_{Fb}=a^2\dot{I}_1+a\dot{I}_2+\dot{I}_0=0\\ \dot{I}_{Fc}=a\dot{I}_1+a^2\dot{I}_2+\dot{I}_0=0\end{cases} \tag{7-76}$$

$$\begin{cases}\dot{U}_a=\dot{U}_1+\dot{U}_2+\dot{U}_0=0\\ \dot{U}_b=a^2\dot{U}_1+a\dot{U}_2+\dot{U}_0=\dfrac{(a^2-a)Z_2+(a^2-1)Z_0}{Z_1+Z_2+Z_0}\dot{U}_{Fa(0)}\\ \dot{U}_c=a\dot{U}_1+a^2\dot{U}_2+\dot{U}_0=\dfrac{(a-a^2)Z_2+(a-1)Z_0}{Z_1+Z_2+Z_0}\dot{U}_{Fa(0)}\end{cases} \tag{7-77}$$

故障端口的三相电压的相量图如图 7－27 所示。

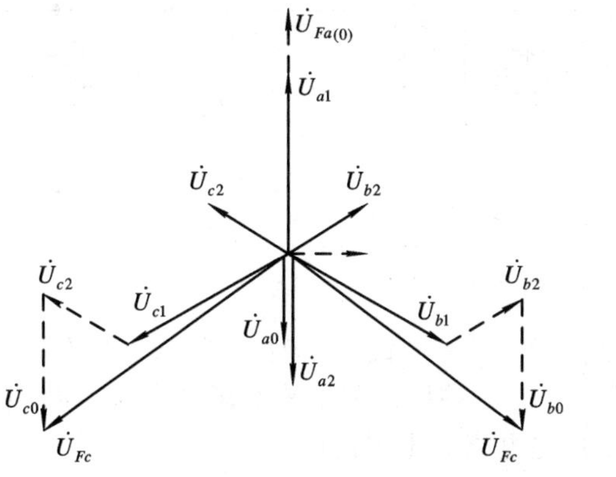

图 7－27　A 相接地故障时故障端口的三相电压相量图

故障端口三相电流的相量图如图 7－28 所示。

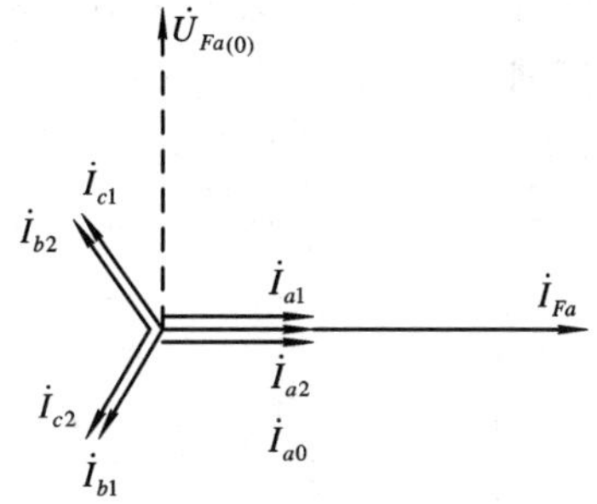

图 7－28　A 相接地故障时故障端口三相电流的相量图

如果 A 相接地短路，以 B 相为基准相也能计算出相同的结果，只是计算稍微复杂一些。以 B 相为基准相，故障端口的各序电压和电流是 B 相的各序电压电流，即

$$\begin{cases}\dot{U}_{Fb}=\dot{U}_1+\dot{U}_2+\dot{U}_0\\ \dot{I}_{Fb}=\dot{I}_1+\dot{I}_2+\dot{I}_0\end{cases}\tag{7-78}$$

此时边界条件变为

$$\begin{cases}a\dot{U}_1+a^2\dot{U}_2+\dot{U}_0=0\\ \dot{I}_1+\dot{I}_2+\dot{I}_0=a^2\dot{I}_1+a\dot{I}_2+\dot{I}_0=0\end{cases}\Rightarrow\begin{cases}a\dot{U}_1+a^2\dot{U}_2+\dot{U}_0=0\\ a\dot{I}_1=a^2\dot{I}_2=\dot{I}_0\end{cases}\tag{7-79}$$

式(7－79)中的正序、负序和零序是 B 相的，而 $a\dot{U}_{b1}=\dot{U}_{a1}$，$a^2\dot{U}_{b2}=\dot{U}_{a2}$，$\dot{U}_{b0}=\dot{U}_{a0}$，因此式(7－78)说明，发生 A 相接地短路故障时，如果以 B 相为基准相，得到的三个序网的端口边界条件在本质上是一样的，都是 A 相的三序电压之和为零，A 相的三序电流相等，即：

$$\begin{cases}\dot{U}_{a1}+\dot{U}_{a2}+\dot{U}_{a0}=0\\ \dot{I}_{a1}=\dot{I}_{a2}=\dot{I}_{a0}\end{cases}\tag{7-80}$$

三个序网的等效电路变为如图 7－29 所示，图中的正序等效电路中的等效电源是 B 相故障前的端口电压 $E_1=U_{Fb(0)}$。

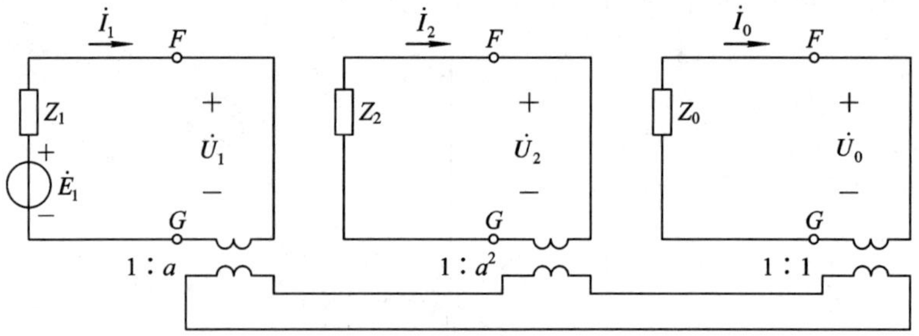

图 7－29　A 相接地短路时以 B 相为基准相的等效序网

需要注意的是，图 7－29 中的比例关系并不符合变压器两侧的比例关系，这个比例关系既是电压的比例关系也是电流的比例关系。

同理，以 C 相为基准相，A 相接地故障时，边界条件为

$$\begin{cases}\dot{U}_{a1}+\dot{U}_{a2}+\dot{U}_{a0}=0\\ \dot{I}_{a1}=\dot{I}_{a2}=\dot{I}_{a0}\end{cases}\Rightarrow\begin{cases}a^2\dot{U}_1+a\dot{U}_2+\dot{U}_0=0\\ a^2\dot{I}_1=a\dot{I}_2=\dot{I}_0\end{cases}\tag{7-81}$$

其三个序网的等效电路是将图 7－29 的等效电路中的正序和负序电压比例交换一下，同时正序的等效电源为 C 相故障前的电压。

同理，当以 A 相为基准相，B 相发生接地短路时，三序的边界条件为

$$\begin{cases}\dot{U}_{b1}+\dot{U}_{b2}+\dot{U}_{b0}=0\\ \dot{I}_{b1}=\dot{I}_{b2}=\dot{I}_{b0}\end{cases}\Rightarrow\begin{cases}a\dot{U}_1+a^2\dot{U}_2+\dot{U}_0=0\\ a\dot{I}_1=a^2\dot{I}_2=\dot{I}_0\end{cases}\tag{7-82}$$

当以 A 相为基准相，C 相发生接地短路时，三个序网的边界条件为

$$\begin{cases}\dot{U}_{c1}+\dot{U}_{c2}+\dot{U}_{c0}=0\\ \dot{I}_{c1}=\dot{I}_{c2}=\dot{I}_{c0}\end{cases}\Rightarrow\begin{cases}a^2\dot{U}_1+a\dot{U}_2+\dot{U}_0=0\\ a^2\dot{I}_1=a\dot{I}_2=\dot{I}_0\end{cases}\tag{7-83}$$

可见，发生单相接地短路时，以故障相为基准相的三个序网的关系满足：故障端口三个序电压之和为零、三个序电流相等（如式(7－73)所示）。

当以非故障相为基准相时，必须对基准相进行转换（如式(7－78)至(7－83)所示），各相三序分量的关系参见式(7－16)至(7－18)。

2. 相间短路

以 BC 相间短路为例，如图 7－30 所示。

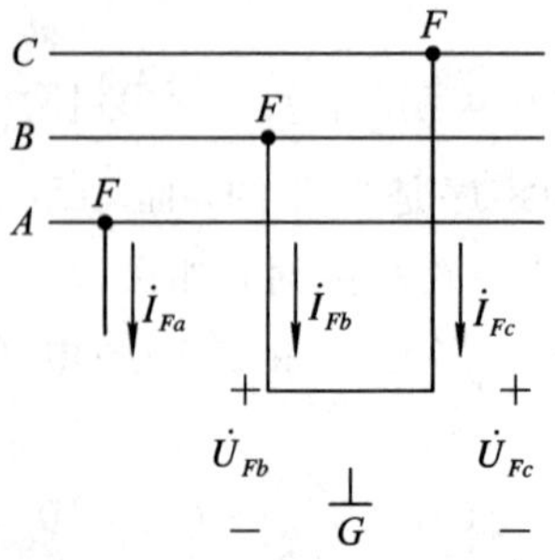

图 7－30　BC 相间短路时故障端口的边界条件

当 BC 相间短路时，其边界条件为

$$\begin{cases}\dot{U}_{Fb}=\dot{U}_{Fc}\\ \dot{I}_{Fb}=-\dot{I}_{Fc}\\ \dot{I}_{Fa}=0\end{cases} \tag{7-84}$$

以 A 相为基准相，三个序网的边界条件为

$$\begin{cases}a^2\dot{U}_1+a\dot{U}_2+\dot{U}_0=a\dot{U}_1+a^2\dot{U}_2+\dot{U}_0\\ a^2\dot{I}_1+a\dot{I}_2+\dot{I}_0=-(a\dot{I}_1+a^2\dot{I}_2+\dot{I}_0)\\ \dot{I}_1+\dot{I}_2+\dot{I}_0=0\end{cases} \Rightarrow \begin{cases}\dot{U}_1=\dot{U}_2\\ \dot{I}_1=-\dot{I}_2\\ \dot{I}_0=0\end{cases} \tag{7-85}$$

因此三个序网的等效连接如图 7-31 所示，为正序故障端口和负序故障端口的并联。

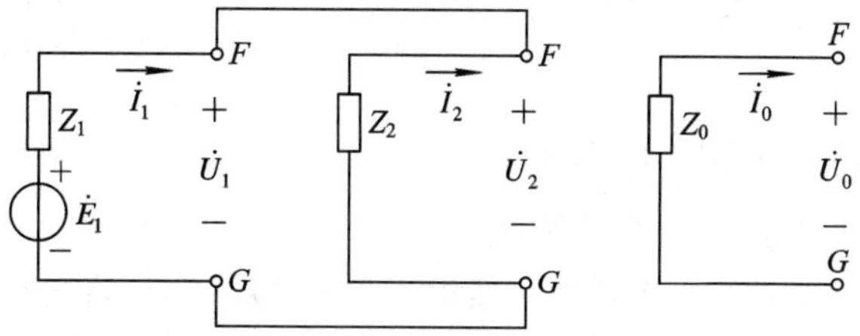

图 7-31　BC 相间短路时的等效序网

因此，故障端口的正序、负序和零序电流分别为

$$\begin{cases}\dot{I}_1=-\dot{I}_2=\dfrac{\dot{U}_{Fa(0)}}{Z_1+Z_2}\\ \dot{I}_0=0\end{cases} \tag{7-86}$$

故障端口的正序、负序和零序电压为

$$\begin{cases}\dot{U}_1=\dot{U}_2=\dfrac{Z_2}{Z_1+Z_2}\dot{U}_{Fa(0)}\\ \dot{U}_0=0\end{cases} \tag{7-87}$$

故障端口的三相电压和电流分别为

$$\begin{cases}\dot{U}_{Fa}=\dot{U}_1+\dot{U}_2+\dot{U}_0=\dfrac{2Z_2}{Z_1+Z_2}\dot{U}_{Fa(0)}\\ \dot{U}_{Fb}=a^2\dot{U}_1+a\dot{U}_2=-\dfrac{Z_2}{Z_1+Z_2}\dot{U}_{Fa(0)}\\ \dot{U}_{Fc}=a\dot{U}_1+a^2\dot{U}_2=-\dfrac{Z_2}{Z_1+Z_2}\dot{U}_{Fa(0)}\end{cases} \tag{7-88}$$

$$\begin{cases}\dot{I}_{Fa}=\dot{I}_1+\dot{I}_2+\dot{I}_0=0\\ \dot{I}_{Fb}=a^2\dot{I}_1+a\dot{I}_2+\dot{I}_0=(a^2-a)\dfrac{\dot{U}_{Fa(0)}}{Z_1+Z_2}\\ \dot{I}_{Fb}=a\dot{I}_1+a^2\dot{I}_2+\dot{I}_0=(a-a^2)\dfrac{\dot{U}_{Fa(0)}}{Z_1+Z_2}\end{cases} \tag{7-89}$$

BC 相间短路时，三相电压和电流的相量图如图 7-32 和 7-33 所示。

CA 发生相间短路，以 B 相为基准相时，可以推知三个序网的关系与 BC 相间短路时以 A 相为基准相的结果相同。同理，当发生 AB 相间短路时，以 C 相为基准相的三序网络的关系与 BC 相间短路时以 A 相为基准相的结果也相同。即当发生相间短路时，以非故障相作为基准相，各序之间的关系为：正序电压和负序电压相等，正序电流和负序电流大小

相等，方向相反。

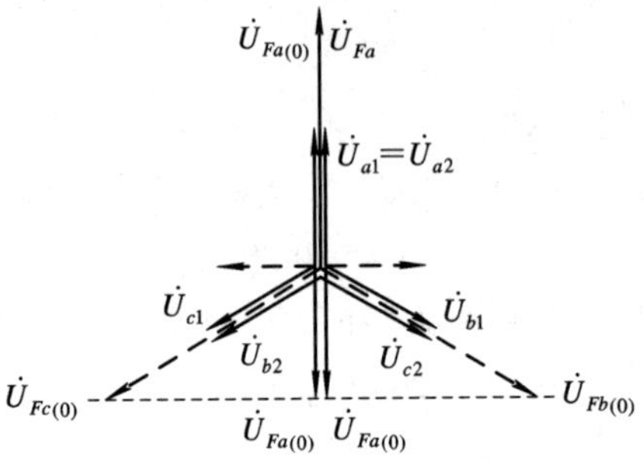

图 7 - 32　故障端口三相电压的相量图

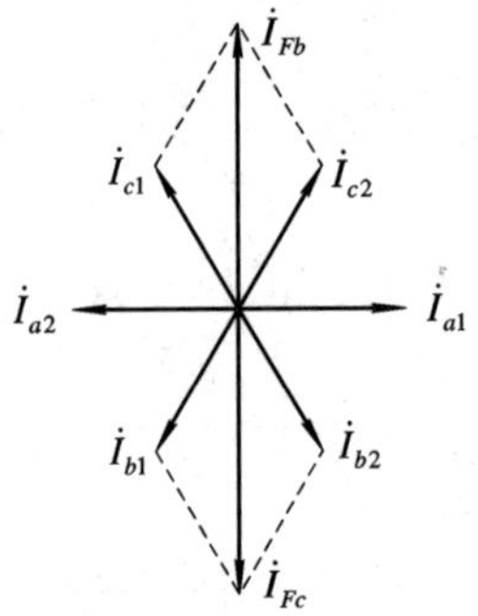

图 7 - 33　故障端口三相电流的相量图

都以 A 相为基准相时，C、A 发生相间短路时，需要把以 B 相为基准相的三序关系根据三相各序之间的关系，转化为以 A 相为基准相的三序关系。请读者自己推导，这里不再赘述。

3. 两相短路接地故障

以 B、C 两相接地短路为例，如图 7 - 34 所示。

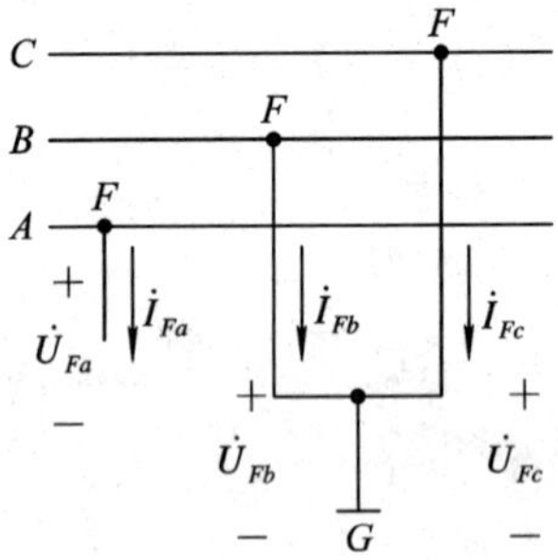

图 7 - 34　B、C 两相短路接地故障的边界条件

不难得到故障端口三相边界条件为

$$\begin{cases}\dot{I}_{Fa}=0\\ \dot{U}_{Fb}=\dot{U}_{Fc}=0\end{cases}\tag{7-90}$$

如果以 A 相为基准相，故障端口的三个序分量的关系为

$$\begin{cases}\dot{I}_1+\dot{I}_2+\dot{I}_0=0\\ \dot{U}_1=\dot{U}_2=\dot{U}_0\end{cases}\tag{7-91}$$

三个序网的等效连接如图 7 - 35 所示。

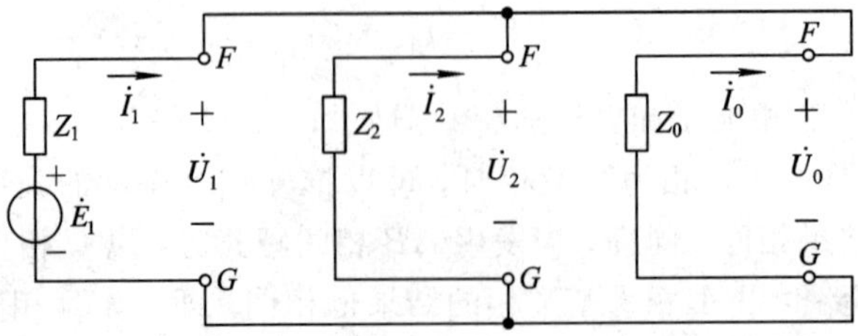

图 7 - 35　B、C 两相短路接地时三个序网的连接

因此，三序电流为

$$\begin{cases}\dot{I}_1 = \dfrac{\dot{U}_{Fa(0)}}{Z_1 + Z_2 /\!/ Z_0} \\ \dot{I}_2 = -\dfrac{Z_0}{Z_2 + Z_0}\dfrac{\dot{U}_{Fa(0)}}{Z_1 + Z_2 /\!/ Z_0} \\ \dot{I}_0 = -\dfrac{Z_2}{Z_2 + Z_0}\dfrac{\dot{U}_{Fa(0)}}{Z_1 + Z_2 /\!/ Z_0}\end{cases} \tag{7-92}$$

三序电压为

$$\dot{U}_1 = \dot{U}_2 = \dot{U}_0 = (Z_2 /\!/ Z_0)\frac{\dot{U}_{Fa(0)}}{Z_1 + Z_2 /\!/ Z_0} \tag{7-93}$$

因此，故障端口的三相电压为

$$\begin{cases}\dot{U}_{Fa} = \dot{U}_1 + \dot{U}_2 + \dot{U}_0 = \dfrac{3(Z_2 /\!/ Z_0)}{Z_1 + Z_2 /\!/ Z_0}\dot{U}_{Fa(0)} \\ \dot{U}_{Fb} = \dot{U}_{Fc} = 0\end{cases} \tag{7-94}$$

故障端口的三相电流为

$$\begin{cases}\dot{I}_{Fa} = \dot{I}_1 + \dot{I}_2 + \dot{I}_0 = 0 \\ \dot{I}_{Fb} = a^2\dot{I}_1 + a\dot{I}_2 + \dot{I}_0 = \dfrac{(a^2 - a)Z_2 + (a-1)Z_0}{Z_2 + Z_0}\dot{I}_1 \\ \dot{I}_{Fc} = a\dot{I}_1 + a^2\dot{I}_2 + \dot{I}_0 = \dfrac{(a - a^2)Z_2 + (a^2-1)Z_0}{Z_2 + Z_0}\dot{I}_1\end{cases} \tag{7-95}$$

故障端口电压和电流相量如图 7－36 和 7－37 所示。

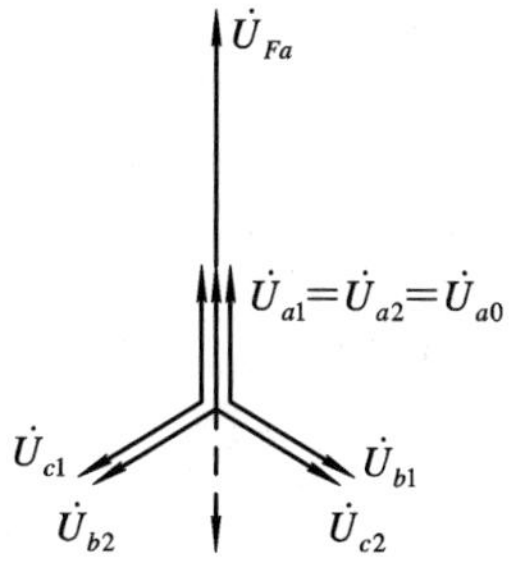

图 7－36　两相短路接地故障时三相电压相量

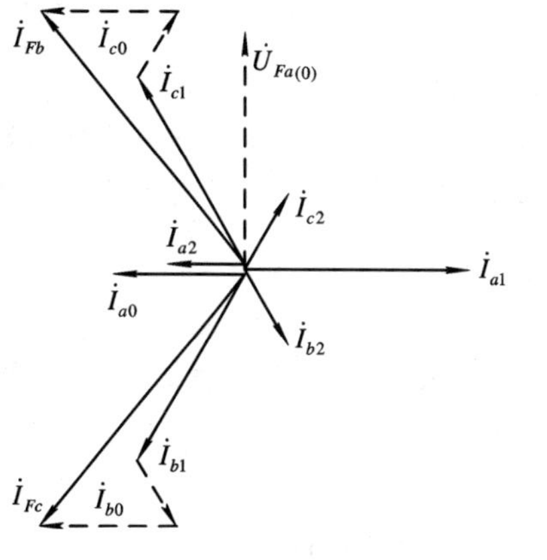

图 7－37　B、C 两相短路接地故障时故障端口电流相量图

同理，当发生任意两相短路接地故障时，当以非故障相为基准相时，各个序网的边界关系如式(7－90)。以 A 相为基准相，AC 和 AB 相间接地短路故障时，需要将非故障相的三个序分量的关系转化为 A 相三个序分量的关系。

4. 小结

通过上面的分析可以得到如下结论：

(1) 三个序网首先要在故障端口用戴维南定理或诺顿定理进行等效。在进行序分量分解时，基准相很重要，以哪一相为基准相，正序网络中的等效电压源(或电流源)就是该相在故障端口开路时的电压(或短路时的电流)。

(2) 当发生单相接地故障时，以故障相为基准相，其端口的等效连接是三个序网的串联。以其他相为基准相时，需要考虑其他相和基准相之间序分量的关系。

(3) 当发生两相短路时，以非故障相为基准相，其端口的等效连接是正序和负序两个网络的并联，由于没有接地点，因此不包含零序回路。以其他相为基准相时，需要考虑其他相和基准相之间序分量的关系。

(4) 当发生两相接地短路故障时，以非故障相为基准相，其端口的等效连接是三个序网的并联。同样以其他相为基准相时，需要考虑其他相和基准相之间序分量的关系。

(5) 各相电压和电流都是该相正序负序和零序的叠加。

7.3.2 经过渡电阻的不对称短路分析

1. 单相经过渡电阻接地短路

假设 A 相经过渡电阻 R_F 接地，如图7-38 所示。

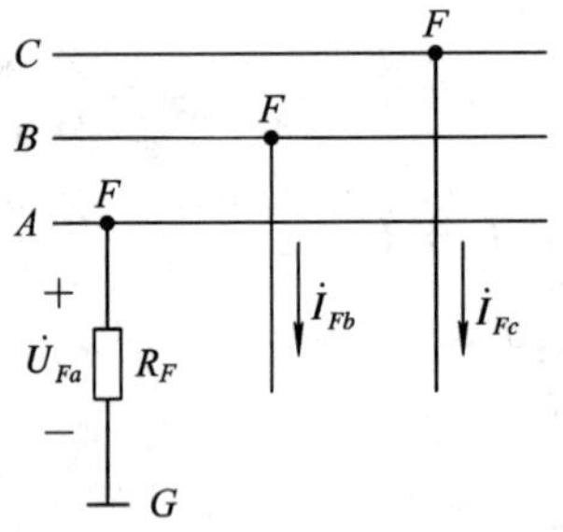

图 7-38 A 相经过渡电阻短路

此时边界条件变为

$$\begin{cases}\dot{U}_{Fa}=R_F\dot{I}_{Fa}\\ \dot{I}_{Fb}=\dot{I}_{Fc}=0\end{cases} \tag{7-96}$$

以 A 相为基准相，得到三序分量的关系为

$$\begin{cases}\dot{U}_1+\dot{U}_2+\dot{U}_0=R_F(\dot{I}_1+\dot{I}_2+\dot{I}_0)\\ \dot{I}_1=\dot{I}_2=\dot{I}_0\end{cases} \tag{7-97}$$

因此三个序网的等效连接如图 7-39 所示。

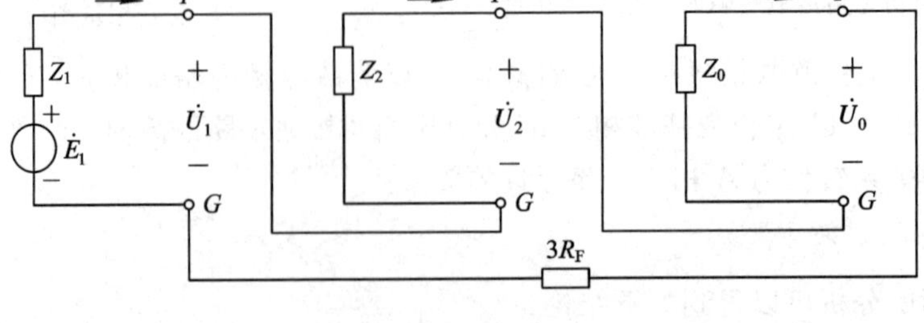

图 7-39 A 相经过渡电阻 R_F 短路时三个序网的等效连接

可以这样考虑，在 B 相和 C 相都连接一个 R_F 的过渡电阻，由于 B 相和 C 相对地开路，因此并没有影响原来的电路，如图 7－40 所示。

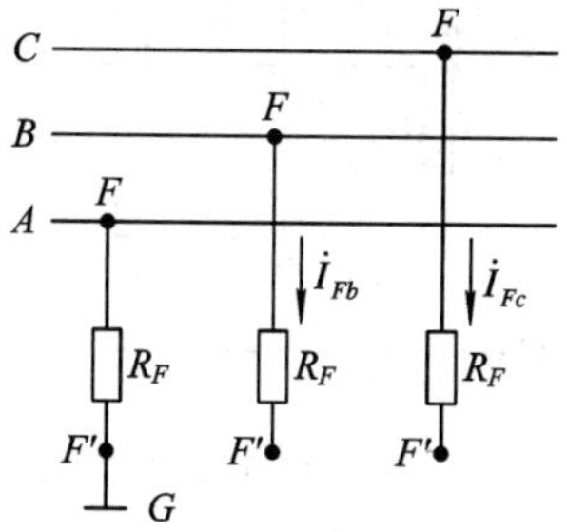

图 7－40　A 相经过渡电阻短路的等效电路

由图 7－40 可看出，在 F 点 A 相经过渡电阻短路，等价于在 F' 点金属性短路，因此可以利用上一节的结论直接得到三个序网的连接，如图 7－41 所示。

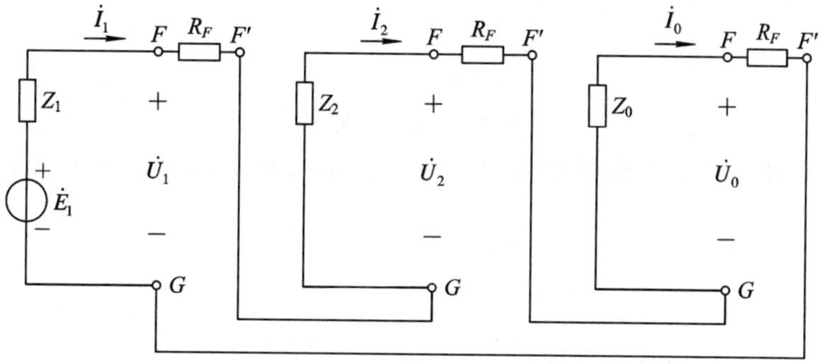

图 7－41　A 相经过渡电阻 R_F 短路时三个序网的等效连接

根据式(7－41)可得到三序电流为

$$\dot{I}_1=\dot{I}_2=\dot{I}_0=\frac{\dot{U}_{Fa(0)}}{Z_1+Z_2+Z_0+3R_F} \tag{7-98}$$

三序电压为

$$\begin{cases}\dot{U}_1=\dfrac{Z_2+Z_0+3R_F}{Z_1+Z_2+Z_0+3R_F}\dot{U}_{Fa(0)}\\ \dot{U}_2=\dfrac{-Z_2}{Z_1+Z_2+Z_0+3R_F}\dot{U}_{Fa(0)}\\ \dot{U}_0=\dfrac{-Z_0}{Z_1+Z_2+Z_0+3R_F}\dot{U}_{Fa(0)}\end{cases} \tag{7-99}$$

因此故障相电压为

$$\dot{U}_{Fa}=\frac{3R_F}{Z_1+Z_2+Z_0+3R_F}\dot{U}_{Fa(0)} \tag{7-100}$$

2. 相间经过过渡电阻短路

假设 B 相和 C 相经过渡电阻 R_F 短路，如图 7－42 所示。

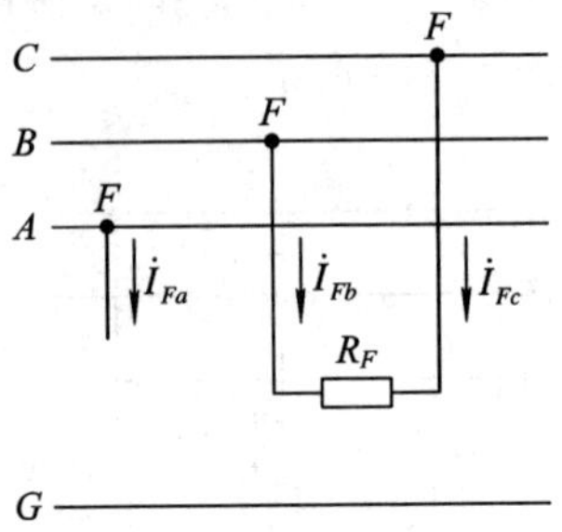

图 7-42　B、C 两相经过渡电阻短路

边界条件为

$$\begin{cases}\dot{I}_{Fa}=0\\ \dot{U}_{Fb}-\dot{U}_{Fc}=R_F\dot{I}_{Fb}\\ \dot{I}_{Fb}+\dot{I}_{Fc}=0\end{cases}\tag{7-101}$$

以 A 相为基准相可推知

$$\begin{cases}\dot{I}_1+\dot{I}_2=0\\ \dot{I}_0=0\\ \dot{U}_1-\dot{U}_2=R_F\dot{I}_1\end{cases}\tag{7-102}$$

实际上，两相经过渡电阻短路可看做在 A 相串接 $R_F/2$ 后悬空，B 和 C 相串接 $R_F/2$ 后短路，如图 7-43 所示。

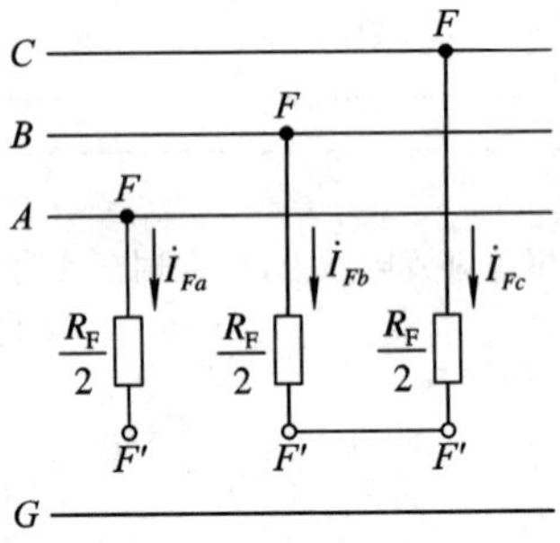

图 7-43　B、C 两相经过渡电阻短路的等效

因此，其三个序网的连接关系如图 7-44 所示。

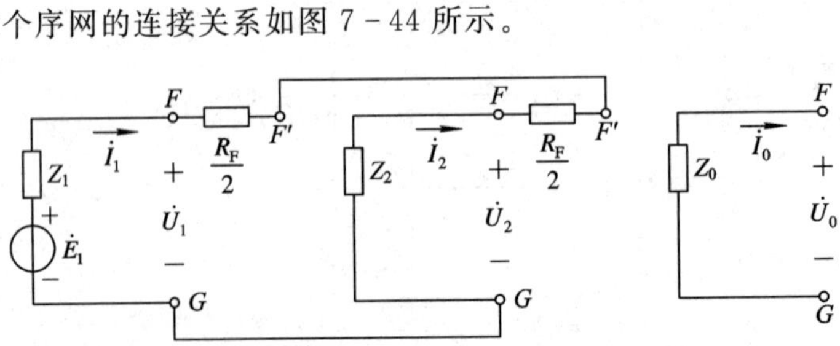

图 7-44　B、C 相经过渡电阻短路时的等效序网

故障端口的正序、负序电流为(零序电流为零)

$$\dot{I}_1 = -\dot{I}_2 = \frac{\dot{U}_{Fa(0)}}{Z_1 + Z_2 + R_F} \tag{7-103}$$

正序、负序电压为(零序电压为零)

$$\begin{cases} \dot{U}_1 = \dfrac{Z_2 + R_F}{Z_1 + Z_2 + R_F}\dot{U}_{Fa(0)} \\ \dot{U}_2 = \dfrac{Z_2}{Z_1 + Z_2 + R_F}\dot{U}_{Fa(0)} \end{cases} \tag{7-104}$$

3. 两相短路经过渡电阻接地

假设 BC 两相短路后经过渡电阻 R_F 接地，如图 7-45 所示。

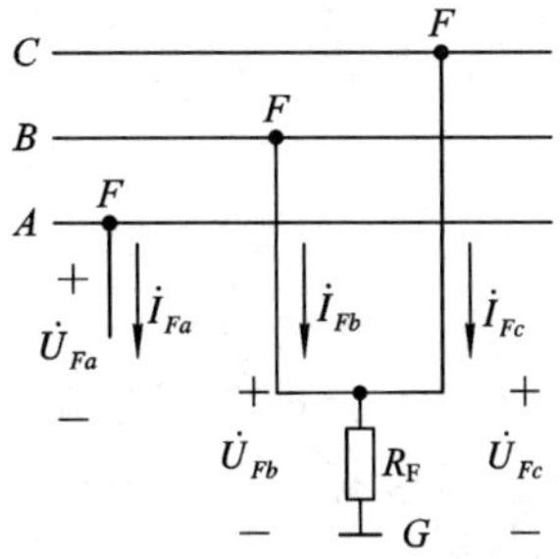

图 7-45　两相短路后经过渡电阻接地

因此，故障端口的边界条件为

$$\begin{cases} \dot{I}_{Fa} = 0 \\ \dot{U}_{Fb} = \dot{U}_{Fc} = R_F(\dot{I}_{Fb} + \dot{I}_{Fc}) \end{cases} \tag{7-105}$$

以 A 相为基准相，各序之间的关系为

$$\begin{cases} \dot{I}_{Fa} = 0 & \Rightarrow \quad \dot{I}_1 + \dot{I}_2 + \dot{I}_0 = 0 \\ \dot{U}_{Fb} = \dot{U}_{Fc} & \Rightarrow \quad \dot{U}_{F1} = \dot{U}_{F2} \\ \dot{U}_{Fb} = R_F(\dot{I}_{Fb} + \dot{I}_{Fc}) & \Rightarrow \quad \dot{U}_0 - \dot{U}_1 = R_F(-\dot{I}_1 - \dot{I}_2 + \dot{I}_0) = 3R_F\dot{I}_0 \end{cases} \tag{7-106}$$

因此，根据端口三个序电压、电流的关系可知，其三个序网的等效关系是在 B、C 两相短路的基础上，通过 $3R_F$ 和零序网络并联在一起，如图 7-46 所示。

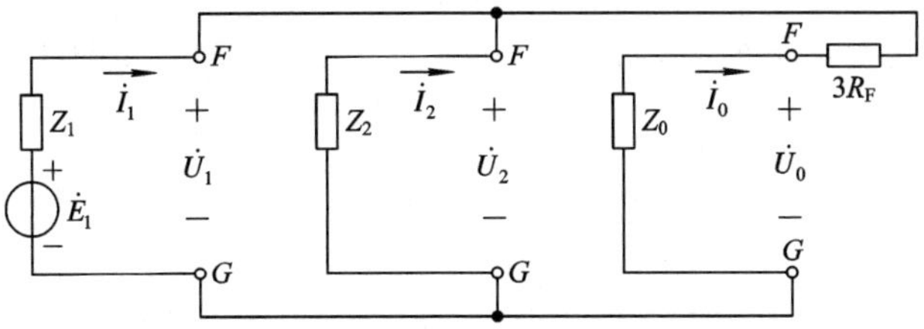

图 7-46　两相短路后经过渡电阻接地时的三个序网连接

因此，故障端口的正序、负序和零序电流分别为

$$\begin{cases} \dot{I}_1 = \dfrac{\dot{U}_{Fa(0)}}{Z_1 + Z_2 \,//\, (Z_0 + 3R_F)} \\ \dot{I}_2 = -\dfrac{Z_0 + 3R_F}{Z_2 + Z_0 + 3R_F}\dot{I}_1 \\ \dot{I}_0 = -\dfrac{Z_2}{Z_2 + Z_0 + 3R_F}\dot{I}_1 \end{cases} \tag{7-107}$$

故障端口的三序电压为

$$\begin{cases}\dot{U}_1 = \dfrac{Z_2 \ /\!/ \ (Z_0 + 3R_F)}{Z_1 + Z_2 \ /\!/ \ (Z_0 + 3R_F)}\dot{U}_{Fa(0)} \\ \dot{U}_2 = \dfrac{Z_2 \ /\!/ \ (Z_0 + 3R_F)}{Z_1 + Z_2 \ /\!/ \ (Z_0 + 3R_F)}\dot{U}_{Fa(0)} \\ \dot{U}_0 = \dfrac{Z_0 Z_2/(Z_2 + Z_0 + 3R_F)}{Z_1 + Z_2 \ /\!/ \ (Z_0 + 3R_F)}\dot{U}_{Fa(0)}\end{cases} \tag{7-108}$$

7.3.3 经过渡电阻不对称短路的故障端口电压相量图分析

实际工程中，通常需要分析继电保护的动作情况，首先需要分析经过渡电阻不对称短路时，在短路点处各相电压的相量。以 A 相接地短路为例，当经过渡电阻接地时，故障相的电压为

$$\dot{U}_{Fa} = \frac{3R_F}{Z_1 + Z_2 + Z_0 + 3R_F}\dot{U}_{Fa(0)} \tag{7-109}$$

随着过渡电阻的变化，故障相电压相量的端点是如何变化的呢？将这个电压化简，将分子和分母都除以 $3R_F$，并将复数用极坐标的形式表示，即

$$\dot{U}_{Fa} = \frac{3R_F}{Z_1 + Z_2 + Z_0 + 3R_F}\dot{U}_{Fa(0)} = \frac{1}{1 + K\mathrm{e}^{\mathrm{j}\varphi}}\dot{U}_{Fa(0)} \tag{7-110}$$

其中：

$$K = \left|\frac{Z_1 + Z_2 + Z_0}{3R_F}\right|$$

$$\varphi = \arg\left(\frac{Z_1 + Z_2 + Z_0}{3R_F}\right)$$

可见，当过渡电阻从零变化到无穷大时，K 的值从无穷大变为零。考虑到过渡电阻纯阻性的性质，角 φ 实际上就是三序等效阻抗之和的阻抗角。以故障前的电压为参考相量，则需要考察的对象实际是

$$z = \frac{1}{1 + K\mathrm{e}^{\mathrm{j}\varphi}} \tag{7-111}$$

这个问题就转化为：当 K 在无穷大和零之间变化时，复数 z 的变化轨迹。

1. 圆的反演

令 $z=x+jy$，代入(7-111)，得上式：

$$K\mathrm{e}^{\mathrm{j}\varphi} = \frac{1-z}{z} = \frac{1-x-jy}{x+jy} = \frac{(x-x^2-y^2)-jy}{x^2+y^2} \tag{7-112}$$

系统阻抗角是恒定的，因此有

$$\tan\varphi = \frac{y}{x^2+y^2-x} \tag{7-113}$$

得到复数 z 的端点随 K 的变化轨迹为

$$\left(x-\frac{1}{2}\right)^2 + \left(y-\frac{1}{2\tan\varphi}\right)^2 = \left(\frac{1}{2\sin\varphi}\right)^2 \tag{7-114}$$

特别地，当 $\varphi=0$ 时，$y=0$。此外，阻抗角随 K 从无穷大变化至零，其轨迹是一簇圆，如图 7-47 所示。当 $0<\varphi<\pi/2$ 时，阻抗角呈感性，其轨迹圆的圆心在纵轴的正半轴，反

之，当阻抗角呈容性时，其轨迹圆的圆心在纵轴的负半轴。当 $\varphi=\pm\pi/2$ 时，其轨迹圆的圆心刚好在横轴上，即在(1/2，0)处。

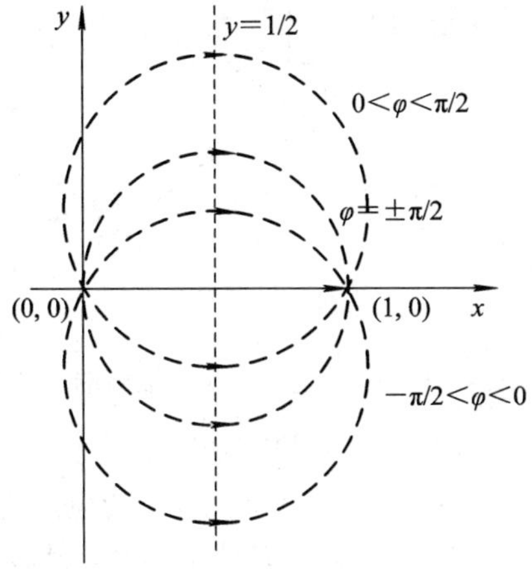

图 7-47　随着过渡电阻变化时相量的轨迹

过渡电阻 R_F 从 0 变化至无穷大时，K 则从无穷大变化至 0，z 的轨迹从 0 点变化至 A 点。那么 z 的端点轨迹是从圆的上半部分从还是下半部分过去的呢？如果阻抗角呈感性，即

$$z=\frac{1}{1+K_x+jK_y}=\frac{(1+K_x)-jK_y}{(1+K_x)^2+K_y^2}\tag{7-115}$$

其中 K_x 和 K_y 分别是 $K\cdot e^{j\varphi}$ 的实部和虚部。可见，当阻抗角呈感性时，其轨迹是从圆的下半部分，即逆时针方向，从 0 点运动到 A 点。反之如果呈容性则是从上半部分运动，即顺时针方向。总之，其轨迹是小于等于半圆的以线段 0A 的弦，如果刚好是 $\pm\pi/2$，则是以该线段为直径的半圆。

我们通过分析可得如下结论：

(1) 当过渡电阻从 0 变化至无穷大时，即 K 从无穷大变化至 0 时，如果阻抗角呈感性，其端点轨迹就沿着以 0A 为线段的弦(阻抗角为 90°时是半圆)按逆时针方向从 0 点变化至 A 点。

(2) 反之，如果阻抗角呈容性，则沿着以 0A 线段的弦(阻抗角为－90°时是半圆)按顺时针方向从 0 点至 A 点。

(3) 如果能够找到金属性短路时(过渡电阻为零)和过渡电阻为无穷大时的电压相量，那么过渡电阻短路时的电压相量的端点必然在以金属性短路的电压相量端点和过渡电阻无穷大时的电压相量端点的连线为弦的圆弧上，如果阻抗角为感性，其方向为逆时针方向，如果为容性，则为顺时针方向。

2. 经过渡电阻发生单相接地短路时电压相量分析

根据以上的理论，A 相发生经过渡电阻接地短路时，只需要找到过渡电阻为零时的电压相量和过渡电阻为无穷大时的电压相量，过渡电阻短路时的电压相量必然在这两个相量端点连线为弦的圆弧上，如图 7-48 所示。

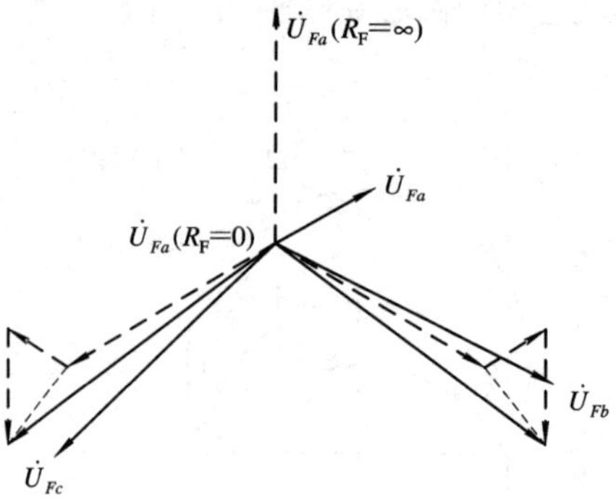

图 7-48　A 相经过渡电阻短路时故障端口各相电压

3. 两相经过渡电阻短路的电压相量分析

以 B、C 两相经过渡电阻短路为例，同理，找到过渡电阻为零时的电压相量，再找到过渡电阻为无穷大时的电压相量，考虑到系统阻抗呈感性，过渡电阻短路时电压相量的端点则是在按照逆时针方向从过渡电阻为零处至过渡电阻为无穷大处线段的弦上，如图 7-49 所示(图中假设正序和负序阻抗相等，即 $Z_1=Z_2$)。

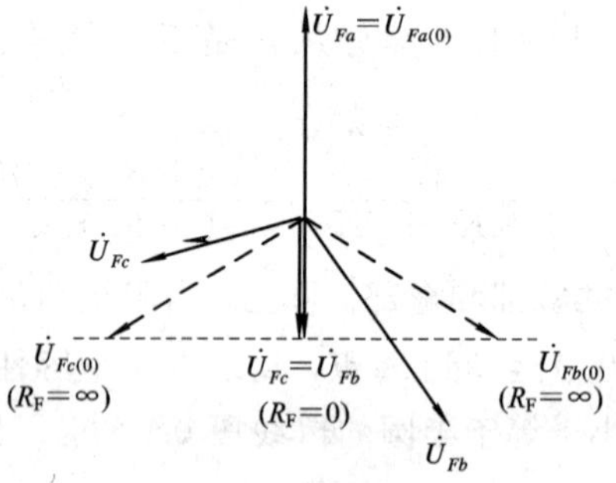

图 7-49　相间经过渡电阻短路时电压相量图

4. 相间短路后经过渡电阻接地时的电压相量分析

两相短路后，经过渡电阻接地，当过渡电阻为零时，为两相短路接地，过渡电阻为无穷大时，为相间短路。因此，相间经过渡电阻接地时的各相电压相量图如图 7-50 所示(仍然假设正负序阻抗相等)。

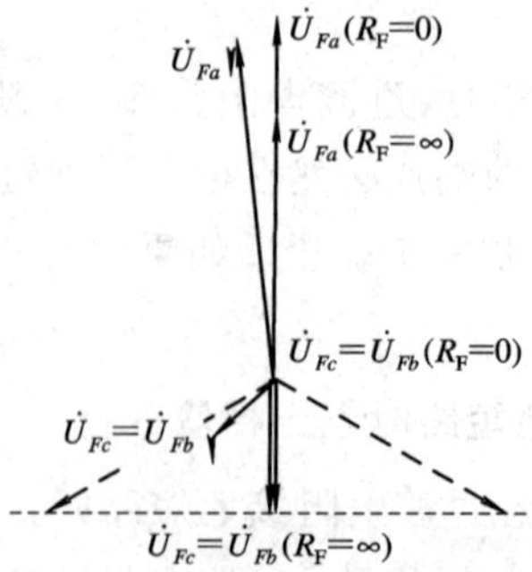

图 7-50　两相短路后经过渡电阻接地时电压相量图

7.3.4　简单双端电源系统母线处(非故障点)的电压电流分析

电力系统发生不对称故障时，通常需要分析在非故障点处，例如保护安装处、线路整定点等地方的电压和电流特征，用于分析保护的动作情况。以典型的双端电源系统为例，如图 7-51 所示。

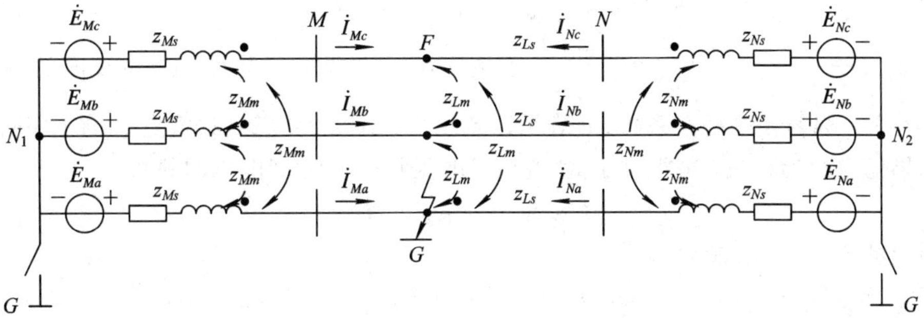

图 7-51　典型的双端电源输电系统

假设系统是平衡的，M 侧系统自阻抗为 z_{Ms}，互阻抗为 z_{Mm}，N 侧系统的系统自阻抗为 Z_{Ns}，互阻抗为 Z_{Nm}；线路每公里长的自阻抗为 z_s，互阻抗为 z_m。M 侧的中性点为 N_1，N 侧的中性点为 N_2，两个中性点的对地开关分别模拟两侧中性点的接地方式(小电流系统中中性点不接地或经过消弧线圈接地)。两侧母线电流的参考方向如图 7-51 所示。

1. 母线处电压与故障点电压之间的关系

线路上 F 点发生不对称故障，例如发生 A 相接地故障，则双端电源输电系统(图 7-51)的三个序网和端口接线如图 7-52 所示，从 M 点到 F 的阻抗在 z_F。

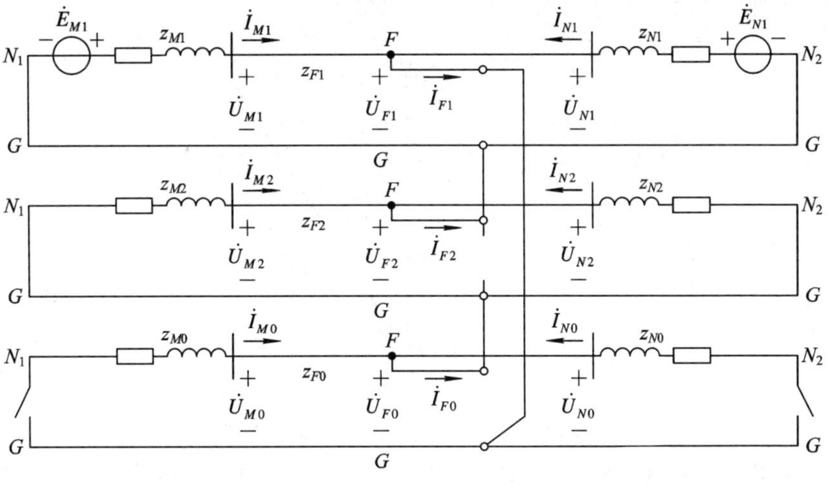

图 7-52　等效序网

从图 7-52 中可看出，无论以哪一相为基准相，三个序网中 M 点的电压和 F 点的电压都存在如下关系

$$\begin{cases}\dot{U}_{M1} = \dot{U}_{F1} + z_{F1}\dot{I}_{M1} \\ \dot{U}_{M2} = \dot{U}_{F2} + z_{F2}\dot{I}_{M2} \\ \dot{U}_{M0} = \dot{U}_{F0} + z_{F0}\dot{I}_{M0}\end{cases} \tag{7-116}$$

将式(7-116)中的三个方程相加得到 M 点各相的电压(考虑到平衡的静止元件的正序和负序阻抗相等)，即

$$\dot{U}_{M\varphi} = \dot{U}_{F\varphi} + z_{F1}(\dot{I}_{M\varphi} + K_L 3\dot{I}_{M0}) \tag{7-117}$$

其中，$K_L = \dfrac{z_{F0} - z_{F1}}{3z_{F1}} = \dfrac{z_0 - z_1}{3z_1} = \dfrac{z_m}{z_s - z_m}$，显然，$K_L$ 是常数，只与线路单位长度的自阻抗和互阻抗有关，称为零序补偿系数；φ 表示任意一相；z_{F1} 是 M 点到故障点 F 的正序阻抗。

如果任意两相相减，就得到了 M 点相间电压和 F 点相间电压的关系

$$\dot{U}_{M\varphi\varphi} = \dot{U}_{F\varphi\varphi} + z_{F1}\dot{I}_{M\varphi\varphi} \tag{7-118}$$

同理可知

$$\begin{cases}\dot{E}_{M\varphi} = \dot{U}_{M\varphi} + z_{M1}(\dot{I}_{M\varphi} + K_L 3\dot{I}_{M0}) = \dot{U}_{F\varphi} + (z_{M1} + z_{F1})(\dot{I}_{M\varphi} + K_L 3\dot{I}_{M0}) \\ \dot{E}_{M\varphi\varphi} = \dot{U}_{M\varphi\varphi} + z_{M1}\dot{I}_{M\varphi\varphi} = \dot{U}_{F\varphi\varphi} + (z_{M1} + z_{F1})\dot{I}_{M\varphi\varphi}\end{cases} \tag{7-119}$$

根据上式可知，如果忽略系统的电阻，或假设系统阻抗 z_{M1} 和 z_{F1} 的阻抗角相等，那么线路上任意一点(故障点以前或无故障时)的电压相量的端点应该在一条直线上。利用这一点，就能根据故障点 F 的电压得到线路上任意一点(故障点之前)的相量图。

假设在图 7-51 所示的系统中，在 F 点发生了 A 相经过渡电阻接地短路故障。

故障前，系统各点电压相量端点都在 E_M 和 E_N 的连线上，线段长度 AB 与 BC 之比是 z_{M1}/z_{F1}。根据圆的反演理论，单相经过渡电阻短路时，故障点 F 的电压 U_F 的端点在 OC 线段为弦的圆弧上，如图 7-53 所示，故障后各点电压在 AE 的连线上。而 M 点的电压端点所在的位置 D 应该满足：线段 AD 和 DE 之比等于 z_{M1}/z_{F1}，因此，D 点应该在从 B 做一条与 CE 平行的直线和 AE 直线的交点处。

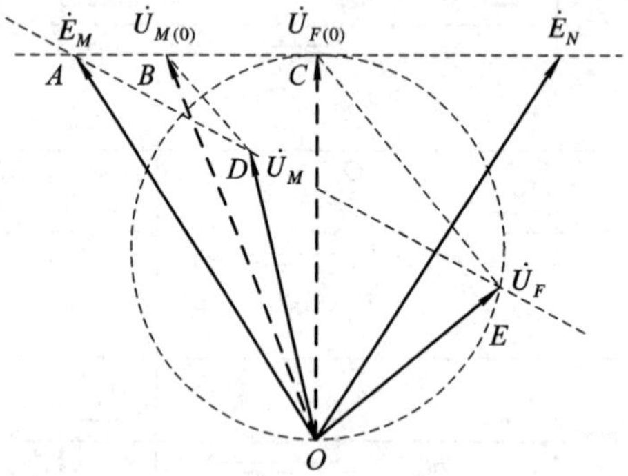

图 7-53 A 相经过渡电阻短路时各点故障相电压相量图

同理可以做出其他故障类型经过渡电阻短路时各点的电压相量图，这个相量图分析法在继电保护中非常重要。

2. 母线处的电流和故障点电流的关系

母线处的三相电流是三个序分量的叠加，假设以 A 相为基准相

$$\begin{cases}\dot{I}_{Ma} = \dot{I}_{M1} + \dot{I}_{M2} + \dot{I}_{M0} \\ \dot{I}_{Mb} = a^2\dot{I}_{M1} + a\dot{I}_{M2} + \dot{I}_{M0} \\ \dot{I}_{Mc} = a\dot{I}_{M1} + a^2\dot{I}_{M2} + \dot{I}_{M0}\end{cases} \tag{7-120}$$

根据图 7－52，把母线处和故障点端口的三序电流分量之间的关系独立考虑，对于正序分量，由于有系统两侧的正序电源，因此可以用叠加原理来考虑。把故障端口的正序电流看作是电流源，那么 M 点的电流包括两部分，一部分不考虑故障端口的正序电流，即没有故障情况下 M 点的电流，是正常下的负荷电流；另一部分不考虑两端的电压源，只考虑故障端口的正序电流，M 点的情况正序电流应该是故障端口正序电流乘以电流分布系数。因此 M 点的正序电流为

$$\dot{I}_{M1} = \dot{I}_{fha} + C_{M1}\dot{I}_{F1} \tag{7-121a}$$

其中 C_{M1} 为正序电流分布系数：$C_{M1}=Z_{N\Sigma1}/(Z_{M\Sigma1}+Z_{N\Sigma1})$，$Z_{M\Sigma1}$ 和 $Z_{N\Sigma1}$ 分别为从故障点分界，两侧的正序阻抗。$Z_{M\Sigma1}=z_{M1}+z_{F1}$，$Z_{N\Sigma1}=z_{N1}+(z_{L1}-z_{F1})$。

同理：

$$\dot{I}_{M2} = C_{M2}\dot{I}_{F2} \tag{7-121b}$$

$$\dot{I}_{M0} = C_{M0}\dot{I}_{F0} \tag{7-121c}$$

其中，C_{M2} 和 C_{M0} 分别为 M 侧的负序和零序分布系数。因此 M 点的三相电流为(假设正序和负序参数相等)

$$\begin{cases}\dot{I}_{Ma} = \dot{I}_{fha} + C_{M1}(\dot{I}_{Fa} + K_M 3\dot{I}_{M0}) \\ \dot{I}_{Mb} = \dot{I}_{fhb} + C_{M1}(\dot{I}_{Fb} + K_M 3\dot{I}_{M0}) \\ \dot{I}_{Mc} = \dot{I}_{fhc} + C_{M1}(\dot{I}_{Fc} + K_M 3\dot{I}_{M0})\end{cases} \tag{7-122}$$

其中，$K_M=\dfrac{C_{M0}-C_{M1}}{3C_{M1}}$。

相间电流为

$$\begin{cases}\dot{I}_{Mab} = \dot{I}_{fhab} + C_{M1}\dot{I}_{Fab} \\ \dot{I}_{Mbc} = \dot{I}_{fhbc} + C_{M1}\dot{I}_{Fbc} \\ \dot{I}_{Mca} = \dot{I}_{fhca} + C_{M1}\dot{I}_{Fca}\end{cases} \tag{7-123}$$

7.3.5　正序等效定则

在工程中，有时仅需要计算正序短路电流或者故障点的故障相短路电流的有效值，例如在稳定性分析和计算中，通常只需要计算正序分量。而在保护的灵敏度校验中，通常只计算故障相电流的有效值。根据前面的分析，可以把各种不对称短路类型的正序等效电流表示为：

$$\dot{I}_{F1}^{(p)} = \frac{\dot{U}_{F(0)}^{(p)}}{z_{\Sigma1} + z_{\Delta}^{(p)}} \tag{7-124}$$

其中，p 表示不同的故障类型，$z_{\Sigma1}$ 表示从短路点端口看进去的等效正序阻抗，z_{Δ} 表示不同短路类型下的附加阻抗。例如，当 B 相接地短路时，$\dot{I}_{F1}$ 为 B 相的正序电流，$\dot{U}_{F(0)}$ 为 B 相 F 点故障前的电压。

根据前面的分析可知，不同短路类型的附加阻抗为：

$$\begin{cases} z_{\Delta} = z_{\Sigma2} + z_{\Sigma0} & \text{单相接地短路} \\ z_{\Delta} = z_{\Sigma2} & \text{两相间短路} \\ z_{\Delta} = z_{\Sigma2} \mathbin{/\!/} z_{\Sigma0} & \text{两相短路接地} \end{cases} \tag{7-125}$$

把不对称故障等效为三相短路故障时，在故障点每一相加入一个附加电抗 z_{Δ}。称为正序等效定则。

从前面的不对称短路分析还可以看出，故障相短路电流有效值与其正序分量成正比

$$I_F^{(p)} = K^{(p)} I_{F1}^{(p)} \tag{7-126}$$

显然，单相接地短路时，$K^{(1)}=3$；

发生相间短路时，以 BC 相间为例，则：

$$I_{Fb} = I_{Fc} = |a^2 - a| I_{F1} = \sqrt{3} I_{F1} \tag{7-127}$$

因此，相间短路时，$K^{(1)}=\sqrt{3}$。

发生两相短路接地时，例如 BC 相短路接地(忽略电阻)，则

$$\begin{aligned} I_{Fb} = I_{Fc} &= \left| a^2 - a\frac{z_{\Sigma0}}{z_{\Sigma2}+z_{\Sigma0}} - \frac{z_{\Sigma2}}{z_{\Sigma2}+z_{\Sigma0}} \right| I_{F1} \\ &= \left| \frac{(a^2-1)z_{\Sigma2} + (a^2-a)z_{\Sigma0}}{z_{\Sigma2}+z_{\Sigma0}} \right| I_{F1} \\ &= \sqrt{3}\sqrt{1+\frac{x_{\Sigma2}x_{\Sigma0}}{(x_{\Sigma2}+x_{\Sigma0})^2}} \end{aligned} \tag{7-128}$$

7.3.6 不对称断线(非全相运行)分析

工程中，通常需要分析某一相断线后，即非全相运行的情况。例如装有综合重合闸装置的超高压线路在单相接地故障时，通常只跳单相，保持一段时间的非全相运行状态。因此有必要分析不对称断线后的情况。不对称断线包括：单相断线和两相断线。

不对称断线的分析方法与不对称短路的分析方法是一样的，但要注意两点：其一是故障端口不再是某个点对大地的端口，而是断线的两个端口；其二是由于从断线的端口看进去，通常无法知道其端口电压，而知道断线的端口在没有断线(即端口短路)情况下的电流，即负荷电流。因此在分析不对称断线故障需要制定各序网络从端口看进去的诺顿等效电路，其等效电流源即为基准相的断线前的负荷电流。

1. 单相断线

假设三相系统发生 A 相断线，如图 7-54 所示。

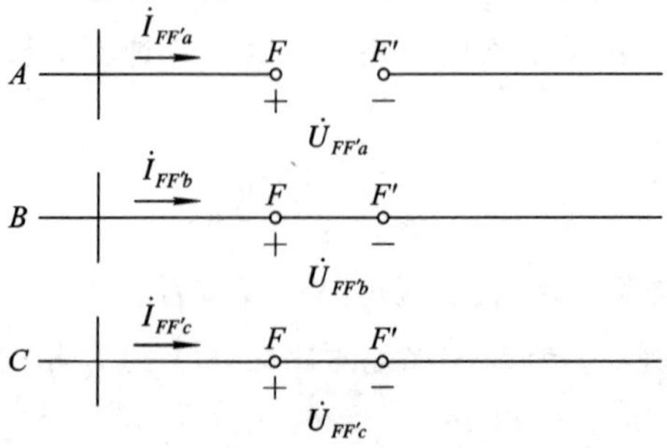

图 7-54 A 相断线示意图

边界条件为

$$\begin{cases}\dot{I}_{FF'a}=0\\ \dot{U}_{FF'b}=\dot{U}_{FF'c}=0\end{cases}\tag{7-129}$$

A 相断线的边界条件类似于 B、C 两相短路接地的边界条件，因此其端口各序的电压和电流的关系为

$$\begin{cases}\dot{I}_1+\dot{I}_2+\dot{I}_0=0\\ \dot{U}_1=\dot{U}_2=\dot{U}_0\end{cases}\tag{7-130}$$

等效序网和各相电压电流的表达式以及其相量图请读者自己推导，这里不再赘述。

2. 两相断线

假设发生了 B、C 两相断线，如图 7-55 所示。

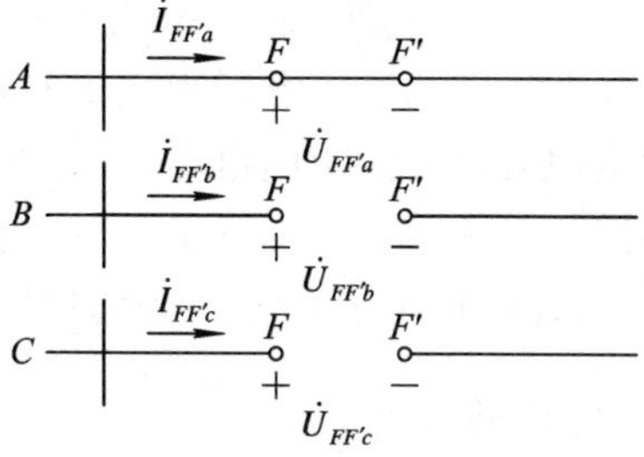

图 7-55　B、C 两相断线示意图

边界条件为

$$\begin{cases}\dot{U}_{FF'a}=0\\ \dot{I}_{FF'b}=\dot{I}_{FF'c}=0\end{cases}\tag{7-131}$$

可见两相断线与单相接地短路的边界条件类似：

$$\begin{cases}\dot{U}_1+\dot{U}_2+\dot{U}_0=0\\ \dot{I}_1=\dot{I}_2=\dot{I}_0\end{cases}\tag{7-132}$$

后面的分析请读者自行完成。

7.4　复杂电力系统的不对称故障分析

对于复杂大系统，需要利用计算机进行不对称短路计算。计算的目标是能够计算出任意节点任意支路的三相电压和三相电流。复杂系统的不对称故障分析思路是：首先形成正序、负序和零序网络的节点阻抗矩阵。

根据系统节点阻抗方程，在故障端口得到系统的戴维南或诺顿等效电路。然后根据不对称故障类型，计算出三个等效序网故障支路的短路电流，进而得到三个序网各节点电压以及各支路的短路电流，最后根据各序分量的电压和电流得到任意节点的三相电压和任意支路的三相电流。

如图 7-56 所示的三相系统，已知其各序网的支路导纳(或阻抗)以及节点阻抗矩阵 $\boldsymbol{Z}_1$、$\boldsymbol{Z}_2$ 和 $\boldsymbol{Z}_0$，假设在 F 点发生不对称短路故障，F 点距离 M 侧的长度为线路长度的 α 倍；

或在 MN 支路发生断线故障。求不对称故障后，各节点和各支路的三相电压和电流。

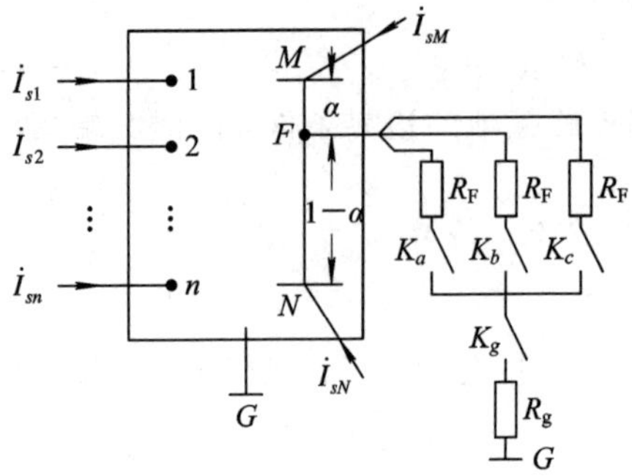

(a) 不对称短路故障

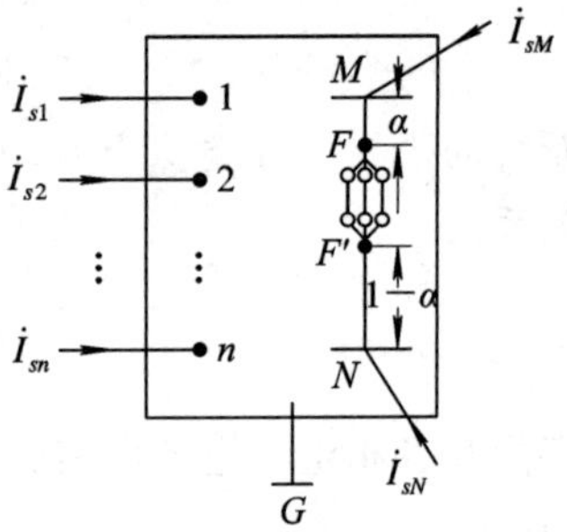

(b) 不对称断线故障

图 7-56 复杂系统的不对称故障

图 7-56 中，各节点的注入电流表示该节点的发电机和负荷的注入净电流，为该系统的电流源。用每一相串联一个电阻 R_F（模拟相间电阻）后，再串联一个 R_g（模拟接地电阻）来模拟任何一种短路故障，如图 7-56(a)所示，开关的不同状态分别模拟不同类型的短路故障，例如，开关 K_a、K_g 闭合，K_b 和 K_c 断开，表示 A 相接地故障。

7.4.1 不对称短路的分析与计算

1. 接入过渡电阻支路后三个序网的等值电路

考虑相间过渡电阻和接地电阻后，故障支路可以考虑为将开关和电阻换个位置，如图 7-57 所示。

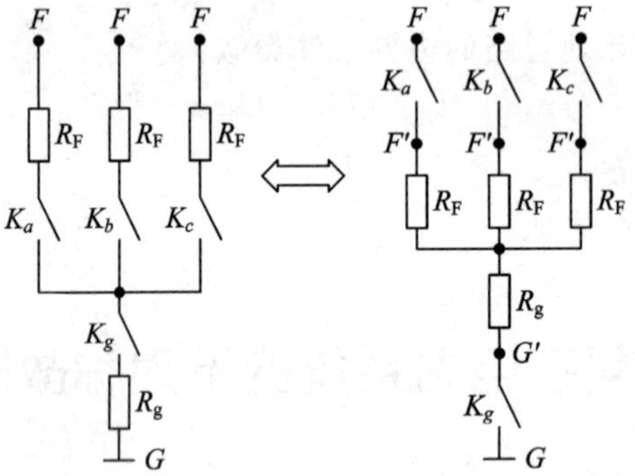

图 7-57 不对称故障的接地支路

F' 和 G' 端口之间的关系为

$$\begin{cases} \dot{U}_{F'a} = R_F\dot{I}_{F'a} + R_g(\dot{I}_{F'a} + \dot{I}_{F'b} + \dot{I}_{F'c}) = (R_F + R_g)\dot{I}_{F'a} + R_g\dot{I}_{F'b} + R_g\dot{I}_{F'c} \\ \dot{U}_{F'b} = R_F\dot{I}_{F'b} + R_g(\dot{I}_{F'a} + \dot{I}_{F'b} + \dot{I}_{F'c}) = R_g\dot{I}_{F'a} + (R_F + R_g)\dot{I}_{F'b} + R_g\dot{I}_{F'c} \\ \dot{U}_{F'c} = R_F\dot{I}_{F'c} + R_g(\dot{I}_{F'a} + \dot{I}_{F'b} + \dot{I}_{F'c}) = R_g\dot{I}_{F'a} + R_g\dot{I}_{F'b} + (R_F + R_g)\dot{I}_{F'c} \end{cases} \tag{7-133}$$

因此，三相的接地支路可以用三相的自电阻增加 R_g，互电阻为 R_g 来等效。上述电路可以等效为如图 7-58 所示的电路。

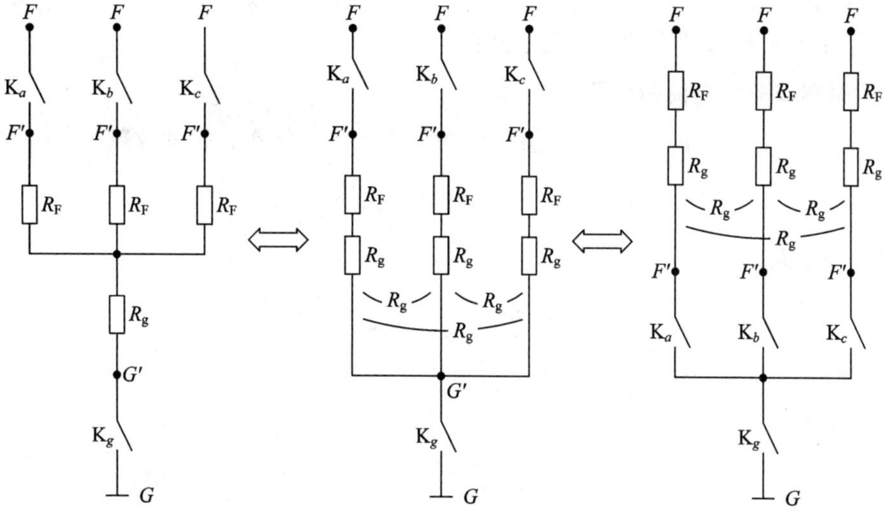

(a) 故障支路　　(b) 接地支路的等效　　(c) 开关的位置变化

图 7－58　不对称故障支路的等效

由图 7－58 所示，F 点发生经过渡电阻不对称短路，等价于图 7－58(c)中的 F'点发生金属性不对称短路。图 7－58(c)中的三个序电压电流的关系为

$$\begin{bmatrix}\dot{U}_{F1}\\ \dot{U}_{F2}\\ \dot{U}_{F0}\end{bmatrix}=\begin{bmatrix}\dot{U}_{F'1}\\ \dot{U}_{F'2}\\ \dot{U}_{F'0}\end{bmatrix}+\begin{bmatrix}R_F & 0 & 0\\ 0 & R_F & 0\\ 0 & 0 & R_F+3R_g\end{bmatrix}\begin{bmatrix}\dot{I}_{F1}\\ \dot{I}_{F1}\\ \dot{I}_{F1}\end{bmatrix} \tag{7-134}$$

因此，从 F'点看进去的三个序网的等效电路如图 7－59 所示，系统的三个序网用戴维南定理等效。

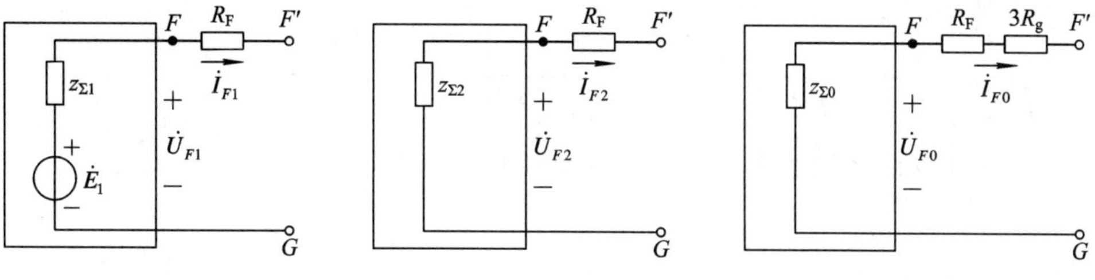

(a) 正序网络　　(b) 负序网络　　(c) 零序网络

图 7－59　接入过渡电阻时的三个序网

2. 各序戴维南等效电路的等值参数

正序网络中的等效电源 E_1，是故障前 F 点的电压，即

$$\dot{E}_1=\dot{U}_{Fp(0)}=(1-\alpha)\dot{U}_{Mp(0)}+\alpha\dot{U}_{Np(0)} \tag{7-135}$$

下标 p 表示基准相的相别。以哪一相为基准相，E_1就是该相在故障点故障前的电压。

各序网络中等效阻抗可以在 F 点注入单位电流确定，由于 F 点并没有在原来网络的节点上，因此为了不修改节点阻抗矩阵，采用补偿法，参见 6.4.5。

$$z_{\Sigma(s)}=(1-\alpha)^2z_{MM(s)}+2\alpha(1-\alpha)z_{MN(s)}+\alpha^2z_{NN(s)}+\alpha(1-\alpha)z_{L(s)} \tag{7-136}$$

其中，$s=1$，2，0 代表三个序，z_{MM}，z_{MN}，z_{NN} 分别代表节点阻抗矩阵中第 M 行 M 列、第 M 行 N 列和第 N 行 N 列的值，z_L 代表线路阻抗。

3. 故障端口各序电流的计算

根据不同的故障类型，$F'G$ 端口有不同的等值连接。当 A 相接地故障时：

$$\dot{I}_{F1}=\dot{I}_{F2}=\dot{I}_{F0}=\frac{(1-\alpha)\dot{U}_{Ma(0)}+\alpha\dot{U}_{Na(0)}}{z_{\Sigma1}+z_{\Sigma2}+z_{\Sigma0}+R_F+3R_g} \tag{7-137}$$

BC 相间短路

$$\begin{cases}\dot{I}_{F1}=\dot{I}_{F2}=\dfrac{(1-\alpha)\dot{U}_{Ma(0)}+\alpha\dot{U}_{Na(0)}}{z_{\Sigma1}+z_{\Sigma2}+2R_F}\\ \dot{I}_{F0}=0\end{cases} \tag{7-138}$$

BC 短路接地

$$\begin{cases}\dot{I}_{F1}=\dfrac{(1-\alpha)\dot{U}_{Ma(0)}+\alpha\dot{U}_{Na(0)}}{(z_{\Sigma1}+R_F)+(z_{\Sigma2}+R_F)\ /\!/\ (Z_{\Sigma0}+R_F+3R_g)}\\ \dot{I}_{F2}=-\dfrac{(Z_{\Sigma0}+R_F+3R_g)}{(z_{\Sigma2}+R_F)+(Z_{\Sigma0}+R_F+3R_g)}\dot{I}_{F1}\\ \dot{I}_{F0}=-\dfrac{(z_{\Sigma2}+R_F)}{(z_{\Sigma2}+R_F)+(Z_{\Sigma0}+R_F+3R_g)}\dot{I}_{F1}\end{cases} \tag{7-139}$$

当发生其他类型故障时，选择合适的基准相，单相接地时选择故障相为基准相，相间短路或相间接地短路时，选择非故障相作为基准相，式(7-136)至(7-138)中的故障前电压为基准相的电压。例如 B 相接地故障时，以 B 相为基准相，等值电源中的电压改为 B 相故障前的电压。

4. 各序网络中电压故障分量的计算

故障端口的各序短路电流计算后，把短路电流作为注入电流，计算各序网中的电压，如图 7-60 所示。

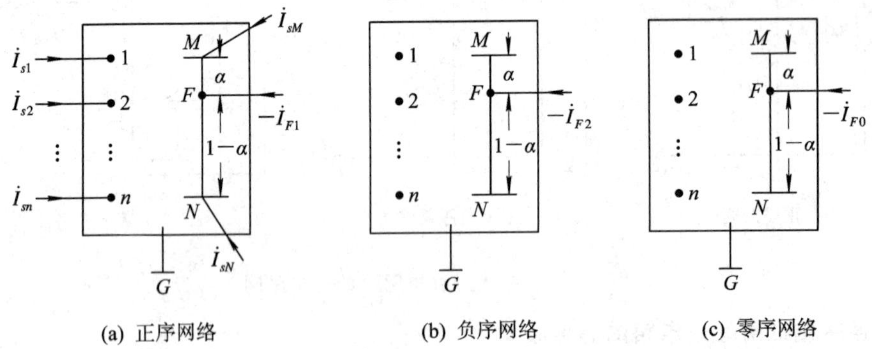

图 7-60 三个序网中各节点电压的计算

正序网络中，各点电压还包含故障前的分量，可用叠加原理分成故障前分量网和正序故障附加网，如图 7-61 所示。而负序网络和零序网络本身就是故障附加网络。

对故障附加网络而言，由于注入电流并没有在系统的节点上，因此可用补偿法(参见第 6.4.5)，在 F 点注入电流，F 点距离 M 点的距离是线路全长的 $\alpha(0\leqslant\alpha\leqslant1)$ 倍，等价于在 M 点和 N 点分别注入 $(1-\alpha)\dot{I}_F$ 和 $\alpha\dot{I}_F$，如图 7-62 所示。

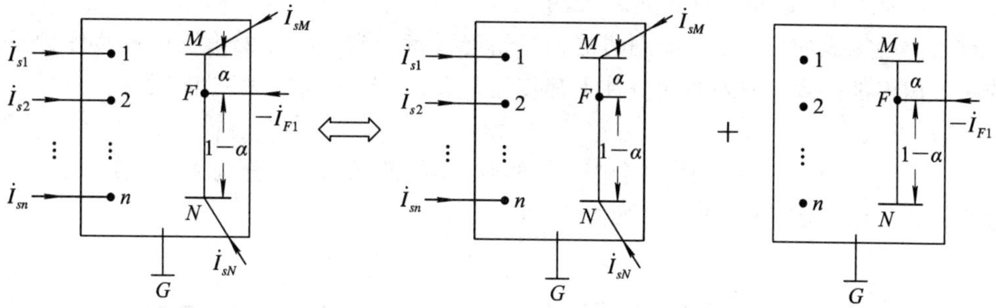

(a) 故障点注入故障电流　(b) 故障前正序网络　(c) 正序故障附加网络

图 7－61　正序网络分解为故障前网络和正序故障分量网络

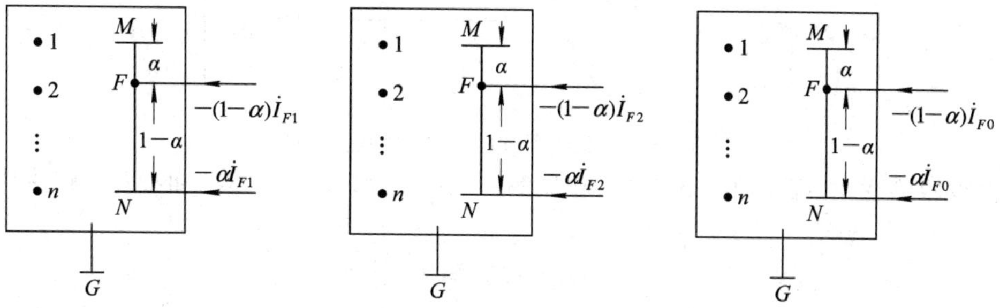

(a) 正序故障附加网络　(b) 负序网络　(c) 零序网络

图 7－62　补偿法等效示意图

因此三个序网任意节点 $j(j=1, 2, \cdots, n)$的电压为

$$\begin{cases}\dot{U}_{j1}=\dot{U}_{j(0)}-[z_{jM1}(1-\alpha)+z_{jN1}\alpha]\dot{I}_{F1}\\ \dot{U}_{j2}=-[z_{jM2}(1-\alpha)+z_{jN2}\alpha]\dot{I}_{F2}\\ \dot{U}_{j0}=-[z_{jM0}(1-\alpha)+z_{jN0}\alpha]\dot{I}_{F0}\end{cases}\tag{7-140}$$

其中，z_{jM}、z_{jN} 分别为节点阻抗矩阵的第 j 行第 M 和 N 列。

三个序网任意支路 $ij(i\neq j)$的电流为：

$$\begin{cases}\dot{I}_{ij1}=\dot{I}_{ij(0)}+y_{ij1}(\dot{U}_{i1}-\dot{U}_{j1})\\ \dot{I}_{ij2}=y_{ij2}(\dot{U}_{i2}-\dot{U}_{j2})\\ \dot{I}_{ij0}=y_{ij0}(\dot{U}_{i0}-\dot{U}_{j0})\end{cases}\tag{7-141}$$

其中，$I_{ij(0)}$ 为故障前的电流(基准相)，y_{ij} 为支路 ij 的支路导纳。

5. 各相节点电压和各相支路电流

各相节点电压是该节点各序电压的叠加，支路各相电流也是该支路各序的电流的叠加。注意一点，在变压器 Y/△接线形式下，正序和负序电压电流的相位偏移不一致，因此对于具有这样变压器的支路，必须考虑正序和负序量的相位偏移。

1) Y/Y 接线

该接线类型的变压器，根据不同相别的排列和同名端，理论上可构成 12 点、2 点、4 点、6 点、8 点、10 点钟接线。实际上，只有 12 点和 6 点钟接线才有实际意义，因为其他接线都是副边三相绕组的相别定义不同而已。比如，同名端为正，当副边第一相定位为 B 相时，为 4 点钟接线，这并没有实际意义。

对于此种接线的变压器，原副边的相序始终保持一致，因此无论正序和负序分量，两侧的相位偏移都一致。如果两侧中性点都接地，那么零序分量的偏移也一致。

2）Y/△接线

星三角接线变压器可根据不同相别的排列、不同的同名端，分为 1、3、5、7、9、11 点钟接线。以 Y/△－11 接线为例，如图 7－63 所示。

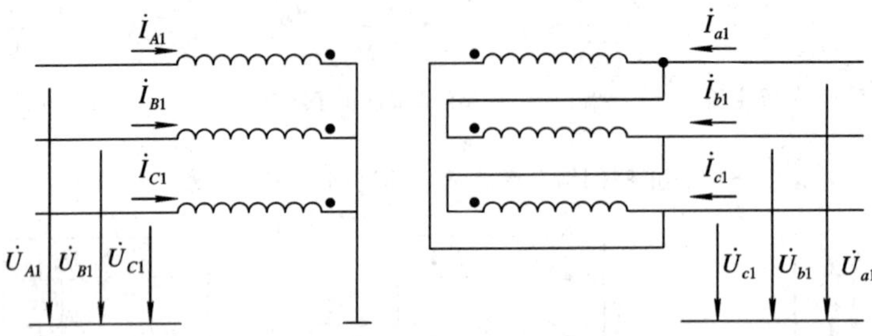

图 7－63 变压器 Y/△－11 接线示意图

假设两侧变比(绕组匝数比)的标幺制为 1∶1，忽略变压器漏抗和损耗，则正序电压分量

$$\begin{cases}\dot{U}_{a1}-\dot{U}_{b1}=\dot{U}_{C1}\\ \dot{U}_{b1}-\dot{U}_{c1}=\dot{U}_{A1}\\ \dot{U}_{c1}-\dot{U}_{a1}=\dot{U}_{B1}\end{cases} \tag{7-142}$$

考虑到 $\dot{U}_{a1}+\dot{U}_{b1}+\dot{U}_{c1}=0$，因此有

$$\begin{cases}\dot{U}_{a1}=(\dot{U}_{A1}-\dot{U}_{B1})/3\\ \dot{U}_{b1}=(\dot{U}_{B1}-\dot{U}_{C1})/3\\ \dot{U}_{c1}=(\dot{U}_{C1}-\dot{U}_{A1})/3\end{cases} \tag{7-143}$$

对于正序电流分量，有

$$\begin{cases}\dot{I}_{a1}=\dot{I}_{A1}-\dot{I}_{B1}\\ \dot{I}_{b1}=\dot{I}_{B1}-\dot{I}_{C1}\\ \dot{I}_{c1}=\dot{I}_{C1}-\dot{I}_{A1}\end{cases} \tag{7-144}$$

两侧正序电压和电流相量图如图 7－64 所示。

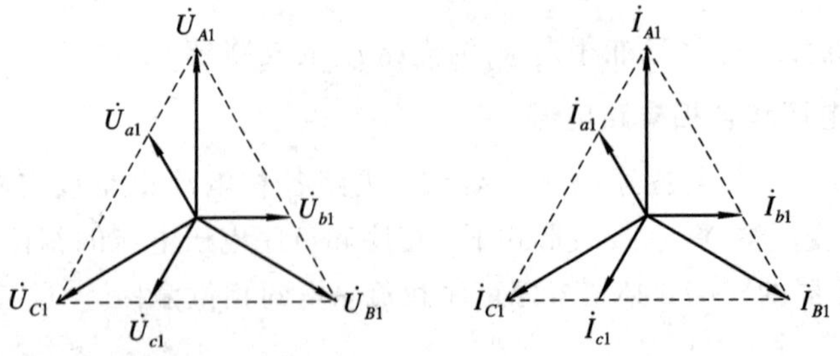

图 7－64 Y/△－11 接线变压器的正序电压和电流向量图

对于负序分量，两侧的电压和电流关系不变，但原边的 A、B、C 三相的相位关系发生变化，如图 7－65 所示。

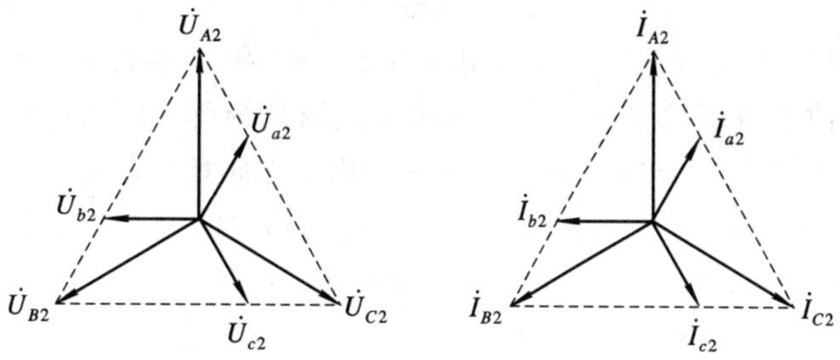

图 7－65　Y/△－11 接线变压器的负序电压和电流

7.4.2　复杂电网的不对称断线分析

复杂电网的不对称断线分析思路与不对称短路的分析思路相同，不同的是故障端口的变化。由于故障前该端口流过的负荷电流已知，因此需要将其正序网络等效为诺顿电路。

首先将三个序网等效为诺顿等效电路，根据已知的系统节点阻抗矩阵和故障前的电流得到诺顿等效电路的等值电流源和并联的等值阻抗，然后根据断线的类型求出端口的三序电压和电流，并根据端口的三序电流求出三个序网中各节点电压和各支路电流，最后得到各节点的三相电压和各支路的三相电流。

1. 三个序网的等效电路

如图 7－66(b)所示，当在 F 点断线时，需要先把三个序网从端口 FF' 等效为诺顿等效电路。正序诺顿等效电路的电流源是断线前端口流过的负荷电流(以哪一相为基准相，就是该相的电流)，而并联的等效阻抗则需要在不考虑系统电源的情况下，从端口通入单位电流，端口的电压即为等效阻抗。如图 7－66(a)所示。

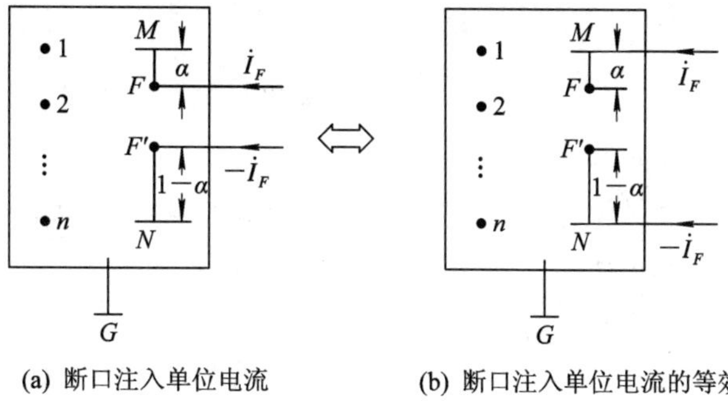

(a) 断口注入单位电流　　(b) 断口注入单位电流的等效

图 7－66　断口的等效阻抗

从端口看进去的等效阻抗为：在端口注入单位电流，其余节点的注入电流为零，端口的电压即为其等效阻抗。

$$z_{\Sigma} = \dot{U}_{FF'} \Big|_{\substack{I_F=1 \\ I_j=0}} \tag{7-145}$$

而

$$\begin{cases} \dot{U}_F = \dot{U}_M + \alpha z_L \dot{I}_F \\ \dot{U}_{F'} = \dot{U}_N - (1-\alpha) z_L \dot{I}_F \end{cases} \tag{7-146}$$

因此

$$\dot{U}_{FF'} = \dot{U}_{MN} + z_L\dot{I}_F \tag{7-147}$$

在 F 和 F' 点注入电流时 M、N 点的电压等效为 M 和 N 点注入电流时的电压。而 MN 支路断开，需要修改节点阻抗矩阵。为不修改节点阻抗矩阵，采用补偿法。端口断开等价于在原来的电路中，并联一个与断开的支路大小相等方向相反的导纳，假设断开支路的阻抗为 z_L，则并联的阻抗为 $-z_L$。如果能够得到补偿支路中的电流 $\dot{I}_L$，就等价于在原来的网络上 M、N 节点分别注入 $\dot{I}_F-\dot{I}_L$ 和 $\dot{I}_L-\dot{I}_F$。如图 7-67 所示。

$$\dot{U}_{FF'} = \dot{U}_{MN} + z_L\dot{I}_F = (z_{MM} - 2z_{MN} + z_{NN})(\dot{I}_F - \dot{I}_L) + z_L\dot{I}_F \tag{7-148}$$

式中 $\dot{I}_L$ 可用如图 7-68 所示的电路求得。

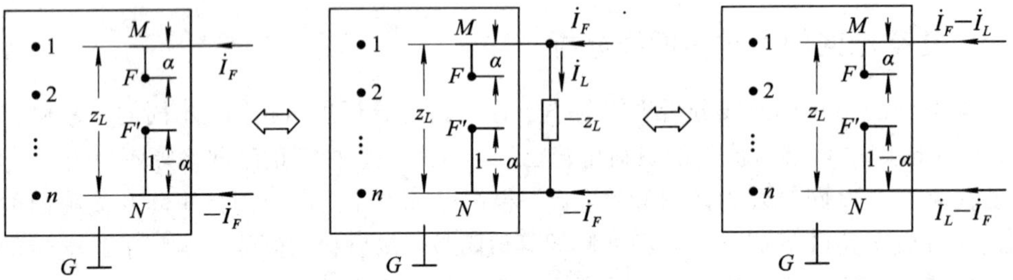

图 7-67　补偿法等效示意图

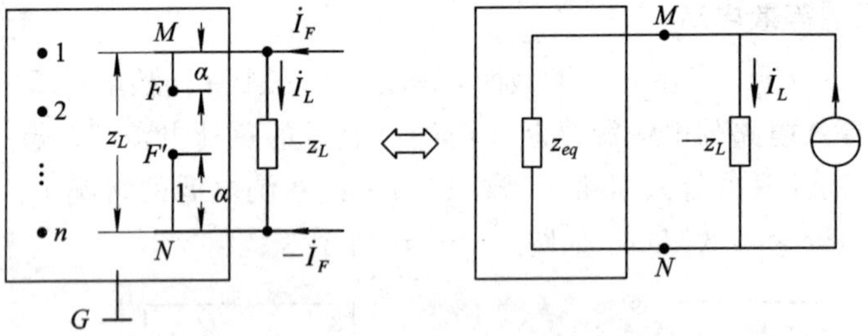

图 7-68　补偿支路的电流

图 7-68 中的等效阻抗为

$$z_{eq} = \dot{U}_M \Big|_{\substack{I_M=1\\ I_N=-1}} - \dot{U}_N \Big|_{\substack{I_M=1\\ I_N=-1}} = z_{MM} - 2z_{MN} + z_{NN} \tag{7-149}$$

因此，补偿支路的电流为

$$\dot{I}_L = \frac{z_{eq}}{z_{eq} - z_L} = \frac{z_{MM} - 2z_{MN} + z_{NN}}{z_{MM} - 2z_{MN} + z_{NN} - z_L}\dot{I}_F \tag{7-150}$$

将式(7-150)代入式(7-148)，可得

$$\begin{aligned}\dot{U}_{FF'} &= \dot{U}_{MN} - z_L\dot{I}_F\\ &= (z_{MM} - 2z_{MN} + z_{NN})(\dot{I}_F - \dot{I}_L) + z_L\dot{I}_F\\ &= \frac{-z_L^2}{z_{MM} - 2z_{MN} + z_{NN} - z_L}\dot{I}_F\end{aligned} \tag{7-151}$$

因此，从端口看进去的等效阻抗为

$$z_\Sigma = \frac{-z_L^2}{z_{MM} - 2z_{MN} + z_{NN} - z_L} \tag{7-152}$$

因此三个序网的诺顿等效电路如图 7-69 所示。

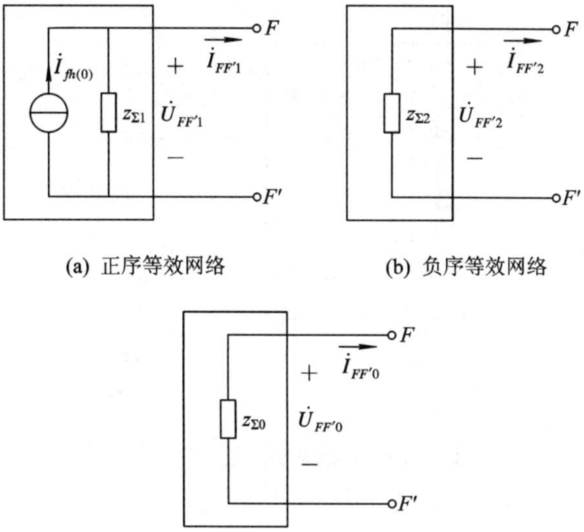

(a) 正序等效网络　(b) 负序等效网络

(c) 零序等效网络

图 7-69　不对称断线时三序诺顿等效网络

2. 故障端口三序电压和电流的计算

根据不对称断线类型，可以求出端口的三序电压和电流。需注意，选择不同的基准相，在正序网络中等效电流源是该相的负荷电流。另外，基准相的选择原则：单相断线时，断线相为基准相；两相断线时，非断线相为基准相。这里不再赘述，请读者自己分析。

3. 各序网络中电压的计算

把端口的各序电流等效为在断开节点的注入电流，用补偿法计算各节点电压。如图 7-66 和7-67 所示，补偿后等价于在 M 和 N 点的注入电流为

$$\dot{I}_{FF'}-\dot{I}_L=\frac{-z_L}{z_{eq}-z_L}\dot{I}_{FF'}=\frac{-z_L}{z_{MM}-2z_{MN}+z_{NN}-z_L}\dot{I}_{FF'} \tag{7-153}$$

因此，各序网络中任意节点 j 的节点电压为

$$\begin{cases}\dot{U}_{j1}=\dot{U}_{j(0)}+(z_{jM1}-z_{jN1})\dfrac{z_{L1}}{z_{MM1}-2z_{MN1}+z_{NN1}-z_{L1}}\dot{I}_{FF'1}\\ \dot{U}_{j2}=(z_{jM2}-z_{jN2})\dfrac{z_{L2}}{z_{MM2}-2z_{MN2}+z_{NN2}-z_{L2}}\dot{I}_{FF'2}\\ \dot{U}_{j0}=(z_{jM0}-z_{jN0})\dfrac{z_{L0}}{z_{MM0}-2z_{MN0}+z_{NN0}-z_{L0}}\dot{I}_{FF'0}\end{cases} \tag{7-154}$$

各支路电流与短路计算相同，各相电压和各相电流的计算也与短路计算相同，这里不再赘述。

7.4.3　复杂电网的复故障分析

复故障是三序网络多个端口的不同连接，实际上，可以把复故障的多个端口等效为推广的戴维南等效电路，例如如图 7-70 所示的系统，在 F 点发生了不对称短路故障，在 K 点发生了不对称断线故障。

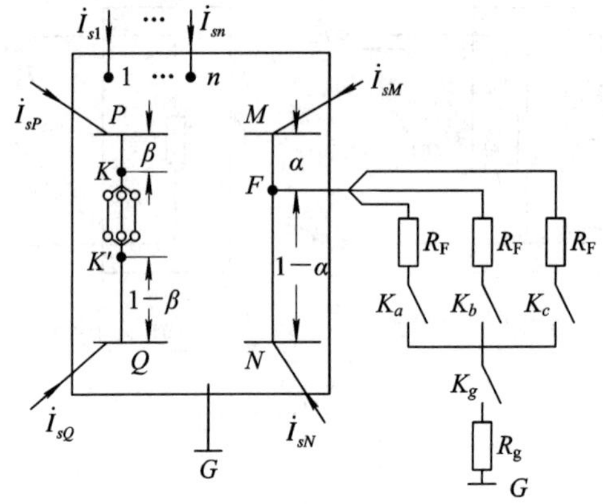

图 7-70 复杂系统的复故障示意图

1. 复故障的多端口等效电路

二端口的三个序网等效电路方程为(短路端口用戴维南电路，断线端口用诺顿电路)

$$\begin{bmatrix} \dot{U}_{FG(s)} \\ \dot{I}_{KK'(s)} \end{bmatrix} = \begin{bmatrix} \dot{E}_{FG(s)} \\ \dot{I}_{SKK'(s)} \end{bmatrix} - \begin{bmatrix} z_{FG(s)} & k_{FK(s)} \\ k_{KF(s)} & y_{KK(s)} \end{bmatrix} \begin{bmatrix} \dot{I}_{FG(s)} \\ \dot{U}_{KK'(s)} \end{bmatrix} \tag{7-155}$$

其中下标 s 代表各序。

(1) 显然，等效电路的两个端口电压源和电流源是在没有发生故障的情况下，即 $\dot{I}_{FG}=0$、$\dot{U}_{KK'}=0$，FG 端口的电压和 KK'端口负荷电流，负序和零序的电源都为零。

(2) 参数 $z_{F(s)}$ 是在端口 KK'电压为零(即没有发生断线)时，从 FG 端口看进去的等效阻抗(参见第 6.4 节第五部分)，即：

$$z_{FG(s)} = (1-\alpha)^2 z_{MM(s)} + 2\alpha(1-\alpha) z_{MN(s)} + \alpha^2 z_{NN(s)} + \alpha(1-\alpha) z_{L(s)} \tag{7-156}$$

其中，$z_{L(s)}$ 为 MN 支路阻抗。特别地，如果故障点在 M 点，$\alpha=0$，$z_{FG(s)}=z_{MM(s)}$，从 M 点看进去的等效阻抗即为节点阻抗矩阵中的 M 行 M 列；如果故障点在 N 点，$z_{FG(s)}=z_{NN(s)}$。

(3) 参数 $k_{FK(s)}$ 是在 FG 端口的电流为零，即没有发生短路，只发生断线的情况下，FG 端口电压与断口 KK'电压之间的关系。可以用补偿法来确定，KK'断开即 PQ 支路断开，等价于在原网络的基础上并联一个负的 PQ 支路阻抗 $z'_{L(s)}$，如图 7-71(a)所示。

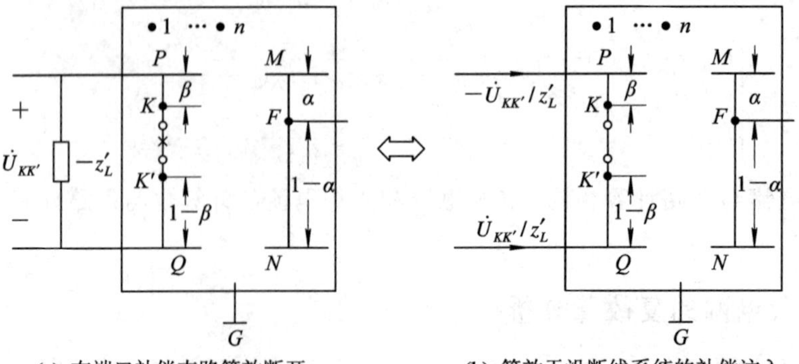

(a) 在端口补偿支路等效断开　　(b) 等效于没断线系统的补偿注入

图 7-71 断线时短路端口电压与断线端口电压关系示意图

这等效于在 P 和 Q 节点分别注入 $-\dot{U}_{KK'}/z'_L$ 和 $\dot{U}_{KK'}/z'_L$ 的电流，其中，z'_L 为 PQ 支路的阻抗。因此，短路端口电压为：

$$\begin{aligned}\dot{U}_{FG} &= \dot{U}_M - \alpha z_L \frac{\dot{U}_M - \dot{U}_N}{z_L} = (1-\alpha)\dot{U}_M + \alpha\dot{U}_N \\ &= [(1-\alpha)(-z_{MP}+z_{MQ}) + \alpha(-z_{NP}+z_{NQ})]\frac{\dot{U}_{KK'}}{z'_L}\end{aligned} \tag{7-157}$$

其中，z_{MP}、z_{MQ}、z_{NP}、z_{NQ} 分别为节点阻抗矩阵中相应的值。因此，有

$$k_{FK(s)} = \frac{(1-\alpha)(z_{MQ(s)} - z_{MP(s)}) + \alpha(z_{NQ(s)} + z_{NP(s)})}{z'_{L(s)}} \tag{7-158}$$

(4) 系数 $k_{KF(s)}$ 为 FG 端口短路，KK' 端口没有断线时，KK' 端口电流与短路端口电流的关系，如图 7-72(a)所示。

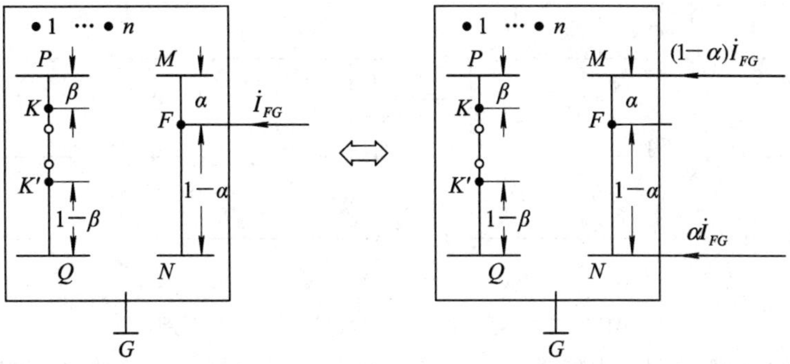

(a) 在 F 点注入电流　　(b) 等价于在 M 和 N 点注入补偿电流

图 7-72　端口电流与短路电流的关系

这等价于在原网络 M 点注入 $(1-\alpha)\dot{I}_{FG}$ 和在 N 点注入 $\alpha\dot{I}_{FG}$ 的电流，因此

$$\begin{aligned}\dot{I}_{KK'} &= \frac{\dot{U}_P - \dot{U}_Q}{z'_L} = \frac{z_{PM}(1-\alpha) + z_{PN}\alpha - z_{QM}(1-\alpha) - z_{QN}\alpha}{z'_L}\dot{I}_{FG} \\ &= \frac{(1-\alpha)(z_{PM} - z_{QM}) + \alpha(z_{PN} - z_{QN})}{z'_L}\dot{I}_{FG}\end{aligned} \tag{7-159}$$

(5) 参数 $y_{KK'(s)}$ 是从端口 KK′看进去的等效导纳，是从该端口看进去的等效阻抗的倒数。

$$y_{KK'(s)} = \frac{1}{z_{KK'(s)}} = \frac{z_{PP(s)} - 2z_{PQ(s)} + z_{QQ(s)} - z'_{L(s)}}{-z'^2_{L(s)}} \tag{7-160}$$

2. 故障端口的通用等效连接

由于同时发生多处故障，因此必须选择一个公共基准相。以 A 相为公共基准相，故障端口的各序边界条件必须进行基准相的转换。

例如 A 相接地短路时，三个边界条件为

$$\begin{cases}\dot{U}_1 + \dot{U}_2 + \dot{U}_0 = 0 \\ \dot{I}_1 = \dot{I}_2 = \dot{I}_0\end{cases} \tag{7-161}$$

B 相接地短路时，三个序分量的条件变为

$$\begin{cases}a^2\dot{U}_1 + a\dot{U}_2 + \dot{U}_0 = 0 \\ a^2\dot{I}_1 = a\dot{I}_2 = \dot{I}_0\end{cases} \tag{7-162}$$

C 相接地短路时，三个序分量的条件变为

$$\begin{cases} a\dot{U}_1 + a^2\dot{U}_2 + \dot{U}_0 = 0 \\ a\dot{I}_1 = a^2\dot{I}_2 = \dot{I}_0 \end{cases} \tag{7-163}$$

因此通用的边界条件必须增加相位移的因子。三个序网复故障时的通用等效电路如图 7-73 所示。

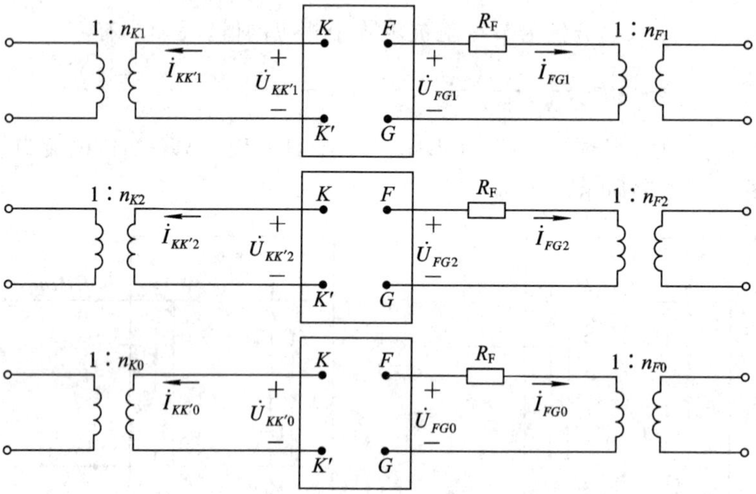

图 7-73　复杂网络的复故障三个等效序网

根据不同的故障类型，故障端口具有不同的连接。这样，形成故障端口边界方程，联立故障端口的方程式(7-154)可以解出两个端口三个序网的电压和电流。然后利用三个序网的注入电流计算三个序网各节点的三序电压和各支路的三序电流，最后求出三相电压和电流。

第八章　电力系统稳定性分析

电力系统是由旋转电机和静止元件构成的机械和电气系统。例如旋转元件包括同步发电机、电动机负荷等，而静止电气元件主要包括变压器、线路、母线等。当电力系统受到扰动时，会发生复杂的机电和电磁的暂态过程。所谓暂态过程，是指从一种状态到另一状态的过渡过程。实际上，机电暂态和电磁暂态过程是同时发生的，但考虑到机电暂态过程的时间常数远比电磁暂态时间常数要长，因此通常把这两种暂态过程分开考虑。即在考虑机电暂态时，认为电磁暂态过程已经结束；而考虑电磁暂态过程时，则认为机电暂态过程还没有开始。本章研究电力系统的机电暂态过程，忽略电磁暂态过程。电压稳定性分析也仅考虑由于机电暂态过程导致电压的稳态值随时间变化的规律。

按照所受到扰动的大小，可以把电力系统的运行状态划分为稳态和暂态。当电力系统的扰动较小时，不平衡功率较小，由于系统很快从一种稳态过渡到另一种稳态，因此可以忽略系统的暂态过程，而重点考虑扰动后的稳态特性，准确地说是静态特性，这称为电力系统的稳态分析。例如负荷的波动导致频率和电压的波动，或者支路的开断导致系统潮流的转移和变化等，都属于稳态分析的范畴。因此，电力系统的电压和频率调整、电力系统的安全分析与预防控制都属于稳态运行控制。然而当电力系统受到较大的扰动时，不平衡功率较大。一方面电力系统的暂态过程时间较长，另一方面电力系统能否恢复到原来的运行状态或达到一个新的稳定运行状态则是必须考虑的问题。这个问题属于电力系统稳定性分析的范畴。

对于一个系统来说，其静态特性可以用一组代数方程来表示，该方程其实就是考虑负荷和发电的静态特性的节点功率方程

$$f(x,\ c,\ u)=0 \tag{8-1}$$

其中，x 代表系统的状态，例如节点电压和系统频率；c 代表系统的参数，例如支路导纳或节点导纳矩阵的元素；u 表示系统的激励，即各节点的注入功率，它们同时也是状态的函数，例如发电机的注入功率是频率的函数，电动机负荷消耗的功率是频率和电压的函数。

表征系统的暂态特性或动态特性则需要考虑状态量随时间的变化规律

$$\frac{\mathrm{d}x}{\mathrm{d}t}=f(x,\ c,\ u) \tag{8-2}$$

显然，系统的稳态运行点一定是动态模型(式(8－2))的平衡点，即状态不再随时间变化，$\mathrm{d}x/\mathrm{d}t=0$。但对于非线性系统，平衡点却不一定是稳态运行点，因为非线性系统具有多个平衡点。

非线性系统平衡点的属性分析，即平衡点是稳定平衡点还是不稳定平衡点，称为静态稳定性分析。即考虑一个微小的扰动(能量无穷小)，系统能否恢复到原来的运行状态。对

于非线性系统来说，系统受到一个较大的扰动能否回到原来的稳定平衡状态或达到新的稳定平衡状态，不仅与系统的参数有关，还与扰动的大小即扰动后的初始状态有关。这一点与线性系统不同，因为线性系统是大范围渐近稳定的，其大扰动稳定性与扰动的大小即扰动后系统的初始状态无关。研究系统受到较大的扰动后，能否恢复到原来的稳定运行状态或达到新的稳定运行状态，称为电力系统暂态稳定性分析。

可以用一个小球的运动来解释这个问题，如图 8－1 所示的非线性系统。所谓稳定性问题是指小球受到扰动后的自由运动的情况。一个扰动是指从小球受力开始，到受力消失。在小球受力消失后的瞬间，小球的状态称为初始状态。

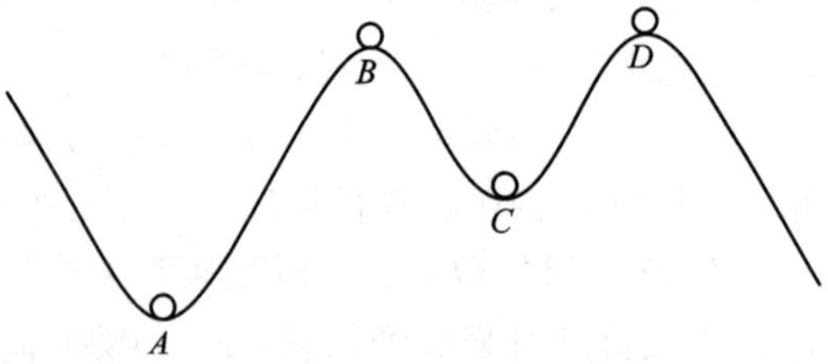

图 8－1　小球的运动状态示意图

由图 8－1 不难看出，A、B、C 和 D 点对于小球来说，都是平衡点，但对于 B 和 D 点来说，只要有微小的扰动(无穷小)，就会使小球离开这两个点，称为不稳定平衡点。而 A 和 C 点的情况则不同，有微小的扰动，小球仍能回到原来的状态，这两个点称为稳定平衡点。在稳定平衡点 A 和 C，其稳定裕度显然不同，A 点所能承受的扰动明显比 C 点大。因此，分析平衡点的属性就称为静态稳定性分析，通常采用小扰动法，即非线性系统在平衡点线性化的方法来分析。

当小球受到较大扰动时，例如原来运行在 A 点，受到扰动后能否回到 A 点或到达点称为暂态稳定性分析。非线性系统的暂态稳定性除了与系统参数(即凹凸的深度)有关外，还与小球受到的扰动大小，即小球受扰后的初始状态或小球受扰后所具有的能量有关。所有能够使达到小球受扰后稳定平衡点的初始状态的集合，称为稳定域或吸收域。

电力系统暂态稳定性分析的目标就是稳定域的分析，确定暂态稳定初始状态的边界就能确定其稳定域。然而，现有的理论无法让我们找到一个多维非线性系统(单机无穷大系统除外)的稳定边界，我们所构造的函数都不是严格意义上李亚普诺夫函数，找到的稳定域永远都是保守的。即利用一个非严格的李亚普诺夫函数确定的非线性系统的稳定域是暂态稳定的充分但非必要条件。这是电力系统不能用直接法判断系统稳定性的原因，只能利用数值积分法来提前计算状态随时间变化的轨迹。

电力系统的状态量包括直接状态量和间接状态量，直接状态量是在电力元件的动态模型中，直接反应其状态随时间变化的量，例如同步发电机方程中的角频率 ω、功角 δ，电动机的转差率 s 等；间接状态量则是由直接状态量的变化引起的变量，例如系统的节点电压、支路功率等。电力系统的动态模型可以用下面的两个方程来描述：

$$\begin{cases}\dfrac{\mathrm{d}x}{\mathrm{d}t} = f(x,\ y) \\ g(x,\ y) = 0\end{cases} \tag{8-3}$$

其中，x 称为直接状态量，y 称为间接状态量。若分析功角或频率的稳定性问题，称为功角稳定性，或频率稳定性。而分析电压状态量的稳定性问题，则称为电压稳定性。

可以将描述电力系统动态特性的方程式(8-3)稍作变化如下：

$$\begin{cases}\dfrac{dy}{dt}=-\left(\dfrac{\partial g}{\partial y}\right)^{-1}\dfrac{\partial g}{\partial x}f(x,\ y)=h(x,\ y)\\ g(x,\ y)=0\end{cases} \tag{8-4}$$

式(8-4)即对间接状态量电压的稳定性分析模型。

本章重点介绍如下几个方面的问题：

(1) 非线性系统的稳定性。

(2) 电力系统稳定性分析的模型。

(3) 电力系统静态稳定性分析，主要包括单机无穷大系统的静态稳定性机理、小扰动法分析电力系统静态稳定性的方法等。

(4) 电力系统的暂态稳定性分析，主要包括单机无穷大系统的暂态稳定性机理、等面积法则和数值积分法求解状态随时间的变化曲线，以及电力系统暂态稳定性分析的直接法。

(5) 电压稳定性的机理。

8.1　非线性系统的稳定性

本节主要从系统的动态模型，即微分方程开始讲起，介绍系统稳定性的定义、分析方法及分析目的。包括稳定平衡点、不稳定平衡点，静态稳定性和暂态稳定性的定义及含义，李亚普诺夫意义的稳定性、渐近稳定性和大范围渐近稳定性的定义及含义，以及分析非线性系统稳定性的方法，小扰动法分析静态稳定性，直接法分析暂态稳定性和数值积分法计算状态随时间的变化轨迹。

8.1.1　系统动态模型

1. 非线性系统的模型

由电路理论、信号与系统、自动控制原理以及现代控制理论知识，我们知道描述一个系统的动态特性通常采用系统的微分方程。对于线性系统，由于线性系统的可叠加性和齐次性，可以用冲击响应来表征系统，任何系统的输出是输入信号与冲击响应的卷积分。利用傅里叶变换或拉普拉斯变换得到线性系统的传递函数，利用冲击函数的极点的实部分析其稳定性。然而这些方法都不适合表征非线性系统，对于非线性系统只能用微分方程来描述，可以利用中间变量(即状态)对高阶非线性微分方程降阶扩维，例如一个 n 阶非线性系统可以表示为 n 维的状态方程

$$\frac{dx}{dt}=f(x,\ t) \tag{8-5}$$

其中，x 代表 n 维的状态量，f 也是 n 维的函数。

2. 系统的稳态与平衡点

系统的稳态指的是状态不随时间的变化而变化，从运动的角度看，静止和匀速运动都

属于稳态。然而，还存在一种容易被忽视的稳态，就是匀速的旋转，因为匀速旋转的物体的瞬时状态时刻都是变化的。它对应于电路中的正弦电路，正弦电路的稳态实际上就是相量在匀速地旋转。如果我们跟随相量一起转(即变换一下坐标)，相量就相对静止了，因此对于正弦电路的稳态，需要看相量是否随时间变化。

无论是静止(电气量为零)、匀速运动(电气量为直流)或是匀速地旋转(电气量为正弦)，选择合适的变量表征其状态时，例如用相量表征匀速旋转，在稳定状态下，它不随时间的变化而变化，即：

$$\frac{\mathrm{d}x}{\mathrm{d}t} = f(x,\ t) = 0 \tag{8-6}$$

上式(8－61)说明，任何一个系统的稳定状态，必然运行在该系统的平衡点上。即稳态运行点肯定是平衡点。然而反过来却不一定成立，并非所有的平衡点都是稳定运行点。例如图 8－1 中的非线性系统，小球在 A、B、C、D 四个点都是平衡点，但只有 A 和 C 是稳定平衡点。

B 点和 D 点属于不稳定平衡点的原因，是小球一旦受到任何一个任意小的扰动(扰动可以是无穷小)，都无法在该点维持运行，或者达到一个另一个平衡点，或者失去稳定，这一类平衡点，称为不稳定平衡点。反之，如果受到一个小的扰动，能够恢复原来的平衡状态，这样的平衡点称为稳定平衡点。

8.1.2 系统的静态稳定性

判断和分析平衡点的属性，称为系统的静态稳定性分析。系统的平衡点是否是稳定平衡点，需要用小扰动模型来分析和判断，即假设在平衡点 x_0 上受到一个小扰动 Δx，扰动后的自由运动满足微分方程式(8－6)，有：

$$\frac{\mathrm{d}(x_0 + \Delta x)}{\mathrm{d}t} = f(x_0 + \Delta x) \tag{8-6}$$

由于扰动量为无穷小，因此可以用一阶泰勒级数将其线性化

$$\frac{\mathrm{d}\Delta x}{\mathrm{d}t} = \left.\frac{\mathrm{d}f}{\mathrm{d}x}\right|_{x_0} \Delta x = A\Delta x \tag{8-7}$$

线性化后的状态矩阵 A 称为在 x_0 点的雅可比(Jacobi)矩阵。显然，平衡点 x_0 是否为稳定平衡点取决于是否稳定了。根据现代控制理论，线性化的系统是否稳定取决于状态矩阵 A 的特征值是否存在正的实根。

8.1.3 系统的暂态稳定性

系统的暂态稳定性指的是受到一个非无穷小的扰动后，系统能够达到稳定平衡点的能力。或者说，系统受到扰动后，能否达到稳定运行状态。例如图 8－1 所示的系统，假设小球原来在 A 点，受到扰动后，能否最终稳定到 A 点或 C 点的能力，称为暂态稳定性。

根据现代控制理论，系统有三种稳定性，即李亚普诺夫意义的稳定、渐近稳定和大范围渐近稳定。

1. 李亚普诺夫意义的稳定性

关于系统稳定性的定义，最早是由李亚普诺夫提出来的。假如系统的稳态平衡状态为

x_e，受到扰动后的初始状态 $x(t_0)=x_0$，对于任意小的实数 $\varepsilon>0$，总存在任意正的实数 $\delta>0$，使得当初始状态在域 $S(\varepsilon)$ 内时，即 $\|x_0-x_e\|<S(\varepsilon)$，系统的自由运动 $x(t)$ 总满足

$$\|x(t)-x_e\|<\delta \tag{8-9}$$

那么系统就是稳定的，使得系统稳定的初始状态域 S，称为稳定域。其中，"$\|\cdot\|$"表示范数，可以理解为信号的能量、有效值或距离。

实际上，李亚普诺夫意义的稳定性可通俗地理解为：因为非线性系统是否稳定与初始状态或受到的扰动大小有关，因此，当系统受扰后的初始状态在某个域 S 内，使得其自由运动的轨迹都在平衡点附近，或者说其自由运动有界。那么这个 S 就称为稳定域。李亚普诺夫意义稳定性的定义并没有要求随着时间的推移，系统的状态越来越靠近稳态平衡点 x_e。如果随着时间的推移，状态越来越接近平衡点，则是渐近稳定性。

2. 渐进稳定性

渐近稳定性是李亚普诺夫意义稳定性中的一种特例，即如果系统受扰后，在初始状态域 S 内的自由运动是李亚普诺夫意义稳定的，而且当时间 t 趋近无穷大时，系统状态无限接近平衡点 x_e，即：

$$\lim_{t\to\infty}\|x(t)-x_e\|=0 \tag{8-10}$$

那么就称这个系统是渐近稳定的，使得系统能够渐进稳定的初始状态域 S 称为渐近稳定域或吸收域。很显然，渐进稳定不仅要求系统受扰后的自由运动轨迹与平衡点的距离是有限的，而且还要求随着时间的推移，不断地接近稳态平衡点。

3. 大范围渐近稳定性

当渐近稳定域为无穷大时，称为大范围渐近稳定。很显然，大范围渐进稳定的含义是，系统的稳定性与扰动的大小即初始状态无关。稳定的线性系统是大范围渐进稳定的，因为线性系统的稳定性与扰动量的大小无关。但反过来结论不成立，即大范围渐进稳定的系统未必是线性系统。

4. 暂态稳定性分析方法

李亚普诺夫为分析系统的暂态稳定性提供了一种方法，即李亚普诺夫函数法，李亚普诺夫函数本质上是系统受扰后的能量函数。

对于线性系统，由于其稳定性与初始状态无关，因此，可以直接利用李亚普诺夫函数判断其稳定性。如果李亚普诺夫函数的导数为负，即其能量随着时间的推移在减少，说明这个线性系统是稳定的，反之线性系统是不稳定的。因此，线性系统的稳定性判据就是李亚普诺夫函数的导数是否为负，这个稳定性条件称为李亚普诺夫条件。理论上也已证明，对于线性系统，李亚普诺夫条件是系统稳定性的充要条件。

然而对于非线性系统，由于其暂态稳定性取决于其初始状态域(稳定域)，如图 8－1 所示系统中，小球受到扰动后能否稳定在 A 点或 C 点，取决于小球受到扰动后的初始状态，或者说取决于小球受到的扰动能量的大小。因此，对于非线性系统，研究其暂态稳定性，需要确定找到渐近稳定域 S。如果能确定满足稳定性充要条件的稳定域 S，就可以直接根据受扰后的初始状态，判断系统是否是暂态稳定的：初始状态在稳定域 S 内，系统是暂态稳定的；否则，系统是暂态不稳定的。这种方法称为"直接法"或"李亚普诺夫函数法"。

利用李亚普诺夫函数的导数等于零，可以找到一个稳定域的边界。但是很难构造出一个严格意义上的李亚普诺夫函数，现有的方法构造的函数都不是严格意义上的李亚普诺夫函数，确定非线性系统的稳定域是系统稳定的充分非必要条件。即如果初始状态在稳定域内，则系统是稳定的，但如果初始状态不在稳定域内，系统未必是不稳定的。换句话说，李亚普诺夫函数法确定的稳定域是保守的。迄今为止，没有一种方法能够确定非线性系统的最大稳定边界。这是李亚普诺夫函数法不能很好地应用于系统稳定性判别的主要原因之一。因此，一般借助数值积分法，根据初始状态计算系统状态随时间的变化轨迹。

8.1.4 数值积分法

数值积分法是将系统的微分方程转化为两个相邻时间段的状态的递推关系，根据初始状态，利用数值计算方法计算出各个时间段的状态。将表征系统动态特性的微分方程式(8-5)的两端进行积分：

$$\begin{aligned} x(t) &= \int_{-\infty}^{t} f(x, \tau)\mathrm{d}\tau \\ &= \int_{-\infty}^{t-\Delta t} f(x, \tau)\mathrm{d}\tau + \int_{t-\Delta t}^{t} f(x, \tau)\mathrm{d}\tau \\ &= x(t-\Delta t) + \int_{t-\Delta t}^{t} f(x, \tau)\mathrm{d}\tau \end{aligned}$$

只要利用数值计算方法计算出在$[t-\Delta t, t]$内的积分，就可以根据初始状态 $x_0 = x(t_0)$，依次计算出其后面任意时间段的状态值。问题的关键在于如何计算出 f 在$[t-\Delta t, t]$内的积分。

1) 欧拉法

函数 f 在$[t-\Delta t, t]$内的积分可以用在 $t-\Delta t$ 时刻的矩形面积来近似逼近，如图 8-2 所示。

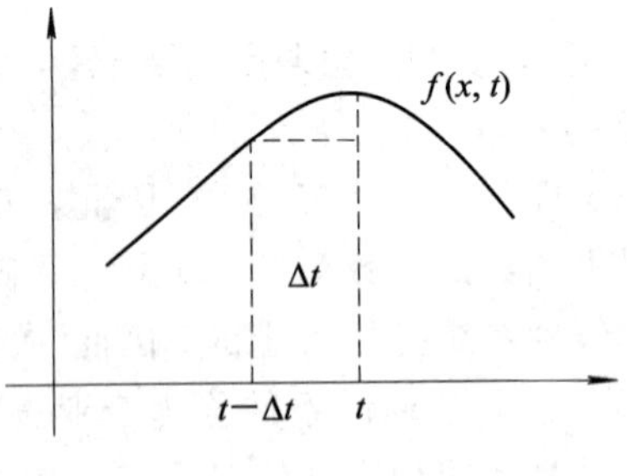

图 8-2 欧拉法

因此，系统状态在两个相邻时间段的递推关系为

$$x_{k+1} = x_k + f(x_k)\Delta t \tag{8-11}$$

2) 改进的欧拉法

欧拉法对于积分的逼近比较粗糙，用矩形来近似 f 在$[t-\Delta t, t]$内的积分，当步长较大时，会产生巨大的累积误差。改进的欧拉法用梯形的面积来逼近这段时间的积分，如图 8-3 所示。

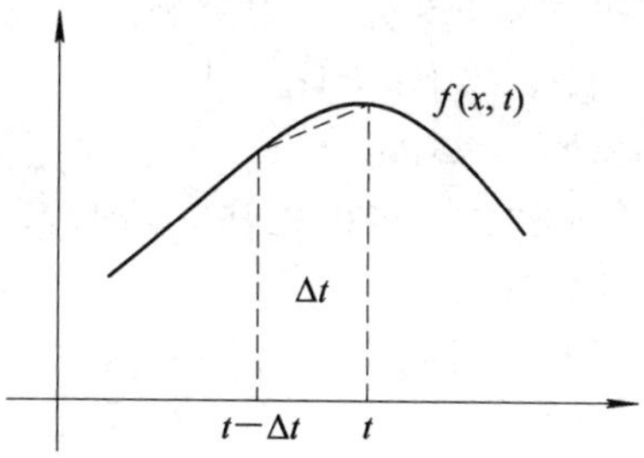

图 8-3　改进的欧拉法

改进后的欧拉法的递推关系为

$$x_{k+1} = x_k + \frac{[f(x_{k+1}) + f(x_k)]\Delta t}{2} \tag{8-13}$$

可见，改进的欧拉法虽然大大减少了积分的计算误差，但两个时间段状态的递推关系存在于隐式(8-13)中，需要求解(8-13)的方程，大大增加了计算量。通常采用第一次迭代计算，即式(8-13)中的 $f(x_{k+1})$中的 x_{k+1}利用欧拉法计算，即

$$\begin{cases} x_{k+1}^{(0)} = x_k + f(x_k)\Delta t \\ x_{k+1} = x_k + \dfrac{[f(x_{k+1}^{(0)}) + f(x_k)]\Delta t}{2} \end{cases} \tag{8-14}$$

3）*泰勒级数法*

两个时刻状态的关系可以用 n 阶泰勒级数来表示，例如 k 时刻的状态和 $k+1$ 时刻状态的关系为

$$x_{k+1} = x(k+\Delta t) = x_k + x_k'\Delta t + \frac{x_k''}{2!}\Delta t^2 + \cdots + \frac{x_k^{(n)}}{n!}\Delta t^n + \cdots \tag{8-15(a)}$$

考虑到 $x' = f(x)$，因此有

$$x_{k+1} = x_k + f(t_k)\Delta t + \frac{f'(t_k)}{2!}\Delta t^2 + \cdots + \frac{f^{(n-1)}(t_k)}{n!}\Delta t^n + \cdots \tag{8-15(b)}$$

实际上，欧拉法是一阶泰勒级数法。不难发现，n 阶泰勒级数法虽然很精确，但需要 $f(x)$具有 $n-1$ 阶导数，且需要计算 $f(x)$的 1 阶至 $n-1$ 阶导数在 x_k 处的值，计算也相对比较复杂。

4）*龙格—库塔法*

在泰勒级数法的基础上，出现了龙格—库塔法。在泰勒级数法的基础上，如公式(8-15)所示，利用 n 个点函数值的线性组合来拟合 $f(x)$的各阶导数。以二阶龙格—库塔法为例，其截断泰勒级数的误差为 $O(\Delta t^3)$，用两个点的线性组合来取代 $f(x)$的一阶导数

$$x_{k+1} = x_k + \Delta t[c_1 f_k + c_2 f(x_k + \beta\Delta t f_k)] \tag{8-16}$$

其中，$f_k = f(x_k)$。只要根据式(8-15)确定参数 c_1、c_2和 β，就能确定二阶龙格—库塔法的递推公式。根据泰勒级数可知

$$f(x_k + \beta\Delta t f_k) = f_k + \beta\Delta t f_k f_k' + O(\Delta t^2) \tag{8-17}$$

其中，$f'_k = f'(x_k)$是 $f(x)$对 x 的导数。将其代入式(8-16)可得

$$x_{k+1} = x_k + (c_1 + c_2) f_k \Delta t + \beta c_2 f_k f_k' \Delta t^2 + O(\Delta t^3) \tag{8-18}$$

注意，式(8-15)中泰勒级数是对时间 t 的导数，因此根据式(8-14)可得：

$$x_{k+1} = x_k + f(x_k)\Delta t + \frac{f'(x_k)f(x_k)}{2!}\Delta t^2 + O(\Delta t^3) \tag{8-19}$$

对比式(8－18)和(8－19)可知，参数 c_1、c_2和 β 满足

$$\begin{cases} c_1 + c_2 = 1 \\ \beta c_2 = 1/2 \end{cases} \tag{8-20}$$

可见，参数 c_1、c_2和 β 有多种组合。可以选择 $c_1=1/2$，$c_2=1/2$，$\beta=1$，那么二阶龙格—库塔法的递推公式为

$$\begin{cases} x_{k+1} = x_k + \dfrac{\Delta t(K_1 + K_2)}{2} \\ K_1 = f(x_k) \\ K_2 = f(x_k + K_1 \Delta t) \end{cases} \tag{8-21}$$

三阶和四阶龙格—库塔法的原理相同。实际上，采用 4 阶龙格—库塔法就已经足够精确，因为其截断误差已经达到 $O(\Delta t^5)$。通过上面的分析可知，n 阶龙格—库塔法的精度与 n 阶泰勒级数法的精度相同，但计算量大大减少。

三阶龙格—库塔法的计算公式为

$$\begin{cases} x_{k+1} = x_k + \dfrac{\Delta t(K_1 + 4K_2 + K_3)}{6} \\ K_1 = f(x_k) \\ K_2 = f\left(x_k + \dfrac{K_1 \Delta t}{2}\right) \\ K_3 = f[x_k + \Delta t(2K_2 - K_1)] \end{cases} \tag{8-22}$$

四阶龙格—库塔法的递推公式为

$$\begin{cases} x_{k+1} = x_k + \dfrac{\Delta t(K_1 + 2K_2 + 2K_3 + K_4)}{6} \\ K_1 = f(x_k) \\ K_2 = f\left(x_k + \dfrac{K_1 \Delta t}{2}\right) \\ K_3 = f\left(x_k + \dfrac{K_2 \Delta t}{2}\right) \\ K_4 = f(x_k + K_3 \Delta t) \end{cases} \tag{8-23}$$

8.2 电力系统稳定性的基本概念和模型

电力系统的稳定性既包括功角稳定性(或称频率稳定性)，也包括电压稳定性。功角稳定性研究的是电力系统中旋转元件的角速度，以及功角在受到扰动后是否能够达到稳定运行状态。功角和频率随时间的变化曲线又称为“摇摆曲线”。而电压稳定性考察的是在系统受扰后由于功角或转差率的变化导致电压随时间的变化过程(也是机电暂态的一部分，并不是电磁暂态过程)。

8.2.1 电力系统稳定性的基本概念

根据上一节系统稳定性的基本概念，电力系统的稳定性同样也包括静态稳定性和暂态

稳定性两种。同时，考虑到系统中包含发电机的调节装置，系统受到扰动后，在系统控制和调节装置作用下的稳定性，称为电力系统动态稳定性。

1. 电力系统静态稳定性

电力系统静态稳定性是指电力系统受到一个小的扰动后，能够恢复到原来稳定运行状态的能力。实际上，电力系统在正常情况下，不可能运行于不稳定平衡点。电力系统静态稳定性是分析电力系统在稳态点的静态稳定裕度。

静态稳定性又称小扰动稳定性，所谓小扰动是指电力系统在正常运行时受到的微小的、瞬时出现但又立即消失的波动，如负载投切、负荷波动等。若电力系统在受到小扰动后，系统经过过渡过程后能恢复到原来的运行状态，则系统在该小扰动下是稳定的，否则该系统在此小扰动下是不稳定的。

2. 电力系统暂态稳定性

电力系统暂态稳定性指的是电力系统受到较大的扰动后，能够维持稳定运行的能力。所谓稳定运行，是指电力系统受到大扰动时，各机组间能否保持同步运行，如果能保持同步则认为系统是暂态稳定的，反之则认为系统是暂态不稳定的。

大扰动通常是指发生故障、切机、切负荷、重合闸操作等情况。当系统发生扰动时，转子角速度和功角是随时间振荡变化的。如果转子相对角度在振荡过程中振幅逐渐衰减，各发电机转子间的相对角度差将逐渐减小，最终达到一个新的平衡状态，称为暂态稳定；反之，如果振幅逐渐增大，各发电机的相对转子角不断增大，最终使得系统失去同步，称为暂态不稳定。如果不稳定将造成系统被迫切负荷、切机，严重情况下会导致系统瓦解。

3. 电力系统动态稳定性

考虑发电机调节装置的作用以及电力元件动态特性的情况下，电力系统受到扰动后能够恢复到原来稳定运行状态或接近原来运行状态的能力，称为电力系统动态稳定性。通常动态稳定分析的内容包含三个方面：

(1) 电力系统受小扰动时发电机转子间由于阻尼不足而引起的持续低频功率振荡：低频振荡问题主要研究电力系统负阻尼引起的发电机转子间振荡甚至失步问题，与网络的结构、参数、运行工况、发电机励磁系统及相应参数关系密切；

(2) 电力系统机电耦合作用引起的次同步振荡及轴系扭振：发电机轴系将作为一个多质块的弹性轴系，轴系扭振所研究的问题是同一轴系不同质块间相对扭转振荡的稳定性；

(3) 考虑负荷动态特性和有载调压变压器作用时的电压动态稳定问题：电压动态稳定问题主要是系统负荷波动时，在各种无功电源和调压设备的作用下系统的电压稳定性，它与负荷的特性和参数，无功电源和调压设备的动态特性及系统的结构、参数和运行工况关系密切。

8.2.2　电力系统稳定性分析模型

电力系统是一个含有大量旋转元件的复杂电气机械系统，旋转元件主要包括同步发电机和感应电动机负荷。电力系统的功角稳定性主要反映的是同步发电机转子的运动状态，当系统受到扰动后，旋转元件转子的运动状态将发生变化，各发电机转子间的相对位置(即功角)也发生了变化，这会导致各发电机输送至电力网的电磁功率和发电机节点电压的变化，进而影响转子的运动状态。

与此同时，发电机调节系统、电力系统动态调节元件(如动态无功补偿等)的作用都会影响转子上电磁转矩的平衡。如图 8-4 所示，同步发电机的动态调节元件包括励磁调节系统和调速系统。因此，电力系统的稳定性分析模型是旋转元件的机电状态方程和电力系统潮流代数方程的组合

$$\begin{cases}\dfrac{\mathrm{d}x}{\mathrm{d}t} = f(x,\ y)\\ g(x,\ y) = 0\end{cases} \tag{8-24}$$

状态方程中除了电力系统中所有同步发电机和感应电动机的转子运动方程外，还包括转子绕组回路方程，即暂态电势、次暂态电势等状态方程，同时还要包含调节系统的状态方程。代数方程就是电力网的潮流方程。

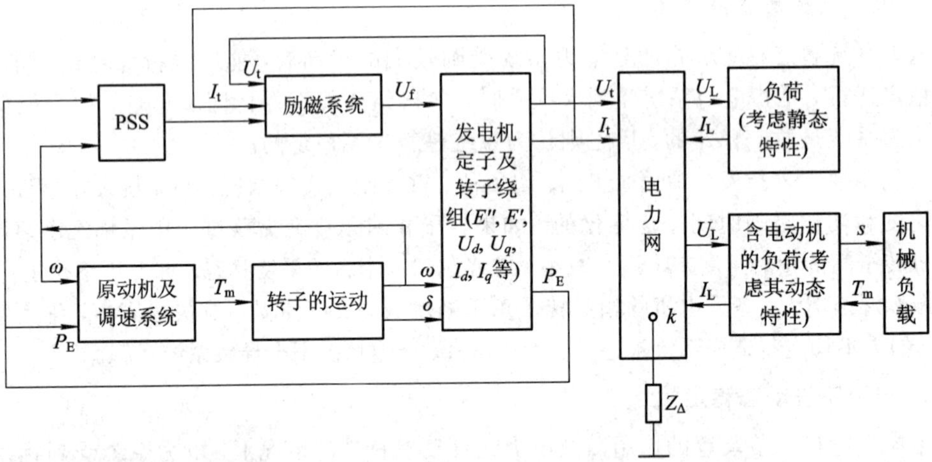

图 8-4　电力系统稳定性的模型

1. 同步发电机的状态方程

根据第三章同步发电机的模型可知，不考虑电磁暂态过程，即定子绕组的电压回路方程中，忽略定子磁链变化引起的变压器电势，这样定子绕组的电压回路方程就成为代数方程。同步发电机的状态方程包括转子运动方程和转子绕组的回路电压方程

$$\begin{cases}\dfrac{\mathrm{d}\delta}{\mathrm{d}t} = \omega - 1\\ T_J\dfrac{\mathrm{d}\omega}{\mathrm{d}t} = P_T - P_E - D\omega\end{cases} \tag{8-25(a)}$$

$$\begin{cases}T'_{d0}\,pe'_q = -\dfrac{x_d - x''_d}{x'_d - x''_d}e'_q + \dfrac{x_d - x'_d}{x'_d - x''_d}e''_q + E_{fq}\\ T''_{d0}\,pe''_q = e'_q - e''_q - (x'_d - x''_d)i_d\\ T'_{q0}\,pe'_d = -\dfrac{x_q - x''_q}{x'_q - x''_q}e'_d + \dfrac{x_q - x''_q}{x'_q - x''_q}e''_d\\ T''_{q0}\,pe''_d = e'_d - e''_d + (x'_q - x''_q)i_q\end{cases} \tag{8-25(b)}$$

2. 同步发电机端口电压的处理

忽略发电机定子绕组的电磁暂态过程，定子绕组的电压方程就成为一组代数方程

$$\begin{bmatrix} u_d \\ u_q \end{bmatrix} = \begin{bmatrix} e_d'' \\ e_q'' \end{bmatrix} - \begin{bmatrix} R_a & -x_q'' \\ x_d'' & R_a \end{bmatrix} \begin{bmatrix} i_d \\ i_q \end{bmatrix} \tag{8-26}$$

由于在电网中包含多台发电机，因此需要公共参考轴 x 和 y，将上面的方程转化为公共参考轴下的值，即将其进行坐标的变换，如图 8-5 所示。dq 轴和 xy 轴的变换关系为

$$\begin{bmatrix} u_x \\ u_y \end{bmatrix} = \begin{bmatrix} \sin\delta & \cos\delta \\ -\cos\delta & \sin\delta \end{bmatrix} \begin{bmatrix} u_d \\ u_q \end{bmatrix} \tag{8-27}$$

因此，机端电压转换为同步旋转的参考坐标轴下 x、y 的分量为

$$\begin{bmatrix} u_x \\ u_y \end{bmatrix} = \begin{bmatrix} \sin\delta & \cos\delta \\ -\cos\delta & \sin\delta \end{bmatrix} \begin{bmatrix} e_d'' \\ e_q'' \end{bmatrix} - \begin{bmatrix} \sin\delta & \cos\delta \\ -\cos\delta & \sin\delta \end{bmatrix} \begin{bmatrix} R_a & -x_q'' \\ x_d'' & R_a \end{bmatrix} \begin{bmatrix} \sin\delta & -\cos\delta \\ \cos\delta & \sin\delta \end{bmatrix} \begin{bmatrix} i_x \\ i_y \end{bmatrix} \tag{8-28}$$

式(8-28)用电流表示，可得

$$\begin{bmatrix} i_x \\ i_y \end{bmatrix} = \begin{bmatrix} G_{xx} & -B_{xy} \\ B_{yx} & G_{yy} \end{bmatrix} \begin{bmatrix} e_d'' \sin\delta + e_q'' \cos\delta - u_x \\ -e_d'' \cos\delta + e_q'' \sin\delta - u_y \end{bmatrix} \tag{8-29}$$

其中

$$\begin{cases} G_{xx} = \dfrac{R_a + (x_q'' - x_d'')\sin\delta\cos\delta}{R_a^2 + x_d'' x_q''} \\ B_{xy} = -\dfrac{x_q'' \sin^2\delta + x_d'' \cos^2\delta}{R_a^2 + x_d'' x_q''} \\ B_{yx} = -\dfrac{x_q'' \cos^2\delta + x_d'' \sin^2\delta}{R_a^2 + x_d'' x_q''} \\ G_{yy} = \dfrac{R_a - (x_q'' - x_d'')\sin\delta\cos\delta}{R_a^2 + x_d'' x_q''} \end{cases} \tag{8-30}$$

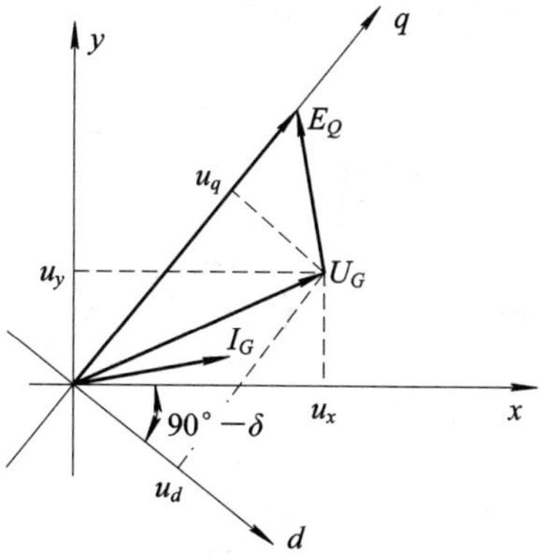

图 8-5　坐标的变换

由于 $x_d'' \neq x_q''$(同步发电机的凸极效应)，因此，上述参数依赖于角度 δ，无法用复数形式来表示机端电流、电压和电势之间的关系，无法和电网的节点功率方程进行接口。处理的方法是，将参数中与 δ 无关的部分和与 δ 有关的部分分开，将与 δ 无关的部分作为等效

阻抗，将与 δ 有关的部分作为等效电流源

$$\begin{bmatrix} i_x \\ i_y \end{bmatrix} = \frac{1}{R_a^2 + x_d'' x_q''} \begin{bmatrix} R_a & \frac{1}{2}(x_d'' + x_q'') \\ -\frac{1}{2}(x_d'' + x_q'') & R_a \end{bmatrix} \begin{bmatrix} e_d'' \sin\delta + e_q'' \cos\delta - u_x \\ -e_d'' \cos\delta + e_q'' \sin\delta - u_y \end{bmatrix}$$

$$+ \frac{x_q'' - x_d''}{2(R_a^2 + x_d'' x_q'')} \begin{bmatrix} \sin 2\delta & -\cos 2\delta \\ -\cos 2\delta & -\sin 2\delta \end{bmatrix} \begin{bmatrix} e_d'' \sin\delta + e_q'' \cos\delta - u_x \\ -e_d'' \cos\delta + e_q'' \sin\delta - u_y \end{bmatrix} \tag{8-31}$$

由上式可以得到发电机机端电流和电压的相量关系为

$$\dot{I}_G = \frac{R_a - \dfrac{j(x_q'' + x_d'')}{2}}{R_a^2 + x_d'' x_q''}(\dot{E}_G - \dot{U}_G) - j\frac{x_q'' - x_d''}{2(R_a^2 + x_d'' x_q'')}(\bar{E}_G - \bar{U}_G)e^{j2\delta} \tag{8-32}$$

化简可得

$$\dot{I}_G = \dot{I}_{sG} - Y_G \dot{U}_G \tag{8-33}$$

其中

$$Y_G = \frac{R_a - j(x_q'' + x_d'')/2}{R_a^2 + x_d'' x_q''} \tag{8-34}$$

$$\dot{I}_{sG} = Y_G \dot{E}_G - j\frac{x_q'' - x_d''}{2(R_a^2 + x_d'' x_q'')}(\bar{E}_G - \bar{U}_G)e^{j2\delta} \tag{8-35}$$

$$\dot{E}_G = (e_q'' - je_d'')e^{j\delta} \tag{8-36}$$

这样，就把发电机等效为一个注入电流源和导纳的并联，可以和电网一起利用节点导纳方程(或节点功率方程)进行求解。

3. 励磁调节系统的模型

励磁调节系统的作用是维持发电机端电压的恒定，当系统中的无功功率需求增大时，调节发电机的励磁电流，增大发电机的等效电势，以维持机端电压。其原理是将机端电压反馈，与设定电压做比较，通过 PI 环节(或超前滞后校正环节)对机端电压进行反馈校正控制，其原理如图 8-6 所示。

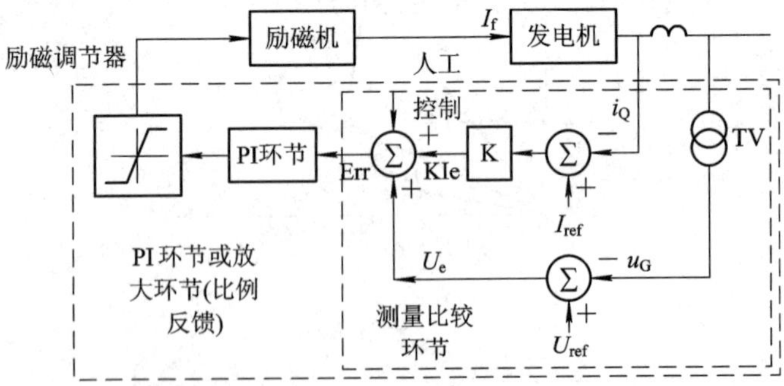

图 8-6　励磁调节系统

引入反馈电流的目的是为了使励磁调节系统具有调差特性，因为两台没有调差特性的发电机是不能并列运行的。励磁系统包括励磁机和励磁调节器两部分，励磁机种类很多，包括直流励磁机励磁系统、交流励磁机励磁系统、自并励系统。励磁方式包括自励、他励

和复励。励磁系统的详细分析参见《电力系统自动装置原理》。本节重点介绍励磁系统的数学模型。

1）直流励磁机的模型

直流励磁机的原理如图 8－7 所示，为了保证模型的通用性，考虑直流励磁机同时具有自励和他励绕组。图中，u_E为励磁机励磁电压，i_e 为励磁机励磁电流，u_f 为同步发电机励磁电压。i_s 为自励电流，i_c 为复励电流。需要确定励磁机励磁电压与同步机励磁电压以及复励电流的关系。为了方便分析，假定他励绕组和自励绕组的匝数相同，或者认为已经将它们的匝数归算到自励侧。同时假设耦合系数为 1，即忽略各个绕组的漏磁通。

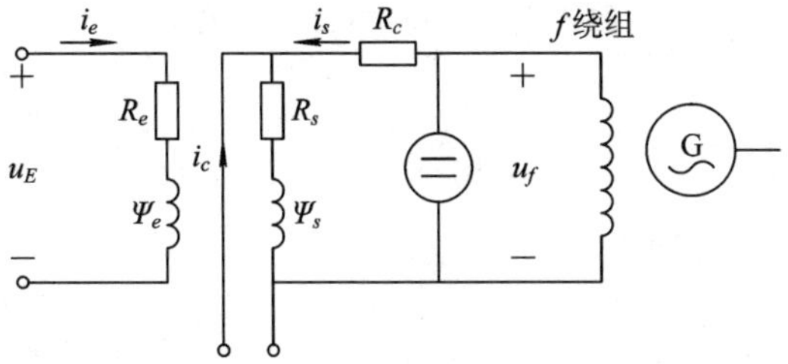

图 8－7　直流励磁机原理

根据图 8－7，可列出两侧的电压回路方程：

$$\begin{cases} u_f = R_s(i_s + i_c) + R_c i_s + p\psi_m \\ u_E = R_e i_e + p\psi_m \end{cases} \tag{8-37}$$

其中，ψ_m为励磁磁链。

根据电磁学原理，励磁磁链是由三个励磁电流产生的磁场共同叠加产生的，即

$$\psi_m = f(i_{e\Sigma}) = f(i_e + i_s + i_c) \tag{8-38}$$

函数 f 为励磁磁链与励磁电流的特性关系，如果不考虑饱和的影响，磁链和电流为线性关系

$$\psi_m = L_m i_{e\Sigma} \tag{8-39}$$

L_m为励磁电感，若忽略漏磁，励磁电感与他励绕组的自感以及自励绕组的自感相等，即 $L_m = L_s = L_e$。当考虑磁路饱和时，为了简化，定义饱和系数

$$S_E = \frac{\psi_{m0}}{\psi_m} - 1 = \frac{i_{e\Sigma}}{i_{e\Sigma 0}} - 1 \tag{8-40}$$

饱和系数的物理意义如图 8－8 所示。在已知饱和系数的前提下，考虑饱和影响后，励磁电流产生的实际磁链为

$$\psi_m = \frac{\psi_{m0}}{1 + S_E} = \frac{L_m i_{e\Sigma}}{1 + S_E} \tag{8-41}$$

假设励磁系统产生的励磁电压 u_f 与励磁磁链产生的感应电势成正比，即忽略励磁电流在暂态过程中的去磁效应，则励磁电压与励磁磁链的关系为

$$u_f = k\psi_m = \frac{kL_m i_{e\Sigma}}{1 + S_e} = \frac{\beta i_{e\Sigma}}{1 + S_E} \tag{8-42}$$

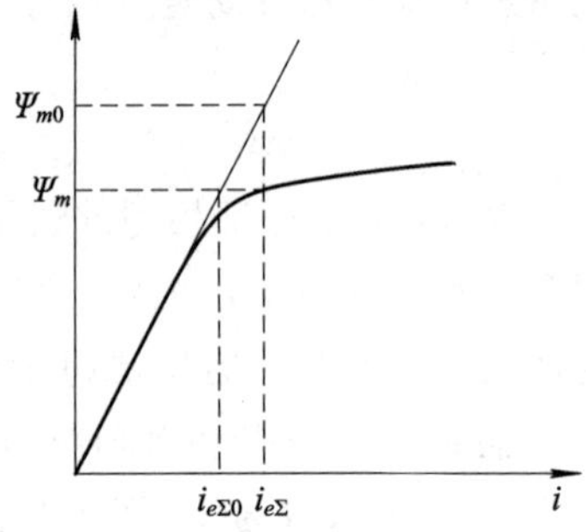

图 8-8 饱和系数的物理意义

因此有

$$u_f = \frac{\beta}{L_m}\psi_m \tag{8-42}$$

将式(8-37)中的第一式的两端除以(R_s+R_c)，第二式两端除以 R_e，并将两式相加，可得

$$\frac{u_f}{R_s+R_c}+\frac{u_E}{R_e}=i_{e\Sigma}-\frac{R_c}{R_c+R_s}i_c+\left(\frac{1}{R_e}+\frac{1}{R_s+R_c}\right)p\psi_m \tag{8-44}$$

利用式(8-42)和式(8-43)将 $i_{e\Sigma}$ 和 ψ_m 都用 u_f 表示，即可得到 u_f 与 u_e 及 i_c 的关系为：

$$\frac{u_f}{R_s+R_c}+\frac{u_E}{R_e}=\frac{1+S_E}{\beta}u_f-\frac{R_c}{R_c+R_s}i_c+\frac{1}{\beta}\left(\frac{L_m}{R_e}+\frac{L_m}{R_s+R_c}\right)pu_f \tag{8-45}$$

整理后，可得

$$\left[S_E+\left(1-\frac{\beta}{R_c+R_s}\right)+\left(\frac{L_m}{R_e}+\frac{L_m}{R_s+R_c}\right)p\right]u_F=\frac{u_E}{R_e}+\frac{R_c\beta}{R_c+R_s}i_c \tag{8-45}$$

取励磁电压 u_f 的基准值为 U_{fB}，电流的基准值为 U_{fB}/β，u_e 的基准值为 R_eU_{fB}/β，则其标幺制方程为

$$(S_E+k_E+T_Ep)u_f=u_E+k_ci_c \tag{8-47}$$

其中，$k_E=1-\frac{\beta}{R_c+R_s}$，$T_E=\frac{L_m}{R_e}+\frac{L_m}{R_s+R_c}$，$k_c=\frac{R_c}{R_c+R_s}$

其传递函数框图如图 8-9 所示。

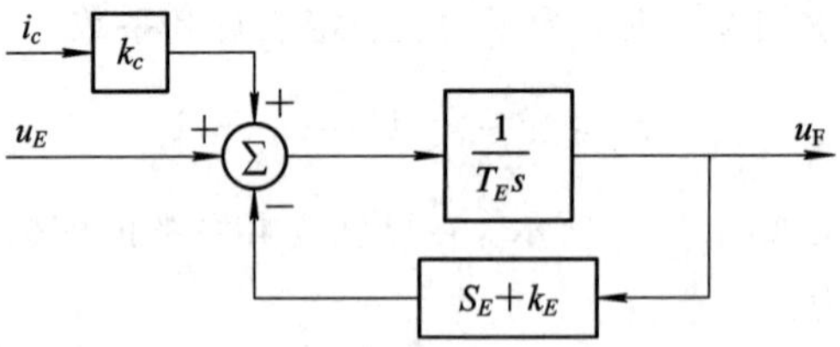

图 8-9 直流励磁机的传递函数框图

2) *交流励磁机*

交流励磁机采用同步电机，其定子三相电流经过桥式整流后，供给发电机的励磁绕组，分为他励和自励两种模式。他励交流励磁机的原理如图 8-10 所示。

同样，忽略同步发电机励磁绕组的励磁电流对励磁机电压的影响，即认为励磁机的电压 u_{EF} 即为励磁机励磁磁链产生的感应电势

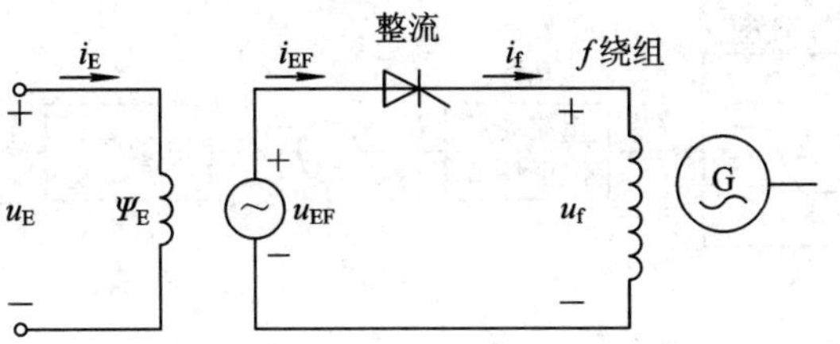

图 8－10　他励交流励磁机的原理

$$u_{EF}=\frac{x_{aE}}{x_E}\psi_E \tag{8-48}$$

其中，x_{aE}为励磁机的电枢反应电抗，x_E为励磁机励磁绕组的电抗。考虑到饱和效应后，励磁机励磁磁链为

$$(1+S_E)\psi_E=-x_{aE}i_{EF}+x_Ei_E \tag{8-49}$$

励磁机励磁绕组的回路电压方程为

$$u_E=R_Ei_E+p\psi_E \tag{8-50}$$

消去 i_E即可得到u_E和u_{EF}的关系

$$(1+S_E)u_{EF}=-\frac{x_{aE}^2}{x_E}i_{EF}+\frac{x_{aE}}{R_E}u_E-\frac{x_E}{R_E}pu_{EF} \tag{8-50}$$

同样，取励磁机的电压基准值为U_{EFB}，励磁机励磁绕组的电压基准值为$U_{EFB}R_E/x_{aE}$，同时考虑到整流后的同步发电机励磁电流 i_f 与 i_{EF} 近似呈线性关系，则上式的标幺制方程为

$$T_Epu_{EF}=u_E-(1+S_E)u_{EF}-k_Di_f \tag{8-51}$$

其中，$T_E=\frac{x_E}{R_E}$。

三相桥式整流器通常采用准稳态模型来模拟，在自然触发的条件下，励磁电压 u_f 和 u_{EF}之间的关系为

$$u_f=\frac{3\sqrt{2}}{\pi}u_{EF}-\frac{3x_r}{\pi}i_f=F(u_{EF},i_f)u_{EF} \tag{8-53}$$

其中，x_r为换相电抗。因此，整流环节的框图如图 8－11 所示。

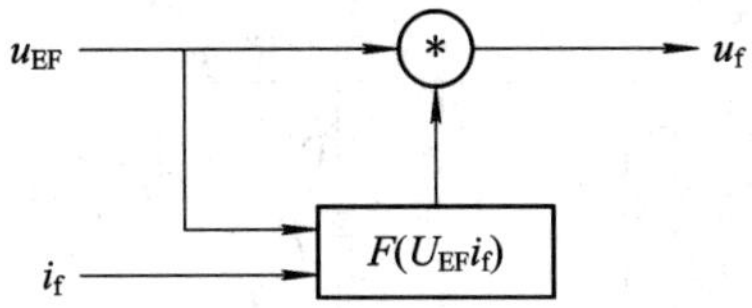

图 8－11　整流环节的传递函数框图

3）*励磁调节器的模型*

励磁调节器的原理是将机端电压和电流反馈后，与设定的值作比较，产生综合误差，用超前滞后校正控制环节（PID 环节）来调整励磁机的输出，如图 8－12 所示。反馈电流量的目的，是为了使励磁调节系统具有调差特性。

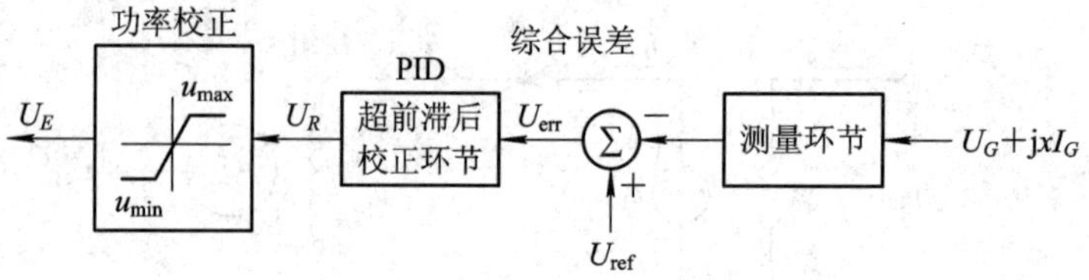

图 8-12 励磁调节器原理

测量环节的数学模型：

测量的反馈量为$U+jxI_G$，考虑到测量环节的时间延迟效应，用一阶惯性环节来模拟

$$G_R(s)=\frac{1}{1+sT_R} \tag{8-54}$$

超前滞后校正和比例放大环节：

超前滞后校正环节等价于 PID 控制环节，分为超前校正(前馈校正，相当于 PD 环节)和滞后校正(反馈校正，等价于 PI 环节)，如图 8-13 所示。

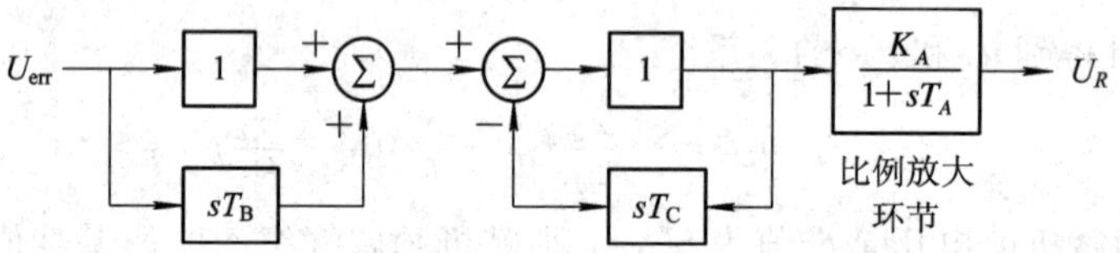

图 8-13 超前滞后校正

其传递函数为

$$G_c(s)=\frac{1+sT_B}{1+sT_C} \tag{8-55}$$

考虑到比例放大环节的时间延迟，在比例放大的基础上增加一个惯性环节

$$G_A(s)=\frac{K_A}{1+T_As} \tag{8-56}$$

功率调整(校正)环节：

该环节的作用是通过反馈误差的超前滞后校正，控制和调整励磁机的输出电压。包括三种方式：复励加压校正、可控复励调节和可控硅调节。可控复励调节如图 8-14 所示。

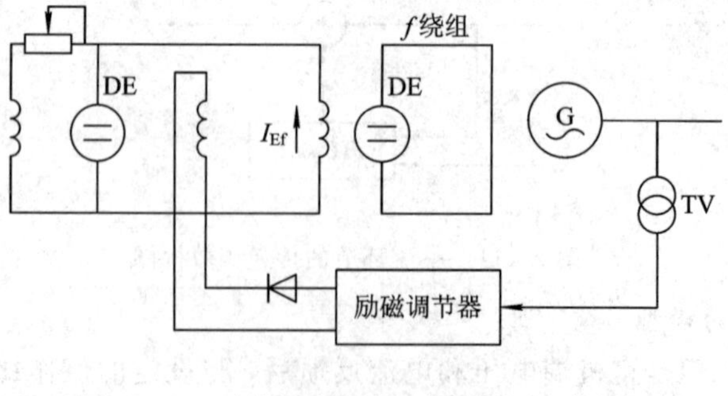

图 8-14 可控复励调节的功率校正环节原理

4) 其他控制环节

当励磁系统的增益较大时，励磁系统将失去稳定性，这是因为励磁系统的传递函数随

着增益的增大，其根轨迹趋近正半轴。为了保证稳定性，增加了软负反馈环节，以增加其零点，保证其根轨迹的方向朝向负半轴。软负反馈环节是从同步发电机的励磁电压引出电压变化率反馈至比较环节。考虑到其延迟效应，软负反馈环节的传递函数为

$$G_F(s) = \frac{sK_F}{1 + T_F s} \tag{8-57}$$

此外，为了防止因定子绕组电流产生的去磁效应导致同步发电机的低频振荡，增加了电力系统稳定器 PSS 环节。PSS 的原理是反馈回系统频率的变化，通过超前滞后校正后，转化为电压量对设定电压进行校正，如图 8-15 所示。

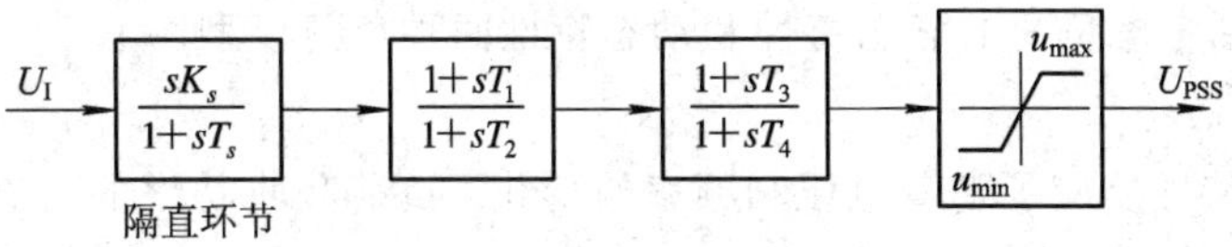

图 8-15　PSS 的原理

图中，隔直环节的作用是，当频率恒定时，PSS 不起作用。

因此，励磁系统的传递函数框图为上述部分的组合，以可控硅调节器的直流励磁系统为例，其传递函数框图如图 8-16 所示。

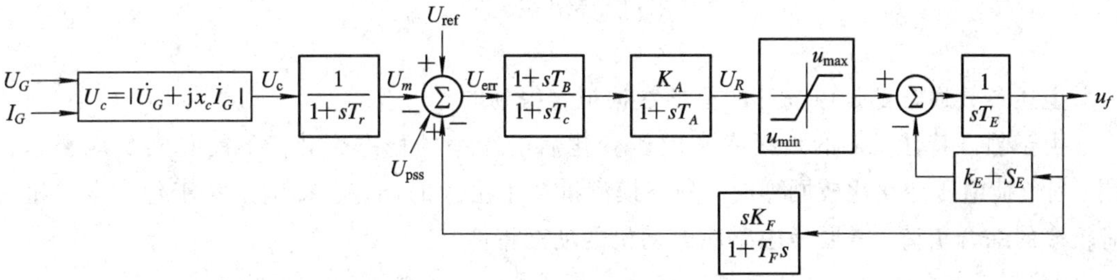

图 8-16　直流励磁系统传递函数框图

4. 调速系统模型

调速系统的主要作用是控制同步发电机的转子转速，即反馈回转子的转速，用反馈误差校正控制保持转子转速恒定。同样地，为了保证多台发电机组的并列运行，引入了调差量，即同时反馈回输出的功率，构成综合误差。利用 PID 误差校正控制，调整汽门(水门)的开度。汽轮机功频电液调速系统的原理和传递函数框图如图 8-17 所示。

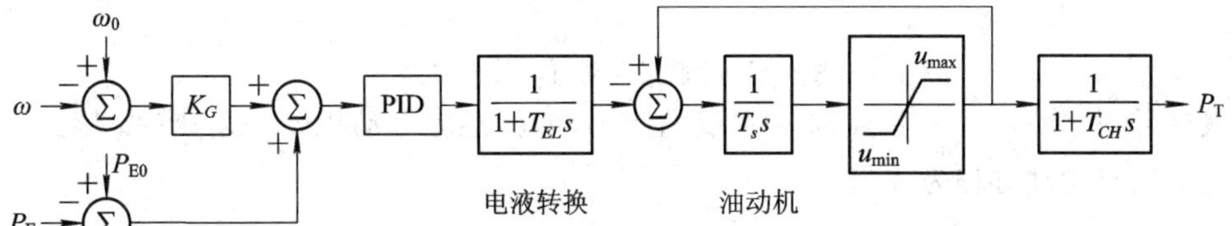

图 8-17　功频电液调速系统的传递函数框图

5. 负荷的模型

由于电力系统的综合负荷由各种不同种类的负荷构成，其组成成分复杂多变，且具有随机性。因此，要准确获得综合负荷的数学模型是很困难的。尽管有很多文献对负荷的模型进行了研究，但至今没有一个满意的结果。下面介绍几种较为常见的负荷的处理方法。

最简单的负荷模型是采用恒定阻抗来模拟，即认为在暂态过程中，负荷的等效阻抗恒定不变。它是对负荷的粗略描述，仅适用于恒定功率的负荷。实际上负荷消耗的功率是动态变化的，与频率和负荷节点电压都有关系。为了进一步描述负荷的特性，通常需要考虑负荷的特性。包括考虑负荷的静态特性和动态特性两种负荷模型。

1）负荷的静态特性

负荷的静态特性反应了随着电压和频率的变化，负荷吸收功率的稳态变化规律。通常用有理多项式或指数形式来表示其静态特性。当同时考虑电压和频率变化时负荷的特性，用有理多项式表示为

$$\begin{cases}P_L = (a_P U_L^2 + b_P U_L + c_P)(1 + K_P \Delta f) \\ Q_L = (a_Q U_L^2 + b_Q U_L + c_Q)(1 + K_Q \Delta f)\end{cases} \tag{8-58}$$

用指数形式表示为

$$\begin{cases}P_L = U_L^{\alpha_P} f^{\beta_P} \\ Q_L = U_L^{\alpha_Q} f^{\beta_Q}\end{cases} \tag{8-59}$$

上述参数通常都是由统计的典型数据拟合得到的。

由于静态特性反应的是频率和电压变化后的功率的稳态变化，不能真实反应暂态特性，当负荷电压变化比较剧烈时，静态模型将产生很大的误差。特别是对于包含电动机负荷较多的综合负荷，需要考虑感应电动机的动态特性。

2）考虑感应电动机机械暂态过程的负荷动态特性模型

对于这种模型，只考虑感应电动机的机械暂态特性，而忽略其电磁暂态特性。这样，其等效电路可以用感应电动机的稳态电路来模拟，如图 8－18 所示。

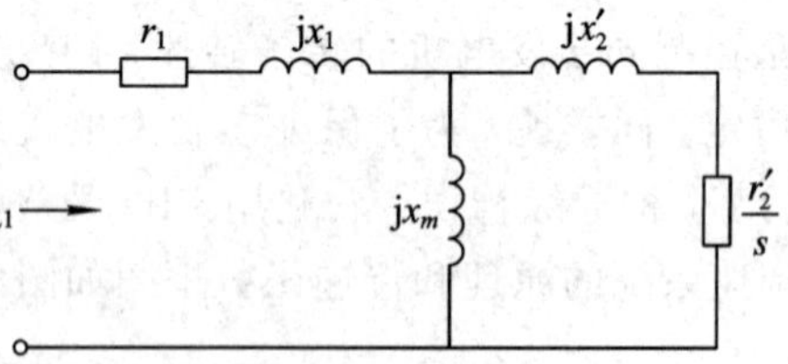

图 8－18　感应电动机的等效电路

其转差率 $s=(\omega_s-\omega)/\omega_s$，$\omega_s$ 为系统的频率，ω 为感应电动机转子角速度。因此，感应电动机的转子运动方程为

$$T_{JM}\frac{\mathrm{d}s}{\mathrm{d}t} = M_T - M_e \tag{8-59}$$

其中，M_T为机械转矩，M_e 为电磁转矩。根据电机学知识，感应电动机的电磁转矩为

$$M_e = \frac{2M_{\max}}{\frac{s}{s_{cr}} + \frac{s_{cr}}{s}}\left(\frac{U_L}{U_N}\right)^2 \tag{8-60}$$

其中 $M_{\max}$ 为最大转矩，s_{cr} 为临界转差率。

这个模型并没有考虑电动机转子绕组中的电磁暂态过程，其等效电路为感应电动机的稳态电路。

3）*考虑感应电动机机电暂态过程的动态模型*

为了进一步描述电动机转子绕组中的暂态过程，将感应电动机考虑为 d、q 轴对称的异步运行的同步电机模型。为了简单起见，忽略其次暂态过程，将转子绕组考虑成具有相同结构的 f 和 g 绕组（f 绕组短路），这样，d 轴和 q 轴的同步电抗、暂态同步电抗参数相等。感应电动机的定子绕组和转子绕组的方程分别为

$$\begin{cases} u_d = (1-s)(e'_d + x'i_q) - R_a i_d \\ u_q = (1-s)(e'_q - x'i_d) - R_a i_q \end{cases} \tag{8-62a}$$

$$\begin{cases} T'_{d0} pe'_d = -e'_d + (x-x')i_q \\ T'_{d0} pe'_q = -e'_q - (x-x')i_d \end{cases} \tag{8-62b}$$

其中，x 为同步电抗，x' 为暂态同步电抗。

将 dq 分量的方程转化为公共参考轴 x 与 y 的分量

$$\begin{bmatrix} A_d \\ A_q \end{bmatrix} = \begin{bmatrix} \sin\delta & -\cos\delta \\ \cos\delta & \sin\delta \end{bmatrix}\begin{bmatrix} A_x \\ A_y \end{bmatrix} \tag{8-63a}$$

$$\begin{bmatrix} pA_d \\ pA_q \end{bmatrix} = \begin{bmatrix} \sin\delta & -\cos\delta \\ \cos\delta & \sin\delta \end{bmatrix}\begin{bmatrix} pA_x \\ pA_y \end{bmatrix} + \begin{bmatrix} \cos\delta & \sin\delta \\ -\sin\delta & \cos\delta \end{bmatrix}\begin{bmatrix} A_x \\ A_y \end{bmatrix} p\delta \tag{8-63b}$$

其中，$p\delta = \omega - 1 = -s$。

将横轴分量和纵轴分量合成相量形式

$$\dot{U}_L = (1-s)E'_M - [R_a + j(1-s)x']\dot{I}_M \tag{8-63a}$$

$$T'_{d0} p\dot{E}'_M = -(1 + jsT'_{d0})\dot{E}'_M - j(x-x')\dot{I}_M \tag{8-63b}$$

其中，$\dot{U}_L$ 为电动机的端电压，$\dot{E}'_M$ 为电动机的等效暂态电势。其转子运动方程为

$$T_{JM}\frac{\mathrm{d}s}{\mathrm{d}t} = M_T - M_e \tag{8-65}$$

电磁转矩方程为

$$M_e = -\mathrm{Re}[\dot{E}'_M \bar{I}_M] \tag{8-66}$$

6. 电力系统稳定性分析模型的简化（经典模型）

当仅限于第一个摇摆周期的稳定性分析时，通常忽略原动机及其调速系统对暂态过程的影响，即认为原动机输出的机械功率不变。对于励磁调节系统的影响，则近似的用暂态电势 e'_q 恒定来描述。即认为在第一个摇摆周期内，励磁绕组中的自由分量电流被励磁调节作用补偿，从而使励磁绕组的磁链在较短的时间内恒定不变。同时忽略阻尼绕组的影响，并忽略凸极效应，即假设 $x'_d = x_q$。并将负荷考虑为恒定阻抗，称之为多机电力系统的经典

模型。在上述的假设下，发电机的状态方程就只剩下了转子运动方程。发电机的端口等效参数变为

$$\begin{cases} Y_G = \dfrac{1}{R_a + jx_d'} \\ \dot{I}_{sG} = \dfrac{\dot{E}'}{R_a + jx_d'} \end{cases} \tag{8-67}$$

因此，同步发电机等效为一个恒定的电势 $\dot{E}'$ 串联一个恒定的阻抗 $R_a + jx_d'$。

当电力系统中包含多台发电机时，如果系统的节点导纳矩阵为 Y_S，负荷用恒定阻抗表示，已经包含在系统的节点导纳矩阵中。发电机支路的导纳为 Y_G，如图 8－19 所示。

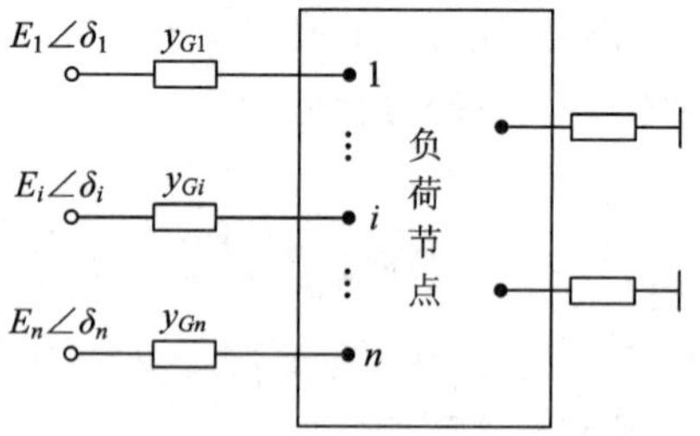

图 8－19　多机系统的网络模型

系统的节点导纳矩阵分为两部分，即发电机节点和负荷节点两部分，不包含发电机内电势节点的节点导纳方程为

$$\begin{bmatrix} I_{sG} \\ 0 \end{bmatrix} = \begin{bmatrix} Y_{GG} & Y_{GL} \\ Y_{LG} & Y_{LL} \end{bmatrix} \begin{bmatrix} U_G \\ U_L \end{bmatrix} \tag{8-68}$$

当包含发电机电势节点时，全系统的节点导纳方程可以表示为

$$\begin{bmatrix} I_{sG} \\ 0 \\ 0 \end{bmatrix} = \begin{bmatrix} Y_G & -Y_G & 0 \\ -Y_G & Y_{GG} + Y_G & Y_{GL} \\ 0 & Y_{LG} & Y_{LL} \end{bmatrix} \begin{bmatrix} E \\ U_G \\ U_L \end{bmatrix} \tag{8-69}$$

消去发电机节点和负荷节点，就可以得到各发电机内电势之间的输入导纳和转移导纳

$$I_{sG} = Y_E E \tag{8-70}$$

其中，

$$Y_E = Y_G - \begin{bmatrix} -Y_G & 0 \end{bmatrix} \begin{bmatrix} Y_G + Y_{GG} & Y_{GL} \\ Y_{LG} & Y_{LL} \end{bmatrix}^{-1} \begin{bmatrix} -Y_G \\ 0 \end{bmatrix} \tag{8-71}$$

这样，就可以得到各个发电机的输出电磁功率

$$P_{Ei} = \mathrm{Re}[\dot{E}_i \bar{I}_{si}] = E_i^2 G_{ii} + E_i \sum_{\substack{j=1 \\ j\neq i}}^{n} E_j (G_{ij} \cos\delta_{ij} + B_{ij} \sin\delta_{ij}) \tag{8-72}$$

7. 单机无穷大系统模型

单机无穷大系统模型是定性分析电力系统稳定性机理的常用模型，即只有一台同步发电机经过传输阻抗连接入一个无穷大电源的系统。

同步发电机采用经典模型，不考虑阻尼绕组的影响，且不考虑凸极效应，即认为暂态电势恒定；不考虑同步发电机的调速系统和励磁调节系统的作用；忽略传输系统的电阻。典型的单机无穷大系统模型如图 8－20 所示。

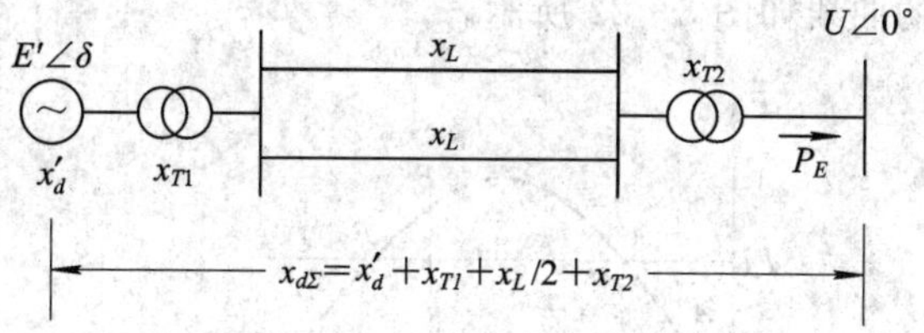

图 8-20　单机无穷大系统

在上述假设下，单机无穷大系统的稳定性分析模型为

$$\begin{cases}\dfrac{\mathrm{d}\delta}{\mathrm{d}t}=\omega-1\\[2ex]T_J\dfrac{\mathrm{d}\omega}{\mathrm{d}t}=P_T-P_E-D\omega\\[2ex]P_E=\dfrac{E'U}{x_{d\Sigma}}\sin\delta\end{cases}\tag{8-73}$$

8.3　电力系统的静态稳定性分析

电力系统静态稳定性分析的本质是考察平衡点的属性，以及平衡点的稳定性裕度。本节从单机无穷大系统模型入手，分析电力系统静态稳定性的物理机理，并阐述利用小扰动法对电力系统静态稳定性的方法。

8.3.1　单机无穷大系统的静态稳定性机理

如图 8-20 所示的单机无穷大系统，不考虑调速系统的作用，即假设原动机输出的机械功率恒定。

无穷大母线节点电压与发电机电势之间的关系为

$$\dot{E}'=\dot{U}+jx_{d\Sigma}\dot{I}\tag{8-74}$$

其相量图如图 8-21 所示。

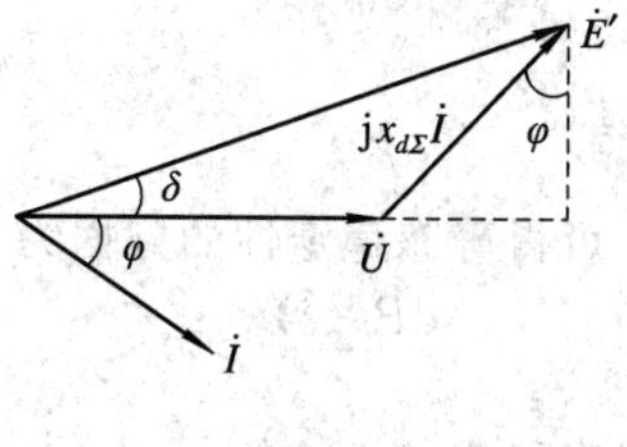

图 8-21　发电机暂态电势与无穷大节点电压的关系

由图 8-21 发电机输送到系统中的电磁功率为

$$P_E=UI\cos\varphi=\frac{E'U\sin\delta}{x_{d\Sigma}}\tag{8-75}$$

1. 电力系统静态稳定性机理

当发电机的暂态电势和无穷大节点电压恒定时，发电机输出的电磁功率是功角 δ 的函

数，电磁功率与功角的曲线如图 8-22 所示。

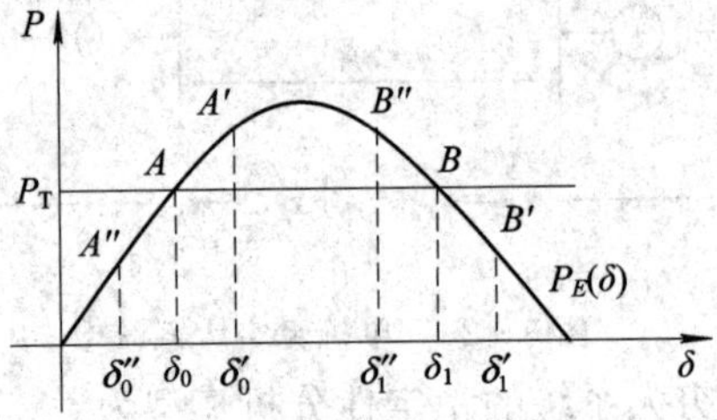

图 8-22 电磁功率曲线

图中，电磁功率与机械功率有两个交点 A 和 B，这两个交点是单机无穷大系统的平衡点。那么这两个平衡点到底哪个是稳定平衡点，哪个是不稳定平衡点呢？

先来分析平衡点 A，假设系统原来运行在 A 点，当受到一个小扰动使得功角增加，系统状态变为 A'点，此时电磁功率 P_E大于机械功率 P_T，根据转子运动方程，发电机转子上存在一个负的加速度，发电机转子减速，功角 δ 减少，系统状态从 A'点向 A 点运动。当运动到 A 点时，加速度为零，但转子的角速度小于额定转速，δ 进一步减少。系统状态继续从 A 点向 A''点运动，此时，电磁功率小于机械功率，发电机转子上有一个正的加速度，发电机转子加速。假设在 A''点发电机转速又增加至额定转速，当发电机的转速进一步增加时，功角 δ 将增加，即从 A''向 A 点运动。如此往复，直到由于阻尼的作用，系统的状态重新平衡到 A 点。反之，假设受到一个小扰动使系统状态变至 A''点，其运动轨迹最终也将平衡至 A 点。由此可见，A 点是稳定平衡点。或者说，在电力系统运行在 A 点是静态稳定的。

再来分析 B 点。假设系统在 B 点受到一个小扰动，使功角增加，系统运行在 B'点，此时电磁功率小于机械功率，发电机转子加速，功角进一步增大，系统最终无法达到稳态运行，电力系统的角频率和功角发生不停息的振荡，电力系统失去了稳定性。同样，如果一个小扰动，使功角减少，即运行在 B''点，此时电磁功率大于机械功率，发电机转子减速，功角进一步减少，直至运行到 A 点，发电机转子才加速，经过一系列剧烈的振荡后，系统最终平衡于 A 点。可见，如果在 B 点，受到任意的扰动后，系统或者失去稳定或者到达 A 点运行，因此 B 点是不稳定平衡点，或者说，电力系统在 B 点运行是静态不稳定的。

2. 电力系统静态稳定性判据

通过上述物理机理的分析，可得静态稳定性的判据为

$$\frac{\mathrm{d}P_E(\delta)}{\mathrm{d}\delta} > 0 \tag{8-76}$$

即满足上述条件，系统是静态稳定的，如果

$$\frac{\mathrm{d}P_E(\delta)}{\mathrm{d}\delta} < 0 \tag{8-77}$$

系统是静态不稳定的。显然在电磁功率的最大值点，即 $\delta=90°$处，电磁功率对功角的导数等于零，是静态临界稳定的。

$$\frac{\mathrm{d}P_E(\delta)}{\mathrm{d}\delta} = \frac{E'U}{x_{d\Sigma}}\cos\delta = 0 \tag{8-78}$$

电磁功率的最大点称为静态稳定和不稳定的临界点，也称为静态稳定极限点。为了防止系统受到小扰动后失去稳定，发电机通常必须保证足够的储备功率，定义储备系数为：

$$K_P = \frac{P_{max} - P_0}{P_0} \times 100\% \tag{8-79}$$

式(8－79)中，P_{max}为最大功率，$P_E(\delta)$为最大值；P_0 为在某个运行点发电机输出的功率。我国现行的《电力系统安全稳定导则》规定，系统在正常运行方式下 K_P 不应小于15%～20%；在事故后的运行方式(是指事故后系统尚未恢复到它原始的正常运行方式的情况)下，K_P 不应小于 10%。

8.3.2　小扰动法分析电力系统静态稳定性

根据前一节的分析，小扰动法的本质是将系统在平衡点外线性化，得到线性化后的小扰动状态方程，分析线性化系统的稳定性。

单机无穷大系统的稳定性模型为

$$\begin{cases} \dfrac{d\delta}{dt} = \omega - 1 = f_1(\delta, \omega) \\ \dfrac{d\omega}{dt} = \dfrac{1}{T_J}\left(P_T - \dfrac{E'U}{x_{d\Sigma}}\sin\delta - D\omega\right) = f_2(\delta, \omega) \end{cases} \tag{8-80}$$

线性化后的小扰动模型为

$$\frac{d\Delta x}{dt} = J_0 \Delta x \tag{8-81}$$

式(8－81)中，雅克比矩阵 J_0 为

$$J_0 = \begin{bmatrix} \dfrac{\partial f_1}{\partial \delta} & \dfrac{\partial f_1}{\partial \omega} \\ \dfrac{\partial f_2}{\partial \delta} & \dfrac{\partial f_1}{\partial \omega} \end{bmatrix}_{\substack{\delta=\delta_0 \\ \omega=\omega_0}} = \begin{bmatrix} 0 & 1 \\ -\dfrac{1}{T_J}\dfrac{dP_E}{d\delta}\Big|_{\delta_0} & -\dfrac{D}{T_J} \end{bmatrix} \tag{8-82}$$

将$\dfrac{dP_E}{d\delta}\Big|_{\delta_0}$ 记为 K_0。

则其特征方程为

$$\lambda\left(\lambda + \frac{D}{T_J}\right) + \frac{K_0}{T_J} = 0 \tag{8-83}$$

特征根为

$$\lambda_{1,2} = -\frac{D}{2T_J} \pm \sqrt{\left(\frac{D}{2T_J}\right)^2 - \frac{K_0}{T_J}} \tag{8-84}$$

可见，只要 $K_0 < 0$，式(8－84)中平方根的值一定大于$\dfrac{D}{2T_J}$，总有一个实根为正，因此，线性化后的系统只有在 $K_0 > 0$ 时才是稳定的。当忽略阻尼的影响，$K_0 = 0$ 是临界稳定的。可见，利用小扰动法的分析结果和利用物理机理分析的结果是一致的。

多机系统的静态稳定性的分析方法就是采用小扰动分析法，即分析在工作点附近线性化后的系统的状态矩阵特征值中是否存在正的实根。

8.4　电力系统的暂态稳定性分析

本节利用单机无穷大系统模型，阐述电力系统受到大扰动后暂态稳定性的机理，利用等面积法则分析暂态稳定性的方法，利用数值积分法计算摇摆曲线的方法以及判断电力系统暂态稳定性的直接法。

8.4.1　单机无穷大系统暂态稳定性机理

电力系统暂态稳定性是指受到大扰动后，能够达到稳定运行状态的能力。所谓大扰动，通常指的是发生故障后网络的开断操作。如图 8-23 所示的单机无穷大系统，假设在线路Ⅱ的出口 F 点处发生单相接地短路，继电保护动作将线路Ⅱ切除。故障发生是扰动的开始，故障被切除是扰动的结束。

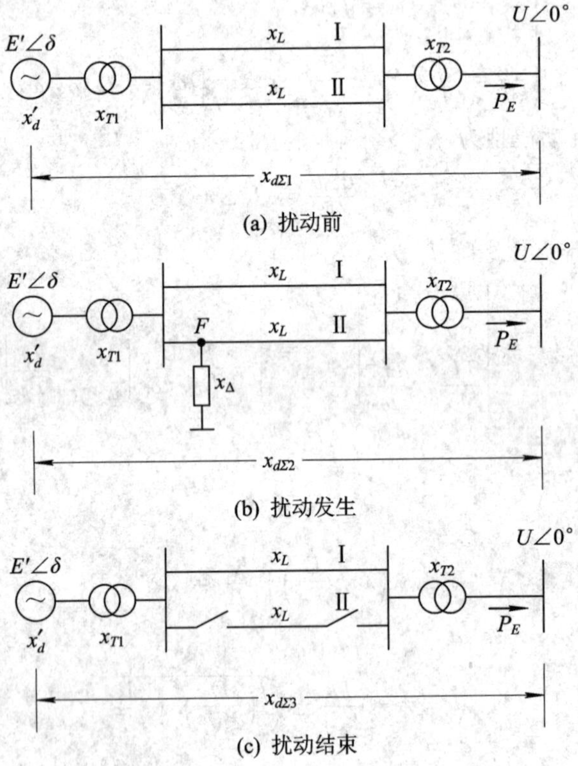

图 8-23　单机无穷大系统受到大扰动后示意图

故障发生前，从同步发电机的内电势至无穷大系统母线的转移阻抗为

$$x_{d\Sigma1} = x'_d + x_{T1} + \frac{x_L}{2} + x_{T2} \tag{8-85}$$

故障发生时，即扰动发生时，不考虑负序和零序分量，只考虑系统的正序故障分量，等价于在故障端口 F 和大地之间连接一个附加阻抗 $x_\Delta = x_2 + x_0$，x_2 和 x_0 分别是从故障端

口看进去的等效负序和零序电抗(忽略全系统的电阻)。因此，扰动发生时发电机内电势点至无穷大系统母线处的转移阻抗为

$$x_{d\Sigma 2}=x_d'+x_{T1}+\frac{x_L}{2}+x_{T2}+\frac{(x_d'+x_{T1})\left(\frac{x_L}{2}+x_{T2}\right)}{x_\Delta} \tag{8-86}$$

扰动结束后，即故障切除后，内电势点至无穷大母线点的转移阻抗为

$$x_{d\Sigma 3}=x_d'+x_{T1}+x_L+x_{T2} \tag{8-87}$$

扰动发生前，同步发电机输送给无穷大系统的电磁功率为

$$P_{E1}=\frac{E'U}{x_{d\Sigma 1}}\sin\delta=P_{M1}\sin\delta \tag{8-88}$$

扰动发生时(故障发生时)，同步发电机输送给无穷大系统的电磁功率为

$$P_{E2}=\frac{E'U}{x_{d\Sigma 2}}\sin\delta=P_{M2}\sin\delta \tag{8-89}$$

扰动结束后(故障线路被切除)，同步发电机输出的电磁功率为

$$P_{E3}=\frac{E'U}{x_{d\Sigma 3}}\sin\delta=P_{M3}\sin\delta \tag{8-90}$$

如图 8-24 所示，在系统受到扰动前，发电机的功角为 δ_0，转子的角速度为 ω_0，是额定转速，$[\delta_0, \omega_0]$为扰动前的状态。当扰动发生(故障发生)时，系统运行状态从 A 点瞬间变化为 B 点。此时，发电机转子上的电磁转矩小于原动机输出的机械转矩，发电机转子将加速。假设系统运行至 C 点故障切除，发电机的运行状态突然从 C 点变化至 D 点，此时发电机的转子上的电磁功率大于机械功率，发电机转子将减速。假设在扰动结束(故障切除)的瞬间，发电机的功角为 δ_c，发电机的角速度为 ω_c，$[\delta_c, \omega_c]$为系统受到扰动后的初始状态。显然，系统的暂态稳定性取决于扰动后的初始状态。

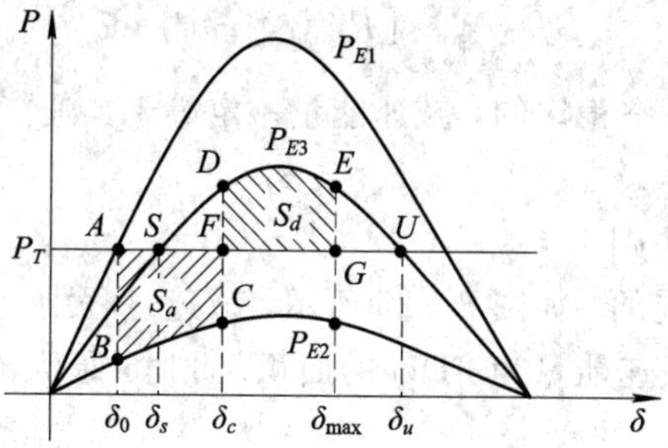

图 8-24　暂态稳定时的系统运行状态

情况Ⅰ：扰动结束后(即故障切除后)，由于发电机转子上的电磁转矩大于机械转矩，转子将减速，假设系统运行至不稳定平衡点 U 点之前的 E 点，转子的转速减为额定转速，那么发电机的转速将低于额定转速，功角将减小，发电机的状态将沿着 P_{E3} 的曲线变化，经过一系列振荡后，将稳定于平衡点 S 点，系统是暂态稳定。

情况Ⅱ：扰动结束后，发电机转子进入减速状态。假设系统运行至 U 点后，发电机的转速仍然高于额定转速，那么功角将进一步增大；当越过不稳定平衡点 U 点后，发电机转子上的电磁转矩反而小于机械转矩，转子将被加速，转速进一步增大，功角也进一步增加，系统失去稳定，此时系统是暂态不稳定的，如图 8-25 所示。

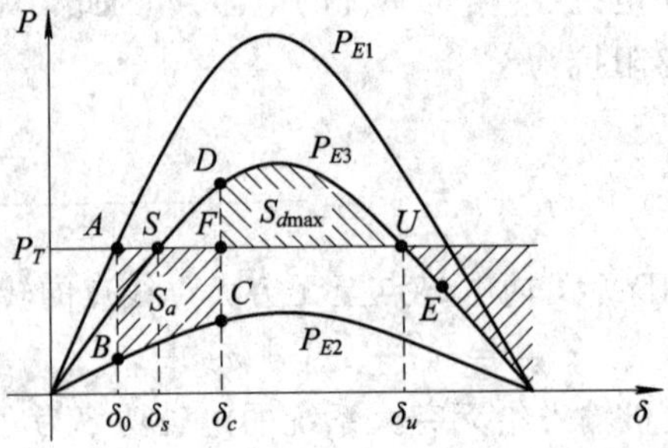

图 8-25　暂态不稳定时系统的运行状态

究竟在什么情况下，系统的状态在不稳定平衡点 U 之前，就能将转速减至额定转速。在什么情况下，系统的状态会越过不稳定平衡点而失去稳定？单机无穷大系统暂态稳定性的条件是什么？这可以用等面积法则来分析。

8.4.2　等面积法则

定量分析系统受到大扰动后的情况。如图 8-24 所示，当系统发生扰动后，系统状态从 A 点变化至 B 点，此时进入加速状态，在 C 点扰动结束，进入了减速状态。

如果系统是稳定的，则在减速过程中抵消加速过程产生的动能。系统从 B 点运行到 C 点的加速过程中，转子获得的加速能量为 ABCF 的面积，因此称为加速面积，即

$$S_a = \int_{\delta_0}^{\delta_c} [P_T - P_{E2}(\delta)] d\delta \tag{8-91}$$

从 D 点至 E 点的减速过程中，转子上的减速能量为 FDEG 的面积，因此又称为减速面积：

$$S_d = \int_{\delta_c}^{\delta_{\max}} [P_{E3}(\delta) - P_T] d\delta \tag{8-92}$$

很显然，如果系统是暂态稳定的，减速能量一定等于加速能量，即

$$S_a = S_d \tag{8-93}$$

这个规则称为等面积法则。

如果系统是暂态不稳定的，如图 8-25 所示，减速过程中，不稳定平衡点 U 是转子加速和减速的分界点，最大减速能量为 FDU 的面积。此时，最大减速能量无法抵消转子的加速能量，即

$$S_a > S_{d\max} \tag{8-94}$$

因此，单机无穷大系统在受到大扰动后是否是暂态稳定的，取决于加速面积和最大减速面积。如果加速面积 S_a 小于最大减速面积 $S_{d\max}$，则系统是暂态稳定的，反之，系统是暂态不稳定。

如果二者相等，则临界稳定。如果找到临界稳定的初始状态 δ_{cr}（称为极限切除角），则可根据扰动结束（故障切除）瞬间的功角与极限切除角的大小来判断单机—无穷大系统的暂态稳定性。极限切除角可以用加速面积与最大减速面积相等来确定，如图 8-26 所示。

$$S_a = \int_{\delta_0}^{\delta_{cr}} [P_T - P_{E2}(\delta)] d\delta = S_{d\max} = \int_{\delta_{cr}}^{\delta_u} [P_{E3}(\delta) - P_T] d\delta \tag{8-95}$$

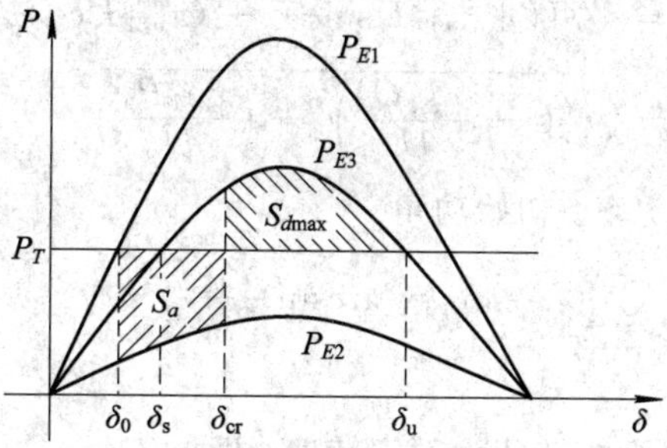

图 8-26　临界切除角

由式(8-95)可得临界极限切除角为

$$\delta_{cr} = \arcsin\left[\frac{P_{M2}\cos\delta_0 - P_{M3}\cos\delta_u + P_0(\delta_0 - \delta_u)}{P_{M2} - P_{M3}}\right] \tag{8-96}$$

其中，$\delta_0=\arcsin\dfrac{P_0}{P_{M1}}$，$\delta_u=\pi-\arcsin\dfrac{P_0}{P_{M3}}$，$P_0$ 为故障前的电磁功率。

8.4.3　摇摆曲线的数值计算

等面积法则提供一种对于单机—无穷大系统受到大扰动后的暂态稳定性的直接判别方法，临界极限切除角 δ_{cr} 是单机无穷大系统暂态稳定的极限稳定域，当 $\delta_c<\delta_{cr}$ 时，系统是暂态稳定的，反之是暂态不稳定。可以证明这个条件是单机无穷大系统暂态稳定性的充分必要条件。然而对于多机系统，找到充分必要的暂态稳定域很困难，需要计算同步发电机的功角和角频率随时间的变化轨迹，即摇摆曲线。计算方法包括欧拉法、改进欧拉法、预测校正法、泰勒级数法和龙格—库塔法。这些方法在前面已经阐述，这里不再重复。以图 8-23 所示的单机—无穷大系统为例，利用改进欧拉法说明摇摆曲线的计算过程。

需要求解的微分方程

$$\begin{cases}\dfrac{d\delta}{dt} = \omega - 1 = f_1(\delta,\omega)\\[2mm]\dfrac{d\omega}{dt} = \dfrac{1}{T_J}\left(P_T - \dfrac{E'U}{x_{d\Sigma}}\sin\delta - D\omega\right) = f_2(\delta,\omega)\end{cases} \tag{8-97}$$

状态 $x=[\delta,\omega]^T$，$f=[f_1,f_2]^T$。

已知条件

(1) 无穷大系统母线电压 U，以该电压作为参考相量；

(2) 系统的正序和负序参数，发电机的惯性时间常数 T_J；

(3) 扰动前发电机输送至无穷大母线的功率 P_0 及其功率因数 $\cos\varphi$；

(4) 不考虑调速系统和励磁调节系统的作用，假设发电机暂态电势 E' 恒定。

假设在 $t=0$ 时刻，第二条线路的首端发生单相接地短路故障，在 t_c 时刻故障切除。将时间分段，时间间隔为 Δt。

(1) 计算扰动发生前的初始值。

故障发生前，从发电机内电势节点至无穷大母线处的转移阻抗为 $x_{d\Sigma1}$，如式(8-85)所示。根据图 8-21 的，求出发电机的暂态电势

$$
\begin{aligned}
E' &= \sqrt{(U + x_{d\Sigma 1} I \sin\varphi)^2 + (x_{d\Sigma 1} I \cos\varphi)^2} \\
&= \sqrt{\left(U + \frac{x_{d\Sigma 1} Q_0}{U}\right)^2 + \left(\frac{x_{d\Sigma 1} P_0}{U}\right)^2}
\end{aligned}
\tag{8-98}
$$

其中，$Q_0 = P_0 \tan\varphi$ 为无功功率。初始功角

$$
\delta_0 = \arcsin \frac{P_0}{P_{M1}} \tag{8-99}
$$

其中，$P_{M1} = E'U/x_{d\Sigma 1}$。

故障前，假设发电机的转速为额定转速，即

$$
\omega_0 = 1 \tag{8-100}
$$

(2) 用改进欧拉法计算第一个时间段的值。

改进欧拉法的计算公式

$$
\begin{cases}
x_{k+1}^{(0)} = x_k + f(x_k)\Delta t \\
x_{k+1} = x_k + \dfrac{\Delta t}{2}[f(x_k) + f(x_{k+1}^{(0)})]
\end{cases}
\tag{8-101}
$$

先用欧拉法计算出下一时刻的初始值，再用梯形积分法进行修正

$$
\begin{cases}
f_1(\delta_0, \omega_0) = \omega_0 - 1 \\
f_2(\delta_0, \omega_0) = \dfrac{1}{T_J}(P_0 - P_{M2} \sin\delta_0)
\end{cases}
\tag{8-102}
$$

其中，$P_{M1} = E'U/x_{d\Sigma 2}$。

再用欧拉法计算下一时刻的初值 $x_{k+1}^{(0)}$ 为

$$
\begin{cases}
\delta_1^{(0)} = \delta_0 + f_1(\delta_0, \omega_0)\Delta t \\
\omega_1^{(0)} = \omega_0 + f_2(\delta_0, \omega_0)\Delta t
\end{cases}
\tag{8-103}
$$

然后计算 $f(x_{k+1}^{(0)})$

$$
\begin{cases}
f_1(\delta_1^{(0)}, \omega_1^{(0)}) = \omega_1^{(0)} - 1 \\
f_2(\delta_1^{(0)}, \omega_1^{(0)}) = \dfrac{1}{T_J}(P_0 - P_{M2} \sin\delta_1^{(0)})
\end{cases}
\tag{8-104}
$$

最后计算梯形积分修正后的状态值 x_{k+1}

$$
\begin{cases}
\delta_1 = \delta_0 + \dfrac{\Delta t}{2}[f_1(\delta_0, \omega_0) + f_1(\delta_1^{(0)}, \omega_1^{(0)})] \\
\omega_1 = \omega_0 + \dfrac{\Delta t}{2}[f_2(\delta_0, \omega_0) + f_2(\delta_1^{(0)}, \omega_1^{(0)})]
\end{cases}
\tag{8-105}
$$

(3) 重复上一步的计算过程。

到达故障切除时刻时，在上述的计算过程中，用 $P_{M3} = E'U/x_{d\Sigma 3}$ 取代 P_{M2}。一直重复上述过程，直至到达设定的计算时刻。

8.4.4 电力系统暂态稳定性分析的直接法

判断电力系统受到大扰动后是否能够最终达到稳定状态，首先需要电力系统存在一个稳定平衡点(SEP，Stable Equilibrium Point)，在状态空间中用 x_s 来表示，这个平衡点必须是静态稳定的。然而，具备稳定平衡点并不意味着电力系统受到大扰动后是暂态稳定的。作为非线性系统，存在稳定平衡点只是暂态稳定的一个必要条件。是否暂态稳定还取

决于电力系统受到扰动后的初始状态，即在故障切除时刻(或网络的最后一次操作，如果故障切除后还存在其它操作，例如重合等)t_c 的状态 x_c，这实际上是受扰后自由运动的初始状态。

直接法的基本思想是确定由临界切除时间 t_{cr}时的状态 x_{cr}组成的包围稳定平衡点 x_s 的区域，显然，这个区域是由临界稳定边界构成的最大稳定域 S_{cr}。如果扰动结束后的初始状态 $x_c \in S_{cr}$，则系统是暂态稳定的，否则暂态不稳定。确定稳定域的方法是构造一个适当的函数 $V(x-x_s)$，这个函数满足一定的性质和要求，称为李亚普诺夫函数(简称 V 函数)。李亚普诺夫函数可以理解为能量函数，反应的是系统状态具有的总能量。最大稳定域对应的 V 函数为 $V_{cr}=V(x_{cr}-x_s)$，如果扰动结束后的能量小于临界能量，即$V(x-x_s)<V_{cr}$，则系统是稳定的，反之不稳定。

通过 V 函数和系统的状态方程确定稳定域 R_V。直接法给出的稳定域通常都是保守的，即 $R_V \subset S_{cr}$，原因是给出稳定域是充分而非必要条件。除非 V 函数的构造能够正好与 S_{cr}重合，这是非常困难的，选择不同的 V 函数，将得到不同的 R_V。因此，很多直接法的研究工作都在致力于如何构造一个 V 函数，使其稳定域尽量的接近临界稳定边界。这种保守性是直接法本身所固有的缺陷。

对于临界稳定边界的确定，有一种理论上严格的方法，即首先求出系统的全部不稳定平衡点(UEP，Unstable Equilibrium Point)x_u，然后计算出各 UEP 点上的数值$V(x_u-x_s)$，把最小值作为临界 V_{cr}，如图 8 - 27 所示。

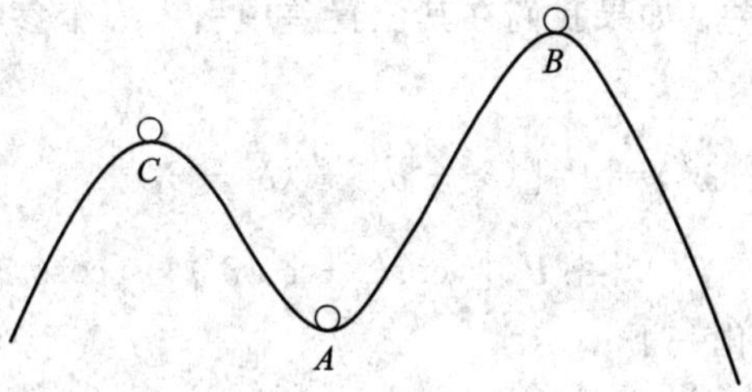

图 8 - 27　不稳定平衡点法

系统中的点 B 和 C 是两个不稳定平衡点，A 为稳定平衡点。系统在 A 点受到扰动后，具有的总能量不能大于从 A 至 B 和 A 到 C 的总能量(势能)的最小值，否则系统将失去稳定。这种方法称为不稳定平衡点法。

然而在多机系统中，UEP 的个数多达 $2^{N-1}-1$ 个，要计算出所有的不稳定平衡点几乎是不可能的。虽然可以通过适当的筛选并近似得到，但工作量仍然很大，这是不稳定平衡点法的主要限制因素。

实际上，在单机无穷大系统和两机系统中，可以用能量系统的概念构造出严格的李亚普诺夫函数，而且可以证明，用能量函数确定的稳定域是充分且必要条件，利用临界能量 V_{cr}判断稳定性不存在保守的问题。因此，后来提出的一些实用的暂态稳定性直接法，包括不稳定平衡点法、势能界面法、单机能量函数法、扩展等面积法等都是上述原理的推广。把多机系统间接或直接地等价为两机系统或单机无穷大系统。然而在实际的多机系统中，可能出现几个机群之间相互摇摆的多摇摆模式，甚至有的发电机在摇摆过程中将从属于不同的机群，这样在进行两机等值过程中，会出现较大的误差。当然，这些方法对于第一个摇摆周期的稳定性还是相对比较准确的。

1. 单机无穷大系统的直接法

发电机采用经典模型，忽略发电机转子的阻尼转矩，将角频率作为转子的转速与同步参考轴之间的相对转速，则单机无穷大系统的状态方程为

$$\begin{cases}\dfrac{d\delta}{dt}=\omega\\ \dfrac{d\omega}{dt}=\dfrac{1}{T_J}(P_T-P_M\sin\delta)\end{cases}\tag{8-106}$$

则有

$$\frac{d\omega}{d\delta}=\frac{1}{T_J}\frac{P_T-P_M\sin\delta}{\omega}\tag{8-107}$$

两侧进行积分，可以得到系统自由运动过程中，状态的运动轨迹上任何两点之间的能量关系

$$T_J\int_{\omega_a}^{\omega_b}\omega d\omega=\int_{\delta_a}^{\delta_b}(P_T-P_M\sin\delta)d\delta\tag{8-108}$$

即

$$\frac{1}{2}T_J(\omega_b^2-\omega_a^2)=P_T(\delta_b-\delta_a)+P_M(\cos\delta_b-\cos\delta_a)\tag{8-109}$$

式(8－109)的左侧可以看做在自由运动轨迹上的任意两点的动能之差，右侧可以看做两点的位置差，即势能之差。如果我们在其位置差中引入一个参考点，即扰动结束后的稳态平衡点

$$\begin{aligned}\frac{1}{2}T_J(\omega_b^2-\omega_a^2)=&P_T[(\delta_b-\delta_s)-(\delta_a-\delta_s)]\\&+P_M[(\cos\delta_b-\cos\delta_s)-(\cos\delta_a-\cos\delta_s)]\end{aligned}\tag{8-110}$$

把方程式(8－100)稍微变化一下

$$\begin{aligned}&\frac{1}{2}T_J\omega_b^2-[P_T(\delta_b-\delta_s)+P_M(\cos\delta_b-\cos\delta_s)]\\&=\frac{1}{2}T_J\omega_a^2-[P_T(\delta_a-\delta_s)+P_M(\cos\delta_a-\cos\delta_s)]\end{aligned}\tag{8-111}$$

式(8－111)可以理解为，忽略系统阻尼的情况下，在自由运动的轨迹上任意两点的能量守恒。与角频率相关的项为动能，与功角相关的项为势能，势能是一种位置能，参考位置是稳定平衡点。

因此，可以定义在扰动结束后的任意一点的能量函数

$$V(\delta,\omega)=\frac{1}{2}T_J\omega^2-[P_T(\delta-\delta_s)+P_M(\cos\delta-\cos\delta_s)]\tag{8-112}$$

其中，动能为

$$V_K=\frac{1}{2}T_J\omega^2\tag{8-113(a)}$$

以稳定平衡点为参考点的势能为

$$V_P=-[P_T(\delta-\delta_s)+P_M(\cos\delta-\cos\delta_s)]\tag{8-113(b)}$$

对于单机无穷大系统，只有一个不稳定平衡点(0～π)，因此可以将不稳定平衡点的势

能作为临界能量(以稳定平衡点为参考点)，如图 8-27 所示，小球运动到不稳定平衡点 C 点刚好速度为零的情况下，为临界暂态稳定，有

$$V_{cr}(\delta_u, 0) = -[P_T(\delta_u - \delta_s) + P_M(\cos\delta_u - \cos\delta_s)] \tag{8-114}$$

扰动后的暂态稳定判据为：扰动后的任何时刻，只要其总能量满足

$$V(\delta, \omega) < V_{cr} \tag{8-115}$$

则系统是暂态稳定的。

2. 两机系统的直接法

对于两机系统，发电机采用经典模型时，状态方程为

$$\begin{cases} \dfrac{d\delta_1}{dt} = \omega_1 \\ \dfrac{d\omega_1}{dt} = \dfrac{1}{T_{J1}}(P_{T1} - E_1^2 G_{11} - E_1 E_2 (G_{12}\cos\delta_{12} + B_{12}\sin\delta_{12})) \end{cases} \tag{8-116(a)}$$

$$\begin{cases} \dfrac{d\delta_2}{dt} = \omega_2 \\ \dfrac{d\omega_2}{dt} = \dfrac{1}{T_{J2}}(P_{T2} - E_2^2 G_{22} - E_1 E_2 (G_{12}\cos\delta_{12} - B_{12}\sin\delta_{12})) \end{cases} \tag{8-116(b)}$$

其中，E_1、E_2 分别为两台发电机的内电势，参数 G 和 B 分别为两个内电势节点的自导纳和节点间的转移导纳。式(8-116b)中两式相减可得：

$$\begin{cases} \dfrac{d\delta_{12}}{dt} = \omega_{12} \\ \dfrac{d\omega_{12}}{dt} = \dfrac{1}{T_{Jeq}}[P_{Teq} - P_{Meq}\sin(\delta_{12} - \alpha_{12})] \end{cases} \tag{8-117}$$

可见，两机系统实际上和单机无穷大系统具有相同的本质，其状态方程类似。角度 α_{12} 在故障切除后是一个常数，定义能量函数的时候，需要用 $\delta_{12}' = \delta_{12} - \alpha_{12}$ 来代替 δ_{12}。实际上，单机无穷大系统在考虑系统的电阻时，具有和方程式(8-117)相同的形式。

8.5　电力系统的电压稳定性

由于忽略电力系统的电磁暂态过程，系统采用准稳态模型，即电压量是一个间接状态量(电压的方程是代数方程，如公式(8-3)和(8-4)所示)，电压的变化是由于系统受到扰动后，直接状态量(如异步电动机的转差率)的变化以及分抽头控制作用引起的。因此，电压稳定性问题考虑的是稳态电压量随着直接状态量的变化而变化的过程。

$$\begin{cases} \dfrac{dx}{dt} = f(x, y) \\ g(x, y) = 0 \end{cases} \tag{8-118}$$

式中 x 为直接状态量，例如功角、频率、次暂态电势、暂态电势、转差等，而 y 为间接状态量，例如电压、功率等电气量。由于忽略系统的电磁暂态过程，因此电压的变化实际上是由直接状态量的变化引起的，即

$$\frac{\partial g}{\partial x}\frac{dx}{dt} + \frac{\partial g}{\partial y}\frac{dy}{dt} = 0 \tag{8-119}$$

间接状态量电压变化规律为

$$\frac{\mathrm{d}y}{\mathrm{d}t}=-\left(\frac{\partial g}{\partial y}\right)^{-1}\frac{\partial g}{\partial x}f(x,\ y) \tag{8-120}$$

因此电压稳定性与功角稳定性的分析具有一定的相似性，都可分为静态稳定性和暂态稳定性。

通常，电压稳定性的问题发生在负荷侧，较长线路供给重负荷时，容易发生电压不稳定的现象。主要原因是负荷消耗的功率随负荷等效阻抗的变化，存在一个极限功率。在负荷较轻的情况下，通过增大电动机的转差或者通过提高变压器的分抽头降低负荷阻抗时，电压降低的速度低于电流增大的速度，因此，负荷的电磁功率会随着转差的提高以及变压器分抽头的提高而提高，最终能够达到一个新的平衡。但当负荷的功率超过极限功率后，再增大转差，或提高变压器分抽头以降低负荷等效阻抗时，负荷的电磁功率反而降低，低于电动机的机械功率，转差进一步增大，最终导致转差率 $s=1$，电压瞬间降落至很低的水平，导致电压崩溃。

本节以单电动机负荷通过线路连接在无穷大电源上为例，说明电压随转差的变化情况。

8.5.1 单负荷无穷大系统模型

假设一个异步电动机负荷，通过线路连接至无穷大电源母线，无穷大系统的电压为 E，线路的阻抗为 $z_s=r_s+jx_s$，电动机采用简化模型，即忽略电动机的励磁支路，忽略定子绕组的铜耗，那么电动机的等效阻抗 $z_D=r_D/s+jx_D$，如图 8 - 28 所示。

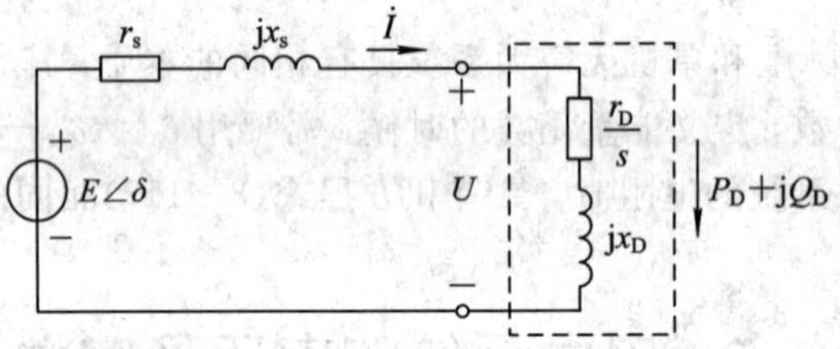

图 8 - 28 单负荷无穷大系统模型

异步电动机的转子运动方程为

$$T_{JD}\frac{\mathrm{d}s}{\mathrm{d}t}=P_T-P_D \tag{8-121}$$

其中，P_T为异步电动机的机械功率，P_D为异步电动机的电磁功率。因为异步电动机的电磁功率和电磁转矩成正比，为叙述方便，用功率代替转矩。

8.5.2 异步电动机的电磁功率

根据图 8 - 28 所示的等效电路，已知无穷大系统电压 E，以及系统参数 $z_s=r_s+\mathrm{j}x_s$ 和电动机的等效参数 r_D和 x_D，计算电流的有效值

$$I=\frac{E}{\sqrt{(r_s+r_D/s)^2+(x_s+x_D)^2}} \tag{8-122}$$

异步电动机的电磁功率

$$P_D = I^2 \frac{r_D}{s} = \frac{E^2 r_D}{s[r_s^2 + (x_s + x_D)^2] + \dfrac{r_D^2}{s} + 2r_s r_D} \tag{8-123}$$

随着转差 s 在[0，1]内的变化，在 s_{cr} 处电磁功率存在一个极大值，该极大值功率称为异步电动机的极限功率。

$$s_{cr} = \frac{r_D}{\sqrt{r_s^2 + (x_s + x_D)^2}} \tag{8-124}$$

最大极限功率为

$$P_{D\max} = \frac{E^2}{2(r_s + \sqrt{r_s^2 + (x_s + x_D)^2})} \tag{8-125}$$

异步电动机的电磁功率随转差 s 的变化曲线如图 8-29 所示。

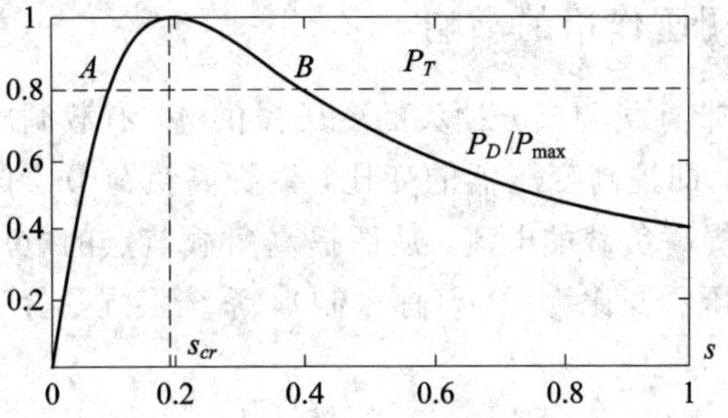

图 8-29　异步电动机电磁功率曲线

电压 U 与转差 s 的关系为

$$U = z_D I = \frac{E\sqrt{(r_D/s)^2 + x_D^2}}{\sqrt{(r_s + r_D/s)^2 + (x_s + x_D)^2}} \tag{8-126}$$

电压、电流以及有功功率随 s 的变化曲线如图 8-30 所示。可见，随着转差率的增加，当转差超过临界转差时，电压迅速跌落。

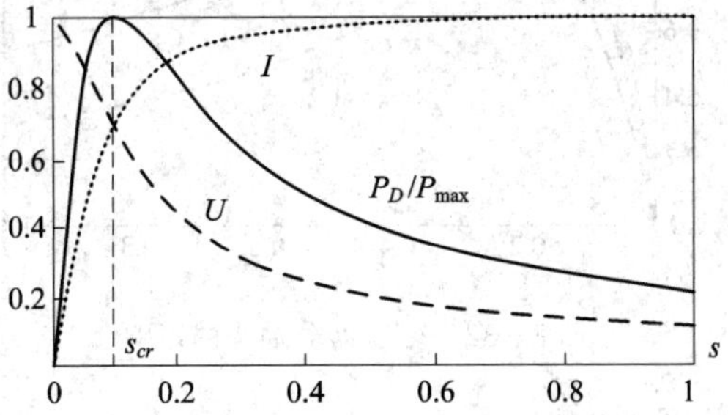

图 8-30　电磁功率、电压和电流与 s 的关系

异步电动机的电磁功率存在极大值，因为当转差 $s<s_{cr}$ 即电磁功率小于极限功率 $P_{D\max}$ 时，可以通过增大转差，即减少电动机的等效阻抗，增大异步电动机的电流来达到增大输出电磁功率的目的。同时，由于电压随着等效阻抗减少而降低的速率低于电流升高的速率，因此，输出电磁功率随着 s 的增大而增大。

当 $s>s_{cr}$，增大转差，减少电动机的等效阻抗，输出的电磁功率反而下降。因为电流 I

的上升速度趋近饱和(此时电动机的等效阻抗远小于系统阻抗)，电流上升速率低于电压下降的速率。电磁功率、电压和电流随转差 s 变化的曲线如图 8－30 所示。电压随转差率的下降速率与电流上升速率的比较如图 8－31 所示。

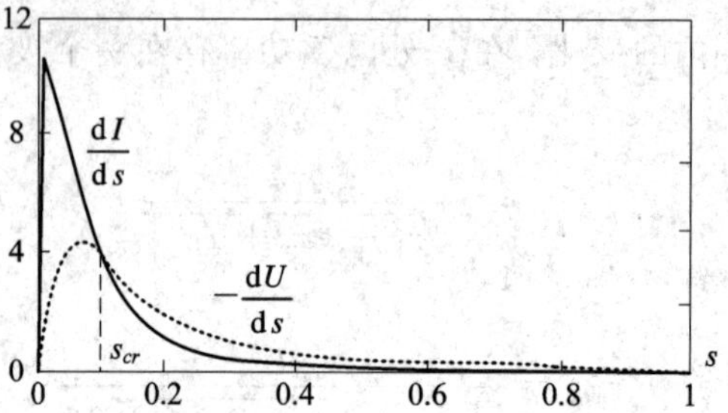

图 8－31　电压下降速率与电流上升速率的比较曲线

8.5.3　变压器有载调压作用的影响

如果负荷通过一台带有载调节分抽头的变压器供电，有载调压的目的是当负荷节点电压降低时，调整分抽头，即提高变压器的变比，以提高负荷节点的电压。其本质是通过降低负荷的等效阻抗，来提高负载的电流，从而提高负载节点的电压。因为如果将负载阻抗折算到系统侧，假设变压器变比为 1∶k(标幺制)，系统阻抗等价于

$$z_D' = \frac{z_D}{k^2} \tag{8-127}$$

如果在极限功率之前，可以通过分抽头来提高电压，但当功率超过极限功率后，反而会加剧系统电压的降落(或转差升高的速度)。同时，由于分抽头的作用，会使极限功率点的转差变小，从而导致系统电压更加不稳定。变压器变比的变化对有功功率随转差变化的影响如图 8－32 所示。

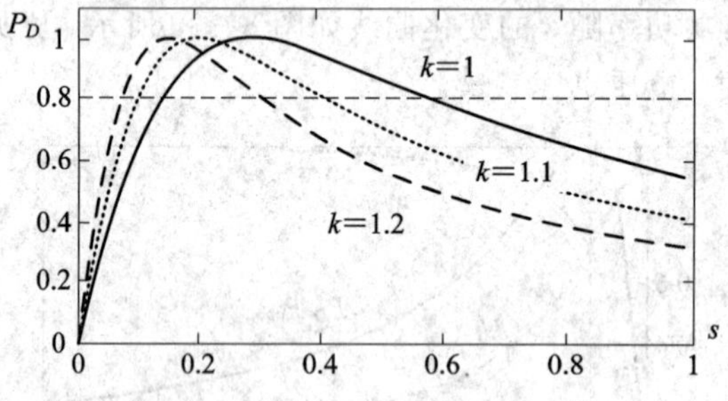

图 8－32　变压器分抽头的影响

8.5.4　电压稳定性机理

电压稳定性的机理，类似于单机无穷大系统的稳定性，可以把电压稳定性分为静态稳定性和暂态稳定性。如图 8－29 所示，A 和 B 点都是单负荷无穷大系统的平衡点，不难发现，A 点是稳定平衡点，而 B 点是不稳定平衡点。因此在 A 点是静态稳定的，在 B 点则是静态不稳定的。

假设系统受到一个较大的扰动，例如，电动机的机械负荷突然增加(或者系统阻抗突

然增加)，是否为电压暂态稳定，取决于转差 s 在扰动后，是否越过不稳定平衡点，如果越过 B 点，则转差进一步增加，直至转差为 1，即电动机停止转动，造成电压严重下降，此时电压下降的速度与转差升高的速度相同，如图 8-30 所示。

当转差率超过临界转差时，通过提高有载调压的变压器分抽头提高电压，只能降低电压的稳定性，如图 8-32 所示。变压器分抽头的作用使得临界转差降低，不稳定平衡点处的转差率也大大降低，降低了电压稳定性。

参考文献

[1] 夏道止. 电力系统分析. 北京：中国电力出版社，2003

[2] 王锡凡. 电力系统计算. 北京：水利电力出版社，1985

[3] 王锡凡. 现代电力系统分析. 北京：科学出版社，2003

[4] 夏道止. 电力系统分析(下). 北京：中国电力出版社，1995

[5] 何仰赞，温增银. 电力系统分析(上、下). 3版，武汉：华中科技大学出版社，2010

[6] 刘万顺. 电力系统故障分析. 3版，北京：中国电力出版社，2010

[7] 吴际舜. 电力系统静态安全分析. 上海：上海交通大学出版社，1985

[8] 朱声石. 高压电网继电保护原理与技术. 3版. 北京：中国电力出版社，2005

[9] Prabha Kundur(加拿大)著. 电力系统稳定与控制. 北京：中国电力出版社，2002

[10] 周鹗主. 电机学. 南京：东南大学出版社，1994

[11] Kothari D P, Nagrath I J. Modern Power System Analysis. 3版. 北京：清华大学出版社，2009